# 中国亚热带森林景观地段气候与旅游

吴章文◎著

## 内容简介

本书从旅游视角研究了我国亚热带森林旅游区气候资源的旅游开发利用价值及其保护利用方法。共包括六个部分：一、森林公园和自然保护区的旅游气候资源；二、景观地段小气候特征；三、气候舒适期与有效温度持续时间测算；四、主要经济林林分的小气候特征和油桐林的太阳辐射分布规律；五、8 种主要造林树种的物候观测标准和葡萄桐物候期；六、武陵源风景区气候资料推算及 2008 年苏仙岭风景区冰冻灾害调查。

本书可为旅游策划、规划设计、工程建设、经营管理人员提供科学依据，可为旅游者选择旅游目的地和出游时间提供参考，也可作为大专院校师生和兴趣爱好者的参考资料，是一部实用性很强的学术著作。

**图书在版编目(CIP)数据**

中国亚热带森林景观地段气候与旅游/吴章文著
.—北京：气象出版社，2020.10
ISBN 978-7-5029-7170-0

Ⅰ.①中… Ⅱ.①吴 Ⅲ.①亚热带—森林景观—旅游—气候资源—研究—中国 Ⅳ.①P468.2

中国版本图书馆 CIP 数据核字(2020)第 193268 号

ZHONGGUO YAREDAI SENLIN JINGGUAN DIDUAN QIHOU YU LÜYOU
**中国亚热带森林景观地段气候与旅游**
吴章文 著

---

**出版发行**：气象出版社
**地　　址**：北京市海淀区中关村南大街 46 号　　**邮政编码**：100081
**电　　话**：010-68407112(总编室)　010-68408042(发行部)
**网　　址**：http://www.qxcbs.com　　**E-mail**：qxcbs@cma.gov.cn
**责任编辑**：蔺学东　　**终　　审**：吴晓鹏
**责任校对**：张硕杰　　**责任技编**：赵相宁
**封面设计**：博雅锦
**印　　刷**：北京中石油彩色印刷有限责任公司
**开　　本**：787 mm×1092 mm　1/16　　**印　　张**：23.75
**字　　数**：620 千字
**版　　次**：2020 年 10 月第 1 版　　**印　　次**：2020 年 10 月第 1 次印刷
**定　　价**：120.00 元

---

# 前言

随着社会经济的飞跃发展，人们的环境意识不断增强，气候作为重要的环境因子越来越受重视。在这种良好的社会背景下，笔者有幸结合教学科研和生产服务，撰写了一些气候与旅游的文章，现筛选 66 篇，分 6 个专题部分，每个部分按完成时间排序整理成册。

第一部分，研究 12 处森林景观地段旅游气候，综述了当时国内外旅游气象气候研究状况。第二部分，采用短期定位对比观测法，结合线路考察，研究了 24 处森林景观地段的小气候特征。第三部分，研究了 13 处森林景观地段及其所在县市的年旅游舒适期和日舒适有效温度持续时间。第四部分，主要为经济林小气候研究，其中油桐林光分布研究是 1992 年国家自然科学基金项目课题研究成果，属同类研究的国际领先水平。第五部分，提供了 8 个树种物候观测标准和葡萄桐物候期。第六部分，主要是气候要素推算及气象灾害调查。

前三部分是本书的主题和重点，第四部分体现了笔者从事经济林小气候研究的始末，后两部分记录了笔者涉足过的气象学、气候学研究。

纵观全书，可概括出三个特点。

**一、研究方法传统 研究内容新颖 研究结果实用**

计算机技术的进步，使气象资料整理技术有了质的跨越，自记仪器的改革创新，使自动气象观测站替代了乡间气象哨；但是，小气候研究方法从 15 世纪至今，改变甚微。采用传统古老的气候学研究方法，从旅游角度将气候、小气候作为重要的旅游资源进行开发利用，使气候学与旅游资源学有机结合，产生共同利用价值，直接为生产和生活服务，当时是笔者的首创。

**二、研究时间长 地域跨度大 应用范围广**

笔者从 1980 年开始进行油桐林小气候观测，到 2020 年撰写《广东大埔的旅游气候》一文，历时 41 年。地域涉及 7 个省(区、市)的 39 个区县。研究成果不仅被作为旅游资源开发成旅游产品进行销售和保护，而且被用于规划设计、导游解说、游客管理及景区建设中，还被作为广告宣传词曾经在开往张家界的火车上广播。

**三、操作规范 资料翔实 传承文化**

气候研究所用资料，除张家界国家森林公园外(以下简称公园)，全部采用相关国家区县气象局近 30 年统计资料。公园当时无资料，而用县气象站的资料替代不合适，于是由公园出资，双方合作建小型气象站进行观测，笔者花两年多时间为其培养观测员，协助选址，编制计划，建站后规范地观测数年。笔者用其连续三年实测值，与周边的大庸、桑植、慈利县站的同期资料比较，撰写了本书的首篇论文。

气候研究，面对数字，需要耐心和认真。森林小气候研究，测点多而分散，且多设于人迹罕至的山间林地。亚热带地区夏季酷热，冬季寒冷，为取得 72 h 连续观测数值，一次观测一般需要在测点坚守 80～90 h。白天烈日晒，夜间蚊虫咬，还有蜈蚣、毒蛇、山蚂蟥侵扰，吃不好，不能睡，观测条件十分艰苦！全靠观测人员的坚强意志、学术诚信和锲而不舍的学术追求，才取得科学数据，聚沙成塔，形成研究成果。

研究方法虽然传统古老，但传承了千年的科学技术，是一种科技文化的传承与发扬；有些资料虽有时效性，但那是历史记录，历久弥新，弥足珍贵。

在此书付梓之际，笔者向所有参加过小气候观测、气候资料收集及提供服务和帮助的同事、校友、同行、合作伙伴致以衷心感谢和深深敬意！

感谢中南林业科技大学旅游学院和林学院为本书提供出版经费，感谢刘冲、贺江华、张双全老师在编写过程中给予的多方面帮助和支持。

受笔者学识和能力所限，错漏难免，敬请读者批评指正！

**2020年6月20日于羊城**

# 目　录

## 第三部分　森林景观地段的气候舒适度



## 第四部分　经济林小气候研究

## 第五部分　林木物候观测标准



## 第六部分　气象要素的推算及冰冻灾害调查

# 第一部分

# 森林景观地段的旅游气候

气候是在一定地区较长时段中大气物理特征的平均状态，是各种天气的综合表现，一般用气候要素的统计量表示。

研究旅游地的开发建设、旅游资源的保护利用，以及人类各种旅游活动与天气、气候之间相互关系的科学称为旅游气候学。是旅游学、林学与气象学、气候学之间的边缘性、交叉性学科，属应用气候学范畴。

作者自 1982 年涉足旅游领域以来，结合旅游地的开发建设，撰写过一些旅游气候文章，此部分收录了 12 篇。

# 湖南张家界国家森林公园旅游气候的研究*

吴章文

**摘　要**:研究证明,张家界气候温和,降水充足,空气相对湿度大,云雾多,日照少,气温年、日较差小,具有亚热带季风气候区域内典型的山地气候特征。张家界森林覆盖率98%,与外界比较,太阳辐射减弱,日照时数减少,光照强度减弱,气温降低,夏季全日气温在22～28 ℃,150 cm以下气层终日有逆温,空气静稳,风速小。优越的气候条件、漫长的旅游季节对旅游者有巨大吸引力,是张家界国家森林公园最宝贵的旅游资源。

**关键词**:森林公园;旅游气候;日照时数;气温;空气相对湿度;旅游资源

## 一、目的和意义

气候是一种重要的自然资源,但气候资源不以具体的物质财富储存在自然界。气候提供给人类的是一种有利的环境条件,如果人类不利用它,它就不会具有任何价值而白白消逝;如果去年的气候资源已经利用,今年还可以再次利用,只要保护这种资源不受到破坏,它一直可以利用,永不枯竭。寻找张家界气候资源的优势,避免对其不恰当的利用所造成的灾害,促进旅游事业的永续发展,是本研究的目的。

气候是旅游资源的重要组成部分之一,良好宜人的气候是发展旅游业的必备条件之一,追求适宜的气候是人们旅游的重要动机之一。于人体身心健康有益的气候环境,能构成特殊景观或能与其他自然景观综合组成绮丽景观的天气气候现象都应视为重要旅游资源。

张家界国家森林公园是我国第一个经正式命名的国家级森林公园(下文简称张家界),位于湖南省西北部大庸市北面约30 km处,是武陵源风景区的一个组成部分,地理位置为东经110°24′～110°28′,北纬29°17′～29°21′,海拔300～1334 m,总面积2800 $hm^2$,已基本建成景点区的面积为2467 $hm^2$。

张家界境内层峦叠嶂,连绵不绝,奇峰异石林立,苍松翠竹挺拔,林内繁花美果飘香,珍禽异兽成群,蝉鸣鸟叫,涧泉飞瀑,淙淙溪流蜿蜒曲折,好一派幽静、峻险、古野、神秘的自然景观,被誉为“世界第一流的风景区”。

张家界的风光山色具有秀丽、原始、集中、奇特、清新五大特色,这些特色的形成都直接或间接与气候有关。因此,研究张家界的气候与旅游的关系,对于掌握旅游资源特色、提高旅游服务质量、促进旅游事业发展有着极为密切的关系。本研究为充分认识、利用和保护张家界的旅游气候资源提供了科学依据。

## 二、张家界的气候特征

张家界位于中亚热带气候区北部。根据张家界气象站观测,此地年平均气温12.8 ℃,平

---

* 本文原载于《张家界国家森林公园研究》. 北京:中国林业出版社,1991. 此处引用有改动。

均最高气温 15.7～18.7 ℃；平均最低气温 9.6～10.1 ℃；绝对最高气温 36.4 ℃，出现在 1988 年 7 月 20 日；绝对最低气温－4.5 ℃，出现在 1988 年 1 月 27 日和 2 月 17 日。多年平均降水量 1228.55 mm，平均降水日数 139 d，雾日 125 d，霜日 42 d，无霜期 266 d，生长期 268 d。年日照数 809.8 h，年平均空气相对湿度 85%，年平均风速 2.3 m/s，东南风风速最大，年平均风速为 3.5 m/s，最多风向为静风，频率 77%，次风向为东南风。频率 8%，再次是东北风和南风，频率分别为 5%和 3%，西风频率为 0。各气象要素逐月分布情况见表 1。

**表 1　张家界各气象要素逐月统计值(1987—1989 年)**

| 月份 | 气温(℃) | | | | | 降水 | | 雾日(d) | 霜日(d) | 日照时数(h) | 相对湿度(%) |
|---|---|---|---|---|---|---|---|---|---|---|---|
| | 月平均 | 平均最低 | 平均最高 | 绝对最低 | 绝对最高 | 降水量(mm) | 降水日(d) | | | | |
| 1月 | 3.2 | 0.9 | 7.9 | －4.5 | 16.3 | 30.4 | 9 | 9 | 15 | 33.4 | 85 |
| 2月 | 3.3 | 2.0 | 7.6 | －4.5 | 22.1 | 53.0 | 11 | 10 | 16 | 33.2 | 80 |
| 3月 | 6.3 | 3.2 | 11.1 | －1.9 | 19.9 | 52.6 | 16 | 17 | 7 | 22.1 | 87 |
| 4月 | 12.5 | 8.5 | 20.5 | 0.6 | 31.5 | 57.0 | 9 | 9 | — | 110.3 | 85 |
| 5月 | 16.8 | 13.9 | 21.5 | 8.8 | 32.6 | 229.6 | 19 | 14 | — | 52.8 | 90 |
| 6月 | 19.6 | 16.4 | 25.7 | 7.7 | 31.9 | 164.0 | 14 | 11 | — | 81.1 | 91 |
| 7月 | 20.2 | 19.3 | 27.2 | 16.9 | 36.4 | 209.9 | 17 | 16 | — | 95.0 | 90 |
| 8月 | 23.2 | 19.6 | 28.4 | 15.7 | 33.7 | 182.8 | 11 | 10 | — | 73.7 | 89 |
| 9月 | 19.2 | 15.5 | 25.6 | 9.0 | 30.5 | 100.5 | 11 | 6 | — | 98.4 | 89 |
| 10月 | 14.4 | 11.0 | 19.6 | 3.4 | 29.4 | 97.4 | 11 | 7 | — | 90.9 | 81 |
| 11月 | 9.9 | 5.8 | 13.6 | －3.5 | 21.9 | 29.6 | 6 | 7 | 1 | 66.7 | 78 |
| 12月 | 4.9 | 1.4 | 10.6 | －3.5 | 20.4 | 21.7 | 5 | 9 | 3 | 52.2 | 82 |
| 全年 | 12.8 | 9.8 | 18.3 | －4.5 | 36.4 | 1228.5 | 139 | 125 | 42 | 809.8 | 85 |

## (一)气温

张家界年平均气温 12.8 ℃，1 月最冷，平均气温 3.2 ℃，4 月平均气温 12.5 ℃，最热月 8 月平均气温 23.2 ℃，10 月平均气温 14.4 ℃，气温年较差 20.2 ℃，年平均日较差 7.8 ℃。与外界相比，年平均气温比附近的大庸、慈利低 3.8 ℃，比"春城"昆明低 1.7 ℃，比著名旅游区庐山高 1.4 ℃，比青岛高 0.8 ℃，年较差比慈利小 2.5 ℃，比大庸小 2.7 ℃，气温年变化和日变化都比较缓和(表 2、表 3，图 1、图 2)

**表 2　张家界与外界气温比较(一)(℃)**

| 地点 | 年平均气温 | 年较差 | 平均日较差 | | | | |
|---|---|---|---|---|---|---|---|
| | | | 1月 | 4月 | 7月 | 10月 | 全年 |
| 张家界 | 12.8 | 20.0 | 7.1 | 12.0 | 7.8 | 8.7 | 7.8 |
| 大庸 | 16.6 | 22.7 | 7.4 | 8.7 | 9.1 | 8.8 | 8.3 |
| 慈利 | 16.6 | 22.9 | 7.9 | 7.9 | 9.1 | 9.1 | 8.5 |

表 3　张家界与外界气温比较(二)(℃)

| 地点 | 年平均气温 | 年较差 | 平均日较差 | | | |
|---|---|---|---|---|---|---|
| | | | 1 月 | 4 月 | 7 月 | 10 月 |
| 张家界 | 12.8 | 20.0 | 3.2 | 12.5 | 20.2 | 14.4 |
| 庐山 | 11.4 | 23.0 | −0.4 | 11.6 | 22.6 | 12.2 |
| 青岛 | 12.0 | 26.6 | −2.6 | 10.9 | 24.7 | 14.3 |
| 昆明 | 14.8 | 12.1 | 7.8 | 16.7 | 19.9 | 15.0 |

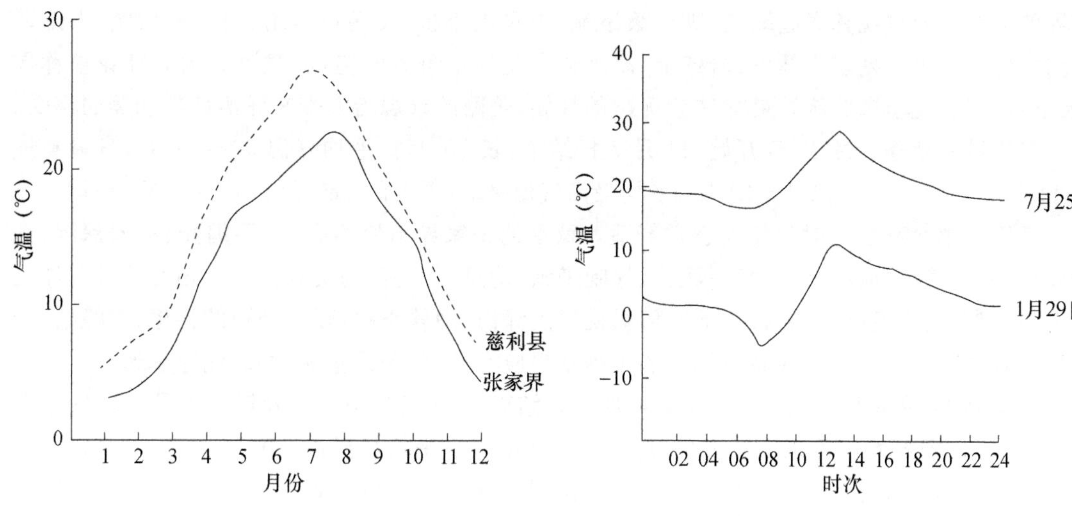


图 1　气温年变化曲线图(1987—1988 年)

图 2　张家界 1988 年气温日变化曲线

表 2、表 3 说明张家界的气候夏季比慈利、大庸凉爽；冬季比庐山、青岛暖和。

根据观测记载资料统计，张家界 11 月 27 日初霜，3 月 5 日终霜，霜日 42 d，霜期 99 d，无霜期 266 d。用五日滑动平均法计算，日平均气温 3 月 9 日稳定通过 5 ℃，12 月 1 日稳定终止 5 ℃，植物生长期 268 d，生长期与无霜期相差 2 d，生长期内有霜冻危害。日平均气温稳定通过 10 ℃的起止日期是 4 月 15 日和 11 月 6 日，持续 206 d，日平均气温高于 25 ℃的日数 9 d，日最高气温高于 30 ℃的日数为 26 d，高于 35 ℃的天数为 0.3 d；日平均气温低于 0 ℃的日数为 3 d，日最低气温低于 0 ℃的日数为 31 d，可见，张家界冬无严寒、夏无酷暑，气温对发展当地的旅游业十分有利。

张家界的候温季节：按照候平均气温低于 10 ℃为冬季，高于 22 ℃为夏季，10～22 ℃为春、秋季的划分标准，张家界冬季长、夏季短，春、秋季占全年天数的 44%，各季起止日期见表 4。

表 4　张家界的候温季节划分

| 季节 | 春 | 夏 | 秋 | 冬 |
|---|---|---|---|---|
| 起始期(日/月) | 2/4 | 30/6 | 30/8 | 8/11 |
| 终止期(日/月) | 29/6 | 29/8 | 7/11 | 1/4 |
| 持续期(d) | 89 | 61 | 70 | 145 |

张家界 4 月 2 日至 6 月 29 日为春季，历时 89 d，此时，气温回升，大地复苏，草木萌动，春笋破土，百花争妍，百鸟争鸣，满山遍野的杜鹃花、五彩缤纷的山茶花、深山老林里的珙桐花、大朵大朵的山荷花点缀在万绿丛中，使奇山秀水更加妖娆美丽，充满生机。此时日平均气温在 10～22 ℃，日最高气温 12～28 ℃，舒适宜人，刚度过冬天的游客来这里春游，年轻人显得更加朝气蓬勃，老年人觉得青春犹在、乐而忘归。

张家界的夏季从 6 月 30 日至 8 月 29 日，历时仅 61 d。此时日平均气温在 22～26 ℃，日最高气温一般在 20～32 ℃，最热月 8 月的平均最高气温 28.4 ℃，1986 年至 1990 年 5 年间仅出现过一次 36.4 ℃的绝对最高气温，凉爽的夏季使张家界成为人们理想的消夏避暑胜地。张家界的夏季到处呈现林海起绿波、烟云滚滚流、山泉漫小桥、飞鸟竞自由、白云缠山腰、涓细薄如绸的传奇景色。夏季森林里、岩壁上、溪水旁奇花异草争芳吐艳，金鞭溪旁的龙虾花被称作“天下奇花”。夏季来此旅游更能体会优越的气候，美丽的景观给人带来潇洒情趣和美的享受。

张家界的秋季 8 月 30 日开始，11 月 7 日结束，长 70 d，日平均气温 10～22 ℃，日最高气温 11～32 ℃；日最低气温 5～21 ℃，平均最高气温 22.6 ℃，平均最低气温 13.3 ℃，平均日较差 8.7 ℃。整个秋季的时间使人感觉舒适。秋季的张家界山峰透亮、岩层闪光、林木深沉、红叶如火、清泉碧溪、淙淙有声，好一派“天气晚来秋，清泉石上流”的美景佳色。还有那枇杷界上木瓜绛红带绿、香脆可口；黄石寨下的猕猴桃褐皮绿肉、细软香甜；腰子寨边的拐枣、雪峰桔、金香柚、菊花柚、冰糖柑等各种品质优良的干鲜水果应有尽有，令人垂涎欲滴、流连忘返。

张家界 11 月 8 日进入冬季，翌年 4 月 1 日结束，历时 145 d。一般年份 1 月平均气温在 2.9～4.4 ℃，日平均气温低于 0 ℃的日数为 1～4 d，其日平均气温在－0.1～3.3 ℃，日最低气温低于 0 ℃的日数为 31 d。1 月的平均气温比同纬度的庐山高 3.6 ℃。张家界的冬季虽长，但月平均气温不低，比较温和。暖冬年份，这里青山红岩层次分明，奇山异峰千回百转，参天古树绿中泛黄，深谷溪涧潺潺清韵，珍禽异兽结队成群，五步一个景，十步一重天，号称“岁寒三友”的松、竹、梅傲然屹立，把冬季的张家界装扮得更加绚丽多姿。冷冬年份，张家界大雪纷飞，玉树琼花，银装素裹，山舞银蛇，壁挂冰凌，一座座山峰胜似水晶宫，好一片明净世界、冰雪画面，美不胜收。此时来旅游可以锻炼意志、陶冶情操、增强体魄，此情此景更是艺术爱好者们求之难得的绝妙佳境。但此时天冷路滑，须注意安全，谨防摔跤。

张家界的景观随着季节的变幻与交替能赋予旅游者无穷的欢乐和妙趣，一年四季都可以开展旅游活动，因此，张家界一年可旅游期为 365 d。平均气温高于 10 ℃的春、夏、秋三季(4 月 2 日至 11 月 7 日)间的 220 d 是使人感到舒适的旅游季节。气温对人类活动有显著影响。据研究，气温在 10～25 ℃时，人们思维活跃，工作效率高。张家界扣除盛夏日平均气温高于 25 ℃的 9 d 外，还有 211 d 的气温能使人感觉舒适，称为舒适旅游期，占全年的 58%。综合考虑气温及空气相对湿度的影响后，最佳旅游期为 159 d。

随季节变换的景观和漫长的旅游季节，使旅游者可以根据自己的志趣、需要和能力更好地选择旅游时间和更科学地安排活动内容。

## (二)降水

张家界位于湘西北多雨区，年平均降水量 1228.5 mm，比周围的慈利、大庸和桑植县分别少 176.2 mm、153.6 mm 和 198.8 mm；日最大降水量 140.8 mm，分别比上述地区少

108.5 mm、45.1 mm 和 34.5 mm,降水量比周围少、降水强度比周围小的主要原因有三:一是周围有群山环抱,二是本区属峰林地貌,三是有逆温存在。在这些因子的影响下,空气静稳,扰动少,对流不容易发展。

张家界各月均有降水,但降水量的季节分配不均匀,5、6、7、8 四个月最多,月降水量均达 100 mm 以上,其中 5 月份降水量 229.6 mm,为全年最多,占全年的 19%,2 月份降水量最少,仅 21.7 mm,不到全年的 2%。年降水日数 139 d,分别比上述周围市县少 4.6、15.5 和 16.9 d,若按统计季节分配:春季 3、4、5 月三个月的降水量 339.2 mm,占全年的 28%,降水日数 44 d;夏季 6、7、8 月降水量 556.7 mm,占全年的 45%,降水日数 42 d;秋季 9、10、11 月降水量 227.5 mm,占全年的 19%,降水日数 28 d;冬季 12、1、2 月降水量为 105.1 mm,仅为全年的 8%,降水日数 25 d(表 1 和图 3)。其中,张家界最长一次连续降水日数 15 d,大雨和暴雨日数 13 d,其中雷暴 2.6 d,大雨和暴雨出现季节分散在 4—11 月期间。

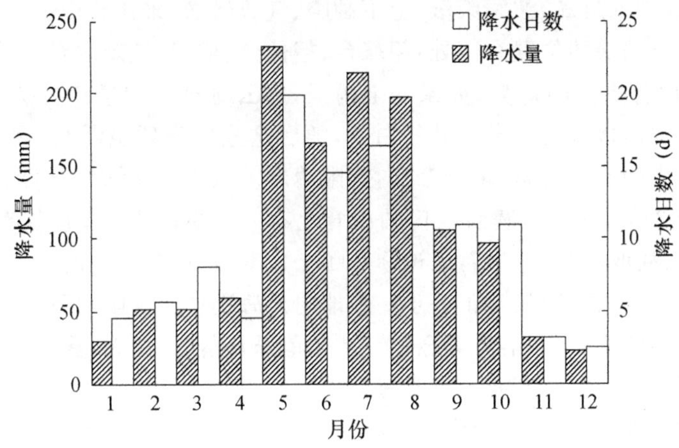


图 3　张家界各月降水量、降水日数分布图

张家界由于山峰陡峭、山谷狭窄,夏季和春末、秋初季节有溪水猛涨、交通受阻现象,此时切勿抢渡强涉,以防万一。须知山涧溪水易涨易落,来得猛、消得快。旅游者此际可就地稍事歇憩,静观烟雨朦胧中的张家界,更觉其深邃莫测,这样既可确保旅游安全,又有景色补偿,自然乐在其中。难怪大雨之中,游人仍然络绎不绝。

张家界冬季有降雪,最长一次降雪日数 7 d;积冰日数最多 17 d,但冰冻不严重,1989 年 11 月 17 日和 18 日夜间出现过雪暴。此时来张家界旅游,须注意防寒保暖和防滑防跌跤。张家界山势陡峭,不能开展滑雪活动。

## (三)空气相对湿度和云雾

湘西北是我国空气相对湿度最大的地区之一。张家界附近的大庸、慈利等地平均空气相对湿度均在 77%以上,1 月为 74%,4 月为 79%,7 月为 78%~79%,10 月为 77%~78%。而张家界的年平均空气相对湿度为 85%,1 月 85%、4 月 85%、7 月 90%、10 月 81%。一年中相对湿度 6 月最大,为 91%,5 月和 8 月的空气相对湿度也达 90%,11 月最小,为 78%。由此可看出,张家界的空气相对湿度比其附近的大庸、慈利等地还要大 10%左右,这是张家界植被繁茂的原因之一。张家界空气湿度特别大的原因有三:一是湘西北水汽充沛;二是这里地势高、气温低，水汽容易凝结：三是张家界庞大的森林植物群落不断蒸腾，大量水汽进入空气。

张家界空气潮湿，环境清新，有利于高血压、冠心病、肺结核、肝炎等多种疾病患者的疗养康复，但旅游从业人员应当注意勤洗、勤晒被褥，应当备有被褥烘烤设施，以保房间、床位干爽清洁，有益游客身心健康。

张家界一年四季有雾，平均年雾日 125 d，比慈利、大庸、桑植分别多 95.7 d、105.1 d、64.8 d。各月雾日分配不均，以 3 月、5 月、7 月最多，分别为 17、14、16 d，9 月最少仅 6 d（表 1）。

张家界的雾在山下看实际上是云，或是“戴帽”，或是“缠腰”。当地群众有句俗话：“有雨山戴帽，无雨山缠腰”，当地群众习惯用云雾判断未来天气。

张家界的云雾千姿百态、变幻奇特，特别是朝天观、黄石塞、腰子寨、袁家界这些高海拔景点，经常有这样一些景象：瞬息之间，云雾弥漫四合，白如玉、软如绵、光如银、阔如海，俯瞰白云中的群峰，好似海洋中的群岛，波涛滚滚、上下翻腾、气势磅礴、雄伟壮观。

在黄石寨看云雾的最佳位置有四处：望峰台、望仙台、望涧台、观洞台。站在这些地方视野宽广，能看到云海山势更多的奇变，如果遇上雨天，那云海日出的景色更美，一阵滂沱大雨过后，先是氤氲朦胧大雾，接着是袅袅上升的白云，随后这些白云环绕浮起，白茫茫一片，天际相连，太阳喷薄而出，山峰流光溢彩、璀璨夺目，无限清新。张家界平均年雾日 125 d，一年能看到上述景观的机遇有 34%，在黄石寨后卡门的山脊上有一天然巨石，形似乌龟，晴天岩体发亮，金黄色中带着绛红，故取名“金龟岩”，无论你从哪个角度观看，“金龟”的形象都十分逼真，它伸着头，背上荷着笨重的龟壳，四只脚正一步一步地向云海爬去。夕阳西下时，落日西沉，彩霞满天，金龟向落日爬去，此景称为“落日等金龟”或“金龟送日落”。雨天，雾抹峰顶，“金龟”似飘游在云海中，此景又被称作“金龟探海”或“雾海金龟”。

张家界有时山下雾罩细雨，山上则阳光明媚，真有“霏霏细雨潇潇下，云封雾锁艳阳天”的景观。游山途中，经常可以遇到从山下往上抬升的雾，此时雾从脚下掠过，使你“腾云驾雾”，如入仙境，飘飘然不知南北西东，乐趣无穷。

### （四）日照时数

根据地理位置计算，张家界的年日照时数应是 4425 h，由于张家界地形复杂多变，气象站位于谷地，用遮蔽图测算出来的日照时数只有 1306.7 h，地形闭塞和森林茂密，使年日照时数减少 3118.3 h，又由于云雾水汽的影响，张家界气象站 1987—1989 年实测的平均年日照时数仅 809.8 h，其日照百分率仅为开阔地的 18%，为所在观测点的 62%。地形和森林覆盖使张家界的年日照时数减少 71%，云雾水汽又使其减少 11%，使得张家界的年日照时数仅为同纬度开阔地的 18%。日照时数年分布不均匀（表 1），春季 3、4、5 月三个月为 185.2 h，夏季 6、7、8 月为 249.8 h，秋季 9、10、11 月为 256.0 h，冬季 12、1、2 月为 118.8 h，四季当中秋季较多，一年当中 4 月最多为 110.3 h，约占全年的 14%。

日照少，使张家界的景色更加显得幽静、深邃而神秘，日照少、水质好使张家界的人皮肤细嫩、红润而年轻。实践证明，在这里工作、休息、疗养可以使人健美。晴天来此旅游上山是不必戴草帽、打凉伞的，陡峭的石壁、茂密的森林、飘浮的云雾是一把天然大凉伞，为你遮去了 82% 的日照。

## (五)风向风速

大庸市多静风和东风，全年静风频率 43%，东风频率 15%，年平均风速 2.1 m/s，夏季平均风速 2.2 m/s。

张家界的静风比大庸更多，其频率达 77%以上，次多风向为东南风，频率为 8%。再次是南风和东北风，风向频率分别为 3%和 5%。全年无西风。风速小，离地 10 m 高处的年平均风速为 2.3 m/s。东南风年平均风速为 3.5 m/s，春季可达 5.8 m/s。西北风年平均风速3.1 m/s，春季可达 8.0 m/s。1、4 月风向较多，风速较大(图 4、表 5)。

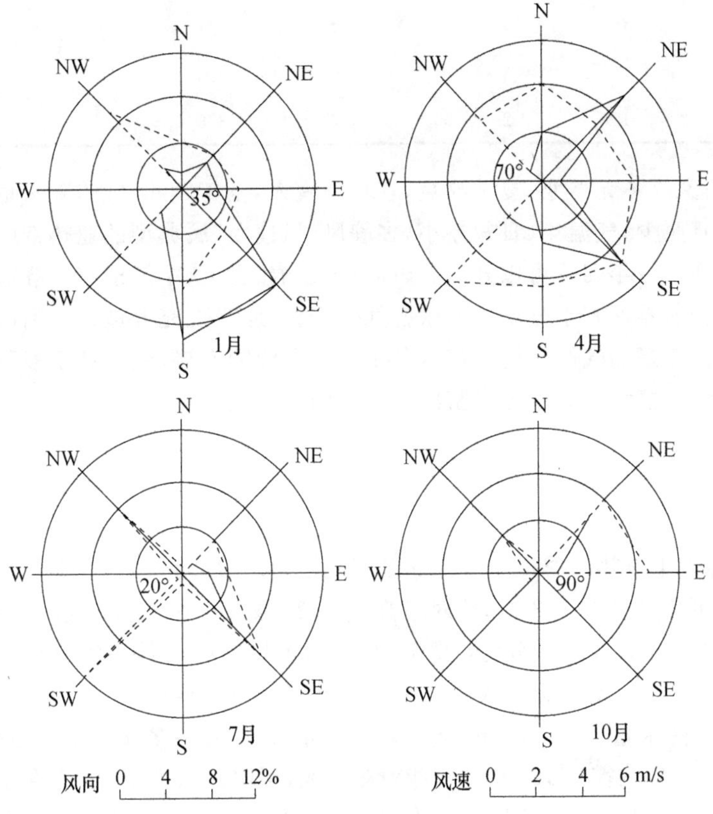


图 4　张家界风速风向玫瑰图

**表 5　张家界的风向风速**

| 月份 | 风向频率(%) | | | | | | | | | 不同方向风速(m/s) | | | | | | | |
|---|---|---|---|---|---|---|---|---|---|---|---|---|---|---|---|---|---|
| | E | SE | S | SW | W | NW | N | NE | C | E | SE | S | SW | W | NW | N | NE |
| 1 月 | 4 | 12 | 11 | 2 | | 3 | 1 | 2 | 65 | 2.5 | 2.7 | 4.2 | 4 | | 4.7 | 2 | 2 |
| 2 月 | 3 | 5 | 3 | | | 4 | 9 | 9 | 69 | 2.7 | 4.5 | 5 | 6.0 | | | 3.8 | 2.3 |
| 3 月 | 3 | 2 | 9 | 2 | | 1 | 12 | 12 | 65 | 4.0 | 4.0 | 4.5 | 6.0 | | 3.5 | 4.7 | 2.4 |
| 4 月 | 1 | 10 | 4 | 1 | | 1 | 10 | 10 | 70 | 4.0 | 5.8 | 5.5 | 4.7 | | 6.0 | 4.0 | 3.3 |
| 5 月 | 2 | 3 | 6 | 3 | | 2 | 6 | 6 | 78 | 2.0 | 4.0 | 4.0 | 6.0 | | 6.0 | | 2.7 |

续表

| 月份 | 风向频率(%) | | | | | | | | | 不同方向风速(m/s) | | | | | | | |
|---|---|---|---|---|---|---|---|---|---|---|---|---|---|---|---|---|---|
| | E | SE | S | SW | W | NW | N | NE | C | E | SE | S | SW | W | NW | N | NE |
| 6月 | 4 | 7 | | | | 1 | 6 | 6 | 79 | 4.0 | 5.0 | | 8.0 | | 3.0 | 4.0 | 2.4 |
| 7月 | 2 | 5 | | 1 | | 2 | 1 | 1 | 89 | 2.0 | 4.8 | | | | 4.0 | | 2.0 |
| 8月 | 3 | 8 | 4 | 1 | | 1 | 6 | 6 | 76 | 2.0 | 3.4 | 4.0 | | | | 5.0 | 2.0 |
| 9月 | 1 | 8 | 1 | | | 2 | 1 | 1 | 86 | 4.0 | 3.4 | 2.0 | | | 4.0 | 2.0 | 2.0 |
| 10月 | 2 | | | | | 2 | 6 | 6 | 90 | 4.7 | | | | | 2.0 | | 4.3 |
| 11月 | | 18 | | 1 | | 2 | 3 | 3 | 76 | | 2.4 | | 4.0 | | 2.0 | 2.0 | 2.0 |
| 12月 | | 14 | | | | 5 | | | 81 | | 2.3 | | | | 2.4 | | |
| 全年 | 2 | 8 | 3 | 1 | | 2 | 5 | 5 | 77 | 2.7 | 3.5 | 2.4 | | | 3.1 | 2.1 | 3.2 |

综上所述，张家界冬无严寒，夏季凉爽，春秋季宜人，全年风和日煦，降水量充足，空气相对湿度大，云雾多，日照少，气温年、日较差小，多静风，风速小，属典型的亚热带山地气候类型，亦具有湿地气候特征。一年四季可以开展旅游活动，以春、夏、秋季最适宜。舒适宜人的气候、奇丽迷人的云雾使张家界拥有十分丰富的旅游气候资源，应当更充分地开发利用，以促进本地区旅游事业的发展。良好的气候环境不仅有利于旅游事业的发展，还有利于多种动、植物生长发育，这也是张家界动、植物资源十分丰富的重要原因。

## 三、结论

(1)张家界地处中亚热带季风气候区北部，海拔 300～1334 m，年平均气温 12.8 ℃，气温年较差 20.0 ℃，平均日较差 7.8 ℃，绝对最高气温 36.4 ℃，绝对最低气温－4.5 ℃。日平均气温高于 25 ℃的日数 9 d，日平均气温高于 30 ℃的天数为 0；日最高气温高于 30 ℃的天数为 26 d，日最高气温高于 35 ℃的天数仅 0.3 d。日最低气温低于 0 ℃的天数为 31 d，冬无严寒，夏无酷热。年平均降水量 1228.5 mm，各月均有降水，以 5 月最多，6、7、8 月三个月次之。平均年降水日数为 139 d，年均雾日 125 d，空气相对湿度大，年均 85%以上，年日照时数809.5 h，日照百分率 62%，年均风速 2.3 m/s，静风频率达 77%。气候温和，降水充足，空气湿润，多云雾，少日照，风速小，是典型的山地气候，有益于人的身心健康，是理想的旅游气候环境。

(2)张家界的自然景观随季节的变换与更替能赋予旅游者无穷的欢乐与妙趣。“世界第一流的风景”与舒适宜人的优越气候环境组合在一起，使张家界成为世界第一流的旅游胜地。张家界一年的可旅游期为 365 d，舒适旅游期为 211 d，最佳旅游期 159 d，张家界的景观与气候对旅游者均有巨大吸引力。

(3)保护好森林环境是保护张家界优越旅游气候条件的关键，境内景点建设应顺其自然，与环境协调，保持其原始、古朴的“野趣”；房屋建筑宜少忌多，宜小型分散，半藏半露；道路设施不能破坏植被，否则将给气候和小气候带来不利影响，导致气候恶劣，气候一旦变劣，动植物资源和自然景观就会失去魅力，万万不可粗心大意。

## 参考文献

侯为游,1981. 庐山的气候和旅游[D]. 北京:北京旅游学院.

陆鼎煌,吴章文,张巧琴,等,1985. 张家界国家森林公园效益的研究[J]. 中南林学院学报,5(2):160-170.

张家诚,1988. 气候与人类[M]. 郑州:河南科技出版社.

周志德,1986. 风景明珠张家界[M]. 北京:中国旅游出版社.

(1991年完成)

# 湖南桃源洞的气象景观和旅游气候*

吴章文

**摘　要**:桃源洞国家森林公园位于罗霄山脉中段井冈山西麓湖南酃县东北部。森林公园境内重峦叠嶂,群峰林立,沟谷深邃,溪流纵横,地势险峻,植被丰富。为了合理开发建设和保护利用桃源洞的旅游资源,本文根据桃源洞山区气候站、酃县气象站以及邻近气象站、哨的1958—1992年观测资料,结合旅游资源调查和小气候考察资料,对森林公园的旅游气象气候资源进行了分析研究。结果说明,桃源洞国家森林公园气候温和、夏季凉爽、降水充沛、雾多湿重、空气静稳,具有亚热带季风湿润气候区山地气候特征;森林公园内的云景、雾景、雨景、雪景等气象景观变化万千,气象气候旅游资源极为丰富,是避暑消夏、疗养度假、观光游览的胜地。

**关键词**:森林公园;旅游气候;气象景观

## 一、基本情况

桃源洞国家森林公园(以下简称桃源洞,为便于区别,将桃源洞山区气候站按其站址所在地的村名简称为桃源洞村)由桃源洞自然保护区、国营酃县皮坑林场的一部分和酃县十都乡的桃源洞村组成,位于罗霄山脉中段井冈山西麓湖南酃县东北部,北面、西面与江西接壤,距酃县县城45 km。地理坐标:北纬26°30′30″～26°32′00″,东经114°03′45″～114°07′30″,海拔高度420～1834 m,相对高差1414 m。整个地势由东南向西北倾斜,东南地势高耸、开阔,西北山峦重叠、沟谷深邃、地形险峻。境内植被属中国中亚热带常绿阔叶林地带,垂直分布明显,森林覆盖率90%。原保护区境内有大院(海拔1325 m)和桃源洞村(海拔814.6 m)两个山区气候站。为了说明森林公园气候特征,选取酃县气象站为对照站。自然保护区管理局设在海拔620 m的楠木坝。

## 二、研究目的

气象和气候是一种自然旅游资源,是开展旅游活动的必要条件,是安排旅游项目的重要依据。气象和气候可以直接造景、育景,在不同的气象和气候条件下,可以形成不同的自然景观和旅游环境。气象和气候条件既有直接造景功能,又有间接育景作用。但有些气象气候要素不仅无造景功能,反而会破坏自然美景,阻碍旅游活动。为了弄清桃源洞的气象气候要素变化规律及其在旅游开发利用中的作用与障碍,我们对桃源洞境内外的气象气候条件进行了分析比较,以求达到充分利用有利气象气候因素、避免气象气候障碍、促进森林公园旅游开发建设的目的。

---

* 本文原载于《桃源洞国家森林公园总体规划》(1993年11月)专题调查报告。

## 三、资料来源

桃源洞村、大院山区气候站建于 1978 年，酃县气象站 1957 年开始有观测记录，以上三站的 1990—1992 年的气象资料、1957—1992 年的气候资料均从酃县气象局获得；各类气象灾害资料从《湖南省酃县农业气候资源和类型区划》文献中查取。特殊天气现象通过实地考察和访问得知(表 1)。

**表 1　各气候站的基本情况表**

| 站址 | 地理位置 | 海拔高度(m) | 局部地形 | 备注 |
|---|---|---|---|---|
| 酃县县城 | 26°30′N，113°47′E | 224.3 | 盆地 | 对照站 |
| 桃源洞村 | 26°30′N，114°02′E | 814.6 | 山间台地 | 公园内中低山地 |
| 大院 | 26°27′N，113°59′E | 1325.0 | 山间台地 | 代表公园内同高度地段 |

由于平坑和大院的海拔高度、地形相似，水平距离近，均属酃县农业气候区划中的中山山地湿凉雨丰类型，故大院站资料可代表平坑气候状况。获取资料过程中，得到桃源洞自然保护区领导的大力协助。云雾景观根据侯碧清局长在桃源洞居住 6 年的观察记录整理。

## 四、气候资源

### (一)光能资源

#### 1. 太阳辐射

从 1958—1981 年大院山区气象站资料看出，大院、平坑等海拔 1350 m 左右山地的太阳年总辐射量为 367.02×$10^7$ MJ/$m^2$，比县城少 73.59×$10^7$ MJ/$m^2$，与四川盆地、两湖盆地这两个我国年总辐射低值中心的年总辐射量相似。酃县、大院年总辐射逐月分布见表 2。

**表 2　森林公园内外的太阳总辐射分布($10^7$ MJ/$m^2$)**

| 月份 | 1 | 2 | 3 | 4 | 5 | 6 | 7 | 8 | 9 | 10 | 11 | 12 | 全年 |
|---|---|---|---|---|---|---|---|---|---|---|---|---|---|
| 酃县县城 | 23.32 | 23.74 | 28.22 | 35.49 | 40.96 | 45.73 | 60.19 | 52.29 | 42.13 | 35.45 | 29.01 | 24.01 | 440.61 |
| 大院 | 25.72 | 21.53 | 25.08 | 31.89 | 36.95 | 37.41 | 45.14 | 37.79 | 26.63 | 32.02 | 26.13 | 20.73 | 367.02 |
| 差值 | −2.40 | 2.21 | 3.14 | 3.60 | 4.01 | 8.32 | 15.05 | 14.50 | 15.50 | 3.43 | 2.88 | 3.35 | 73.59 |

表 2 说明，桃源洞境内的太阳总辐射年变化规律是夏季大、冬季小，春、秋季适中，且春季略高于秋季。全年 7 月最大，1 月最小。森林公园与酃县县城的太阳总辐射夏季大、冬季小。

太阳总辐射随高度分布规律是海拔升高总辐射增大；桃源洞境内由于地形遮蔽、植物阻挡、云雾水汽多、雨日多等因素影响，出现了随着海拔升高年总辐射显著减少的现象。这又是森林公园内凉爽的重要原因。

### 2. 日照时数

根据山区气候站观测，桃源洞的年日照时数为1215.0～1553.2 h，县城、桃源洞村、大院三站的日照时数见表3。

表3 森林公园内外的日照时数分布(h)

| 月份 | 1 | 2 | 3 | 4 | 5 | 6 | 7 | 8 | 9 | 10 | 11 | 12 | 全年 |
|---|---|---|---|---|---|---|---|---|---|---|---|---|---|
| 酃县县城 | 75.5 | 61.9 | 73.0 | 96.6 | 114.5 | 140.5 | 229.2 | 198.9 | 153.3 | 135.6 | 121.2 | 97.2 | 1503.5 |
| 桃源洞村 | 67.1 | 43.8 | 45.6 | 89.5 | 94.6 | 123.5 | 203.6 | 152.2 | 90.2 | 120.2 | 110.3 | 74.2 | 1215.0 |
| 大院 | 73.6 | 66.1 | 61.2 | 112.7 | 116.2 | 140.5 | 227.7 | 169.1 | 110.2 | 165.7 | 166.8 | 143.3 | 1553.2 |

由表3看出，桃源洞及其邻近地区日照时数年分布规律是2、3月最少，7月最多。

桃源洞村海拔处于酃县县城和大院之间，但年日照时数比低海拔的县城少288.5 h，比高海拔的大院少338.2 h，这主要是地形遮蔽所致。

### 3. 日照百分率

桃源洞村的日照百分率仅27%，比县城低7%，比大院低8%，一年之中，7月最大为48%，3月最小仅12%。详见表4。

表4 森林公园内外的日照百分率(%)

| 月份 | 1 | 2 | 3 | 4 | 5 | 6 | 7 | 8 | 9 | 10 | 11 | 12 | 全年 |
|---|---|---|---|---|---|---|---|---|---|---|---|---|---|
| 酃县县城 | 23 | 20 | 20 | 25 | 28 | 34 | 55 | 50 | 43 | 38 | 37 | 30 | 34 |
| 桃源洞村 | 20 | 14 | 12 | 23 | 23 | 30 | 48 | 38 | 25 | 34 | 34 | 23 | 27 |
| 大院 | 22 | 21 | 16 | 30 | 28 | 34 | 54 | 42 | 30 | 46 | 52 | 44 | 35 |

桃源洞境内光能资源比外界少，对一些朦胧景观的形成、云雾茶的生产有利，而对旅馆的被褥洗晒不利。

## (二)热量资源

### 1. 气温

桃源洞境内年平均气温12.3～14.4 ℃，比县城低2.9～5.0 ℃。年平均最高气温17.4～19.5 ℃，比县城低3.5～5.6 ℃。年平均最低气温8.2～11.2 ℃，比县城低2.2～5.2 ℃。气温的逐月分布见表5。

表5 森林公园内外平均气温的逐月分布(℃)

| | 月份 | 1 | 2 | 3 | 4 | 5 | 6 | 7 | 8 | 9 | 10 | 11 | 12 | 年平均 | 年较差 |
|---|---|---|---|---|---|---|---|---|---|---|---|---|---|---|---|
| 平均气温 | 酃县县城 | 5.9 | 7.5 | 12.3 | 17.7 | 22.1 | 25.1 | 27.5 | 26.7 | 23.4 | 18.2 | 12.6 | 8.0 | 17.3 | 21.6 |
| | 桃源洞村 | 3.9 | 6.1 | 9.0 | 15.2 | 18.5 | 22.0 | 23.8 | 22.8 | 20.0 | 14.5 | 10.7 | 6.9 | 14.4 | 19.9 |
| | 大院 | 2.9 | 4.9 | 8.6 | 13.4 | 16.0 | 19.6 | 20.8 | 20.3 | 17.2 | 11.2 | 7.4 | 5.2 | 12.3 | 17.9 |
| 平均最高气温 | 酃县县城 | 11.2 | 12.5 | 17.6 | 23.3 | 27.4 | 30.5 | 34.1 | 33.1 | 29.5 | 24.6 | 18.9 | 13.8 | 23.0 | |
| | 桃源洞村 | 7.8 | 10.3 | 13.6 | 20.5 | 23.5 | 27.3 | 29.7 | 27.9 | 24.3 | 20.4 | 16.7 | 12.4 | 19.5 | |
| | 大院 | 8.4 | 9.5 | 13.1 | 17.8 | 20.6 | 23.8 | 25.8 | 23.0 | 21.6 | 17.2 | 15.2 | 12.4 | 17.4 | |

续表

| 月份 | | 1 | 2 | 3 | 4 | 5 | 6 | 7 | 8 | 9 | 10 | 11 | 12 | 年平均 | 年较差 |
|---|---|---|---|---|---|---|---|---|---|---|---|---|---|---|---|
| 平均最低气温 | 鄠县县城 | 2.3 | 4.2 | 8.7 | 13.8 | 18.3 | 21.4 | 22.8 | 22.6 | 19.5 | 13.9 | 8.5 | 4.2 | 13.4 | |
| | 桃源洞村 | 1.5 | 3.1 | 6.0 | 11.3 | 15.1 | 19.1 | 19.8 | 19.5 | 17.2 | 10.7 | 6.9 | 3.7 | 11.2 | |
| | 大院 | −0.2 | 1.5 | 4.7 | 9.4 | 12.2 | 15.6 | 16.1 | 15.8 | 13.8 | 6.7 | 2.4 | 0.7 | 8.2 | |

从表5看出，森林公园内外的月平均气温、月平均最高气温均是7月最高、1月最低；年平均气温和气温年较差随着海拔升高而降低和减少。这说明森林公园境内海拔越高，夏季越凉爽宜人。

图1说明森林公园内各处全年各月的气温均低于县城；森林公园内外的气温差异夏季大、冬季小、春季最小，其原因主要是地形遮蔽所致；森林公园内春季气温高，回暖快，易形成春花烂漫的季相；可增添山野景色，吸引游客，对春游有利。

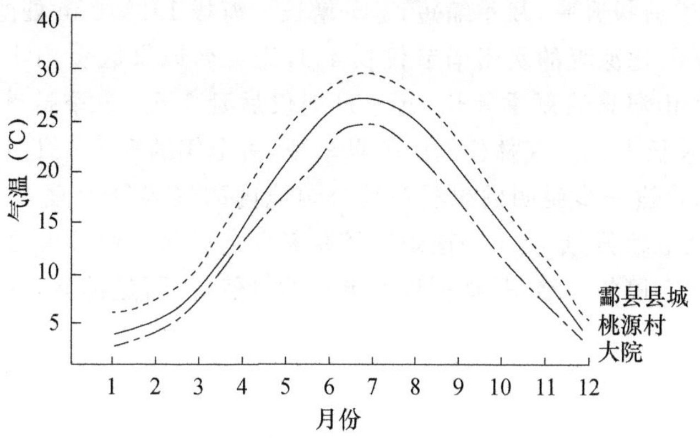


图1　森林公园内外的气温年变化曲线

森林公园内外的气温日较差大小随季节而异。低海拔的县城，夏季最大，秋季次之，春季较小，冬季最小；而公园境内高海拔处则冬季最大，1月可达12.7 ℃，春、秋季次之，4月10.5 ℃，10月11.0 ℃，夏季最小，7月为8.0～9.8 ℃。森林公园夏季日较差小的原因主要是在森林庇护下白天气温低、日最高气温低。这进一步说明了桃源洞森林公园夏季凉爽宜人。

桃源洞村的极端最高气温为34.5 ℃，出现在1990年8月16日，大院的极端最高气温为29.4 ℃，出现在1991年7月17日，县城的极端最高气温为38.5 ℃，出现在1971年7月26日和1979年7月28日。森林公园境内的极端最高气温低于县城，进一步说明了桃源洞国家森林公园境内夏无酷热，是避暑消夏的理想去处。

桃源洞村的极端最低气温为−9.0 ℃，大院的极端最低气温为−11.4 ℃，县城的极端最低气温为−9.3 ℃，均出现在1991年12月29日。冬季桃源洞村由于山体阻挡了冷空气，没有低海拔的县城那么寒冷。这说明桃源洞村、焦石一带具备建设旅游村的良好气温条件。

**2. 四季长短**

按照候平均气温低于10 ℃为冬季、高于22 ℃为夏季、10～22 ℃为春秋季的划分标准，森林公园内四季分明，但由于海拔和地形的不同，园内各景区的四季长短不一，起止日期差异大，详见表6。

**表 6 森林公园内外的候温季节划分**

| 地点 | 项目 | 春 | 夏 | 秋 | 冬 |
|---|---|---|---|---|---|
| 酃县县城（海拔 224.3 m） | 起始期(月-日) | 3-20 | 5-30 | 9-17 | 11-22 |
| | 终止期(月-日) | 5-29 | 9-16 | 11-21 | 3-19 |
| | 持续期(d) | 71 | 110 | 66 | 118 |
| 桃源洞村（海拔 841.6 m） | 起始期(月-日) | 4-10 | 6-6 | 8-23 | 11-2 |
| | 终止期(月-日) | 6-5 | 8-22 | 11-1 | 4-9 |
| | 持续期(d) | 57 | 78 | 71 | 159 |
| 大院（海拔 1325 m） | 起始期(月-日) | 3-31 | 7-11 | 7-30 | 10-10 |
| | 终止期(月-日) | 7-10 | 7-29 | 10-9 | 3-30 |
| | 持续期(d) | 102 | 19 | 72 | 172 |

由表 6 看出，随着海拔升高，夏季缩短，冬季增长。海拔 1325.0 m 处的大院候均气温高于 22 ℃的时间只有 19 d，比凉爽的贵州毕节仅长 4 d，比著名风景区黄山半山寺的夏季长 8 d；桃源洞村的夏季与黄山温泉的夏季等长，起止日期仅后延 1 d。冬季持续期大院比半山寺短 53 d，桃源洞村比温泉长 13 d。森林公园内的夏季短，占全年的 5%～21%，春、秋季长，占全年时间的 35%～48%，这进一步说明桃源洞森林公园境内的气候舒适宜人，可与大连、青岛、烟台等许多海滨疗养胜地媲美，是我国中南地区继张家界之后又一处难得的避暑疗养胜地，是夏季受酷热困扰的湖南人民的福地，是株洲地区宝贵的自然资源，是酃县人民的一项用之不尽的财富。

## (三)水分资源

### 1. 降水

无论是蒙蒙细雨还是急雨如注，烟雨笼罩中，山川、树林、房舍都改换了面目，朦朦胧胧，神秘莫测；雨过天晴，云绕群峰，山石如洗，空气清新；雨丝还可以唤起游人的多种情思，因此，降水不仅是主要的气象因素，而且是具有观赏功能的自然美景之一。

(1)降水量

一定高度内的山地，降水量有随海拔升高而增加的规律。桃源洞国家森林公园的这一降水特征十分明显。森林公园境内降水充沛，海拔 841.6 m 的桃源洞村年降水量1967.9 mm，比酃县县城多 481.2 mm，比株洲市多 550.6 mm；海拔 1325 m 的大院年降水量比桃源洞村多 197.3 mm，比酃县县城多 678.5 mm，比株洲市多 747.9 mm。在当地海拔每升高 100 m，年降水量增加 60.3 mm，是湖南的多雨区之一。最大降水强度为 129.6 mm/d。出现在 1984 年 9 月 1 日。降水量季节分配不均，4—6 月降水占全年的 42%，11 月至翌年 2 月仅占 11%。

(2)降水日数

降水日数的季节分配对旅游活动有重要影响。森林公园境内的年降水日数为 182.7～202.3 d。3 月最多(19～25 d)，10—11 月最少(7～11 d)。

森林公园内外的逐月降水量与降水日数见图 2。

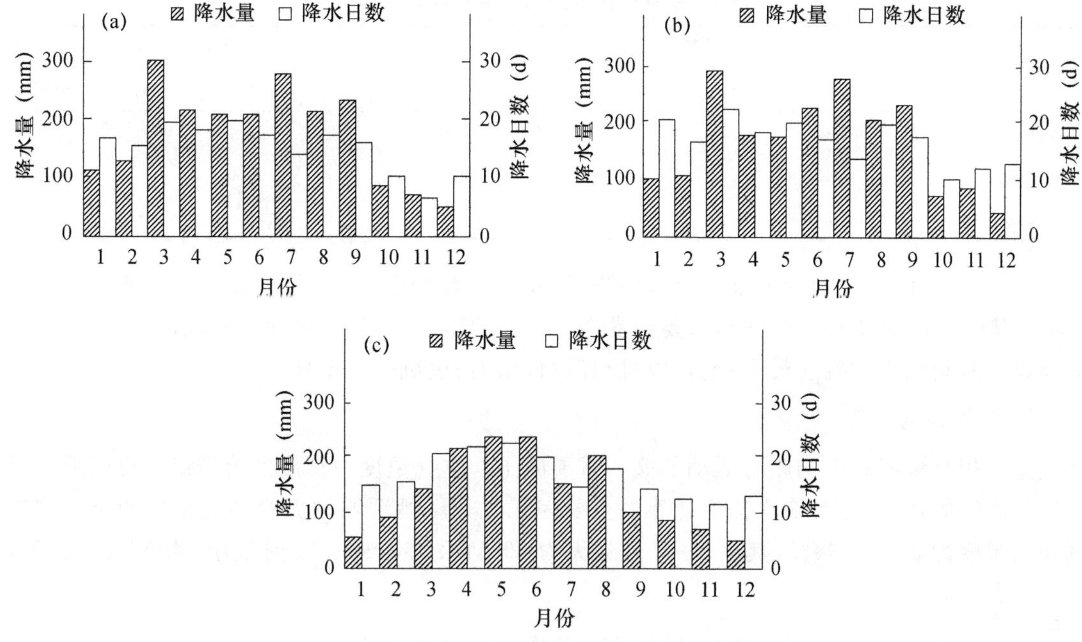


图 2　大院(a)、桃源洞村(b)、酃县县城(c)年降水量及降水日数

图 2a、b、c 分别是大院、桃源洞村及酃县县城的年降水量及降水日数。可以看出，森林公园境内，降水分布较均匀，全年各月均有降水，1—9 月的月降水量(图 2a、b)占全年的 90%以上；3 月降水量多，月降水量达到 305.0 mm 和 287.0 mm，分别占全年的 14%和 15%；7 月次多，月降水量分别是 274.4 mm 和 278.9 mm，占全年的 13%和 14%。图 2a、b 还可看出，森林公园境内不仅 3 月份降水量最多，而且降水日数亦是全年之冠，大院和桃源洞村 3 月的降水日数占全年的 10%和 11%；7 月份降水量虽多，其降水日数与 3 月份相比却比较少，只占全年的 7%和 6%，则说明 7 月的降水强度比 3 月份大，属全年之冠。

森林公园内降水充沛，季节分配均匀，降水变率较小，有利于植物生长发育，使植被丰富，景观秀丽，环境优雅；降水日数多，则雨景多、朦胧景观多，丰富了森林公园的观赏景观，提高了观赏效果。难怪我国古诗中留下了“雨中看山也莫嫌，只缘山色雨中添”的美句。

但是，降水量多、降水日数多也给旅游活动带来诸多不便。例如，山洪暴发、暴雨成灾、交通阻隔，绵绵细雨、道路泥泞、行走不便等都会给旅游活动带来困难。有些可以通过人为措施加以补救，有时则是力不可挡，造成旅游障碍。桃源洞国家森林公园内暴雨日数以桃源洞村最少，年平均 5.7 d，分布在 6—9 月，其中 6 月 0.7 d、7 月 2.3 d、8 月 1.0 d、9 月 1.7 d。暴雨时，旅游者应当随机应变，调整活动内容或旅游日程，避开这些暂时的不利影响，这样就不会影响总体旅游效果。

(3)降雪

雪是一种特殊降水现象，配合其他景观可以构成奇异的冰雪风光，堪称壮丽景观，招人喜爱，因此雪景富有极大的观赏价值。桃源洞森林公园的降雪集中在冬季和初春，12 月至翌年 3 月的各月降雪和积雪天数见表 7。

**表7　森林公园内外的降雪积雪天数(d)**

| 地点 | 降雪天数 | | | | | 积雪天数 | | | | |
|---|---|---|---|---|---|---|---|---|---|---|
| | 12月 | 1月 | 2月 | 3月 | 全年 | 12月 | 1月 | 2月 | 3月 | 全年 |
| 鄞县县城 | 0.8 | 2.7 | 2.5 | 0.2 | 6.2 | 0.2 | 0.8 | 1.4 | — | 2.5 |
| 桃源洞村 | 0.7 | 4.0 | 3.3 | 1.7 | 9.7 | — | 1.3 | 1.0 | — | 2.3 |
| 大院 | 0.7 | 2.0 | 1.7 | 0.3 | 4.7 | 1.3 | 1.0 | 1.0 | — | 3.3 |

由表7可知，桃源洞国家森林公园内降雪、积雪天数均少，最多的桃源洞村年降雪天数仅9.7 d，其中1月最多为4 d。因此，要观赏森林公园的雪景，必须把握观赏时机，选择合适的观赏地点。时间以1月机遇最多；地点以桃源洞村、焦石、皮坑一带最佳。

### 2. 空气相对湿度

空气相对湿度是影响旅游活动的又一重要因子。空气温度与湿度的恰当组合可以形成惬意的旅游气候环境，是影响人体舒适感的主要因子之一。桃源洞国家森林公园内的年平均空气相对湿度为86％～88％，其中1—3月最大为89％～92％，10—11月最小，为77％～84％，逐月分布见表8。

**表8　森林公园内外的空气相对湿度(％)**

| 月份 | 1 | 2 | 3 | 4 | 5 | 6 | 7 | 8 | 9 | 10 | 11 | 12 | 年平均 |
|---|---|---|---|---|---|---|---|---|---|---|---|---|---|
| 鄞县县城 | 82 | 83 | 84 | 83 | 84 | 84 | 80 | 83 | 84 | 83 | 82 | 82 | 83 |
| 桃源洞村 | 90 | 89 | 91 | 85 | 86 | 87 | 81 | 88 | 91 | 79 | 77 | 84 | 86 |
| 大院 | 92 | 90 | 92 | 86 | 87 | 86 | 85 | 90 | 92 | 84 | 82 | 86 | 88 |

由表8看出，桃源洞境内空气相对湿度全年偏大，用干燥度公式计算，其干燥度为0.41，按我国干燥度分级标准，桃源洞属高湿地区。究其原因：一是桃源洞境内溪流众多，水量大，水汽来源充足；二是森林茂密，蒸散大，进入空气的水汽多。由于桃源洞境内水汽十分充沛，各海拔高度的空气湿度差异小，见图3。

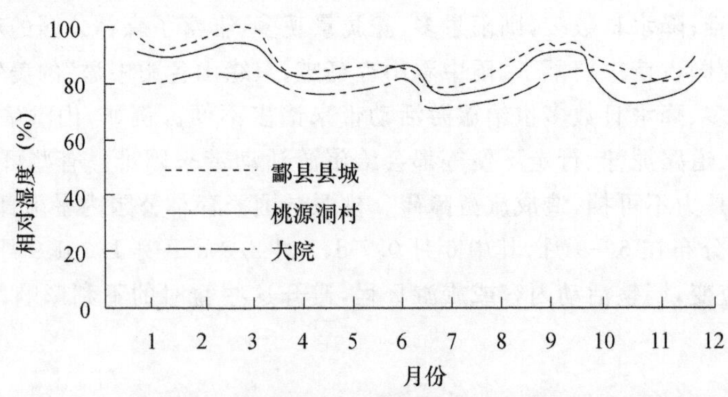


图3　森林公园内外的空气相对湿度

### 3. 云雾

“山无云则不秀”，山区云雾积聚，急剧流动，都会形成瞬息万变的云雾奇观，是吸引游人的一种胜景。桃源洞国家森林公园水汽充足、空气湿度大、云雾多，公园境内年雾日

170.7 d,比多雾的张家界多 45.7 d,最多的 1984 年多达 200 d,比庐山还多 8 d;雾日年内季节分配不均匀,7、8、9 月最少,月平均 6.7 d,其他各月均在 15 d 以上。平均 2.14 d 出现 1 个雾日。

桃源洞的云雾千姿百态、变幻莫测,是一种重要的气候景观。晴天上午,天高云淡,白云薄雾如丝如绢,缠绕在山腰,缭绕于山谷,忽而从山谷中冉冉升起,忽而从半空中轻轻掠过,飘柔多姿;雨后初晴,云雾阔如海、软如绵,俯瞰白云中的群山,就像大海中的群岛,白浪滚滚,上下翻腾,景色壮观;天将雨时,云雾倏忽而集,弥漫山峦,滔滔滚滚,飘飘随风,气势磅礴。在桃源洞观云雾,或仰视,或俯视,各有其乐。

### 4. 风向、风速

山区空气静稳,静风频率大。桃源洞国家森林公园内外,静风频率为 60%～69%,各海拔高度的风向如表 9、图 4 所示。

**表 9　森林公园内外的风向频率(%)**

| 地点 | N | NE | E | SE | S | SW | W | NW | C |
|---|---|---|---|---|---|---|---|---|---|
| 酃县县城 | 1 | 9 | 3 | 1 | 2 | 10 | 4 | 1 | 69 |
| 桃源洞村 | 4 | 3 | 1 | 1 | 1 | 4 | 9 | 16 | 62 |
| 大院 | 0 | 3 | 10 | 1 | 1 | 12 | 11 | 1 | 60 |

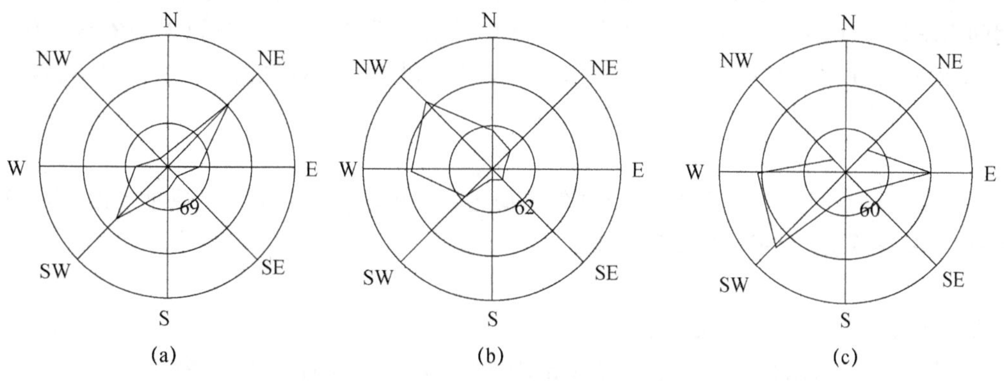


图 4　桃源洞国家森林公园风向频率图

(a)酃县县城;(b)桃源洞村;(c)大院

桃源洞村静风频率 62%,其他各风向频率以西北风频率最大,为 16%,其次是西风,频率为 9%,再次是西南风和北风,频率均是 4%。大院多静风、西南风和西风,频率分别为 60%、12%和 11%。7 月多西南风,1 月多东北风。各景区风向与地形有关。

森林公园内的风速小,年平均风速比园外小 0.8～1.1 m/s,各月平均风速见表 10。

**表 10　森林公园内外的各月平均风速(m/s)**

| 月份 | 1 | 2 | 3 | 4 | 5 | 6 | 7 | 8 | 9 | 10 | 11 | 12 | 年平均 |
|---|---|---|---|---|---|---|---|---|---|---|---|---|---|
| 酃县县城 | 2.0 | 2.1 | 2.0 | 1.9 | 1.8 | 1.5 | 1.4 | 1.4 | 1.7 | 1.8 | 1.9 | 1.9 | 1.8 |
| 桃源洞村 | 0.7 | 0.8 | 0.9 | 0.7 | 0.8 | 0.6 | 0.7 | 0.6 | 0.6 | 0.9 | 0.9 | 1.0 | 0.7 |
| 大院 | 0.8 | 0.9 | 1.0 | 1.3 | 1.0 | 1.0 | 1.5 | 0.8 | 0.9 | 1.0 | 1.0 | 0.9 | 1.0 |

由表 10 可见，桃源洞国家森林公园内各月的风速均小于园外。其中桃源洞村比酃县县城1月小 1.3 m/s，4 月小 1.3 m/s，7 月小 0.7 m/s，10 月小 0.9 m/s。森林公园内由于山体阻挡，空气静稳，风力微弱，对人体健康有利。

**5. 旅游的气象气候影响**

冷、热、干、湿、风、云、雨、雪等要素虽有直接造景功能，但其中的严寒、炎热、台风、寒潮、冰雹、灾害性雷暴雨等天气现象，不仅无造景功能，反而会破坏自然景观，影响旅游活动。桃源洞国家森林公园的旅游气象障碍主要是冰冻，其次是暴雨、洪涝。

(1)冰冻

冰冻是一种破坏性很大的灾害性天气。根据 1958—1981 年的 24 年统计资料，酃县几乎年年有冰冻，出现时间 12 月至翌年 2 月。海拔 1325 m 处的最长持续时间 36 d。一般山区的冰冻强度大，持续时间长。冰冻期间，天冷路滑，行车困难，妨碍旅游，应特别注意旅游交通安全。

(2)暴雨洪涝

按国家气象局的降水强度标准，酃县暴雨较多。1958—1981 年间出现 67 次暴雨，其中4—8 月出现 56 次，占总次数的 84%，大暴雨仅出现 4 次，平均 6 年出现 1 次。暴雨易引起山洪暴发。酃县气象站按照“4—9 月期间任意 10 d 总雨量≥200 mm 或 4—9 月降雨量比常年同期多 2 成以上，或 4—6 月降雨量比常年同期多 3 成以上称为洪涝”的标准，酃县 1958—1981 年期间出现过 9 次洪涝，平均 3～4 年一遇。暴雨洪涝阻碍交通，甚至危及人们安全。旅游途中，观赏雨景应注意选择安全的观赏位置；若遇暴雨山洪，千万不要抢渡，山溪涨得猛、落得快，改变一下活动内容，暂避险峰，即可保障旅游安全。

(3)冰雹

冰雹是一种少见的自然灾害，据酃县气象局记载，1958—1981 年间出现过 6 次，多出现在春末夏初，秋季仅 1966 年 9 月出现过 1 次。

(4)大风

按照风速≥17 m/s 或瞬时风力 8 级以上为大风标准，酃县城 1958—1981 年的 24 年间有17 年出现过大风，共出现 71 次，平均每年出现 3 次，以 7、8、9 月较多。森林公园境内由于山脉阻挡，少有大风。

## 五、结论

(1)桃源洞国家森林公园境内太阳辐射少，日照时数少，年平均气温较低，气温年较差小，云雾降水多，空气相对湿度大，风向随季节而改变，静风多，风速小，具有亚热带季风湿润气候区山地气候特征，适宜开展多种旅游活动，旅游气候资源丰富，应当积极开发利用并加强保护。

(2)森林公园境内的气候要素有随着海拔升高而气温降低、气温年较差减少、降水量及降水日数增多、夏季持续期缩短、冬季持续期增长、生长期短、霜期长的规律。气候状况垂直变化大，景观季相特征明显，一山有四季。

(3)森林公园境内四季分明，冬季寒冷，夏季凉爽，空气湿润清新，是避暑消夏、疗养休假的福地。

(4)森林公园境内云景、雾景、雨景、雪景等气象景观丰富多彩、变化万千，是观光、猎奇、研究自然的胜地。

(5)森林公园境内冬季有冰冻，春末夏初有过冰雹，夏季有暴雨洪涝等旅游障碍，旅游者应根据当地气候特征合理安排旅游项目，选择适当观赏位置，把握观赏时机，善于趋利避害，获得最佳旅游效果。

(1993 年 11 月)

# 湖南阳明山国家森林公园的旅游气候资源研究*

吴章文

**摘　要**:阳明山国家森林公园海拔 610～1624.6 m,面积 11268 $hm^2$,森林覆盖率 94%。境内年平均气温 12.0～14.9 ℃,比邻近的双牌县城低 2.7～5.6 ℃。夏季(6、7、8 月)气温比邻近的双牌县城、永州市区、桂林市区低 3.6～4.8 ℃,炎热日少 74～87 d,暑热日少 16～35 d,无酷暑日,是湘桂边境热州上的"凉岛"、避暑消夏胜地。

**关键词**:阳明山;森林公园;气候资源

## 一、基本情况

阳明山位于双牌县东北部,属南岭山系支脉,是国营阳明山林场所在地,1992 年经林业部批准,建立阳明山国家森林公园(以下简称阳明山)。地理位置为北纬 26°02′00″～26°06′15″,东经 111°51′36″～111°57′36″,海拔高度 610～1624.6 m。阳明山在地质上主要为下古生界奥陶系变质岩类,有中生界印支期花岗岩体入侵。阳明山耸立于群山之中,地势东高西低,山岭受切割甚剧,地貌破碎,峰峦起伏,沟谷纵横,溪流密布,地形复杂,气候垂直变化大。植被茂盛,森林覆盖率 94%。

## 二、资料来源

海拔 900 m 左右的黄柏洞位于阳明山中部,地形开阔,是阳明山的交通、经济、文化、政治活动中心,阳明山林场曾在海拔 924 m 处设立山区气象哨,观测场位置适宜,有较强的代表性,观测资料由双牌县气象站保存。在双牌县政府专家办公室的大力支持下,双牌县气象局为阳明山总体规划提供了黄柏洞气象哨和双牌气象站 1980—1981 年的有关资料;永州市、株洲市的气象资料由规划组从有关部门获得;其他台站的对比资料从《中国地面气候资料》中查取;气象灾害资料引自双牌县《农业气候资源调查及区划报告》。

## 三、气候特征

阳明山位于中亚热带季风湿润气候区,气候垂直变化大,根据黄柏洞气象哨的观测资料分析,阳明山气候有如下特征。

---

* 本文原载于《经济地理》,1995,15(6):145-148.

## (一)气温

阳明山年平均气温 14.2 ℃,平均最高气温 19.0 ℃,平均最低气温 10.3 ℃;绝对最高气温 36.0 ℃,出现在 1982 年 5 月 25 日,绝对最低气温－10.0 ℃,出现在 1980 年 1 月 31 日;1 月最冷月平均气温 3.9 ℃,7、8 月最热,月平均气温均为 23.6 ℃,气温年较差 19.7 ℃。随着海拔升高,气温降低,各月气温垂直递减率列入表 1。

**表 1　阳明山的气温垂直递减率(℃/100 m)**

| 月份 | 1 | 2 | 3 | 4 | 5 | 6 | 7 | 8 | 9 | 10 | 11 | 12 | 全年 |
|---|---|---|---|---|---|---|---|---|---|---|---|---|---|
| 递减率 | 0.30 | 0.40 | 0.29 | 0.37 | 0.56 | 0.62 | 0.61 | 0.52 | 0.62 | 0.48 | 0.49 | 0.48 | 0.48 |

根据表 1 的气温垂直递减率计算出阳明山主要景点的逐月平均气温,见表 2。

**表 2　阳明山主要景点的逐月平均气温表(℃)**

| 月份 | 1 月 | 2 月 | 3 月 | 4 月 | 5 月 | 6 月 | 7 月 | 8 月 | 9 月 | 10 月 | 11 月 | 12 月 | 全年 |
|---|---|---|---|---|---|---|---|---|---|---|---|---|---|
| 双江口(海拔 745 m) | 4.1 | 5.3 | 10.4 | 15.7 | 18.7 | 22.4 | 24.9 | 24.3 | 20.2 | 16.3 | 10.3 | 5.8 | 14.9 |
| 黄柏洞(海拔 924 m) | 3.9 | 4.5 | 10.2 | 14.9 | 18.4 | 21.5 | 23.6 | 23.6 | 20.5 | 15.6 | 10.0 | 4.4 | 14.2 |
| 万寿寺(海拔 1350 m) | 2.4 | 2.9 | 8.7 | 13.5 | 15.4 | 18.6 | 21.2 | 21.3 | 16.5 | 13.4 | 7.3 | 2.9 | 12.0 |
| 双牌县(海拔 168 m) | 5.9 | 7.7 | 12.1 | 17.8 | 21.9 | 26.0 | 28.4 | 27.2 | 23.8 | 19.0 | 13.1 | 8.5 | 17.6 |

由表 2 得知,阳明山境内由于海拔高,植被丰富,全年的气温低于双牌县城,冬季低1.8～4.8 ℃,春季低 2.1～6.5 ℃,夏季低 3.5～7.4 ℃,秋季低 2.7～5.8 ℃,年平均气温比县城低 2.7～5.6 ℃。可见,冬季冷、夏季凉是阳明山的主要气候特征之一。

与邻近地区相比较,阳明山夏季的旅游气候优势十分突出。阳明山不仅各月平均气温、年平均气温、绝对最高气温和绝对最低气温比邻近地区低,尤其是夏季气温比邻近地区低的幅度更大,见表 3、图 1。

**表 3　阳明山与邻近地区夏季气温比较**

| 项目 | 6 月(℃) | 7 月(℃) | 8 月(℃) | 年较差(℃) | 绝对最高气温(℃) | 日最高气温≥30.0 ℃天数(d) | 日最高气温≥35.0 ℃天数(d) | 日最高气温≥40.0 ℃天数(d) | 年份 |
|---|---|---|---|---|---|---|---|---|---|
| 阳明山 | 21.5 | 23.6 | 23.6 | 19.7 | 36.0 | 23.5 | 0.3 | 0.0 | 1980—1982 年 |
| 双牌县 | 26.0 | 28.4 | 27.2 | 22.5 | 38.3 | 97.5 | 23.0 | 0.0 | 1971—1990 年 |
| 差值 | －4.5 | －4.8 | －3.6 | －2.8 | －2.3 | －74.0 | －22.7 | 0.0 | |
| 永州市 | 26.0 | 29.2 | 28.6 | 24.3 | 43.7 | 108.1 | 35.0 | 1.4 | 1954—1970 年 |
| 差值 | －4.5 | －5.6 | －4.7 | －4.6 | －7.7 | －84.6 | －34.7 | －1.4 | |
| 桂林市 | 26.2 | 28.3 | 27.7 | 20.4 | 39.4 | 110.4 | 16.2 | 0.0 | 1951—1970 年 |
| 差值 | －4.7 | －4.7 | －4.1 | －0.7 | －3.4 | －86.9 | －15.9 | 0.0 | |

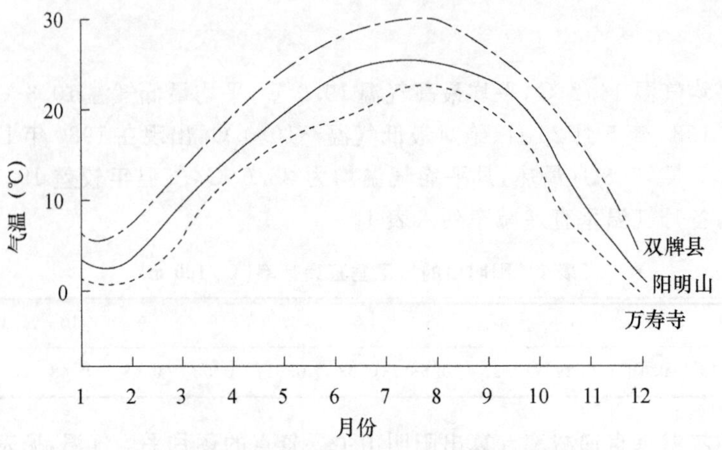


图 1 阳明山气温年变化曲线

表 3 说明，阳明山夏季各月的月平均气温比邻近的双牌、永州、桂林低 3.6～5.6 ℃，绝对最高气温低 7.7 ℃，日最高气温高于 30.0 ℃的日数少 74.0～86.9 d，日最高气温高于 35 ℃的日数少 15.9～34.7 d。此外，永州市 1954—1970 年期间出现过 27 次日最高气温高于40.0 ℃的日数，平均每年 1.4 d。

根据武汉气象台的研究，日最高气温高于 37.0 ℃时，中暑的人数急剧增加，建议将高于 32.0 ℃的日子作为“暑热日”指标，日最高气温高于 37.0 ℃作为“酷暑日”指标，按照这个标准，阳明山“暑热日”极少，无“酷暑日”，堪称湘桂边境“热洲”上的“凉岛”，是人们避暑消夏的理想去处。

按照候平均气温低于 10.0 ℃为冬季、高于 22.0 ℃为夏季、10.0～22.0 ℃为春秋季的划分标准，阳明山 3 月 11 日入春，6 月 8 日入夏，9 月 8 日秋季开始，11 月 22 日进入冬季。春、夏、秋、冬四季分别为 89、92、75 和 109 d，四季分配比较均匀，见表 4。

**表 4 阳明山的四季分配**

| 季节 | 初日（日/月） | 终日（日/月） | 天数(d) |
|---|---|---|---|
| 春季 | 11/3 | 7/6 | 89 |
| 夏季 | 8/6 | 7/9 | 92 |
| 秋季 | 8/9 | 21/11 | 75 |
| 冬季 | 22/11 | 10/3 | 109 |

## (二)降水季节和空气相对湿度

阳明山年降水量 1607.5 mm，全年各月均有降水，5 月最多，月降水量高达 262.0 mm，12 月最少，降水量仅有 48.6 mm，降水量的逐月分布见图 2 和表 8。

由图 2 看出，阳明山秋、冬、春三个季节降水量虽少，但降水日数较多，年降水日数 159 d，4 月份的降水日数居全年之冠，多达 20 d，9 月份只有 9 d，一次连续降水日数可长达 8 d。夏季降水量多，降水强度大，最大降水强度为 196.3 mm/d，出现在 1981 年 7 月 21 日。按照统计季节分配，夏季降水量占全年的 38%，降水日数却只占 25%，各季分配状况见表 5。

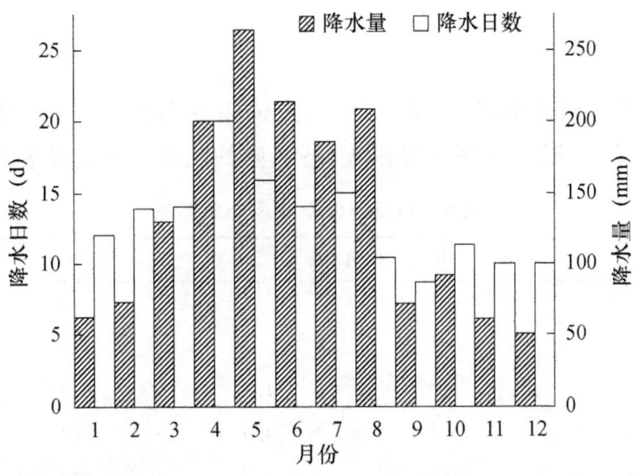


图 2　阳明山年内降水分布图

**表 5　阳明山降水的季节分配**

| 项目 | 春 | 夏 | 秋 | 冬 | 全年 |
|---|---|---|---|---|---|
| 降水量占比(%) | 37 | 38 | 14 | 11 | 100 |
| 降水日数占比(%) | 33 | 25 | 19 | 23 | 100 |
| 最大降水强度(mm/d) | 59.7 | 196.3 | 46.5 | 45.9 | 196.3 |
| 出现时间(年-月-日) | 1982-4-21 | 1981-7-21 | 1982-10-17 | 1980-2-26 | 1981-7-21 |

从表 5 可知，阳明山降水季节分配不均匀，春、夏两季多雨，降水量占全年的 75%，降水日数占全年的 58%；秋季降水量较少，占全年的 14%，降水日数最少，占全年的 19%；冬季降水量最少，仅占全年的 11%。秋季降水日数少，有利于开展登山旅游活动。

阳明山降水的年际变化大，最多年降水量 2030 mm，最少年降水量 1046 mm，相对变率为 26%和－35%。这说明阳明山的旱重于涝。年降水量 1333 mm 以上的保证率可达 80%。

阳明山由于海拔高、气温低，降水充沛，地表溪河潭瀑众多，水汽来源充足，因此空气潮湿，年平均相对湿度高达 87%，5、8、9 月的空气相对湿度均在 90%以上，空气相对湿度最小的 11 月也有 82%。比永州市大 4%～15%，见图 3。

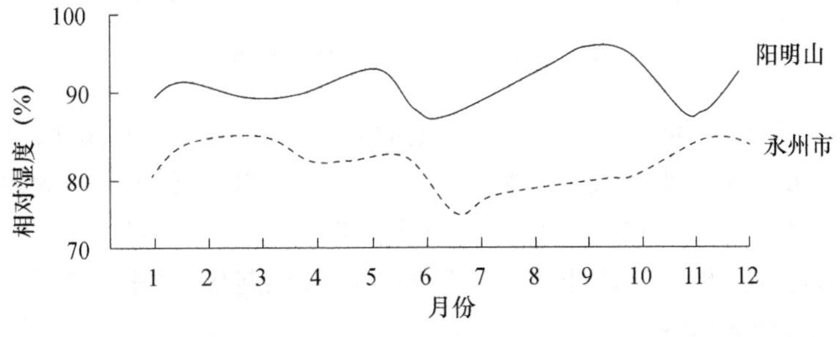


图 3　阳明山空气相对湿度年变化曲线

阳明山气温低，晴天少(全年 50 d)，空气相对湿度大，衣物、被褥不易晾干，因此阳明山的旅店、宾馆、招待所应配置通风和干燥设施，保持各种旅游设施及旅客衣物的干洁，增加旅游舒适感，减免细菌繁殖。

## (三)风向风速

阳明山静风多，平均风速小，瞬时风力大，年静风频率 78%，年平均风速 1.0 m/s，最大风速 18.0 m/s，各月平均风速、最大风速见附表，各风向的频率及风速见表 6。

表 6　阳明山各季节风向风速表

| | 方位 | NE | E | SE | S | SW | W | NW | N | C |
|---|---|---|---|---|---|---|---|---|---|---|
| 1 月 | 风向频率(%) | | 2.0 | | | | 2.0 | 6.0 | 22.0 | 68.0 |
| | 平均风速(m/s) | | 5.5 | | | | 8.0 | 3.7 | 2.7 | 0.0 |
| 4 月 | 风向频率(%) | | 1.0 | | 1.0 | | 6.0 | 3.0 | 10.0 | 79.0 |
| | 平均风速(m/s) | | 2.0 | | 3.0 | | 4.7 | 4.3 | 3.0 | 0.0 |
| 7 月 | 风向频率(%) | | | | 6.0 | 4.0 | 2.0 | | 4.0 | 84.0 |
| | 平均风速(m/s) | | | | 2.0 | 7.3 | 5.0 | | 4.8 | 0.0 |
| 10 月 | 风向频率(%) | | | 2.0 | 1.0 | 2.0 | 14.0 | 1.0 | | 80.0 |
| | 平均风速(m/s) | | | 3.0 | 2.0 | 5.0 | 4.1 | 2.0 | | 0.0 |
| 全年 | 风向频率(%) | | 2.0 | 1.0 | 1.0 | 2.0 | 6.0 | 3.0 | 7.0 | 78.0 |
| | 平均风速(m/s) | | 3.8 | 0.7 | 1.8 | 6.2 | 5.5 | 2.5 | 3.1 | 0.0 |

由表 6 看出，阳明山 1 月偏北风频率达 28%，风速 2.7～3.7 m/s；7 月偏南风频率 10%，风速 2.0～7.3 m/s，有较明显的主风方向。风向随季节而转换的季风气候特征明显。见图 4。

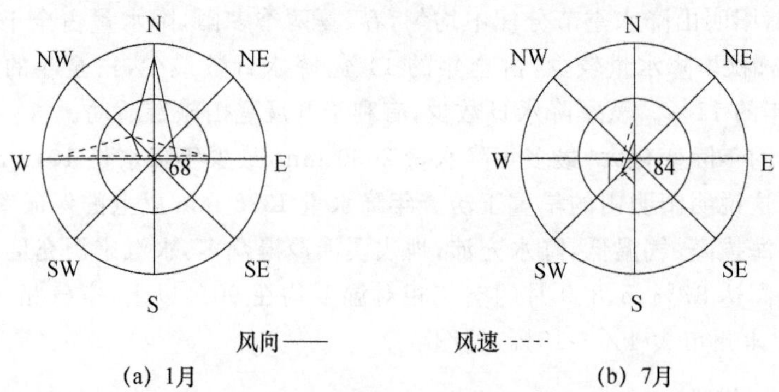


(a) 1月　　(b) 7月

图 4　阳明山的风向、风速频率图

阳明山瞬时风力大，全年各月都有 4 级以上的和风、清劲风、强风、疾风出现，个别年份有 8 级以上的大风出现。人们把日最大风速≥10.8 m/s(6 级以上)的大风作为旅游不利天气，阳明山这种天气出现频率极小，仅 0.006%，而且多分布在冬季和初春时节，对旅游影响较小。小于 6 级的疾风、清劲风出现时，树枝摇摆，茫茫林海，波浪起伏，呼呼有声，能给旅游者带来视觉和听觉美的享受，令人陶醉。

## (四)日照

由于地形遮蔽和森林覆盖，9 月份阳明山的实际日照时数比双牌县城少 1.26～1.67 h。

阳明山由于地形和森林覆盖，日照时间短，年日照时数少。根据考察结果计算，阳明山的年日照时数坡地 1123.4 h、谷地 1022.2 h，属于少日照地区，坡地仅比贵州锦屏多 70.1 h，谷地比锦屏少 31.1 h，其逐月分布见表 7，主要气候要素逐月分布见表 8。

**表 7　阳明山的日照时数逐月分布(h)**

| 月份 | 1 | 2 | 3 | 4 | 5 | 6 | 7 | 8 | 9 | 10 | 11 | 12 | 全年 |
|---|---|---|---|---|---|---|---|---|---|---|---|---|---|
| 坡地 | 53.3 | 42.0 | 51.6 | 62.2 | 78.2 | 109.9 | 177.6 | 153.2 | 116.6 | 101.0 | 98.9 | 79.1 | 1123.4 |
| 谷地 | 48.6 | 38.2 | 47.0 | 56.6 | 71.2 | 99.8 | 161.3 | 139.1 | 106.2 | 91.9 | 90.1 | 72.2 | 1022.2 |

**表 8　阳明山主要气候要素逐月分布**

| 月份 | | 1 | 2 | 3 | 4 | 5 | 6 | 7 | 8 | 9 | 10 | 11 | 12 | 全年 |
|---|---|---|---|---|---|---|---|---|---|---|---|---|---|---|
| 气温(℃) | 平均 | 3.9 | 4.5 | 10.2 | 14.9 | 18.4 | 21.5 | 23.6 | 23.6 | 20.0 | 15.6 | 10.0 | 4.4 | 14.2 |
| | 平均最高 | 8.3 | 6.7 | 13.6 | 19.2 | 23.5 | 26.9 | 28.5 | 28.7 | 24.5 | 21.5 | 15.9 | 10.8 | 19.0 |
| | 平均最低 | 0.5 | 0.7 | 5.5 | 10.2 | 14.3 | 18.9 | 20.5 | 21.0 | 15.5 | 12.3 | 4.4 | −0.2 | 10.3 |
| | 绝对最高 | 18.2 | 19.0 | 24.0 | 28.5 | 30.5 | 33.7 | 32.7 | 36.0 | 29.5 | 30.0 | 22.0 | 18.0 | 36.0 |
| | 出现日期 | 25 | 24 | 31 | 28 | 7 | 22 | 17 | 25 | 2 | 8 | 3 | 28 | 25/8 |
| | 年份 | 1982 | 1981 | 1981 | 1981 | 1981 | 1981 | 1981 | 1982 | 1982 | 1980 | 1982 | 1981 | 1982 |
| | 绝对最低 | −10.0 | −7.0 | −0.4 | −0.2 | 6.1 | 8.5 | 16.5 | 16.7 | 9.5 | −0.5 | −1.4 | −8.3 | −10.0 |
| | 出现日期 | 31 | 5 | 5 | 15 | 3 | 12 | 6 | 8 | 12 | 26 | 10 | 27 | 31/1 |
| | 年份 | 1980 | 1980 | 1981 | 1980 | 1981 | 1981 | 1980 | 1980 | 1980 | 1980 | 1981 | 1982 | 1980 |
| 降水量(mm) | | 63.8 | 72.3 | 127.4 | 198.9 | 262.0 | 218.6 | 184.1 | 211.2 | 69.1 | 93.4 | 58.1 | 48.6 | 1670.5 |
| 降水日数(d) | | 12 | 14 | 16 | 20 | 16 | 14 | 15 | 11 | 9 | 12 | 10 | 10 | 159 |
| 空气湿度(%) | | 87 | 89 | 88 | 89 | 90 | 85 | 81 | 90 | 91 | 88 | 82 | 88 | 87 |
| 风向 | | NW | W | NW | N | NW | NW | N | SE | W | NW | NW | NW | NW |
| 风速(m/s) | 最大 | 10.0 | 10.0 | 18.0 | 12.0 | 11.0 | 11.0 | 9.0 | 6.0 | 7.0 | 10.0 | 10.0 | 9.0 | 18.0 |
| | 平均 | 1.0 | 0.9 | 1.5 | 1.1 | 0.9 | 1.3 | 1.0 | 0.8 | 0.5 | 1.0 | 0.9 | 1.0 | 1.0 |
| 晴天日数(d) | | 4 | 1 | 0 | 1 | 4 | 2 | 7 | 9 | 4 | 2 | 5 | 11 | 50 |
| 阴天日数(d) | | 15 | 13 | 15 | 9 | 11 | 14 | 9 | 11 | 17 | 17 | 15 | 10 | 156 |

## (五)气象景观

(1)雨景。阳明山降水日数 159 d，春季多连阴雨，夏季多阵雨，往往是瞬间变幻，几小时之前还是晴空万里，即时就落下倾盆大雨，由艳阳蓝天转化为阴霭雨景。昨日还是炎热如火、挥汗如雨，今日却是风声瑟瑟、凉意沁沁。山区气候的多变和速变，丰富了旅游观赏内容。无论是春天的蒙蒙细雨，还是夏天的急雨如注，那山野、树木、村舍忽隐忽现，神秘莫测，这种雨中的朦胧美更为丰富。雨过天晴,碧空如洗,青山如画,森林增绿,新鲜空气,沁人肺腑,令人陶醉。

(2)云景。据双牌县《农业气候资源调查及区划报告》记载,阳明山年雾日200多天,常有“人在云海走,雾在脚下飞”的美景出现。这种云雾景观既反映了山地气候多变的特点,也增添了山区旅游观赏的美感。“山无云则不秀”,由于这一原因,自古以来云雾被列为重要景观。在阳明山,夏季时常可见急剧运行、奔腾上下、波澜壮阔的云海怒潮,令观赏者心潮澎湃、豪情横溢。

(3)冰雪景。阳明山山高气温低,气候垂直变化大,常出现“山下开桃花,山上飘雪花”“清明时节雪纷纷,山下繁花山上晶”的立体景观。阳明山每年都有飞雪和积雪天气。冰雪与森林、山体、村舍组合成一幅幅美丽的画卷,这种“银装素裹”“林海雪原”的冰雪世界是一种天然美景,具有极大的观赏价值,葱翠的松竹与洁白的雪交相辉映,构成壮丽晶莹、格外迷人的冰雪景观。阳明山森林公园应当充分利用这一景观,吸引少雪地区的游客来观赏雪景。

(4)雨凇景。雨凇是一种过冷却的雨滴或毛毛雨滴落在地面和近地面物体上很快冻结起来的透明或半透明状的冰层,密度小时为混浊而无光泽的冰层,密度大时为透明的冰层,被人们称为“玻璃世界”,堪称一景。阳明山年年有雨凇,雨凇连续时间3～9 d,历史上最长的达70多天(1923年)。阳明山的黄柏洞、陈家有较宽阔的盆地,可以利用这种气候景观资源,建立冬季天然冰场,组织冰雪旅游和滑冰活动,变不利因素为有利因素,以此来丰富冬季旅游活动内容,调节旅游淡旺季。

(5)松涛风。风是气候变化的主要因素之一,虽然看不见、摸不着,既无形象,又无色彩,但可以通过人的感官感受其美,因此风有直接造景功能。“下关风”是大理四绝之一,“白水秋风”是峨眉山十景之一,黄柏洞的“松涛风”也应该成为阳明山的佳景之一。1993年5月和7月,笔者曾在阳明山宾馆小憩,早晨走出户门,只见小草摇动,树叶微响,阵阵和风扑面而来,顿觉清爽舒展、惬情快意。天气晴朗的盛夏,轻轻谷风伴随着蝉鸣鸟叫,滚滚松涛,呼呼有声,给人雄劲广阔之美感。

## (六)气象障碍

气象和气候条件是开展旅游活动的双重因子:适宜的气候可以促进旅游活动;恶劣的天气给旅游活动带来困难。一次出游往往并非都遇到好天气,也并非都遇上坏天气,很可能好坏天气都有,因此安排旅游日程时,要把气象气候因素考虑进去,应该有应对不测风云的准备。

阳明山有干旱、洪涝、冰冻、雪压等多种气象灾害,其中成为旅游障碍的气象气候因子主要有如下几种。

(1)大雨和暴雨。阳明山1980—1982年间降水464次,其中日降水量≥30 mm的大雨有11次,出现频率为2.4%;≥50 mm的暴雨7次,频率为1.5%,≥100 mm的大暴雨3次,平均每年1次,频率小于1%,多出现在夏季。据记载,1976年8月一次暴雨,日雨量151.6 mm,连续雨量311.4 mm,冲毁良田4亩*、房屋4座;1976年5月一次暴雨,日雨量83.9 mm,连续雨量222.5 mm,造成黄柏洞一片汪洋,欧阳承海家进水1 m多深。阳明山大雨和暴雨出现频率虽小(<9%),但因此而造成的旅游交通障碍不可忽视。

(2)冰冻和雪。阳明山从11月底至翌年3月,月月有冰冻。冰冻既可造景,又可毁景;既

* 1亩≈666.67 $m^2$。

可成为旅游观赏资源，又会妨碍旅游交通。1923、1935、1944、1954、1964、1969、1976、1982 年是冰冻较严重的年份，其中 1923 年冰冻 70 多天，河面能走路，鱼虾全冻死，树木压翻蔸，这既妨碍了旅游交通，又破坏了自然景观，此时应特别注意交通安全，谨防交通事故发生。

(3)低云和浓雾。云雾飘浮可构成美景胜景，有观赏价值，但茫茫雾海也会降低能见度，造成行车障碍，妨碍旅游者的观赏活动，阳明山山高、坡陡、雾多，游览时要注意安全，避免事故。

## 四、结论和建议

(1)阳明山国家森林公园位于中亚热带季风湿润气候区，具有典型的山地气候特征，日照少、气温低、湿度大、云雾降水多、瞬时风速大、气候垂直变化大、气温年较差小是其主要气候特点。

(2)阳明山四季分明，夏季凉爽，冬有积雪。雨景、云景、雾景、雪景、雨凇景、松涛风等气象气候景观丰富，是其开展观光、避暑、度假、滑冰、游乐等多项旅游活动的气候资源优势，应当充分开发利用，在利用中积极保护，以求永续利用。

(3)阳明山阴冷潮湿，有暴雨、大风、冰冻、雪压等旅游气象气候障碍。旅游者住地应配置通风、干燥及烘烤衣物设施，克服不利气候因素对旅游活动的影响，提高旅游者的舒适感；应根据天气和气候特征安排旅游日程和内容；加强旅游和交通安全教育，增强安全意识，避免旅游事故。

(4)建立阳明山气象站，做好山区天气预报，正确引导旅游活动，充分发挥阳明山的旅游气候优势，提高旅游的经济效益、社会效益和生态效益。

(1995 年 12 月)

# 广州流溪河国家森林公园旅游气候资源考察报告*

吴章文

## 一、考察目的

流溪河国家森林公园（以下简称流溪河）位于广州市东北部从化市境内，距广州市区93 km，是广州市从化温泉流溪河风景度假区的重要组成部分，面积8331 $hm^2$，其中流溪湖水库面积1466.6 $hm^2$、山地丘陵面积6031.9 $hm^2$、森林覆盖率86%。公园境内森林茂密，山峦起伏，波光粼粼，山水相依，美不胜收。

气候因素是旅游环境中很重要的方面，而且是旅游者到达旅游地之后首先感觉到和始终摆脱不开的因素。

为了将流溪河建设成为世界一流的风景度假区，我们受广州市林业局、流溪河林场和流溪河国家森林公园的委托，对流溪河的旅游气候进行了考察研究，其目的是开发利用其优势，选择适宜游憩度假的气候环境，避免不利因素，满足旅游者的身心需求。

## 二、考察方法

小气候考察采用短期定位观测与台站资料相结合的方法，在公园境内小漓江、虎爪岗、南山湾、三椏塘、五指山五个景点的林冠下和裸露地段设置10个小气候观测点，从1992年10月8日至11日连续四昼夜逐时正点观测地面0 cm、离地20 cm和150 cm高度处的气温、空气相对湿度、风向风速、日出和日落时间、总云量及天气现象，三椏塘和五指山测点还观测了光照强度。观测工作由中南林学院训练有素的专业人员完成；仪器全部采用鉴定有效期内国家定型产品；搜集了流溪湖水文气象站（简称水库站）、从化县气象站、广州市气象局观象台同期观测记录值作为对比资料。

气候资料由流溪河林场从水库站、从化县站和广州市气象局获得，取近30年统计值。广州市的气候资料从中央气象局编制的1959—1970年《中国地面气候资料》中查取，资料按有关规范要求整理，并以水库站为基本站，推算了5个主要景点的气温值。

---

* 本文原载于《广州市流溪河国家森林公园总体规划》（1996年）专题调查报告。

①外业工作得到中国林业科学研究院热带林业研究所曾庆波高级工程师的支持，致谢！

②参加野外观测的有中南林学院吴章文、赵仲辉、尹少华、曾志新、尹世红、黄秀芬，流溪河林场钟秀伟、温国新、朱桂山、温东强、何进华、欧路军、梁亚初、郭永忠等15人。

## 三、考察结果

流溪河国家森林公园位于东经 113°45′～113°54′，北纬 23°32′～23°50′，属亚热带季风气候，温高湿重，雨量充沛，无霜期长，是其气候基本特征。由于流溪河境内山峦起伏，溪流纵横，湖水宽阔，地形复杂，森林茂密，植被覆盖率达 86%，具有明显的山地气候特征，各个景点的森林小气候和水域小气候优越。其主要气候要素值见表 1。

表 1　流溪河水库站气候要素(1959—1991 年)

| 月份 | | 1 月 | 2 月 | 3 月 | 4 月 | 5 月 | 6 月 | 7 月 | 8 月 | 9 月 | 10 月 | 11 月 | 12 月 | 全年 |
|---|---|---|---|---|---|---|---|---|---|---|---|---|---|---|
| 气温(℃) | 多年平均 | 11.5 | 12.7 | 16.3 | 19.9 | 24.2 | 26.1 | 27.4 | 26.2 | 25.0 | 22.3 | 17.6 | 13.3 | 20.3 |
| | 平均最高 | 26.0 | 26.9 | 30.9 | 31.5 | 33.8 | 35.0 | 36.5 | 36.2 | 35.4 | 33.4 | 30.3 | 27.4 | 31.9 |
| | 平均最低 | 1.8 | 2.7 | 5.6 | 10.6 | 16.0 | 19.7 | 21.9 | 22.3 | 18.7 | 12.6 | 7.3 | 2.9 | 11.8 |
| | 极端最高 | | | | | | | 39.2 (1980.7) | | | | | | |
| | 极端最低 | −2.4 (1960.1) | | | | | | | | | | | | |
| 相对湿度(%) | | 84 | 79 | 81 | 84 | 82 | 82 | 80 | 80 | 78 | 70 | 69 | 74 | 79 |
| 降水 | 降水量(mm) | 54.6 | 84.0 | 132.6 | 254.4 | 397.0 | 401.9 | 228.7 | 249.9 | 138.2 | 84.1 | 43.2 | 36.0 | 2104.7 |
| | 降水日数(d) | 16.6 | 10.0 | 15.2 | 17.0 | 21.0 | 20.2 | 19.0 | 12.0 | 11.6 | 3.0 | 3.7 | 6.0 | 155.3 |
| 最大风速 | 风向 | ENE | N | NE | NE | E | SW | W | NE | NE | NE | NE | NE | NE |
| | 平均(m/s) | 4.9 | 6.0 | 6.3 | 4.0 | 4.0 | 4.1 | 4.3 | 3.1 | 5.0 | 4.8 | 5.7 | 4.3 | 6.3 |
| 日照时数(h) | | 67.31 | 48.9 | 66.8 | 48.9 | 82 | 130.2 | 193 | 172.9 | 142.6 | 164.6 | 164.9 | 165.7 | 1447.8 |
| 雾日(d) | | | 3.3 | 3 | 0.3 | 0.3 | | 1.3 | 1.3 | | | 0.3 | 0.3 | 11.1 |

### (一)气温

#### 1. 平均气温

流溪河年平均气温 20.3 ℃，7 月最热，月平均 27.4 ℃，1 月最冷，月平均11.5 ℃，年较差小。极端最高气温 39.2 ℃，出现在 1980 年 7 月，极端最低气温－6.8 ℃，出现在 1955 年 1 月。随着海拔升高，年平均气温逐渐降低，在海拔 1031 m 的五指山，年平均气温降至 15.1 ℃(图 1)，比江苏省南通市高 0.1 ℃，比贵州省贵阳市低 0.2 ℃。各代表月的月平均气温比广州市低 0.2～6.7 ℃，比从化低 0.2～6.3 ℃。10 月份，晴天的日平均气温比广州低 2.0～8.1 ℃，比从化低 0.4～6.5 ℃（详见表 2）。

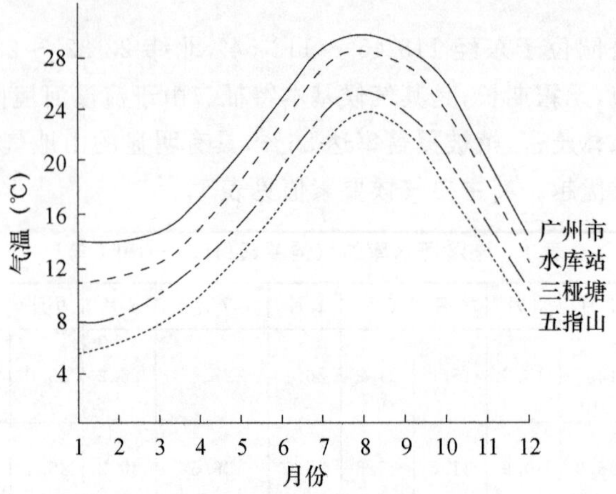


图 1　年平均气温年变化曲线

**表 2　各景点气温与外界比较**

| 观测点 | 海拔(m) | 10 月 9 日—11 月 10 日气温(℃) | | | 各代表月平均气温(℃) | | | | 年平均气温(℃) | 气温年较差(℃) | 备注 |
|---|---|---|---|---|---|---|---|---|---|---|---|
| | | 日平均 | 最高 | 最低 | 1 月 | 4 月 | 7 月 | 10 月 | | | |
| 广州 | 6.3 | 24.1 | 28.8 | 20.4 | 13.4 | 21.8 | 28.3 | 23.8 | 21.8 | 14.9 | 7 月最热 |
| 从化 | 33.3 | 22.5 | 28.5 | 18.4 | 12.5 | 21.7 | 28.2 | 23.3 | 21.4 | 15.7 | 7、8 月月均温相等 |
| 水库站 | 200.3 | 21.7 | 26.2 | 18.6 | 11.5 | 19.9 | 27.4 | 22.3 | 20.3 | 15.9 | 7 月最热 |
| 小漓江 | 220.0 | 21.5 | 30.5 | 15.5 | 11.4 | 20.2 | 27.3 | 22.3 | 20.6 | 16.4 | 8 月最热为 27.7 ℃ |
| 虎爪岗 | 233.0 | 22.1 | 25.6 | 16.5 | 12.0 | 20.8 | 27.9 | 22.9 | 21.2 | 16.3 | 8 月 28.3 ℃ |
| 南山湾 | 380.0 | 20.0 | 26.8 | 15.9 | 9.9 | 18.7 | 25.8 | 20.8 | 19.1 | 16.3 | |
| 三椏塘 | 518.0 | 18.3 | 27.0 | 13.3 | 8.2 | 17.0 | 24.1 | 19.1 | 19.1 | 16.3 | |
| 鹿湖田 | 811.0 | 17.4 | 23.8 | 13.2 | 7.3 | 16.1 | 23.2 | 18.2 | 17.3 | 16.3 | |
| 五指山 | 1031.0 | 16.0 | 20.5 | 13.1 | 5.9 | 14.7 | 21.8 | 16.8 | 15.1 | 16.3 | |

### 2. 候温季节

按照候平均气温低于 10 ℃为冬季，高于 22 ℃为夏季，10～22 ℃为春、秋季的标准，广州市春季 111 d、夏季 194 d、秋季 60 d，秋去春来，长夏无冬。流溪河境内四季分明，随着海拔升高，冬季增长，夏季缩短，虎爪岗春季 89 d、夏季 172 d、秋季 99 d、冬季 5 d；南山湾春季 94 d、夏季 149 d、秋季 94 d、冬季 25 d；三椏塘春、秋、夏、冬依次为 82、126、87、70 d；五指山春季 120 d、夏季 62 d、秋季 84 d、冬季 99 d，夏季比张家界仅长 1 d（张家界 61 d）；各季起止日期见表 3。海拔 1031～1086 m 的五指山，冬季长达 3 个月，冬季可见冰冻，这对旅游者来说，不出广州市，游一趟流溪河森林公园就能领略四季风光，的确是一件美事。

表 3　流溪河与广州市的四季起止时间(日/月)

| 地点 | 内容 | 春 | 夏 | 秋 | 冬 |
|---|---|---|---|---|---|
| 广州市 | 起日 | 1/1 | 26/4 | 2/11 | |
| | 止日 | 25/4 | 1/11 | 31/12 | 0 |
| | 天数(d) | 111 | 194 | 60 | |
| 小漓江 | 起日 | 5/2 | 5/5 | 17/10 | 13/1 |
| | 止日 | 4/5 | 16/10 | 12/1 | 4/2 |
| | 天数(d) | 89 | 165 | 88 | 23 |
| 虎爪岗 | 起日 | 5/2 | 5/5 | 24/10 | 31/1 |
| | 止日 | 4/5 | 23/10 | 30/1 | 4/2 |
| | 天数(d) | 89 | 172 | 99 | 5 |
| 南山湾 | 起日 | 6/2 | 11/5 | 7/10 | 12/1 |
| | 止日 | 10/5 | 6/10 | 11/1 | 5/2 |
| | 天数(d) | 94 | 149 | 97 | 25 |
| 三椏塘 | 起日 | 6/3 | 27/5 | 30/9 | 26/12 |
| | 止日 | 26/5 | 29/9 | 25/12 | 5/3 |
| | 天数(d) | 82 | 126 | 87 | 70 |
| 五指山 | 起日 | 7/3 | 5/7 | 5/9 | 28/11 |
| | 止日 | 4/7 | 4/9 | 27/11 | 6/3 |
| | 天数(d) | 120 | 62 | 84 | 99 |

由表 2 和表 3 可知，流溪河境内低海拔的虎爪岗 1 月平均气温高达 12.0 ℃，仅 1 月 31 日至 2 月 4 日的平均气温低于 10 ℃，冬季短暂而温暖，可以避寒度假；高海拔的五指山 1 月的月平均气温为 5.9 ℃，11 月 28 日至翌年 3 月 6 日期间的气温低于 10 ℃，冬季长达 99 d，是人们登山旅游，观赏四季风光的良好去处。流溪河的冬季，山上山下各有优势，应当充分利用这些气候优势开展内容丰富的综合性旅游。

### 3. 凉岛效应

由于海拔增高，地形遮蔽和森林覆盖等因子的综合影响，流溪河境内的五指山、鹿湖田、三椏塘和南山湾等景点 6、7、8 月的月平均气温可与外界许多风景名胜区及避暑胜地的夏季媲美，见表 4。

表 4　流溪河夏季气温与外界的差异(℃)

| 流溪河 | | 五指山 | | 三椏塘 | | 南山湾 | | 虎爪岗 | |
|---|---|---|---|---|---|---|---|---|---|
| 外界旅游地 | | 承德 | 庐山 | 北京 | 青岛 | 桂林 | 杭州 | 北海 | 岳阳 |
| 月平均气温差 | 6 月 | −1.1 | +1.9 | −0.8 | +2.5 | −1.3 | +0.8 | −0.9 | +2.0 |
| | 7 月 | −2.6 | −0.8 | −1.9 | −0.6 | −2.5 | −2.9 | −0.2 | −1.3 |
| | 8 月 | −0.8 | −0.3 | −0.1 | −0.9 | −1.6 | −2.3 | +0.1 | −0.2 |

由表 4 可见，五指山 6、7、8 月的气温比昔日皇家避暑山庄——承德的同期值低 1.1 ℃、2.6 ℃、0.8 ℃；与全国著名避暑胜地庐山相比，五指山 6 月仅高 1.9 ℃，7 月低 0.8 ℃，8 月低

0.3 ℃。三桠塘6、7、8月的气温比北京分别低0.8 ℃、1.9 ℃、0.1 ℃；与海滨城市青岛相比，6月高2.5 ℃，7月低0.6 ℃，8月低0.9 ℃。南山湾与桂林相比，6、7、8月的平均气温分别低1.3 ℃、2.5 ℃、1.6 ℃，与杭州比较，6月高0.8 ℃，7月低2.9 ℃，8月低2.3 ℃。公园管理处所在地虎爪岗与广西北海相比，6月和7月分别低0.9 ℃和0.2 ℃，8月仅高0.1 ℃；与洞庭湖边的岳阳相比，6月高2.0 ℃，7月和8月低1.3 ℃和0.2 ℃。在湖水调节下，流溪河的夏季可与承德避暑山庄相比，盛夏气温比许多风景胜地低。

流溪河的凉爽还表现在一天之内的高温持续时间比外界短。1992年8月29日是广州市和流溪河最热的一天。广州市日平均气温31.4 ℃，流溪河境内各点气温均比它低；这天广州市高于30 ℃的气温从09:00持续到次日凌晨，长达18 h，其中高于35 ℃的时间持续4 h之久(13:00—17:00)；而公园内各点均未出现高于35 ℃的时刻，三桠塘和五指山未出现高于30 ℃的时刻，其余各点高于30 ℃的时间都在10 h之内，比广州少8 h以上。见表5。

**表5　1992年8月29日流溪河与广州的高温持续时间**

| 观测点 | 气温(℃) | | | 高温持续时间(h) | | 备注 |
|---|---|---|---|---|---|---|
| | 日平均 | 最高 | 最低 | ≥30 ℃ | ≥35 ℃ | |
| 广州 | 31.4 | 36.2 | 26.7 | 18以上 | 4 | 09:00至次日凌晨 |
| 水文站 | 29.5 | 33.3 | 26.9 | 10 | 0 | 10:00—19:00 |
| 虎爪岗 | 29.4 | 33 | 22.8 | 10 | 0 | 10:00—19:00 |
| 南山湾 | 27.3 | 34.2 | 22.4 | 7 | 0 | |
| 三桠塘 | 25.6 | 34.4 | 19.6 | 1 | 0 | |
| 五指山 | 23.3 | 27.9 | 19.4 | 0 | 0 | |

流溪河森林公园纬度虽低，但由于海拔较高，森林浓郁、水面宽阔，小气候环境优越，夏季成为珠江三角洲上的"凉岛"，是人们避暑消夏的理想去处。

从气温分析，流溪河山上夏季凉爽，山下冬季温暖，具有开展避暑、消夏、避寒、度假等专项旅游的气候优势。

## (二)降水量和空气相对湿度

### 1. 降水量

流溪河降水充沛，年平均降水量达2104.7 mm，比从化市多214.7 mm，比广州市多424.2 mm，各月降水量见表6，降水多也说明流溪河山地气候特征明显。

**表6　流溪河森林公园、从化市中心、广州市历年逐月年雨量(mm)**

| 月份 | 1月 | 2月 | 3月 | 4月 | 5月 | 6月 | 7月 | 8月 | 9月 | 10月 | 11月 | 12月 | 全年 |
|---|---|---|---|---|---|---|---|---|---|---|---|---|---|
| 流溪河 | 54.6 | 84.0 | 132.6 | 254.4 | 397.0 | 401.9 | 228.7 | 249.4 | 138.2 | 84.1 | 43.2 | 36.0 | 2104.7 |
| 从化市 | 51.5 | 84.4 | 113.7 | 234.9 | 353.1 | 350.2 | 212.4 | 228.6 | 132.8 | 66.3 | 40.0 | 28.6 | 1890.4 |
| 广州市 | 39.1 | 62.5 | 91.5 | 158.5 | 267.2 | 299.0 | 219.6 | 225.3 | 204.4 | 52.0 | 41.9 | 19.6 | 1680.5 |

从表6可知，流溪河全年各月均有降水，3—9月各月降水量均大于100 mm，其中4—8月均达200 mm以上，5月和6月最多，分别为397 mm和402 mm，按统计季节分配，春季占

37%，夏季 42%，秋季 13%，冬季 8%。降水量夏季多、冬季少，季节分配不均匀。年际变化大，多雨年多达 2866.5 mm，少雨年只有 1280.7 mm，相对变率可达 36%～64%。

### 2. 降水日数

全年降水日数 155.4 d，其中 6 月最多，达 20.4 d，12 月最少，仅 5.6 d，逐月分布见图 2。

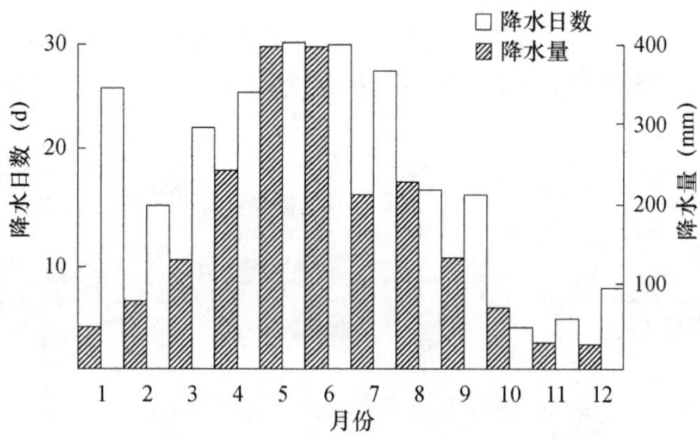


图 2　水库站历年逐月降水量及降水日数

流溪河 2、3 月降水日数虽不太多，但由于多为连续性降水，对登山、远行等活动不利；5—7 月降水日数虽多，由于多阵性降水，旅游活动仍可正常开展。

流溪河年暴雨日数 40.5 d，比广州市少 42.6 d，见表 7，流溪河暴雨少对旅游有利。

**表 7　流溪河森林公园与广州市逐月暴雨日数(d)**

| 月份 | 1 月 | 2 月 | 3 月 | 4 月 | 5 月 | 6 月 | 7 月 | 8 月 | 9 月 | 10 月 | 11 月 | 12 月 | 全年 |
|---|---|---|---|---|---|---|---|---|---|---|---|---|---|
| 流溪河 | 0.1 | 0.3 | 2.8 | 4.8 | 7.8 | 7.0 | 8.5 | 4.3 | 4.0 | 1.9 | 0.1 | | 39.6 |
| 广州市 | 0.1 | 0.7 | 3.4 | 6.3 | 13.2 | 16.4 | 15.7 | 16.0 | 9.6 | | | | 83.4 |

### 3. 空气相对湿度

流溪河年平均相对湿度为 79%，1 月和 4 月为 84%，11 月最小，为 69%，年变化比较均匀，见图 3。

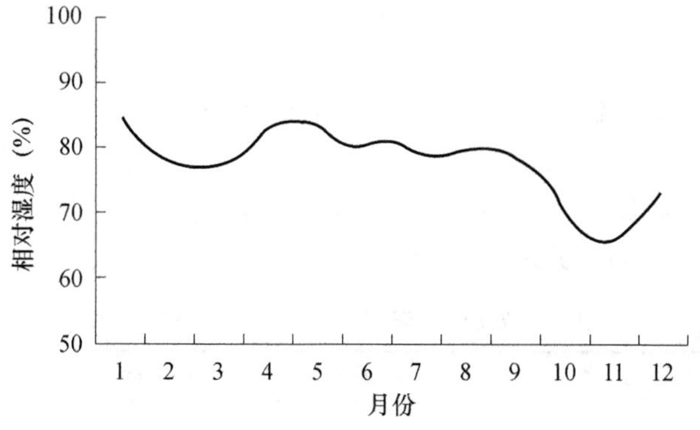


图 3　流溪河水库站历年空气相对湿度

## (三)风向风速

据水库站观测,流溪河的风向以静风频率较多,占各风向的 20%,此外,东风占 6%,北风占 2%,东北风占 11%,其余各风向的频率在 1%~7%。年平均风速为 0.9~2.0 m/s,平均最大风速 6.3 m/s。

其他各景点的风向风速与地形关系密切。五指山海拔较高,风速较大,风向以东北风为主,三桠塘、南山湾以南风为主,虎爪岗东风频率最大,小漓江多北风。详见图 4~7。

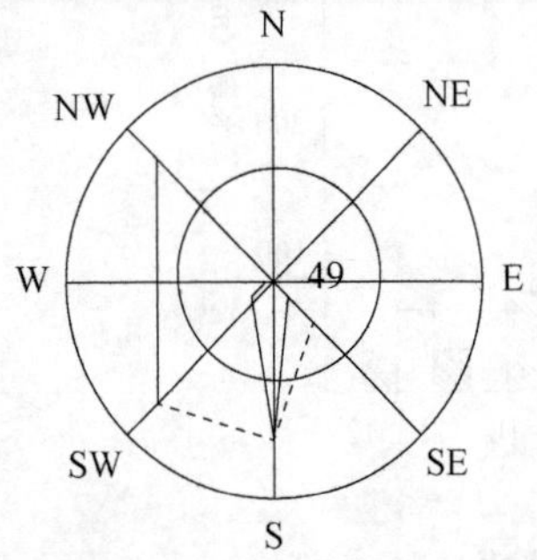


图 4　1992 年 10 月 9—11 日三桠塘风向风速玫瑰图
(虚线表示风速,实线表示风向)

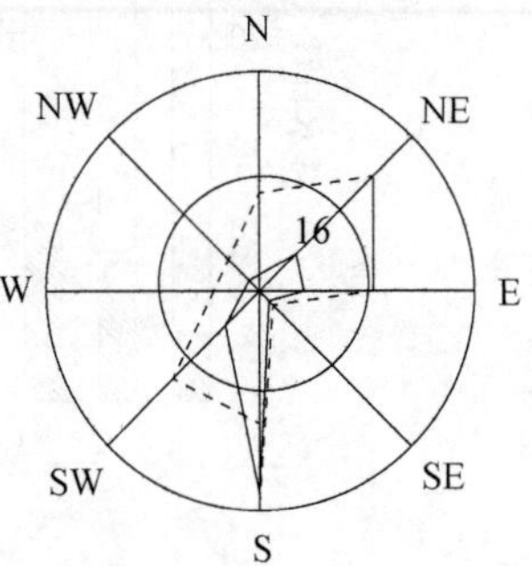


图 5　1992 年 10 月 9—11 日南山湾风向风速玫瑰图
(虚线表示风速,实线表示风向)

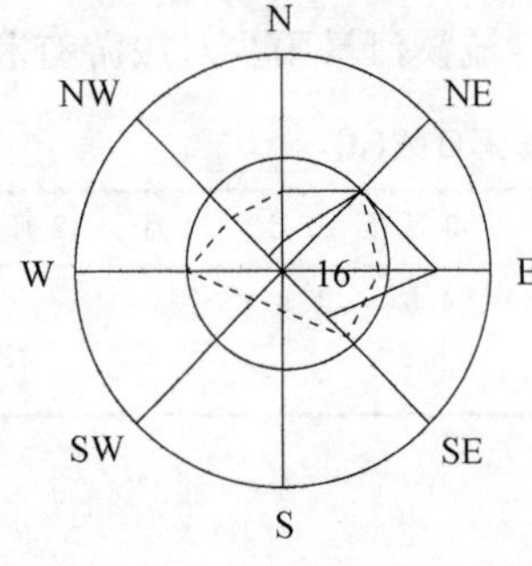


图 6　1992 年 10 月 9—11 日虎爪岗风向风速玫瑰图
(虚线表示风速,实线表示风向)

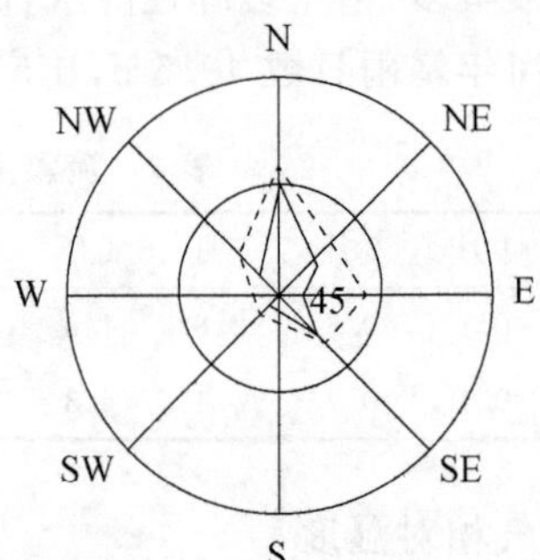


图 7　1992 年 10 月 9—11 日小漓江风向风速玫瑰图
(虚线表示风速,实线表示风向)

## (四)逆温

据 1992 年 10 月观测,流溪河境内各景点在地面至 150 cm 高度的低层大气中,夜间均有逆温,五指山的逆温持续时间 7 h 左右(17:00—24:00),逆温强度 1.54 ℃/m;南山湾 17:00 至次日 06:00 有逆温,持续 13 h,强度仅 0.1 ℃/m;小漓江、虎爪岗、三桠塘的逆温可持续 12 h,逆温强度 0.69~1.69 ℃/m。见表 8。

**表 8　流溪河逆温(1992 年 10 月 9—11 日)**

| 地点 | 起时 | 终时 | 持续时间(h) | 最大强度(℃/m) |
| --- | --- | --- | --- | --- |
| 小漓江 | 18:00 | 06:00 | 12 | 0.77 |
| 虎爪岗 | 18:00 | 06:00 | 12 | 1.69 |
| 南山湾 | 17:00 | 06:00 | 13 | 0.08 |

续表

| 地点 | 起时 | 终时 | 持续时间(h) | 最大强度(℃/m) |
|---|---|---|---|---|
| 三椏塘 | 18:00 | 06:00 | 12 | 0.69 |
| 五指山 | 17:00 | 24:00 | 7 | 1.54 |

夜间的辐射逆温可使森林释放的芳香气体和杀菌素能较长时间停留在林内，漫步在流溪河虎爪岗、夏湾半岛等处的林间小道，阵阵清香扑鼻，沁人肺腑，是进行"森林浴"的理想场所。

## 四、结论和建议

(1)流溪河位于南亚热带季风气候区，气候特征是温高湿重、降水充沛、无霜期长、风向随季节而转换，具有典型的亚热带季风湿润气候特征。由于地形、水域和森林的综合影响，流溪河又具有典型的山地气候特征，森林小气候环境优越，湖水调节气候作用明显，使得流溪河境内的小气候类型多种多样，舒适旅游期长，具有开展旅游活动的多种气候优势。

(2)南山湾、三椏塘、鹿湖田、五指山等海拔较高处景观美丽，森林小气候环境优越，气候垂直变化大，四季分明，夏季凉爽，一日中的暑热持续时间短，气候舒适宜人，是避暑消夏的良好场所，也是领略四季风光的理想去所；小漓江、黄竹塱、三棵松等低地湖光山色迷人，冬季短暂而温暖，是人们避寒的胜地。应当充分利用这里的气候优势，适度进行开发建设，开展观光、避暑、避寒、度假等综合性旅游。

(3)流溪河是广州市的生命河，流溪河来水是广州市的饮用水；流溪河的森林既是风景林，又是水源林。若流溪河的森林一旦遭受破坏，其景观、气候优势就会变劣，旅游资源就会丧失殆尽，万万不可粗心大意。因此流溪河林场再不能继续砍伐森林；张洞、陈洞等湖区半岛的皆伐迹地应尽快植树造林；今后景点建设不能随意伐木；树种更替亦应逐步进行，保护流溪河的森林，就是保护流溪河的旅游资源。

(4)本次考察时间短，应继续组织力量，在不同季节对流溪河各景点的小气候进行定位观测，并建议在三椏塘、鹿湖田、五指山等景点选择一个适当位置建立气候观测站，长期定位观测，为旅游服务。

(1995 年 3 月)

# 旅游气象气候研究现状*

吴章文　吴天松　汪清蓉　刘晓明

**摘　要**:介绍并总结了近几年来国内外旅游气象气候研究方面的主要内容、方法及其特点,从研究的广度和深度上,系统阐述了旅游气象气候景观的特征、属性、功能及其分类。指明了气象气候要素对旅游活动的影响,指出了在旅游气象气候研究中存在的问题。

**关键词**:旅游;气象;气候;景观

现代旅游业是现代经济生活和文化生活的产物。目前,旅游业已成为世界上的第一大产业,而作为旅游业物质基础的旅游资源丰富多彩、种类繁多。其中气候被认为是一项重要的自然旅游资源,也是开展旅游活动的重要条件之一。

旅游气候的研究,是继农业气候、军事气候、医疗气候、交通运输气候和盐业气候等研究后较新兴的研究领域。

旅游气候的研究,是直接服务于旅游业的研究领域,它不仅可以为旅游区的规划设计、合理利用旅游资源提供科学依据,而且可以向旅游者提供尽可能丰富和完善的旅游服务。近年来,旅游气象气候研究已取得了一些初步的成果,本文从旅游气象气候研究的广度和深度两个方面,总结介绍旅游气象气候研究的现状。

## 1　研究的内容方面

### 1.1　旅游气象景观和旅游气候类型

自然界气象气候景观绚丽多姿、变幻无穷。根据气象气候景观特征的不同属性和功能,可以从不同角度,以不同的标准进行分类。

#### 1.1.1　气象景观

(1)大气中的光象。光,主要指阳光和月光,包括朝霞、旭日、夕阳、蜃景、海火、虹、晕、华、峨眉光、北极光等。此外,“西昌月”“三潭印月”“月照松林”等月光景色,都是具有观赏价值的光象。

(2)雨雪景观。在大自然形成降水的过程中,可产生云、雾、雨、雪等多种景观,如“烟花三月下扬州”的雨景、“不识庐山真面目”的云雾景和“千里冰封,万里雪飘”的冰雪景等,以及著名的吉林树挂、晶莹透亮的雨凇等,都是引人入胜的雨雪景观。

(3)与风有关的气象景观。游客可通过感官感受其美,如“春风杨柳”“白水秋风”“茶磨松风”“黄柏松涛”等,都给人们以舒适美悦的感觉。

---

* 注:本文原载于《中南林学院学报》1998 年第 18 卷第 2 期。

#### 1.1.2　气候类型

根据旅游地多年的天气特征，陈安泽等所著的《旅游地学概论》将旅游气候资源分为以下几类。

(1)避暑型气候。将世界的避暑城市与避暑旅游区分为3种类型。①高山、高原型，如菲律宾的碧瑶、我国的避暑胜地庐山均属此种类型；②海滨型，如大连、青岛、北戴河等旅游城市；③高纬度型，如挪威哈默菲特、我国黑龙江省的漠河等地，均因纬度高，夏无酷暑而成为避暑胜地。

(2)避寒型气候。世界上的避寒旅游区均分布在热带、亚热带的海洋气候区。如美国的夏威夷、我国的海南岛、南亚的沙捞越等，既是风景明珠，又是避寒胜地。另外，也可利用南北两半球的气候差异进行旅游，如在北半球的冬天，可到大洋洲的澳大利亚避寒。

(3)阳光充足型气候。阳光是重要的气候旅游资源，地中海沿岸各国利用副热带地中海型气候，即日照时间长、阳光和煦的特点，建海滨浴场旅游区，成为世界上著名的旅游胜地。

(4)极圈"白夜"。这也是一种阳光旅游资源。"白夜"在地理学上叫极昼。现在，北欧诸国每年夏季都要接待数以万计的旅游者，其中不少人的旅游目的，就是为了体验"白夜"生活。

### 1.2　旅游气象气候的特点

#### 1.2.1　多变性和速变性

大气中的物理现象和过程往往是瞬息万变、变幻无穷的。所谓"一山有四季""十里不同天"，都说明气象和气候的多变性。其速变性则多体现在雾、雨、闪电、光等要素上。典型的景象如宝光、蜃景、日出、霞光、夕照等。旅游者只有把握时机，才能观赏到佳景。

#### 1.2.2　广域性和差异性

在相同的气候带和气候型里，有基本相同的植物景观，也有基本一致的气候宜人度和舒适感。如"3S"资源(阳光、沙滩、海水)，西班牙有，地中海有，夏威夷有，我国三亚、北海、北戴河等许多地方都有。又如森林旅游资源，也是许多国家和地区都具有的财富，这些旅游资源都是在特定的气候条件下形成的，因此，气候作为一种旅游资源，有其地理上的广域性。但是，在相同的气候带里，有不同的气候型。相同的气候型又可以出现在不同的气候带里，这就使得相同的景观具有不同的特性。如同样是森林景观，其温湿效应不同，给人的感觉不同，对人体的影响亦不一样。据测定，湖南张家界国家森林公园夏季中午的气温比周围低14 ℃，而其他森林公园的森林内只比其周围地区低4～10 ℃，这些森林的"凉伞效应"不如张家界。因此，地方气候和小气候的差异性在旅游开发利用中是十分重要的。

#### 1.2.3　背景性和育景性

气象要素虽然有直接观赏价值，但在许多时候，它都不像地貌那样具体形象、富实体感。也不像水景、花木景那样直观可以体验，因而常成为人们观览其他风景的背景和借景加以利用。此外，气象气候还具有造景、育景的功能。即在不同的气象和气候条件下，可以形成不同的自然景观和旅游环境，如西北沙漠的城堡、风蚀群，南方的热带景观，北方的冰雪景观，山地云雾瞬变景观，海洋的海市蜃楼幻景，避暑避寒佳境等。所以，气象气候具有育景功能。

#### 1.2.4　节律性和导向性

由于气候的年、月、日周期性变化，旅游活动亦随气候变化同样出现淡季、旺季的节律变化和客流的导向性规律变化。例如，夏季，位于炎热地区的人们向北方气温凉爽的地区流动；冬季，位于严寒地区的人们向温暖阳光的地方移动。这种客流的导向性规律，就是受气候节律变化影响的结果。

## 1.3 气象气候要素对旅游活动的影响

从风景气象气候的特点看，构成气象气候的各要素，如冷、热、干、湿、风、云、雨、雪、霜等，不仅具有直接造景、育景功能，而且是人类旅游活动的基本条件，其影响主要表现在以下几方面。

### 1.3.1 气象气候是风景区开发的重要背景因素之一

在各旅游城市、旅游区里，都有各自不同特色的气象气候因素和条件。旅游开发者在制定规划时，必须全面收集和研究该地的气象气候资料，对其有利和不利条件进行如实评价，以便根据气象资料提供的条件，设计和安排适合本地气象气候因素的旅游项目和设施。例如，我们通过对桃源洞国家森林公园的舒适旅游期进行研究，得出：在桃源洞国家森林公园内，人体感觉舒适的天数为 114 d，舒适旅游期达 196 d，并主要集中在 5—10 月，是湘中旅游季节最长的地方；在森林公园境内，盛夏季节 1 昼夜内的人体感觉舒适的有效温度等级持续时间长达 22 h，气候环境比相邻的炎陵县城及公园外的许多地区优越。是召开会议、度假、疗养和避暑旅游以及夏季体育训练的理想去处。

### 1.3.2 气象气候是影响游客时空分布的基本原因之一

旅游流在时间和空间上分布的不平衡现象，除了旅游资源和旅游设施的差异外，气象和气候是基本的因素，由于气象和气候的影响，在世界各国范围内都出现了一些旅游热线和热点；同时也出现了一些冷线和冷点，形成游客分布的不均衡性。如地中海沿岸、加勒比海一带，以及我国的广州、昆明等地区，除了风光美丽外，宜人的气候是使其成为旅游热点的重要原因。另一方面，由于气候因素的影响，许多风景旅游地在不同的节令具有不同的游憩价值，从而出现了旅游的淡季和旺季。如杭州西湖，春、秋两季为旅游高峰季节，游人如织，但夏、冬两季则游人稀少，淡旺季十分明显。

### 1.3.3 气象气候是各种旅游活动开展的重要条件之一

不同的旅游行为，都与各种气象因素有着密切关系。同济大学朱锡金教授曾著文分析它们之间的适宜程度，结果如表 1 所示。

**表 1 气象因素与旅游活动的关系**

| 项目 | 晴 | 大雨 | 小雨 | 大风 | 小风 | 大雾 | 轻雾 | 高温 | 低温 | 雪 |
|---|---|---|---|---|---|---|---|---|---|---|
| 步行 | ● | ○ | ◆ | ◆ | ● | ○ | ● | ○ | ◆ | ◆ |
| 骑车 | ● | ○ | ○ | ○ | ● | ○ | ● | ○ | ◆ | ○ |
| 乘汽车 | ● | ◆ | ● | ● | ● | ○ | ◆ | ◆ | ◆ | ◆ |
| 爬山 | ● | ○ | ◆ | ◆ | ● | ○ | ● | ◆ | ◆ | ○ |
| 涉水 | ● | ○ | ◆ | ○ | ● | ○ | ● | ● | ○ | ○ |
| 划船 | ● | ○ | ◆ | ○ | ● | ○ | ● | ◆ | ◆ | ○ |
| 摄影 | ● | ○ | ◆ | ◆ | ● | ○ | ◆ | ● | ● | ○ |

续表

| 项目 | 晴 | 大雨 | 小雨 | 大风 | 小风 | 大雾 | 轻雾 | 高温 | 低温 | 雪 |
|---|---|---|---|---|---|---|---|---|---|---|
| 绘画 | ● | ◆ | ● | ◆ | ● | ○ | ● | ◆ | ● | ● |
| 野餐 | ● | ○ | ◆ | ◆ | ● | ○ | ● | ◆ | ○ | ○ |
| 观赏 | ● | ○ | ◆ | ◆ | ● | ○ | ● | ● | ● | ● |
| 饮茶(室内) | ● | ● | ● | ● | ● | ◆ | ● | ● | ● | ● |
| 户外(坐憩) | ● | ○ | ○ | ◆ | ● | ○ | ● | ● | ○ | ○ |

注:●适宜;◆一般;○不宜。

#### 1.3.4　气象气候独特的疗养保健作用

一定的气象气候条件对人体的生理机能都将产生相应的影响,既有有利的方面,也有不利的方面。很早以前,人们就利用大气中的自然因素来增强体质、防治疾病。

1840年,德国人首先倡导了在高地山林漫步的“气候疗法”;1865年,德国科学家又创造了山林不同坡度步行运动的“森林地形疗法”,以增进健康、防病治病、陶冶情操。

气候疗养之所以能使人体康复,其原理就是利用自然因素使机体更好地适应外界环境,对保持机体内环境的稳定,并有直接和间接、近期和远期的效应。国外学者对此进行了较多的研究,例如,美国Peterson于1938年出版的《病人与天气》,Tromp于1963年出版的《医学生物气象学》和日本的《水、空气与场所》等,都有专门论述。

目前,利用旅游景点气候资源开展疗养保健的活动主要有森林浴、日光浴、高山气候疗养、海洋气候疗养等。

### 1.4　旅游气象气候障碍

冷、热、干、湿、风、云、雨、雪等气象气候要素,虽然都具有造景、育景的功能,但其中的严寒、炎热、台风、冰雹、灾害性雷暴雨等天气现象,却会破坏自然景观,给旅游活动造成障碍。据作者考察研究,湖南桃源洞国家森林公园的旅游气象障碍主要是冰冻,其次是暴雨和洪涝;阳明山国家森林公园的旅游气象障碍主要是大雨和暴雨、冰冻和雪压、积雪和浓雾。国内其他学者对不同旅游地的气象障碍也做了研究,如厦门、海南的旅游气候障碍是台风,丹东的旅游气候障碍是暴雨等。为了减少这些旅游障碍带来的负面影响,各旅游区应做好天气预报,合理安排旅游项目,加强旅游和交通安全教育。同时,要善于趋利避害,以获得最佳旅游效果。

## 2　研究的方法

随着旅游气候研究的深入发展,研究方法已从最初单纯的定性描述,发展到了定量分析以及定性研究与定量分析两者紧密结合,进而发展到利用数学模型进行评价研究。

### 2.1　定性描述

对于气象气候景观类型的研究,尽管不同的学者采用了不同的分类方法,但都属于定性描述的方法。例如,1984年林之光先生出版的《气候风光集》,1986年姚启润先生等出版的《旅游与气候》一书,1988年卢云亭先生在《现代旅游地理学》中论述的气象和气候风景类型,1993年丁文魁先生在《风景科学导论》中论述的天文现象与气象气候形成的风景资源，1994 年杨桂华在《旅游资源学》一书中论述的气象气候旅游资源等，都为我国旅游气候的研究奠定了基础，但主要集中在气候风光的定性描述方面。

### 2.2 定量研究

旅游气象气候的定量研究工作主要体现在对旅游区小气候的观测方面。例如，1989 年俄罗斯林学家 B. A. 戈尔基科发表了《索契国家公园景观地段的小气候》考察报告，就山腰和黑海岸边的空旷地段、半空旷地段及郁闭地段的气温、相对湿度、风速三个小气候指标进行了研究。他将天气条件划分为舒适、次舒适炎热、次舒适凉爽和不舒适 4 种类型，指出郁闭型景观地段具有对人体有利的小气候条件。

北京林业大学的陈健、陆鼎煌等于 1979 年研究了北京绿地景观地带的小气候。1984 年，陆鼎煌与吴章文等人合作研究"张家界国家森林公园效益"时，进行了张家界国家森林公园部分景观地段的森林小气候观测。此后，吴章文等在进行湖南桃源洞、阳明山，广州流溪河，江西三爪仑，广西姑婆山、大瑶山，四川青城山等森林公园的研究时，对这些森林公园的光照、热量、水分、风向、风速等气候资源都进行了分析评价，同时，也对这些森林公园的森林小气候、旅游舒适度及舒适旅游期进行了短期定位观测和分析评价。吴章文等还对湖南林区旅游气候、我国亚热带森林景观地段小气候等进行了研究。另外，国内其他学者亦采用定量分析法进行了这方面的研究，如北京大学刘继韩与丛树平合作的《粤北旅游的气候条件评价》、中南林学院杨湘桃的《南岳风景区旅游气候资源评价》、郑辽吉的《丹东的气候与旅游》等，都对旅游气候进行了定量研究和分析。

### 2.3 数学模型

评价旅游气候资源的综合指标很多。例如，由 E. C. Thom 提出、Bosen 进一步发展的不舒适指数(也称温湿指数)，由 Houghten 及 Jaglon 提出的有效温度，由 Bedford 等人提出的风寒指数(也指寒冷指数)和由 W. H. Terjung 提出的舒适指数等。这些指标在评价不同地区不同季节气候特征时，均有优缺点。为此，1996 年，成都气象学院的钱妙芬、叶梅在《旅游气候宜人度评价方法研究》中提出了"气候宜人度"数学模型。该数学模型包括了 7 个气候要素和 3 个污染物指标，综合描述了气压、日照、降水、雾日、风速、气温、相对湿度和大气污染物浓度对气候宜人程度的影响，使气候宜人度在时间和空间上更有可比性。对旅游资源开发、淡旺季出现规律和旅游导向均较客观、科学和实用。

## 3 研究的特点

在旅游气象气候研究方面，采用小气候观测为主，结合天气状况进行分析的研究方法较多。这是由于小气候具有相对稳定性，在一定的季节和晴稳的天气条件下，某一下垫面上小气候特性以及它与其他小气候之差异通常比较稳定，故在大多数旅游气候研究工作中，都采用小气候观测法来获得资料，且多以定点短期对比观测法为主。同时，结合气象站、气候站的气象、气候资料进行分析研究。

目前，旅游气候研究在定性、定量和数学模拟等方面都取得了一些进展，并已开始从过去着重气候特征和规律分析，转向比较注意气候资源开发利用的研究，注意经济效益和生态环境效益的紧密结合，并逐渐从局限于单一的气候领域研究，转向多学科的综合研究方向发展。

## 4　结语及建议

目前，在不少旅游区的规划设计工作中，往往出现仅仅注重有形旅游资源的调查研究与开发建设，而忽略了对气象气候资源进行考察分析的倾向。这显然是不恰当的，不利于进行旅游区的综合开发。建议有关单位在进行旅游区规划设计时，对当地气候资源进行系统的考察分析，对景观地段和旅游生活区进行小气候观测，并收集有关气象站、气候站的资料进行定性和定量分析，为旅游项目的开发、旅游路线的设计、淡旺季节的平衡等提供科学依据；同时建议郊野型森林公园或生态旅游地建立气象哨，积累气候资料，为气象气候旅游资源的持续利用提供依据。

近几年来，对于旅游气候资源的评价虽在定性、定量、数学模型上有一定发展，但尚无统一的标准，且注重于定性评价为主。今后，必须加强旅游气象气候资源定量评价方面的研究，制定和建立可以推广的评价标准体系；加强与其他有关学科的合作和新科学技术的引入；加强各院校研究单位、规划设计部门和旅游地的联系和协作，建立旅游气候资源研究信息网和数据库；加强旅游气候资源的综合开发利用研究，为旅游业的发展提供更好的服务。

（1998 年 6 月）

# 江西三爪仑国家森林公园的旅游气候资源*

吴章文

**摘　要**：三爪仑国家森林公园位于江西省西北部靖安县北部，属宜春地区。境内海拔 168～1400 m，森林覆盖率 95%，山清水秀，气候温和，夏无酷热，冬少严寒，降水充沛，风力和缓，旅游气候条件优越；有雨景、云景、冰雪景等多种气象气候景观，旅游气候资源丰富，旅游开发利用前景广阔。开发利用时应注意趋利避害、保护森林资源，防止森林火灾。

**关键词**：森林公园；旅游；气候资源；气象景观

## 一、森林公园概况

靖安县位于江西省西北部，宜春地区北部。全县三面群山高耸，中间双水夹流，西部山岭高峻，中部山地间杂丘陵，南部有些岗阜平地和河谷平原。境内山脉呈"爪"字形。三爪仑国家森林公园位于靖安县北部、山脉的"爪"字部位，因此而得名，其前身是国营江西靖安三爪仑采育林场。全县总面积 137749 $hm^2$，山地占 85%以上，属九岭山脉及其余脉，全县有海拔 500 m 以上的主要山峰 378 座，500～1000 m 山峰 265 座，1000 m 以上山峰 100 座，1500 m 以上山峰 13 座。境内最低海拔 50 m，最高海拔 1794 m。县城双溪镇地理坐标为北纬 28°52′，东经 115°22′。三爪仑国家森林公园总面积为 12133 $hm^2$（批文 18.2 万亩），由三爪仑、小湾水库、北河风光及县城况钟园林等 4 个景区组成，又称靖安县百里风光带，主体部分位于国营三爪仑采育林场，其面积占公园总面积的 97%（11733 $hm^2$），1993 年由林业部批准建立三爪仑国家森林公园，1994 年被林业部确定为示范森林公园，属全国 20 个示范森林公园之一。

## 二、景区自然环境

三爪仑国家森林公园主体位于靖安县北部的崇山峻岭之中，海拔高 168～1400 m，境内有海拔 1000 m 以上山峰 12 座，山峰多由岩浆岩组成，由于新构造运动上升强烈和剧烈的水流切割作用造成山体雄伟、山坡陡峭、部分岩石裸露，山脊多锯状、垅状。一条溪流从中穿过，北河干流从边缘流过，境内溪流长 15 km，森林覆盖率 95%，境内峰峦叠嶂，林海苍茫，曲溪流泉，清潭飞瀑，云雾霞光，景观绮丽。境内分为骆家坪、洪屏、红星、茗冈 4 个景观小区。

盘龙湖主体位于宝峰镇，总面积 330 $hm^2$，四面青山环抱，港汊众多，湖上波光粼粼，水面珍珠养殖场绚丽夺目，情趣盎然。

北河发源于县西的犁头山，其北支流经噪都、三爪仑、宝峰、仁首入安义县，在靖安境内长 119 km，宝峰至大梓河段水流平缓，鱼游浅底，两岸翠竹、古樟掩映、四时如画，既可观光又可漂流。

---

* 注：本文原载于《三爪仑国家森林公园总体规划设计》(2000 年)专题调查报告。

县城况钟园林位于城郊东门山，面积 44 $hm^2$，是江西省最早兴建的森林公园。园内绿树成荫，湖泊溪流环绕，亭台水榭掩映其间，组成了狮山仰贤、湖心赏月、竹林留梦、踏雪寻梅、仙洞览胜、双龙喷泉、龙潭观鱼、金猴跳涧、松林听鹤、叶底藏春等颇具韵味的自然景点。中国三大清官之一的明代清官况钟“况青天”之墓坐落园内，为公园景色锦上添花。

为满足森林公园总体规划的需要，我们在县政府及靖安县森林旅游部门的帮助下，根据县气象站提供的资料，并参考《靖安县志》《靖安县农业自然资源调查及农业区划表格资料集》所载资料和搜集的有关资料结合专题考察资料，对三爪仑国家森林公园的旅游气候资源进行了分析研究。结果报告如下。

## 三、旅游气候资源

### (一)热量资源

#### 1. 光照

靖安县太阳总辐射年总量为 4515 $J/m^2$，县城年日照时数为 1873 h，三爪仑山区由于高山遮蔽，云雾缭绕，日照时数比县城少 5%左右，约为 1778 h。最多的 1983 年为 2755 h，最少的 1975 年仅 946 h。县城日照百分率年平均为 43%，2 月最低为 27%，8 月最高为 62%。少数峡谷地的日照百分率在 30%以下，属少日照地区。

#### 2. 气温

根据县气象站提供的 1961—1990 年气象资料，县城年平均气温 17.0 ℃，1 月最冷月均温 4.9 ℃，7 月最热月均温 28.4 ℃，气温年较差 23.5 ℃。根据考察结果，计算出三爪仑国家森林公园主要景观地段的逐月平均气温并与省城南昌市相比较，结果列入表 1。

**表 1 三爪仑国家森林公园与南昌市的气温对比**

| 地点 | 海拔 | 各月平均气温(℃) | | | | | | | | | | | | |
|---|---|---|---|---|---|---|---|---|---|---|---|---|---|---|
| | (m) | 1月 | 2月 | 3月 | 4月 | 5月 | 6月 | 7月 | 8月 | 9月 | 10月 | 11月 | 12月 | 全年 |
| 南昌市 | 25 | 5.0 | 6.4 | 10.9 | 17.1 | 21.8 | 25.7 | 29.6 | 29.2 | 24.8 | 19.1 | 13.1 | 7.5 | 17.5 |
| 靖安县 | 79 | 4.9 | 5.3 | 10.8 | 16.8 | 21.7 | 25.0 | 28.4 | 28.0 | 24.1 | 18.6 | 12.7 | 7.0 | 17.0 |
| 小湾水库 | 200 | 4.5 | 5.1 | 10.5 | 16.4 | 21.1 | 24.4 | 27.8 | 27.5 | 23.5 | 18.1 | 12.2 | 6.6 | 16.5 |
| 三爪仑 | 240 | 3.9 | 5.7 | 10.6 | 15.8 | 20.0 | 24.5 | 27.6 | 27.1 | 23.3 | 17.6 | 11.2 | 6.3 | 16.1 |
| 骆家坪 | 660 | 2.9 | 3.0 | 8.5 | 14.4 | 18.2 | 21.1 | 24.7 | 24.2 | 24.0 | 14.9 | 10.4 | 4.7 | 14.3 |
| 红星山 | 730 | 2.7 | 2.7 | 7.2 | 12.8 | 18.0 | 20.6 | 24.1 | 23.7 | 23.5 | 14.8 | 10.6 | 6.8 | 13.9 |
| 洪屏村 | 730 | 2.3 | 3.7 | 7.2 | 12.8 | 18.3 | 20.9 | 24.3 | 23.7 | 23.3 | 14.5 | 9.4 | 4.4 | 13.7 |

由表 1 可知，三爪仑国家森林公园内气温变化总趋势是海拔越高，气温越低；但由于地表状况不一，海拔相同的红星与洪屏的气温并不相等，冬季群山环抱中的红星居民点比山顶开阔盆地洪屏村的气温高 0.4 ℃，气温年较差小 0.6 ℃。由表 1 还可以看出，森林公园境内的夏季各月的月平均气温比南昌低，7 月低 0.7～5.1 ℃，8 月低 1.2～5.5 ℃，9 月低 0.3～1.5 ℃，这说明三爪仑国家森林公园夏季比外界凉爽。

(1)最高气温。靖安县年平均最高气温 22.1 ℃,极端最高气温 39.9 ℃,出现在 1966 年 8 月 11 日,比南昌市的 40.6 ℃低 0.7 ℃,比修水县的 44.9 ℃低 5.0 ℃,极端最高气温比境外许多地方低,也说明三爪仑夏季比外界凉爽。

(2)最低气温。县城年平均最低气温 13.4 ℃,极端最低气温−11.0 ℃,出现于 1991 年 12 月 29 日。比南昌市的−7.7 ℃低 3.3 ℃,比庐山的−16.8 ℃高 5.8 ℃。

(3)气温年日较差。靖安县城、小湾水库、三爪仑、骆家坪、红星山、洪屏村的气温年较差依次为 23.5 ℃、23.3 ℃、23.0 ℃、21.8 ℃、21.4 ℃、22.0 ℃,气温年较差随海拔升高而减小。县城各月平均日较差依次为 8.4 ℃、7.9 ℃、8.1 ℃、8.1 ℃、7.4 ℃、7.8 ℃、9.1 ℃、9.2 ℃、9.3 ℃、9.7 ℃、9.6 ℃、9.0 ℃,全年平均为 8.7 ℃,比外界许多地方的日较差小。气温年较差、日较差小,进一步说明三爪仑国家森林公园具有优越的山地气候特征,气候温和,适宜旅游。

(4)候温季节。三爪仑国家森林公园位于中亚热带地区。按候平均温度低于 10 ℃为冬季、高于 22 ℃为夏季、10～22 ℃为春秋季的划分标准,三爪仑国家森林公园四季分明,境内因海拔高度不同,各景观地段四季起止日期各异,时间长短也不一,各地起止日期如表 2 所示。

**表 2　三爪仑国家森林公园的四季分配**

| 地点 | 春季 | | 夏季 | | 秋季 | | 冬季 | |
|---|---|---|---|---|---|---|---|---|
| | 始日 | 天数(d) | 始日 | 天数(d) | 始日 | 天数(d) | 始日 | 天数(d) |
| 县城 | 3 月 22 日 | 68 | 5 月 20 日 | 115 | 9 月 21 日 | 60 | 11 月 20 日 | 122 |
| 宝峰 | 3 月 22 日 | 68 | 5 月 29 日 | 116 | 9 月 22 日 | 60 | 11 月 21 日 | 121 |
| 毗炉 | 3 月 23 日 | 67 | 5 月 29 日 | 115 | 9 月 21 日 | 61 | 11 月 21 日 | 122 |
| 三爪仑 | 3 月 20 日 | 72 | 5 月 31 日 | 112 | 9 月 20 日 | 61 | 11 月 20 日 | 120 |
| 骆家坪 | 3 月 26 日 | 65 | 5 月 30 日 | 109 | 9 月 16 日 | 64 | 11 月 19 日 | 127 |
| 洪屏村 | 3 月 31 日 | 88 | 6 月 27 日 | 74 | 9 月 9 日 | 32 | 11 月 11 日 | 171 |

由表 2 看出,三爪仑国家森林公园大部分地区 11 月入冬,冬季长达 120 d 左右;洪屏村因海拔高,地形开阔,降温快,因此入冬早,冬季特长,为 171 d。

气候季节的变化,影响景观的季相变化。

三爪仑国家森林公园春季日照少,气温低,天气多变,俗话说:"春似孩儿面,一天变三变",这说明三爪仑的春天并非终日阴沉,而是时晴时阴又时雨,这种气候孕育了青山绿水、春花烂漫的绚丽风光,是春游的好去处。

三爪仑国家森林公园夏季以凉爽为特色。根据气象部门的研究,最高气温高于 37 ℃时,中暑的人数就开始增加,确定最高气温高于 32 ℃的日子为"暑热日",最高气温高于 35 ℃的日子为"炎热日",最高气温高于 37 ℃的日子作为"酷热日"的指标。在少数酷热的日子里,一天中最凉的时候气温也在 30 ℃左右。长江中下游地区一般炎热日在 20 d 以上,而三爪仑国家森林公园只有 2 个炎热日,无酷热日。县城平均每年只有 0.8 个酷热日,最多的年份 1979 年为 10 个,且 30 年一遇,骆家坪、红星、洪屏等地未出现过炎热日。凉爽的夏季可以使三爪仑成为避暑、度假、疗养胜地。

"一年一度秋风劲,一阵秋风一阵凉",我国各地的秋季均不长,三爪仑的秋季尤为短暂,仅 60 d 左右,三爪仑的秋季晴天多,蓝天白云,秋高气爽,深秋红叶,层林尽染,是人们重阳登高,秋日郊游和野餐、露营、烧烤的旅游佳季。

三爪仑大部分景观地段11月中旬入冬，冬季长达3个月左右，洪屏10月20日入冬，冬季长达170 d，年年冬季有冰雪，皑皑白雪，景观壮丽，洪屏地形开阔平坦，交通方便，具有建设天然滑冰场的天时地利。

## (二)水分资源

### 1. 降水量

靖安县城多年平均降水量为1644 mm，逐月降水量和降水日数如表3所示。

**表3 靖安县城逐月降水量及降水日数**

| 月份 | 1 | 2 | 3 | 4 | 5 | 6 | 7 | 8 | 9 | 10 | 11 | 12 | 全年 |
|---|---|---|---|---|---|---|---|---|---|---|---|---|---|
| 降水量(mm) | 54.3 | 108.0 | 150.1 | 195.3 | 266.4 | 305.1 | 155.7 | 136.6 | 88.6 | 82.0 | 64.1 | 37.8 | 1644.0 |
| 降水日数(d) | 16.2 | 17.4 | 20.1 | 19.8 | 19.1 | 18.8 | 14.7 | 13.4 | 11.8 | 12.7 | 10.1 | 9.6 | 183.7 |

由表3可见，靖安县境内降水季节分配不均匀，降水量春夏多、秋冬少，6月最多，12月最少，夏季最大降水强度为399.7 mm/d，出现在1977年6月15日。降水多的年份，年降水量可达2197.9 mm，出现在1973年，极端变率为533.9 mm，相对变率为32%；降水最少的年份仅1132.6 mm，出现在1964年，极端变率为－531.4 mm，相对变率为－32%。降水年际变化大，雨季的降水相对变率可达32%和－32%，旱涝灾害严重。

### 2. 降水日数

靖安县城的年降水日数为183.7 d，多雨年份为192 d，少雨年份为158 d；一次最长连续降水日数18 d，出现在1977年5月4—21日；一次最长连续无降水日数为59 d，出现在1979年9月18日至11月15日。降水日数季节分配不均匀，春季为32%、夏季为25%、秋季为19%、冬季占24%，春季降水量多，雨日也多，均占全年的30%以上；夏季降水量多达36%，降水日数却只有25%，这说明夏季降水强度大，多大雨和暴雨；秋季降水量少，降水日数也少，均在20%以下，这说明秋季晴好天气多，各种须避雨的旅游活动宜在秋季进行；冬季降水量只有全年的12%，而降水日数却占全年的24%，这说明冬季降水强度小，阴雨天气多。

### 3. 空气相对湿度和干燥度

靖安县城年平均空气相对湿度为79%，1—12月的月平均相对湿度依次为78%、79%、81%、81%、81%、83%、79%、77%、77%、75%、75%、75%，6月最大，为83%，10—12月最小，均为75%。根据考察结果，三爪仑国家森林公园境内的空气相对湿度比县城大3%～5%。

靖安县空气干燥度为0.56，按照干燥度小于1为湿润地区的划分标准，靖安县属于湿润地区。

## (三)风向风速

风向风速是一个地区气候特点的表征，对旅游活动亦有影响，轻风送爽，和风惬意，大风给旅游活动带来不便，狂风阻碍旅游活动正常进行。所以风是旅游规划必须考虑的气候因子。

三爪仑国家森林公园主要景观地段的风向随季节和地形而变化，县城西北风频率最大达23%，三爪仑的主风方向与河谷走向一致，红星山的静风频率达90%以上，洪屏村夏季多静风(67%)，冬季多偏北风。

靖安县城多年平均风速 2.1 m/s;7 月最大,月平均风速 2.7 m/s;2 月最小,月平均风速 1.5 m/s,逐月分布见表 4。风速≥17 m/s 的大风县城多年平均为 22 次,以 7 月和 8 月较多,其次是 4 月和 6 月(表 4)。

**表 4 江西省靖安县气候要素值逐月分布**

| 月份 | 1 | 2 | 3 | 4 | 5 | 6 | 7 |
|---|---|---|---|---|---|---|---|
| 气温(℃) | 4.9 | 6.3 | 10.8 | 16.8 | 21.7 | 25.0 | 28.4 |
| 相对湿度(%) | 78 | 79 | 81 | 81 | 81 | 83 | 79 |
| 降水量(mm) | 54.3 | 108 | 150 | 195 | 266 | 305 | 156 |
| 降水日数(d) | 16.2 | 17.4 | 20.1 | 19.8 | 19.1 | 18.8 | 14.7 |
| 最长连续降水日数(d) | 8 | 13 | 13 | 25 | 18 | 11 | 14 |
| 最长连续无降水日数(d) | 41 | 39 | 15 | 9 | 9 | 9 | 19 |
| 日照时数(h) | 115.7 | 98.1 | 103 | 119 | 135 | 154 | 247 |
| 日照百分率(%) | 36 | 31 | 28 | 31 | 32 | 37 | 58 |
| 平均风力(级) | 1.9 | 1.9 | 2.0 | 2.1 | 1.9 | 1.9 | 2.3 |
| 大风次数(次) | 2 | 2 | 2 | 6 | 3 | 6 | 22 |
| 平均最高气温(℃) | 9.8 | 10.9 | 15.8 | 21.5 | 25.8 | 29.4 | 33.5 |
| 平均最低气温(℃) | 1.4 | 3.0 | 7.7 | 13.4 | 18.1 | 21.6 | 24.4 |
| 平均日较差(℃) | 8.4 | 7.9 | 8.1 | 8.1 | 7.7 | 7.8 | 9.1 |
| 极端最高气温(℃) | 23.5 | 28.7 | 32.4 | 33.3 | 35.2 | 36.7 | 38.7 |
| 极端最低气温(℃) | −10.2 | −9.3 | −1.9 | 1.7 | 7.9 | 15.3 | 18.5 |

| 月份 | 8 | 9 | 10 | 11 | 12 | 全年 | 备注 |
|---|---|---|---|---|---|---|---|
| 气温(℃) | 28.0 | 24.1 | 18.6 | 12.7 | 7.0 | 17.0 | 1961—1990 年 |
| 相对湿度(%) | 77 | 77 | 75 | 75 | 75 | 79 | 1961—1990 年 |
| 降水量(mm) | 137 | 88.6 | 82.0 | 64.1 | 37.8 | 1644.0 | 1961—1990 年 |
| 降水日数(d) | 13.4 | 11.8 | 12.7 | 10.1 | 9.6 | 183.7 | 1961—1990 年 |
| 最长连续降水日数(d) | 137 | 7 | 4 | 8 | 10 | 18 | |
| 最长连续无降水日数(d) | 2221 | 21 | 44 | 59 | 31 | 59 | 上、下跨月 |
| 日照时数(h) | 248 | 195 | 171 | 151 | 136 | 1872.4 | |
| 日照百分率(%) | 61 | 53 | 48 | 47 | 43 | 43 | |
| 平均风力(级) | 2.4 | 2.3 | 2.3 | 2.2 | 2.0 | 2.1 | |
| 大风次数(次) | 12 | 3 | 1 | 1 | 0 | 60 | |
| 平均最高气温(℃) | 33.3 | 29.6 | 24.2 | 18.3 | 12.5 | 22.1 | |
| 平均最低气温(℃) | 24.1 | 20.3 | 14.5 | 8.7 | 3.5 | 13.4 | |
| 平均日较差(℃) | 9.2 | 9.3 | 9.7 | 9.6 | 9.0 | 8.7 | |
| 极端最高气温(℃) | 39.9 | 38.3 | 34.6 | 29.7 | 25.9 | 39.9 | |
| 极端最低气温(℃) | 18.1 | 11.0 | 1.0 | −4.3 | −8.1 | −10.2 | |

## (四)气象气候景观

地球周围大气的各种物理现象和物理过程称为气象。一个地区短时间的气象变化称为天气,长期的综合的天气状况称为气候。不管是短期的气象变化还是长期的气候现象,与人类旅游活动都有直接或间接的关系。气象和气候可以直接造景和育景,可以直接成为旅游观赏内容。气候季节变化影响景观季相变化,这属于气候对旅游的间接影响。有人把这种可以造景、育景并有观赏功能的大气的物理现象和物理过程,称为风景气象和风景气候。三爪仑国家森林公园的风景气象和风景气候资源主要有如下几种。

### 1. 雨景

降水不仅是主要的气象气候要素,而且是具有观赏功能的自然美景之一。三爪仑国家森林公园年降水量1600多毫米,降水日数180多天,70%以上集中在春、夏两季。春雨多而持久,春雨时节,遥望群峰,烟雨弥漫,充满朦胧美;夏季降水强度大,降水时间短,雨过天晴,山石如洗,空气清新、沁人肺腑;秋风细雨,山色空蒙,雨中愁思,有愁有乐,百感交集,别有韵味;绵绵冬雨,山林小景,炊烟缭绕,耐人寻味。四季降水四时景,景景迷人,因此"雨中看山也莫嫌,只缘山色雨中添",雨中旅游重在提高自己对风景的鉴赏能力,从而获得美的感受。

### 2. 云雾景

大气中的水汽凝结,漂浮在近地层称雾,抬升到低层大气中为云。云和雾有时难以区分,山区云雾景观既反映了山地气候多变的特点,又是一种吸引游客的胜景。山区云雾积聚,急剧流动,形成瞬息万变的云雾奇观。在三爪仑国家森林公园红星山远眺,晴天朵朵白云,上下飘动时而聚积成白色玉带,时而飘散成座座孤岛,瞬息万变。阴雨天,云雾弥漫,聚散四合,变化无穷,既是独特的云雾景观,又能将小湾水库的湖光山色衬托得更加绚丽多彩。

### 3. 冰雪景

雪是一种特殊的降水现象。山峰、森林、乡村、田野构成奇异的冰雪景观,富有极大的观赏价值,是重要的气候旅游资源。三爪仑国家森林公园年年有雪,平均每年8.3个雪日,积雪3.6 d,多的年份有19个雪日(1989年)、18个积雪日(1976年),年年有雪景。西北的冰川雪岭,东北的林海雪原,南极的冰雪世界,阿尔卑斯山的冰雪公园,都是令人向往的地方,但也是常人难以到达的地方。三爪仑国家森林公园积雪时,那种"大雪压青松,青松挺且直"的壮丽景象,那种葱翠的苍松修竹与雪被相辉映的晶莹画面,那种大地银装素裹、唯余莽莽的磅礴气势,都充满了诗情画意,登上三爪仑的南国山地领略北国冰雪风光,难道不令人惬意吗?!洪屏村山高地阔、地势平坦,冬季可以建立天然冰场,开展各种冰上旅游活动。

### 4. 霞景

霞是阳光穿过云雾时散射出的彩色光芒。三爪仑国家森林公园云雾水汽多,空气湿度大,晴天日出、日落时,常有彩霞出现。每当斜阳夕照时,满天晚霞,那山巅树梢在朦胧中又增添几分神秘,给人无穷的朦胧美感享受。黄昏时刻乘木筏荡漾在橹崖峡谷,近处山坡树林抹金,远处吊桥朦胧,湖水闪金波,观赏这种落日余晖,给人"夕阳无限好"的美感享受。晨曦或傍晚时分,汽车行驶在小湾的山道上,透过玻璃,遥望山野,那天际边的"云层披彩霞,群峰覆斜阳,氤氲笼其上,雀鸟啼百啭,村舍画中藏"的景色又是何等迷人,难怪旭日和夕阳古往今来都被称作美景。

### (五)气象气候影响

气象和气候要素中的冷、热、干、湿、风、云、雨、雪虽有直接造景功能,但其中的严寒、炎热、大风、冰雹、雷暴等灾害性天气现象不仅会破坏自然美景,而且会影响旅游活动。三爪仑国家森林公园亦不例外,旅游活动中主要有暴雨、冰冻、雨凇、大风等多种气象气候障碍。应注意避免其危害。

1. 暴雨

三爪仑国家森林公园春夏季节多大雨、暴雨,最大强度达 399.7 mm/d,山间溪流容易陡涨。1994 年 6 月一场暴雨,洪峰夹巨石,将三爪仑通往骆家坪的公路冲毁 3 段,游人难以进入景区,迫使已筹备好的景区开业剪彩活动终止,造成重大损失。此外,暴雨还破坏通信和输电线路,妨碍旅游活动。靖安县 1949 年前曾多次闹水灾,20 世纪 50 年代后修筑了防洪堤岸,但水土流失仍属严重,水灾亦有出现。1955 年 6 月因连续暴雨,造成多处滑坡山崩;1961 年南河、北河均发大水;1969 年大水;1973 年连续暴雨,山洪暴发;1975 年、1977 年、1981 年、1991 年均出现过暴雨和大暴雨危害,这种造成严重损失的暴雨出现频率为 20%。

2. 风灾

靖安县多静风,平均风速小,但历史上也出现过大风危害。据载,1234 年、1951 年、1981 年、1983 年靖安县城、噪都、高潮、仁首等地出现过大风和龙卷风危害。其中,1981 年 5 月 2 日中午的龙卷风卷走上述乡镇油茶籽 11 万余千克,吹断嫩竹 50 万株。

3. 雹灾

近 30 年中,靖安县出现过一次冰雹危害。历史上有记载的是 1543 年"雨暴如栗杏大",1653 年、1729 年、1818 年、1940 年、1981 年均有过降雹记载,曾打死打伤过人、畜。

4. 雷击

1949 年后靖安县境内出现过 9 次雷击灾害,导致死亡 10 人、击伤数十人。山区旅游活动多在野外开展,雨季千万注意防止雷击危害。

5. 雨凇

雨凇是过冷却雨滴或寒冷的毛毛雨滴落在地面或近地面物体迎风面上很快冻结起来的透明或半透明的冰层。当雨凇密度大时,为透明冰层,晶莹剔透,被称为"玻璃世界",有一定观赏价值,但它更大的危害是妨碍交通、中断通信。三爪仑国家森林公园的高山地段年年有雨凇,平均每年 0.97 d,多的年份可达 14 d。

此外,三爪仑国家森林公园旱灾亦出现过,须注意保护水源和防止森林火灾。

## 四、结论

(1)三爪仑国家森林公园年平均气温 13.7~17.0 ℃,气温年较差 21.4~23.5 ℃,四季分明,冬夏季长,春秋季短,随着海拔升高,年平均气温降低,气温年较差减小,夏季缩短,冬季增长,夏无酷暑,冬季严寒期短,山地气候特征明显,一年四季均可开展旅游活动,冬季宜滑冰赏雪,秋季宜登山野营,夏季宜避暑度假,春季宜观光踏青游憩。

(2)三爪仑国家森林公园水汽丰沛,年降水量多,降水年际变化大,受季风影响,降水季节分配不均,春、夏季雨多雨大,降水量占全年的73%,秋、冬季雨少而小,降水量占全年的27%,具有中亚热带湿润季风气候特征,必须在晴好天气进行的旅游活动宜安排在秋、冬季节。

(3)三爪仑国家森林公园气象气候景观丰富,雨景、云雾景、冰雪景、彩霞景,景景迷人,年年可遇,处处能赏。应根据这些景观特征,可安排多种专项旅游活动。

(4)三爪仑国家森林公园开展旅游活动的主要气象气候灾害是夏季多暴雨山洪,冬季有冰冻雨凇,容易造成交通、邮电、通信障碍,对旅游活动不利,应遵循气候变化规律,因时制宜安排旅游活动,以求趋利避害,平安快乐。

(2000年5月)

# 广东象头山国家级自然保护区气候资源研究*

吴章文　陈就和　吴宏道　张应扬　罗艳菊

**摘　要**：象头山自然保护区地处南亚热带湿润季风气候区，具有日照时数长、热量丰富、降水充沛、空气湿润、分干湿两季、植物生长期长、旅游舒适期长、农业气候资源丰富、旅游气候资源丰富的特点，有大风、台风和雷暴灾害出现。

**关键词**：象头山；气候；资源；旅游；舒适期

## 1　自然地理和气候概况

象头山自然保护区（以下简称保护区）位于广东省惠州市北部的博罗县境内，山脉呈东西走向，横贯博罗县中部，南坡面海。象头山自然保护区由惠州市林业局所辖的汤泉、象头山、白芒三个林场的边远工区三堆池、上嶂、天堂山三个毗邻工区及泰美镇的部分村组组建而成，土地连片，总面积 10696.9 $hm^2$，境内最低处望娘坳海拔约 50 m，最高峰蟹眼顶海拔 1024 m。地理坐标北纬 23°13′05″～23°19′43″，东经 114°19′21″～114°27′06″，处于北回归线南侧。

保护区属典型的南亚热带湿润季风气候，具有光照充足、热量丰富、降水充沛、空气湿润、湿季长、旱季短、植物生长期长、风向随季节改变、气候垂直差异大等特点。区内年平均气温 16.0～21.7 ℃；大部分地段 1 月最冷，月均温 7.2～13.3 ℃；8 月最热，月均温 22.5～27.2 ℃；极端最低气温－6.6 ℃（1985 年 12 月 11 日，济公田）；极端最高气温 35.1 ℃（1985 年 6 月 22 日，管理局）；区内年积温大，年 0 ℃以上的积温为 6136.0～7368.8 ℃·d，≥5 ℃年有效积温为 4127.7～5543.8 ℃·d。用候平均气温法划分季节，山下以三堆池为代表，山上以范家田为代表，春、夏、秋、冬分别为 63、174、52、76 d 和 79、68、106、112 d，山下夏季长、冬季短，山上夏季短、冬季长。区内无霜期 365 d；山下生长期 365 d，山上生长期 345 d。保护区年平均降水量 2381.5 mm，降水年际变化大，最多年份 3561 mm，最少年份 1021 mm；降水季节分配不均，全年 75%以上的降水主要集中在春、夏季，冬季仅占全年的 9%；年降水日数 101～144 d，6 月降水日数最多，达 15.1～21.7 d，12 月最少，仅 2.0～5.1 d。最大降水强度 430.0 mm/d（1997 年 8 月 2 日，大人岩）。区内 4—6 月多锋面雨，7—9 月多台风雨。降水相对变率在13.2%～18.2%；年降水量 1200～2000 mm 的保证率为 99%，即 99%的年份降水量在1200～2000 mm。多年平均空气相对湿度 80%以上。风向以东风和东南风居多，平均风速1.6～

---

* ①本文所用范家田、三堆池 1984 年 8 月至 1986 年 9 月的气象资料由博罗县气象局提供；四角楼、管理局、大人岩、小人岩、济公田等地的降水资料由小金河水电管理局提供；四角楼、管理局、大人岩、小人岩等地的气温为推算值，日照、太阳辐射及气象灾害资料从《广东省自然灾害地图集》中查取。

②本文原载于《气象》，2002(4):48-52.

2.4 m/s，最大风速 34 m/s，台风频繁，平均每年出现 11～20 次，年雷暴日数 85～90 d。根据气温和空气相对湿度计算分析得知：区内舒适期长，气候凉爽宜人，特别是范家田，一年只有 2 d 令人感觉闷热，气候舒适期长达 231 d。

## 2　光能资源

根据资料，惠州市年日照时数为 1600～2400 h。年总太阳辐射为(5000～5500)×$10^6$ J/$m^2$①。

## 3　热量资源

热量是一项重要的气候资源，也是动植物生长发育的必要条件，动植物种类及其生长状况等均与热量条件密切相关。热量是衡量一个地区气候资源的重要指标之一。

### 3.1　月平均气温及年平均气温

根据范家田、三堆池 2 个观测哨 1984 年 8 月至 1986 年 9 月的逐日实测值计算得出月平均气温、年平均气温及气温年较差，并将之与同期博罗县城比较(表 1)。

表 1　保护区各测点与博罗县城月平均气温及年平均气温(℃)

| 海拔(m) | 地点 | 1月 | 2月 | 3月 | 4月 | 5月 | 6月 | 7月 | 8月 | 9月 | 10月 | 11月 | 12月 | 全年 | 年较差 |
|---|---|---|---|---|---|---|---|---|---|---|---|---|---|---|---|
| 17.0 | 博罗县城 | 13.4 | 14.4 | 18.1 | 22.2 | 25.5 | 27.2 | 28.4 | 28.1 | 26.8 | 23.8 | 19.1 | 14.8 | 21.8 | 15.0 |
| 22.0 | 四角楼 | 15.9 | 14.6 | 17.1 | 22.1 | 26.5 | 27.4 | 28.1 | 28.6 | 27.1 | 26.0 | 22.5 | 16.3 | 22.8 | 14.0 |
| 214.0 | 管理局 | 13.2 | 13.3 | 15.7 | 20.9 | 25.1 | 26.1 | 26.7 | 27.2 | 25.6 | 24.2 | 20.4 | 14.4 | 21.2 | 13.9 |
| 236.0 | 良田 | 13.0 | 13.2 | 15.6 | 20.7 | 24.9 | 26.0 | 26.6 | 27.1 | 25.4 | 23.9 | 20.2 | 14.1 | 21.0 | 15.2 |
| 312.0 | 大人岩 | 12.8 | 12.7 | 15.0 | 20.2 | 24.4 | 25.5 | 26.0 | 26.5 | 24.8 | 23.2 | 19.3 | 13.4 | 20.4 | 13.8 |
| 320.0 | 三堆池 | 12.7 | 12.6 | 15.0 | 20.2 | 24.3 | 25.4 | 26.0 | 26.5 | 24.7 | 23.1 | 19.3 | 13.3 | 20.3 | 14.0 |
| 340.0 | 甲子前 | 12.6 | 12.5 | 14.9 | 20.1 | 24.2 | 25.3 | 25.9 | 26.3 | 24.6 | 22.9 | 19.1 | 13.1 | 20.1 | 15.1 |
| 402.0 | 小人岩 | 11.9 | 12.1 | 14.4 | 19.7 | 23.7 | 24.9 | 25.4 | 25.9 | 24.1 | 22.0 | 18.4 | 12.4 | 19.6 | 15.5 |
| 707.7 | 下沛 | 8.5 | 10.0 | 12.3 | 17.7 | 21.4 | 22.8 | 23.3 | 23.6 | 21.7 | 19.3 | 15.1 | 9.3 | 17.1 | 13.9 |
| 740.7 | 范家田 | 8.2 | 9.8 | 12.1 | 17.5 | 21.2 | 22.6 | 23.1 | 23.4 | 21.4 | 19.0 | 14.8 | 9.0 | 16.8 | 13.8 |
| 832.7 | 济公田 | 7.2 | 9.2 | 11.5 | 16.9 | 20.5 | 22.0 | 22.5 | 22.7 | 20.7 | 18.1 | 13.8 | 8.1 | 16.0 | 14.1 |

注：博罗县城和四角楼均在保护区境外，为对照点。

从表 1 得出：区外的四角楼气温较县城稍高；区内各点的平均气温都低于区外四角楼及县城。在地形及森林的影响下，保护区内的年平均气温较博罗县城要低 0.4～0.7 ℃，区内各测点的气温变化总趋势是随海拔升高而降低，气温垂直递减率为－0.59 ℃/100 m，气温垂直变

① 在搜集资料过程中得到博罗县林业局、小金河水电管理局等单位的热情支持，一并致谢。

化大。

区内年平均气温 21.7 ℃，1 月或 2 月最低，为 7.2～13.3 ℃，8 月最高，为 22.7～28.6 ℃，气温具有海洋性气候特征。

海拔较低的四角楼、管理局的极端最高气温高于 35 ℃，其余各点均低于 35 ℃，说明保护区内夏季气候凉爽。极端最高气温为 35.1 ℃（1985 年 6 月 22 日，管理局）；极端最低气温多出现在 12 月，海拔在 700 m 以上的下沛、范家田、济公田极端最低气温在 0 ℃以下，其他各点均高于0 ℃，说明保护区大多数地段冬季冷而不寒。区内极端最低气温为－6.6 ℃（1985 年 12 月 11 日，济公田）。保护区平均气温年较差为 14.3 ℃，气温年较差小，说明保护区四季气温变化缓和。

## 3.2　保护区的四季

气候学上通常采用候均温法划分四季：候平均气温高于 10 ℃、低于 22 ℃为春秋季，低于 10 ℃为冬季、高于 22 ℃为夏季。按上述方法划分得出范家田、三堆池两地四季起止时间及持续天数，见表 2。

**表 2　范家田、三堆池的四季起始、结束日期和持续天数**

| 地点 | 春季 | | | 夏季 | | | 秋季 | | | 冬季 | | | 海拔（m） |
|---|---|---|---|---|---|---|---|---|---|---|---|---|---|
| | 起始（日/月） | 结束（日/月） | 天数（d） | 起始（日/月） | 结束（日/月） | 天数（d） | 起始（日/月） | 结束（日/月） | 天数（d） | 起始（日/月） | 结束（日/月） | 天数（d） | |
| 范家田 | 31/3 | 17/6 | 79 | 18/6 | 25/8 | 68 | 26/8 | 10/10 | 106 | 11/12 | 30/3 | 112 | 740.0 |
| 三堆池 | 25/2 | 29/4 | 63 | 30/4 | 19/10 | 174 | 20/10 | 10/12 | 52 | 11/12 | 24/2 | 76 | 320.0 |

如表 2 所示，范家田 3 月 31 日入春，6 月 18 日入夏，入春、入夏时间均迟于三堆池，可见高海拔处的范家田气温回暖较三堆池慢：三堆池已近春末，范家田才入春，真是“人间四月芳菲尽，山寺桃花始盛开”。三堆池入秋日期为 10 月 20 日，较范家田迟 55 d，可见其夏季持续时间特别长，达 174 d。三堆池和范家田入冬在同一天，说明三堆池秋季短暂，夏、秋季节交替很快。这些现象表明海拔高度是影响和形成象头山气候特征的重要因子之一。

## 3.3　界限温度初终期、持续日期及积温

界限温度、界限温度初终期、该温度持续日数及持续时期中积温的多少，对于农林业生产如作物或树种布局、栽培及农事活动安排都具有十分重要的意义。

界限温度，在农业和林业上也称为指标温度，是指对植物包括农作物和林木的生长发育有指示和临界意义的温度。重要的界限温度有日平均温度 0 ℃、5 ℃、10 ℃、15 ℃、20 ℃。

积温是指在某一生长发育期或整个生长发育期所需累积温度总和。它表明了植物在全部生长发育期或某一生长发育期对热量的总要求，可分为活动积温和有效积温。活动积温是作物或林木某一生长发育期或整个生长发育期内全部活动温度的总和。有效积温是作物或林木某一生长发育期或整个生长发育期内全部有效温度的总和。

一个地区的温度越高，持续期越长，积温值越大，说明该地区的热量资源越丰富，热量资源利用率越高，越有利于植物生长。保护区内范家田及三堆池的各界限温度平均初终期、持续日数及积温见表 3。

**表 3　各界限温度平均初终期、持续日数及积温**

| | | 平均初日 | 平均终日 | 持续日数 (d) | 活动积温 (℃·d) | 有效积温 (℃·d) |
|---|---|---|---|---|---|---|
| 三堆池 | ≥0℃ | 1月1日 | 12月31日 | 365 | 7368.8 | — |
| | ≥5℃ | 1月1日 | 12月31日 | 365 | 7368.8 | 5543.8 |
| | ≥10℃ | 2月25日 | 12月10日 | 348 | 6414.4 | — |
| | ≥15℃ | 4月4日 | 12月7日 | 248 | 5837.9 | — |
| | ≥20℃ | 4月29日 | 11月8日 | 194 | 4830.4 | — |
| 范家田 | ≥0℃ | 1月1日 | 12月31日 | 365 | 6136.0 | — |
| | ≥5℃ | 12月1日 | 12月23日 | 345 | 5852.7 | 4127.7 |
| | ≥10℃ | 2月21日 | 12月10日 | 283 | 5426.5 | — |
| | ≥15℃ | 4月17日 | 11月8日 | 205 | 4378.3 | — |
| | ≥20℃ | 4月30日 | 9月24日 | 148 | 3321.5 | — |

由于保护区地处南亚热带湿润季风气候区，区内气温较高，在三堆池全年无气温低于 5 ℃的时间，因而其≥0 ℃及≥5 ℃的活动积温很高，达 7368.8 ℃·d，这种气候条件十分利于植物生长；范家田全年日均温都在 0 ℃以上，且低于 5 ℃温度的持续期短，仅 20 d，≥0 ℃和≥5 ℃ 的积温分别为 6136.0 ℃·d 及 5852.7 ℃·d。两地段≥5 ℃的有效积温分别达 5543.8 ℃·d、4127.7 ℃·d。

保护区内稳定通过 10 ℃、15 ℃、20 ℃的初日随海拔增高推迟 1～13 d，终日随海拔升高而提前 1～45 d。

# 4　水分资源

水分是重要的气候资源，也是动植物生长发育的基本条件，它与光能资源及热量资源共同决定了动植物的种类及生长发育。在热带、亚热带地区，丰富的降水量是植物生长繁茂的重要原因之一。空气相对湿度、降水量的时空分布、降水频率、降水保证率、降水量的绝对变率及相对变率是评价一个地区水分资源的主要指标。

## 4.1　降水

### 4.1.1　年降水量

保护区雨量充沛，年平均降水量为 2318.5 mm。保护区降水量的年际分布不均，降水量最多的年份达 3516 mm，最小年份为 1021 mm，两者相差 2489 mm。保护区各站的逐月降水量及年降水量见表 4。

**表 4　保护区各站的逐月降水量及年降水量**

| 月份 | | 12月 | 1月 | 2月 | 3月 | 4月 | 5月 | 6月 | 7月 | 8月 | 9月 | 10月 | 11月 | 全年 |
|---|---|---|---|---|---|---|---|---|---|---|---|---|---|---|
| 四角楼 | 降水日数(d) | 3.2 | 7.0 | 11.8 | 13.8 | 15.6 | 17.5 | 18.5 | 19.6 | 15.3 | 11.7 | 4.8 | 5.3 | 144.1 |
| | 月降水量(mm) | 26.8 | 50.3 | 97.7 | 120.6 | 223.6 | 212.2 | 407.2 | 249.4 | 311.0 | 180.1 | 41.1 | 18.3 | 1938.5 |
| | 季降水量(mm) | 175.0 | | | 556.4 | | | 967.6 | | | 239.5 | | | |
| | 比率(%) | 9.0 | | | 28.6 | | | 50.0 | | | 12.4 | | | 100 |
| 管理局 | 降水日数(d) | 2.0 | 4.7 | 6.3 | 9.4 | 11.5 | 11.2 | 15.1 | 13.0 | 12.2 | 9.2 | 3.6 | 3.6 | 101.8 |
| | 月降水量(mm) | 71.6 | 39.9 | 67.4 | 128.4 | 229.4 | 229.4 | 389.4 | 322.0 | 311.5 | 208.4 | 46.3 | 39.9 | 2104.9 |
| | 季降水量(mm) | 178.9 | | | 587.2 | | | 1022.9 | | | 294.6 | | | |
| | 比率(%) | 8.5 | | | 37 | | | 48.6 | | | 14.0 | | | 100 |
| 大人岩 | 降水日数(d) | 5.4 | 8.1 | 10.8 | 12.5 | 13.0 | 16.6 | 14.4 | 14.0 | 9.9 | 3.0 | 2.7 | 2.1 | 112.5 |
| | 月降水量(mm) | 31.2 | 57.2 | 99.6 | 69.2 | 236.9 | 271.2 | 485.3 | 368.5 | 569.6 | 120.2 | 68.6 | 26.4 | |
| | 季降水量(mm) | 157.2 | | | 577.3 | | | 1423.4 | | | 215.2 | | | 2373.1 |
| | 比率(%) | 7.1 | | | 24.2 | | | 59.9 | | | 8.9 | | | |
| 三堆池 | 降水日数(d) | 2.7 | 5.2 | 9.2 | 15.5 | 16.2 | 18.7 | 21.7 | 15.2 | 18.2 | 14.2 | 8.8 | 3.5 | 148.9 |
| | 月降水量(mm) | 16.6 | 25.7 | 39.9 | 105.2 | 326.4 | 375.2 | 498.8 | 395.5 | 296.8 | 188.9 | 169.4 | 23.9 | 2453.3 |
| | 季降水量(mm) | 82.2 | | | 806.8 | | | 1182.1 | | | 382.2 | | | |
| | 比率(%) | 3.4 | | | 32.9 | | | 48.2 | | | 15.6 | | | |
| 小人岩 | 降水日数(d) | 4.0 | 7.6 | 10.5 | 12.2 | 13.8 | 16.1 | 15.8 | 13.5 | 8.4 | 3.7 | 3.6 | 2.1 | 111.3 |
| | 月降水量(mm) | 44.8 | 46.9 | 93.8 | 123.6 | 243.0 | 236.6 | 422.0 | 313.3 | 366.6 | 191.8 | 27.7 | 21.3 | 2131.5 |
| | 季降水量(mm) | 185.5 | | | 602.3 | | | 1101.9 | | | 240.8 | | | |
| | 比率(%) | 8.7 | | | 28.3 | | | 51.7 | | | 11.3 | | | 100 |
| 下沛 | 降水日数(d) | 6.1 | 11.9 | 14.2 | 14.5 | 17.3 | 20.4 | 18.6 | 15.9 | 11.7 | 4.2 | 4 | 2.7 | 141.5 |
| | 月降水量(mm) | 56 | 53.6 | 90.3 | 108.4 | 227.4 | 219.9 | 450.2 | 309.2 | 398.9 | 200.6 | 38.2 | 18.9 | 2171.6 |
| | 季降水量(mm) | 199.9 | | | 555.7 | | | 1158.3 | | | 257.7 | | | |
| | 比率(%) | 9.1 | | | 25.6 | | | 53.4 | | | 11.9 | | | |
| 范家田 | 降水日数(d) | 8.8 | 15.9 | 19 | 19.2 | 21.0 | 22.4 | 19.0 | 20.2 | 15.1 | 7.5 | 7.5 | 5.1 | 156.0 |
| | 月降水量(mm) | 66 | 64.2 | 106.5 | 152.4 | 302.5 | 262.0 | 512.5 | 386.3 | 371.4 | 259.6 | 35.4 | 15.7 | 2534.5 |
| | 季降水量(mm) | 236.7 | | | 716.9 | | | 1270.2 | | | 310.7 | | | |
| | 比率(%) | 9.3 | | | 28.3 | | | 50.1 | | | 12.3 | | | |
| 济公田 | 降水日数(d) | 5.1 | 8.7 | 11.1 | 12.3 | 14.8 | 18.3 | 13.8 | 14.6 | 10.4 | 4.3 | 4.3 | 3.1 | 120.8 |
| | 月降水量(mm) | 56.5 | 57.4 | 111.9 | 131.2 | 255.3 | 239.1 | 459.9 | 323.5 | 395.1 | 212.7 | 42.5 | 26.6 | 2311.7 |
| | 季降水量(mm) | 225.8 | | | 625.6 | | | 1178.5 | | | 281.8 | | | |
| | 比率(%) | 9.8 | | | 27.1 | | | 50.9 | | | 12.2 | | | |

注：表中比率系指季降水量占全年降水量的百分比，余同。

由表 4 得知,保护区降水量季节分配不均。全年降水主要集中在夏季,春季次之,春、夏两季降水占全年降水总量的 75%以上;秋季占 8.9%～26.7%;冬季降水不足 10%。冬季范家田降水最多,为 236.7 mm,大人岩最少,只有 157.2 mm;春季范家田最多,达 716.9 mm,下沛最少,为 555.7 mm;夏季大人岩最多,达 1423.4 mm,管理局最少,为 1022.9 mm;秋季三堆池最多,为 382.2 mm,大人岩最少,为 215.2 mm,

年降水量以范家田最多,为 2534.5 mm,三堆池次之,为 2453.3 mm,管理局最少,为 2104.9 mm。区内随海拔升高,降水量增加。

年降水日数以范家田为最多,达 156.0 d,管理局最少,为 101.8 d。区内降水日数以夏季为最多,春、秋季次之,冬季最少。从各月平均降水日数的分布来看,6 月最多,为 15.1～21.7 d,12 月最少,仅 2.0～5.1 d,个别年份的 12 月全月无降水。

三堆池及范家田的降水量及降水日数年分布见下图(其他各点降水量及降水日数年分布见本文附图)。

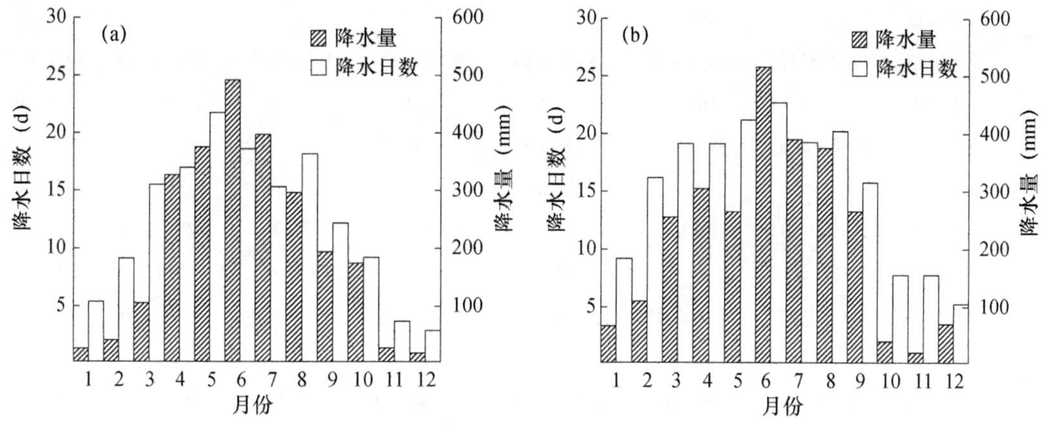


图 1　三堆池(a)、范家田(b)的年降水量及降水日数分布图

从图 1 可见,高海拔处的范家田年降水日数比低海拔处的三堆池多 7.1 d;两地降水量及降水日数均为春夏多、秋冬少。

#### 4.1.2　降水强度

保护区各测点各年最大降水强度均出现在 8 月,受台风及夏季风的影响,保护区降水多、降水强度大,最大值出现在大人岩,1997 年 8 月 2 日的降水量为 430.0 mm,即保护区内的最大降水强度为 430.0 mm/d。详见表 5。

#### 4.1.3　降水变率

降水频率是指某界限降水量在一定时间内出现的次数与该期降水总次数的百分比。

降水变率可分为绝对变率和相对变率。绝对变率是指某地某一时期降水量与同期多年平均降水量的绝对偏差的平均值;相对变率是绝对变率与同期多年平均降水量的百分比。降水变率反映一个地区降水量的稳定程度。降水变率小,说明该地区逐年降水量较为稳定;降水变率大,说明某些年份出现了水涝,而某些年份出现了干旱。一般来说,降水变率小于 10%,降水稳定程度高,该地区不会出现旱涝灾害。

表 5　保护区各月降水强度(mm/d)

| 地点 | | 四角楼 | 管理局 | 小人岩 | 大人岩 | 下沛 | 范家田 | 济公田 |
|---|---|---|---|---|---|---|---|---|
| 1月 | 降水强度 | 92.9 | 84.0 | 74.2 | 104.2 | 90.8 | 95.0 | 100.5 |
| | 出现日期 | 1998.1.14 | 1998.1.14 | 1998.1.14 | 1998.1.14 | 1998.1.14 | 1998.1.14 | 1998.1.14 |
| 2月 | 降水强度 | 85.0 | 71.0 | 70.0 | 84.0 | 53.8 | 54.1 | 48.0 |
| | 出现日期 | 1997.2.6 | 1997.2.6 | 1992.2.14 | 1997.2.6 | 1997.2.6 | 1983.2.15 | 1992.2.14 |
| 3月 | 降水强度 | 109.8 | 116.0 | 131.0 | 116.0 | 106.3 | 151.0 | 72.9 |
| | 出现日期 | 1992.3.26 | 1987.3.15 | 1992.3.26 | 1992.3.26 | 1987.3.15 | 1996.3.28 | 1987.3.15 |
| 4月 | 降水强度 | 114.1 | 214.6 | 136.1 | 125.5 | 136.5 | 137.6 | 164.3 |
| | 出现日期 | 1993.4.20 | 1988.4.21 | 1988.4.21 | 1988.4.21 | 1988.4.21 | 1998.4.26 | 1988.4.5 |
| 5月 | 降水强度 | 94.6 | 93.0 | 125.5 | 155.5 | 186.8 | 168.3 | 164.3 |
| | 出现日期 | 1998.5.14 | 1998.5.14 | 1988.5.5 | 1988.5.5 | 1988.5.5 | 1988.5.5 | 1988.5.5 |
| 6月 | 降水强度 | 203.1 | 196.8 | 129.2 | 190.1 | 100.8 | 224.7 | 114.3 |
| | 出现日期 | 1983.6.17 | 1998.6.4 | 1993.6.16 | 1974.6.18 | 1998.6.4 | 1997.6.17 | 1997.6.14 |
| 7月 | 降水强度 | 205.6 | 161.8 | 214.9 | 150.0 | 200.6 | 228.4 | 235.0 |
| | 出现日期 | 1988.7.19 | 1991.7.19 | 1987.7.31 | 1991.7.19 | 1988.7.19 | 1991.7.19 | 1988.7.19 |
| 8月 | 降水强度 | 272.9 | 271.6 | 258.7 | 430.0 | 365.6 | 355.6 | 288.0 |
| | 出现日期 | 1993.8.21 | 1993.8.21 | 1993.8.21 | 1997.8.2 | 1997.8.2 | 1997.8.2 | 1993.8.21 |
| 9月 | 降水强度 | 122.5 | 147.0 | 146.0 | 193.0 | 140.0 | 344.5 | 116.0 |
| | 出现日期 | 1996.9.22 | 1996.9.22 | 1991.9.6 | 1991.9.6 | 1991.9.6 | 1991.9.6 | 1993.9.26 |
| 10月 | 降水强度 | 134.0 | 67.5 | 70.3 | 163.6 | 52.8 | 64.2 | 59.0 |
| | 出现日期 | 1974.10.20 | 1995.10.2 | 1990.10.1 | 1974.10.19 | 1995.10.3 | 1995.10.3 | 1990.10.1 |
| 11月 | 降水强度 | 55.6 | 41.6 | 48.5 | 30.5 | 44.2 | 48.8 | 71.5 |
| | 出现日期 | 1982.11.14 | 1998.11.30 | 1988.11.14 | 1988.11.14 | 1988.11.14 | 1982.11.28 | 1988.11.14 |
| 12月 | 降水强度 | 55.2 | 58.0 | 50.5 | 50.0 | 62.1 | 59.3 | 28.0 |
| | 出现日期 | 1988.12.30 | 1988.12.30 | 1988.12.30 | 1988.12.30 | 1997.12.21 | 1988.12.30 | 1997.12.21 |
| 全年 | 降水强度 | 272.9 | 271.6 | 258.7 | 430.0 | 365.6 | 355.6 | 288.0 |
| | 出现日期 | 1993.8.21 | 1993.8.21 | 1993.8.21 | 1997.8.2 | 1997.8.2 | 1997.8.2 | 1993.8.21 |

注:出现日期格式为年.月.日。

表 6　象头山各测点年降水的绝对变率与相对变率

| 地点 | 四角楼 | 管理站 | 小人岩 | 大人岩 | 下沛 | 范家田 | 济公田 |
|---|---|---|---|---|---|---|---|
| 绝对变率(mm) | 305.4 | 348.7 | 375 | 371 | 300.6 | 349.1 | 302.1 |
| 相对变率(%) | 15.8 | 17.4 | 18.2 | 16.6 | 14.2 | 13.8 | 13.2 |

表 6 表明,保护区各测点年降水绝对变率在 300.6～375.0 mm,相对变率在 13.2%～18.2%之间变动。这说明保护区降水不稳定,相对变率大说明保护区有时会出现旱涝灾害。

### 4.1.4　降水保证率

降水保证率是指降水高于(或低于)某一界限值所有频率的总和。它表示某一界限降水量出现的可靠程度的大小。保证率越大，可靠程度也就越大。保护区各级年降水保证率见表7。

**表7　保护区各级年降水保证率**

| 分组(mm) | 800～1200 | 1200.1～1600 | 1600.1～2000 | 2000.1～2400 | 2400.1～2800 | 2800.1～3200 | >3200.1 |
|---|---|---|---|---|---|---|---|
| 保证率(%) | 100 | 98.8 | 93.9 | 63.9 | 34.9 | 16.7 | 8.3 |

由表7可见，保护区年降水量在1200 mm以上的保证率达98.8%，表明保护区有98.8%的年份降水量在1200 mm以上；1600 mm以上的保证率为93.9%，表明有93.9%的年份降水量在1600 mm以上。

### 4.1.5　降水的空间分布

保护区各测点的降水空间分布百分比见表8。

**表8　保护区年降水空间分布(%)**

| 地点 | 管理局 | 小人岩 | 大人岩 | 下沛 | 范家田 | 济公田 |
|---|---|---|---|---|---|---|
| 年降水百分比 | 15.4 | 15.6 | 17.4 | 15.9 | 18.5 | 17.2 |

上表说明两点：①区内降水量总趋势是随海拔升高而增多，个别测点稍微减少是地形影响所致；②空间分布比较均匀，年降水量最多的范家田仅比最少的管理局多3.1%。

## 4.2　空气相对湿度

空气相对湿度反映一个地区气候干湿状况。三堆池、范家田和博罗县县城的平均空气相对湿度见表9。

**表9　三堆池、范家田和博罗县城的平均空气相对湿度(%)**

| 月份 | 1月 | 2月 | 3月 | 4月 | 5月 | 6月 | 7月 | 8月 | 9月 | 10月 | 11月 | 12月 | 全年 |
|---|---|---|---|---|---|---|---|---|---|---|---|---|---|
| 博罗县城 | 75 | 79 | 81 | 82 | 84 | 81 | 82 | 83 | 81 | 77 | 75 | 74 | 80 |
| 三堆池 | 66 | 83 | 83 | 86 | 84 | 86 | 85 | 82 | 82 | 67 | 66 | 65 | 78 |
| 范家田 | 79 | 90 | 90 | 91 | 91 | 92 | 90 | 88 | 89 | 81 | 78 | 74 | 86 |

表9说明，受海洋及季风的影响，保护区及县城全年的空气湿度大。三堆池年平均相对湿度为78%，范家田为86%，博罗县城为80%。从季节分布来看，保护区秋、冬季空气相对湿度较春、夏季小。由于范家田海拔高、云雾多，其空气相对湿度比博罗县城及三堆池高6%～8%。保护区多年平均相对湿度为80%。

## 4.3　干燥度

干燥度反映大气的干湿程度，它取决于一个地区降水量的多少和蒸发量的高低。我们采用下面的公式来计算干燥度：

$$K=(0.16\sum t\geqslant 10\ ℃)/r$$

式中：$K$ 为干燥度；$\sum t\geqslant 10$ ℃为日平均气温稳定通过10 ℃期间的积温；$r$ 为同期降水量；0.16为经验系数。经过计算得出，范家田干燥度为0.3；三堆池干燥度为0.42。根据干燥度分级标准，干燥度＜1，干湿级别为湿润，这进一步证明保护区属于湿润地区。

## 5 风向风速

保护区位于季风气候区，一年内风向随季节而改变是其主要气候特征之一。区内多年平均风速为1.6～2.4 m/s，最大风速34 m/s，风向以东风和东南风居多。三堆池全年的主导风向为东南风，春、夏、秋三季盛行偏东风，冬季多为北风；范家田秋、冬季盛行东北风，春、夏季盛行偏东风和西风。三堆池的年平均风速为1.2 m/s。一年中平均风速秋季最大，为1.7 m/s，冬季最小，为0.9 m/s；范家田海拔高，风速较大，年平均风速为2.0 m/s，一年中秋季风速最大，为2.2 m/s，夏季最小，为1.8 m/s，冬季、春季风速介于两者之间。

## 6 气候舒适期

舒适期是指一年中令人感觉舒适的时间，一般用有效温度表示，有效温度15～24 ℃的持续时间称为舒适期。舒适期越长，表明气候越宜人。舒适度是指大多数人对周围空气环境感觉舒服的程度。舒适度常用有效温度来表示。计算有效温度的公式如下：

$$ET = T_a - 0.4(T_a - 10)(1 - RH/100)$$

式中：$ET$为有效温度(℃)；$T_a$为气温(℃)；$RH$为空气相对湿度(%)。

有效温度与人体感觉舒适程度的关系如下：

当$ET<15$ ℃时，感觉寒冷，不舒适；

当15 ℃$<ET\leqslant 24$ ℃时，感觉舒适；

当$ET>24$ ℃时，感觉闷热；

当$ET>30$ ℃时，感觉极不舒适，无法忍受。

用每日逐时气温与其相对应的空气相对湿度计算出的有效温度15～24 ℃的持续时间，称为日舒适期或日舒适时间。用一年中的逐日平均气温和日平均空气相对湿度计算出有效温度15～24 ℃的持续时间称年舒适期。本文采用此方法计算保护区气候舒适期。此外，还可以用列线图法计算气候舒适期。

2005年5月4、5、6日，中南林学院森林旅游研究中心在保护区内范家田、三堆池等地段设点进行为期3 d的小气候观测，根据观测结果计算出范家田及三堆池日有效温度等级持续时数，见表10。

**表10 范家田及三堆池日有效温度等级持续时数(h)**

| 标准 | | $ET\leqslant 15$ ℃ | 15 ℃$<ET\leqslant 24$ ℃ | 24 ℃$<ET\leqslant 30$ ℃ | $ET>30$ ℃ |
|---|---|---|---|---|---|
| 范家田 | 5月4日 | 0 | 24 | 0 | 0 |
| | 5月5日 | 0 | 24 | 0 | 0 |
| | 5月6日 | 12 | 12 | 0 | 0 |
| 三堆池 | 5月4日 | 0 | 24 | 0 | 0 |
| | 5月5日 | 0 | 24 | 0 | 0 |
| | 5月6日 | 1 | 21 | 2 | 0 |

由表 10 得知，2000 年 5 月 4、5 日，范家田及三堆池 100%的时间有效温度介于 15～24 ℃，感觉舒适；5 月 6 日海拔高处的范家田有 11 h(20:00 至次日 07:00)，即 50%的时间有效温度≤15 ℃，感觉较冷，其余时间感觉舒适；海拔低处的三堆池只有 1 h 感觉稍冷，2 h 感觉闷热，有 21 h，即 88%的时间感觉舒适。

三堆池及范家田全年的有效温度见本文附表 1、2。

根据所附资料计算出三堆池及范家田各月的舒适期天数，详见表 11 及表 12。

**表 11　范家田各月有效温度统计表(d)**

| 标准 | 1 月 | 2 月 | 3 月 | 4 月 | 5 月 | 6 月 | 7 月 | 8 月 | 9 月 | 10 月 | 11 月 | 12 月 | 全年 |
|---|---|---|---|---|---|---|---|---|---|---|---|---|---|
| $ET \leq 15$ ℃ | 31 | 23 | 23 | 10 | 0 | 0 | 0 | 0 | 0 | 0 | 18 | 27 | 132 |
| 15 ℃$<ET\leq 24$ ℃ | 0 | 5 | 8 | 20 | 31 | 29 | 31 | 30 | 30 | 31 | 12 | 4 | 231 |
| 24 ℃$<ET\leq 30$ ℃ | 0 | 0 | 0 | 0 | 0 | 1 | 0 | 1 | 0 | 0 | 0 | 0 | 2 |
| $ET>30$ ℃ | 0 | 0 | 0 | 0 | 0 | 0 | 0 | 0 | 0 | 0 | 0 | 0 | 0 |

**表 12　三堆池各月有效温度统计表(d)**

| 标准 | 1 月 | 2 月 | 3 月 | 4 月 | 5 月 | 6 月 | 7 月 | 8 月 | 9 月 | 10 月 | 11 月 | 12 月 | 全年 |
|---|---|---|---|---|---|---|---|---|---|---|---|---|---|
| $ET \leq 15$ ℃ | 28 | 19 | 17 | 4 | 0 | 0 | 0 | 0 | 0 | 0 | 4 | 21 | 93 |
| 15 ℃$<ET\leq 24$ ℃ | 3 | 9 | 14 | 26 | 15 | 15 | 6 | 6 | 19 | 31 | 26 | 10 | 180 |
| 24 ℃$<ET\leq 30$ ℃ | 0 | 0 | 0 | 0 | 16 | 15 | 25 | 25 | 11 | 0 | 0 | 0 | 92 |
| $ET>30$ ℃ | 0 | 0 | 0 | 0 | 0 | 0 | 0 | 0 | 0 | 0 | 0 | 0 | 0 |

表 11 说明，范家田全年有 231 d 有效温度在 15～24 ℃，令人感觉舒适，有 132 d 感觉寒冷，只有 2 d 让人感觉闷热。表 12 说明，三堆池全年有 180 d 有效温度在 15～24 ℃，令人感觉舒适，有 93 d 感觉寒冷，全年有 92 d 感觉闷热。可见保护区内范家田的气候更舒适宜人。

## 7　气象灾害

影响农林生产及人民生活的主要气象灾害有台风、大风、旱涝、冰雹等。象头山自然保护区的主要气象灾害是台风、大风、雷暴及洪涝灾害。

### 7.1　台风、大风

保护区距海近，在夏、秋季节常常受台风袭击和影响。台风可吹折树木，摧毁房屋建筑，台风带来的洪水还冲毁道路交通设施及农田，严重影响人民的生产和生活，保护区平均每年出现 11～20 次台风。1959 年和 1986 年，保护区曾遭到历史罕见的强台风袭击。但是在酷热难熬的夏季，台风能降低气温，可起降温消暑的作用；同时，台风也为植物生长发育带来充足的水分。大风是指瞬间风速达 8 级以上的风，保护区年平均大风日数在 4 d 以上。

### 7.2　雷暴

雷暴是积雨云中、云间或云地之间产生的放电现象，是一种强对流天气。出现雷暴时常伴随大风、冰雹、龙卷、雷击等灾害发生。雷暴具有雷电流的热效应、冲击波、静电感应、电磁感应等的破坏作用,会使建筑物受破坏,人畜伤亡。象头山自然保护区地处低纬,湿热多雨,雷暴出现频繁。保护区初雷始于2月底至3月中旬,结束于12月中下旬,雷暴日数85～90 d。

### 7.3 洪涝灾害

保护区雨量丰富、暴雨多、强度大,夏季降水强度常超过200 mm/d,个别年份夏季降水强度甚至超过400 mm/d。强降水容易引起山洪暴发、河流上涨,造成洪涝灾害,给保护区带来危害。

## 8 气候资源评价

### 8.1 农业气候资源丰富,有适合多种动植物生长发育的良好气候条件

(1)热量充足,植物生长期长。象头山自然保护区年平均气温16.0～21.2 ℃,气温年较差13.8～15.5 ℃,日平均气温稳定通过5 ℃的持续期(即植物生长期)345～365 d;≥5 ℃的活动积温5852.7～7368.8 ℃·d、有效积温4127.7～5543.8 ℃·d,热量充足。

(2)降水充沛,空气相对湿度大。保护区全年各月均有降水,4—9月降水最为集中,春夏两季降水量占全年的78.4%～85.6%;区内年降水日数101.8～156.0 d,4—9月月降水日数均在10 d以上,5月降水日数最多,为12.2～22.4 d;年平均空气相对湿度78%～86%。雨热同季,对动植物生长极为有利,这是保护区生物多样性丰富的重要原因之一。

(3)范家田空气凉爽湿润,适宜兰花生长。保护区内,海拔740 m左右的范家田,盆地开阔,降水多,雨日多,空气相对湿度大,气候凉爽湿润,特别适宜兰花生长,其兰花品种多达41种,是培育兰花的良好基地。

### 8.2 旅游气候资源丰富,是休闲度假、科学考察、生态教育的理想场所

(1)保护区境内气候垂直变化大,气温铅直梯度为－0.59 ℃/100 m,山地气候特征明显;地形复杂,水库多,水域宽阔,小气候类型多样,有坡地小气候、沟谷小气候、水域小气候、森林小气候等多种类型,可以满足旅游度假者和科学考察者的多种需求。

(2)保护区的实验区内景观资源丰富,气候清爽宜人,年旅游舒适期长达180～231 d,这对珠江三角洲的居民来说是双休日、节假日旅游休闲的好去处。实验区的范家田更是康体疗养、休闲度假的理想之地。

(3)区内生态环境优越,生物多样性丰富,地质地貌典型,是开展生态意识和环境保护教育的重要课堂。

### 8.3 有大风、台风、雷暴等灾害,须注意趋利避害

保护区年平均大风日数4 d以上。台风出现频率每年11～20次,但造成灾害的仅1959年和1986年的历史罕见的强台风袭击。保护区的雷暴较频繁,每年2月底至3月中旬开始,12月中旬结束,保护区内雷暴日数85～90 d。在区内巡山护林或旅游度假要注意防雷击。

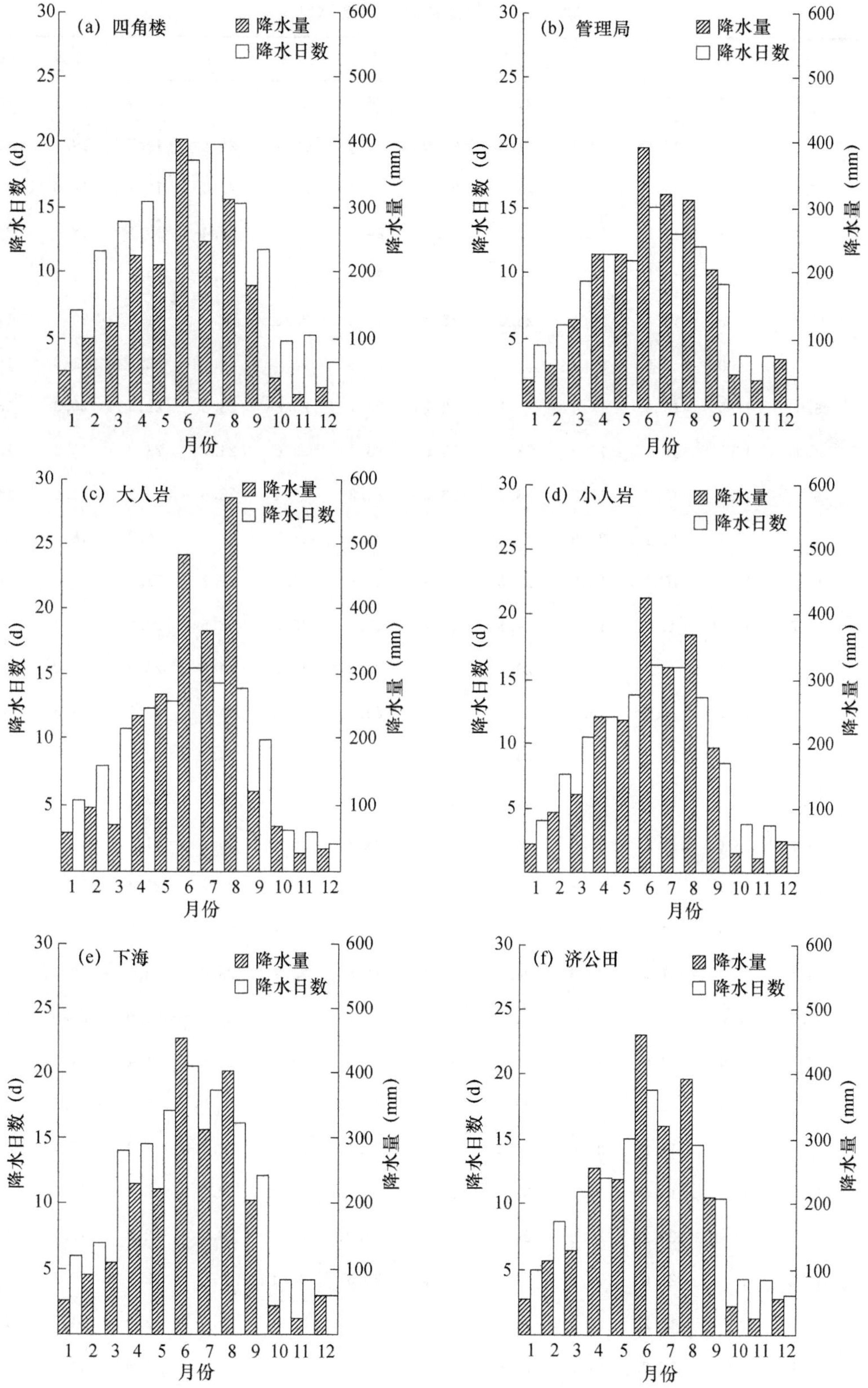


附图 1　保护区降水量、降水日数年分布图

附表 1　三堆池的有效温度(℃)

| 日期 | 1月 | 2月 | 3月 | 4月 | 5月 | 6月 | 7月 | 8月 | 9月 | 10月 | 11月 | 12月 |
|---|---|---|---|---|---|---|---|---|---|---|---|---|
| 1 | 12.9 | 13.0 | 17.1 | 11.8 | 21.9 | 22.9 | 26.2 | 25.4 | 24.0 | 22.0 | 19.1 | 15.2 |
| 2 | 14.7 | 14.2 | 18.6 | 12.7 | 21.3 | 23.5 | 26.5 | 25.4 | 24.4 | 19.7 | 19.1 | 16.2 |
| 3 | 15.6 | 14.5 | 16.3 | 14.4 | 23.0 | 23.4 | 24.4 | 25.3 | 23.4 | 19.3 | 18.0 | 17.3 |
| 4 | 12.4 | 15.2 | 11.5 | 16.6 | 23.5 | 23.6 | 24.9 | 25.2 | 25.4 | 19.1 | 18.6 | 20.7 |
| 5 | 11.1 | 16.9 | 10.0 | 18.5 | 24.5 | 24.5 | 24.6 | 26.1 | 24.5 | 19.7 | 19.7 | 19.6 |
| 6 | 11.5 | 17.5 | 12.1 | 10.1 | 25.2 | 25.4 | 24.6 | 25.6 | 23.4 | 21.3 | 20.4 | 17.7 |
| 7 | 11.9 | 18.0 | 16.6 | 19.4 | 25.1 | 24.9 | 25.3 | 25.3 | 24.9 | 22.5 | 21.3 | 15.7 |
| 8 | 6.9 | 17.5 | 19.6 | 19.4 | 24.1 | 22.7 | 23.7 | 25.8 | 23.8 | 22.5 | 20.3 | 13.2 |
| 9 | 6.9 | 16.1 | 15.9 | 19.0 | 23.3 | 23.6 | 23.1 | 25.6 | 24.7 | 23.9 | 16.9 | 13.9 |
| 10 | 6.3 | 12.2 | 15.2 | 19.7 | 23.1 | 23.6 | 24.3 | 26.4 | 23.6 | 23.2 | 15.8 | 14.5 |
| 11 | 6.9 | 12.2 | 11.1 | 20.0 | 24.5 | 24.8 | 24.6 | 25.9 | 24.7 | 23.7 | 18.8 | 5.6 |
| 12 | 9.1 | 13.4 | 10.9 | 16.9 | 24.6 | 25.9 | 24.9 | 25.5 | 22.8 | 23.5 | 18.4 | 6.5 |
| 13 | 10.7 | 13.4 | 8.7 | 16.2 | 24.5 | 23.7 | 25.1 | 25.0 | 23.9 | 23.5 | 17.8 | 9.5 |
| 14 | 11.5 | 13.0 | 8.5 | 15.9 | 23.9 | 22.9 | 25.0 | 24.7 | 24.2 | 23.9 | 18.2 | 10.8 |
| 15 | 11.3 | 17.0 | 10.1 | 15.6 | 24.4 | 23.2 | 25.5 | 25.0 | 24.3 | 23.7 | 18.5 | 9.7 |
| 16 | 12.3 | 16.8 | 12.1 | 16.9 | 24.1 | 23.4 | 25.5 | 25.0 | 24.4 | 23.8 | 17.7 | 8.6 |
| 17 | 14.2 | 15.8 | 12.5 | 18.2 | 24.1 | 24.1 | 25.3 | 25.9 | 24.9 | 23.1 | 16.9 | 9.3 |
| 18 | 13.2 | 13.0 | 14.6 | 19.0 | 24.1 | 24.3 | 23.3 | 26.8 | 23.4 | 21.9 | 17.1 | 12.6 |
| 19 | 12.1 | 12.2 | 14.5 | 19.8 | 24.5 | 23.6 | 23.8 | 26.1 | 23.2 | 21.4 | 16.4 | 12.9 |
| 20 | 13.5 | 10.1 | 14.9 | 20.3 | 24.4 | 23.7 | 24.0 | 25.7 | 23.2 | 19.3 | 17.0 | 11.8 |
| 21 | 16.2 | 7.8 | 11.9 | 20.8 | 24.1 | 24.6 | 24.8 | 23.7 | 23.6 | 18.7 | 19.0 | 12.3 |
| 22 | 17.3 | 7.1 | 10.0 | 21.3 | 23.4 | 26.6 | 24.7 | 24.5 | 24.1 | 21.0 | 20.9 | 10.7 |
| 23 | 17.7 | 7.6 | 13.6 | 21.2 | 23.2 | 26.7 | 25.2 | 25.4 | 24.0 | 21.4 | 21.5 | 10.8 |
| 24 | 14.8 | 8.5 | 16.2 | 20.4 | 23.4 | 24.0 | 25.3 | 25.6 | 22.39 | 21.6 | 15.1 | 10.4 |
| 25 | 10.4 | 11.4 | 19.2 | 20.4 | 23.1 | 23.7 | 26.1 | 24.0 | 21.0 | 22.4 | 13.7 | 10.5 |
| 26 | 11.1 | 11.0 | 19.8 | 19.5 | 23.9 | 26.0 | 24.1 | 23.9 | 22.2 | 22.3 | 14.0 | 12.7 |
| 27 | 14.5 | 11.8 | 20.2 | 15.6 | 24.7 | 26.0 | 24.0 | 23.3 | 23.2 | 22.2 | 19.1 | 13.8 |
| 28 | 14.3 | 13.4 | 21.0 | 17.2 | 24.0 | 25.9 | 24.5 | 24.2 | 21.2 | 22.9 | 20.1 | 15.6 |
| 29 | 10.8 | — | 16.2 | 20.1 | 21.7 | 24.8 | 25.0 | 23.2 | 21.7 | 22.9 | 14.7 | 16.7 |
| 30 | 9.6 | — | 12.0 | 21.3 | 22.0 | 25.2 | 25.2 | 23.8 | 22.0 | 21.6 | 14.9 | 18.6 |
| 31 | 10.3 | — | 10.9 | — | 23.4 | — | 24.3 | 24.4 | — | 20.4 | — | 12.3 |

附表 2 范家田的有效温度(℃)

| 日期 | 1月 | 2月 | 3月 | 4月 | 5月 | 6月 | 7月 | 8月 | 9月 | 10月 | 11月 | 12月 |
|---|---|---|---|---|---|---|---|---|---|---|---|---|
| 1 | 11.0 | 4.6 | 15.4 | 7.6 | 19.2 | 20.8 | 24.0 | 22.8 | 21.3 | 19.2 | 15.9 | 12.4 |
| 2 | 9.7 | 10.6 | 17.4 | 11.7 | 19.0 | 21.0 | 23.7 | 22.3 | 21.5 | 16.5 | 15.6 | 12.4 |
| 3 | 9.1 | 10.5 | 14.6 | 12.2 | 20.5 | 20.9 | 22.3 | 22.8 | 20.6 | 15.9 | 14.7 | 13.2 |
| 4 | 8.6 | 12.9 | 10.2 | 14.2 | 20.9 | 21.4 | 22.3 | 22.7 | 22.7 | 16.3 | 13.9 | 16.5 |
| 5 | 7.8 | 15.1 | 6.9 | 16.5 | 21.7 | 22.1 | 22.1 | 23.6 | 21.2 | 16.9 | 15.6 | 16.4 |
| 6 | 8.8 | 15.8 | 10.0 | 17.3 | 22.5 | 23.3 | 22.1 | 23.5 | 20.9 | 17.6 | 17.0 | 14.6 |
| 7 | 8.2 | 16.4 | 15.8 | 17.2 | 23.0 | 22.3 | 22.3 | 23.0 | 21.8 | 19.5 | 17.1 | 11.9 |
| 8 | 3.3 | 16.1 | 16.9 | 16.7 | 21.3 | 21.0 | 21.5 | 23.4 | 21.4 | 20.6 | 17.3 | 10.0 |
| 9 | 3.7 | 13.3 | 12.1 | 17.2 | 20.9 | 21.0 | 21.2 | 23.8 | 22.1 | 21.7 | 13.1 | 10.3 |
| 10 | 1.7 | 9.2 | 12.9 | 18.0 | 19.7 | 20.9 | 21.8 | 23.8 | 21.0 | 21.2 | 12.1 | 11.1 |
| 11 | 4.5 | 10.3 | 6.7 | 17.2 | 21.4 | 22.2 | 22.3 | 23.3 | 22.4 | 21.1 | 14.3 | 2.1 |
| 12 | 6.0 | 11.0 | 5.7 | 14.2 | 22.0 | 23.3 | 22.2 | 22.9 | 20.8 | 21.1 | 14.2 | 4.2 |
| 13 | 6.2 | 10.3 | 6.2 | 14.6 | 21.9 | 21.0 | 22.9 | 22.6 | 21.7 | 20.2 | 14.1 | 6.5 |
| 14 | 6.9 | 11.1 | 3.8 | 12.9 | 21.2 | 19.8 | 22.2 | 22.4 | 21.6 | 20.5 | 13.9 | 8.3 |
| 15 | 8.8 | 15.8 | 5.5 | 13.9 | 22.4 | 20.8 | 22.9 | 22.5 | 22.1 | 21.3 | 15.3 | 6.5 |
| 16 | 10.5 | 14.3 | 8.8 | 14.5 | 21.3 | 20.7 | 22.9 | 22.7 | 21.5 | 20.6 | 14.1 | 6.1 |
| 17 | 11.7 | 13.4 | 10.6 | 15.0 | 21.0 | 21.3 | 22.7 | 23.3 | 22.3 | 20.1 | 13.0 | 5.6 |
| 18 | 9.8 | 12.1 | 12.3 | 16.2 | 21.6 | 22.2 | 22.5 | 24.3 | 20.7 | 19.0 | 12.7 | 7.0 |
| 19 | 5.7 | 10.3 | 12.5 | 17.4 | 21.4 | 21.9 | 21.3 | 22.9 | 20.7 | 17.7 | 10.9 | 9.6 |
| 20 | 7.5 | 7.7 | 12.5 | 18.2 | 21.6 | 21.0 | 21.9 | 23.7 | 20.3 | 15.3 | 12.9 | 8.6 |
| 21 | 13.9 | 4.5 | 8.2 | 18.6 | 21.4 | 22.3 | 22.2 | 21.7 | 21.1 | 15.4 | 16.7 | 10.4 |
| 22 | 14.0 | 3.7 | 7.6 | 19.0 | 20.9 | 24.0 | 22.2 | 21.7 | 21.8 | 17.5 | 18.5 | 6.6 |
| 23 | 14.2 | 4.1 | 10.7 | 18.6 | 20.7 | 24.1 | 22.5 | 22.9 | 21.5 | 17.8 | 18.8 | 7.5 |
| 24 | 10.6 | 6.6 | 13.9 | 18.2 | 20.7 | 21.2 | 22.5 | 23.2 | 19.8 | 18.3 | 11.8 | 5.7 |
| 25 | 6.2 | 11.7 | 16.8 | 18.1 | 20.3 | 21.6 | 23.2 | 22.2 | 17.6 | 18.0 | 10.6 | 2.3 |
| 26 | 8.5 | 9.5 | 17.4 | 16.5 | 21.9 | 23.5 | 21.9 | 21.5 | 19.1 | 19.0 | 14.3 | 4.9 |
| 27 | 10.7 | 10.6 | 18.5 | 11.7 | 22.6 | 23.7 | 22.0 | 21.2 | 19.9 | 18.3 | 16.2 | 5.6 |
| 28 | 10.0 | 14.7 | 19.3 | 15.0 | 21.5 | 22.8 | 22.1 | 21.5 | 17.6 | 19.3 | 16.4 | 12.6 |
| 29 | 6.5 | — | 12.7 | 17.1 | 19.0 | 22.3 | 22.3 | 20.4 | 18.0 | 20.1 | 10.0 | 15.3 |
| 30 | 5.4 | — | 8.2 | 19.3 | 20.1 | 22.5 | 23.2 | 21.1 | 18.5 | 18.6 | 10.5 | 15.1 |
| 31 | 7.1 | — | 6.4 | — | 20.8 | — | 22.4 | 21.9 | — | 17.5 | — | 8.1 |

(2002 年 4 月)

# 湖北神农架林区气候资源*

吴章文

**摘　要**:神农架林区位于鄂西北,大巴山余脉蜿蜒全境。群山绵绵,万壑淙淙,土地面积 3253 km$^2$,人口 7.9 万,海拔 398.0～3105.4 m,森林覆盖率 68.5%。境内日照少,气温低,雨量充足。气候类型多样,生物多样性丰富,年平均气温 3.2～12.1 ℃,年平均空气相对湿度 74%～82%,年降水量 974 mm,年平均风速 1.8 m/s。低海拔地区冬长夏短,冬季持续时间 136～264 d,夏季持续时间 4～71 d;海拔 1500 m 以上地区长冬无夏、春秋相连,旅游舒适期长,适宜避暑、度假、休闲。境内有暴雨山洪、低温冻害、滑坡落石等自然灾害;海拔 1700 m 是本区粮食作物生长的上限。

**关键词**:气候;气温;降水;旅游舒适期;神农架

神农架地处渝鄂交界鄂西北一隅,地理坐标为 31°15′～31°57′N,109°56′～110°58′E,海拔 398.0～3105.4 m。因华夏始祖炎帝神农氏在此架木为梯、采尝百草、救民疾病、教民稼穑而得名。1970 年 5 月 28 日,国务院批准建立神农架林区(以下简称林区或神农架),是我国唯一以林区命名的地市级行政区,区内辖有神农架国家级自然保护区、神农架国家森林公园、神农架国家地质公园、神农架大九湖湿地公园和 8 个乡镇、7 个居民委员会、71 个村民小组。总面积 3253 km$^2$,人口 7.9 万,林区政府设在松柏镇,木鱼坪和红坪镇是林区内的两个旅游中心城镇。

## 1　研究目的

气候是重要的自然资源,是人们生活生产的必需条件。为了进一步认识神农架林区的自然资源,全面了解神农架林区的气候特征,并对其进行深层次开发利用,而进行此项研究。

## 2　研究方法

实地观测与资料分析相结合。气候要素的多年平均值、极值、逐日空气温湿度等基础资料由神农架气象局获取;各景区景点空气温湿度逐时观测值,采用短期定位对比法实地观测;年旅游舒适期根据温湿度梯度值,推算逐日空气温湿度,用舒适度列线图法查算。

## 3　研究结果

### 3.1　光能资源

#### 3.1.1　太阳辐射

太阳辐射在神农架的分布复杂,在地形、地势、地貌、植被、云雾、降水等多种因素影响下,

---

*　原载于《湖北神农架国家森林公园总体规划》(2006 年)。

各地的太阳总辐射年总量、月总量存在明显差异，神农架林区太阳总辐射量偏少；地形开阔的松柏镇比地形闭塞的阳日湾的太阳总辐射年总量多 15.81 kcal[①]/m²。太阳辐射的地域分布不均；太阳辐射的年度变化规律是 7 月最大、12 月最小；太阳总辐射秋季下降速度比春季上升速度快，这与秋季多雨有关。太阳辐射在林区的季节分布状况见表 1。

**表 1 神农架林区太阳总辐射的季节分布**

| | 阳日湾 | | 松柏镇 | | 千家坪 | | 大岩屋 | |
|---|---|---|---|---|---|---|---|---|
| | 辐射量 (kcal/m²) | 比例 (%) | 辐射量 (kcal/m²) | 比例 (%) | 辐射量 (kcal/m²) | 比例 (%) | 辐射量 (kcal/m²) | 比例 (%) |
| 年总辐射 | 87.4 | 100 | 113.7 | 100 | 82.5 | 100 | 89.2 | 100 |
| 春(3—5 月) | 24.8 | 28.4 | 29.1 | 28.1 | 21.9 | 26.5 | 24.4 | 27.4 |
| 夏(6—8 月) | 30.3 | 34.7 | 36.9 | 35.6 | 28.1 | 34.0 | 31.8 | 35.6 |
| 秋(9—11 月) | 18.3 | 20.9 | 21.2 | 20.4 | 17.2 | 21.0 | 19.6 | 22.0 |
| 冬(12—2 月) | 14.0 | 16.0 | 26.5 | 15.9 | 15.3 | 18.5 | 13.4 | 15.0 |

注：引自《神农架志》第 26 页。

由表 1 可见，神农架林区太阳总辐射量夏季最大，各地的季总量在 28.1～36.9 kcal/m² 之间，阳日湾、松香坪、千家坪、大岩屋春季的季总量分别占当地年总量的 28%左右，夏季的季总量分别占年总量的 35%左右，秋季占年总量的 21%左右，冬季最少，仅占年总量的 15%～18.5%。

太阳辐射的时空分布不均，是形成林区各地气候和小气候差异的主要原因。

#### 3.1.2 日照时数

神农架林区内的年日照时数各地不一，阳日湾 1250.4 h，松香坪 1858.3 h，大岩屋 1376.8 h，千家坪 1042.4 h，在全国虽属少日照地区，但松柏镇仍比湖北省内的许多地区多，例如，比来凤多 593.4 h，比恩施多 506.3 h，比五峰多 265 h，比巴东多 241 h，比宜昌多 147.9 h，与郧西、房县等地近似，能满足许多作物的生长需求，尤其是 5—8 月，是作物生长旺盛季节，期间的日照时数为 802 h，占全年的 43.2%，对植物生长极为有利。

### 3.2 热量资源

#### 3.2.1 气温梯度值

2005 年 7 月 21—25 日采用短期定位逐时对比观测法，得到酒壶坪、板壁岩、红坪镇、燕子垭、牛场坪、塔坪村的气温梯度值，其他各点的气温梯度值由当地气候资料推算得出。见表 2。

**表 2 神农架各地的气温梯度值**

| | 木鱼 | 塔坪 | 温水村 | 野马河 | 巴桃园 | 红坪 | 桂竹园 | 大九湖 | 酒壶坪 | 茨芥坪 | 燕子垭 | 牛场坪 | 板壁岩 |
|---|---|---|---|---|---|---|---|---|---|---|---|---|---|
| 海拔(m) | 1200 | 1200 | 1500 | 1540 | 1605 | 1630 | 1686 | 1715 | 1750 | 1800 | 2200 | 2300 | 2950 |
| 气温梯度值 (℃/100 m) | 0.6 | 0.87 | 0.54 | 0.54 | 0.54 | 0.6 | 0.54 | 0.54 | 0.65 | 0.54 | 0.51 | 0.51 | 0.44 |

① 1 kcal=4186.8 J。

### 3.2.2　平均气温

根据表2气温梯度值，计算出各地的逐月平均气温及年平均气温，见表3。

表3　神农架林区逐月平均气温　　单位：℃

| 地名＼月份 | 1月 | 2月 | 3月 | 4月 | 5月 | 6月 | 7月 | 8月 | 9月 | 10月 | 11月 | 12月 | 全年 |
|---|---|---|---|---|---|---|---|---|---|---|---|---|---|
| 松柏镇 | 0.8 | 2.5 | 6.4 | 12.9 | 16.8 | 20.3 | 22.7 | 22.6 | 17.6 | 12.6 | 7.4 | 2.8 | 12.1 |
| 木鱼坪 | −0.8 | 0.9 | 4.8 | 11.3 | 15.2 | 18.7 | 21.1 | 20.5 | 16.0 | 11.0 | 5.8 | 1.2 | 10.5 |
| 塔坪 | −1.5 | 0.2 | 4.1 | 10.6 | 14.5 | 18.0 | 20.4 | 19.8 | 15.3 | 10.3 | 5.1 | 0.5 | 9.8 |
| 水村 | −2.3 | −0.6 | 3.3 | 9.8 | 13.7 | 17.2 | 19.6 | 19.0 | 14.5 | 9.5 | 4.3 | −0.3 | 9.0 |
| 野马河 | −2.5 | −0.9 | 3.1 | 9.6 | 13.5 | 17.0 | 19.4 | 18.8 | 14.3 | 9.3 | 1.0 | −3.6 | 8.8 |
| 巴桃园 | −2.8 | −1.1 | 2.8 | 9.3 | 13.2 | 16.7 | 19.1 | 18.5 | 14.0 | 9.0 | 0.7 | −3.9 | 8.5 |
| 红坪镇 | −3.8 | −2.1 | 1.8 | 8.3 | 12.2 | 15.7 | 18.1 | 17.5 | 13.0 | 8.0 | 2.8 | −1.8 | 7.5 |
| 桂竹园 | −3.3 | −1.6 | 2.3 | 8.8 | 12.7 | 16.2 | 18.6 | 18.0 | 13.5 | 8.5 | 0.2 | −4.4 | 7.5 |
| 大九湖 | −4.6 | −2.9 | 1.0 | 7.5 | 11.4 | 14.9 | 17.3 | 16.7 | 12.2 | 7.2 | 2.0 | −2.6 | 6.7 |
| 酒壶坪 | −4.2 | −2.5 | 1.4 | 7.9 | 11.8 | 15.3 | 17.7 | 17.1 | 12.6 | 7.6 | 2.4 | −2.2 | 7.1 |
| 茨芥坪 | −3.9 | −2.2 | 1.7 | 8.2 | 12.1 | 15.6 | 18.0 | 17.4 | 12.9 | 7.9 | 2.7 | −1.9 | 7.4 |
| 燕子垭 | −5.7 | −4.0 | −0.1 | 6.4 | 10.3 | 13.8 | 16.2 | 15.6 | 11.1 | 6.1 | 0.9 | −3.7 | 5.6 |
| 牛场坪 | −6.2 | −4.5 | −0.6 | 5.9 | 9.8 | 13.3 | 15.7 | 15.1 | 10.6 | 5.6 | 0.4 | −4.2 | 5.1 |
| 板壁岩 | −8.1 | −6.4 | −2.5 | 4.0 | 7.9 | 11.4 | 13.8 | 13.2 | 8.7 | 3.7 | −1.5 | −6.1 | 3.2 |

从表3可以看出：①海拔升高，气温降低，由海拔935 m处的松柏镇（年平均气温12.1 ℃），至海拔2950 m的板壁岩，年平均气温降低了8.9 ℃；②海拔高度相同的地点，因地形、植被等下垫面状况不均一，引起气温直减率不相等，故其逐月平均气温和年平均气温不同；③林区内各地最冷月1月，月平均气温−8.1～0.8 ℃，最热月7月，月平均气温22.7～13.8 ℃；④现有测算结果表明，林区内松柏镇逐月平均气温和年平均气温最高，海拔1700 m以上的地区，一年有3～4个月的月平均气温低于0 ℃，属高寒地区。

### 3.2.3　极端气温

据松柏气象站提供的1975—2000年的26年数据资料显示：海拔935 m的松柏镇，极端最高气温36.9 ℃，出现在1997年6月9日；极端最低气温−17.7 ℃，出现在1977年1月30日。海拔2300 m的牛场坪据1975—1990年的16年数据资料显示：极端最高气温28.4 ℃，出现在1977年7月1日，比松柏镇低8.5 ℃；极端最低气温−25.7 ℃，出现在1977年1月30日，比松柏镇低8.0 ℃。

### 3.2.4　四季划分

按照张宝堃先生的候温季节划分标准：候平均气温＜10 ℃为冬季，10 ℃≤候平均气温＜22 ℃为春季或秋季，候平均气温≥22 ℃为夏季，根据2002—2004年这3 a的日平均气温，采用5日滑动平均法，确定各地四季的起止日期和持续期，结果见表4。

**表 4　神农架林区的四季起止日期和持续期**　　单位：日/月

| | | 松柏镇 | 木鱼坪 | 塔坪村 | 香溪源 | 板仓 | 温水村 | 野马河 | 青天袍 | 红坪镇 | 酒壶坪 | 燕子垭 | 牛场坪 | 板壁岩 |
|---|---|---|---|---|---|---|---|---|---|---|---|---|---|---|
| 海拔(m) | | 935 | 1200 | 1200 | 1300 | 1432 | 1500 | 1550 | 1602 | 1700 | 1750 | 2200 | 2300 | 2950 |
| 春季 | 起始时间 | 24/3 | 28/3 | 28/3 | 28/3 | 29/3 | 28/3 | 28/3 | 29/3 | 29/4 | 6/5 | 19/5 | 19/5 | 30/5 |
| | 终止时间 | 18/6 | 12/7 | 27/3 | 1/7 | 28/7 | 27/7 | | | | | | | |
| | 持续时长(d) | 87 | 107 | 122 | 106 | 122 | 122 | | | | | | | |
| 夏季 | 起始时间 | 19/6 | 13/7 | 28/7 | 12/7 | 29/7 | 28/7 | | | | | | | |
| | 终止时间 | 28/8 | 5/8 | 4/8 | 4/8 | 1/8 | 4/8 | | | | | | | |
| | 持续时长(d) | 71 | 24 | 8 | 24 | 4 | 8 | | | | | | | |
| 秋季 | 起始时间 | 29/8 | 6/8 | 5/8 | 5/8 | 2/8 | 5/8 | | | | | | | |
| | 终止时间 | 7/11 | 31/10 | 18/10 | 18/10 | 18/10 | 18/10 | 28/10 | 1/10 | 30/9 | 30/9 | 30/9 | 30/9 | 7/9 |
| | 持续时长(d) | 71 | 87 | 75 | 75 | 78 | 75 | 205 | 187 | 155 | 148 | 135 | 135 | 101 |
| 冬季 | 起始时间 | 8/11 | 1/11 | 19/10 | 19/10 | 19/10 | 19/10 | 19/10 | 2/10 | 1/10 | 1/10 | 1/10 | 1/10 | 8/9 |
| | 终止时间 | 23/3 | 27/3 | 9/3 | 27/3 | 28/3 | 27/3 | 27/3 | 28/3 | 28/4 | 5/5 | 18/5 | 18/5 | 29/5 |
| | 持续时长(d) | 136 | 147 | 160 | 160 | 161 | 160 | 160 | 178 | 210 | 217 | 230 | 230 | 264 |

由表 4 可知：①随着海拔升高，入冬时间从 11 月 8 日提前至 9 月 8 日，终止时间从 3 月 23 日延至 5 月 29 日，冬季的持续时间从松柏镇的 136 d 增加到板壁岩的 264 d，一年有 72%的时间是冬季；②随着海拔升高，夏季起始日期由 6 月 19 日延至 7 月 29 日，终止日期由 8 月 28 日提前至 8 月 3 日，持续日数由松柏镇的 71 d 缩短到板仓的 4 d；③海拔 1500 m 以上地区长冬无夏、春秋相连。

## 3.3　水分资源

### 3.3.1　降水量与降水日数

根据神农架气象局 1975—2000 年资料，林区多年平均降水量 974 mm，降水日数 153 d。按照统计季节划分法，春、夏、秋、冬四季的降水情况见表 5 和图 1。

**表 5　神农架林区降水季节分布**

| | 春<br>(3—5 月) | 夏<br>(6—8 月) | 秋<br>(9—11 月) | 冬<br>(12 月至翌年 2 月) | 全年 |
|---|---|---|---|---|---|
| 降水量(mm) | 227 | 460 | 236 | 51 | 974 |
| 所占比例(%) | 23 | 48 | 24 | 5 | 100 |
| 降水日数(d) | 41 | 50 | 39 | 23 | 153 |
| 所占比例(%) | 27 | 33 | 25 | 15 | 100 |

由表 5 知，神农架林区降水季节分布不均，48%的降水量集中在夏季，比春、秋两季降水量之和还多，冬季降水少，仅占全年降水量的 5%，而且多为固态降水；降水日数的季节分布亦不均匀，夏季降水日数占全年的 33%，冬季仅占 15%。

由图 1 可以看出，5—9 月的降水量均在 100 mm 以上，共 690 mm，是神农架的雨季；雨季降水量大，但降水日数不多，5—9 月各月降水日数在 14～18 d，共 79 d，而其他 7 个月的降水

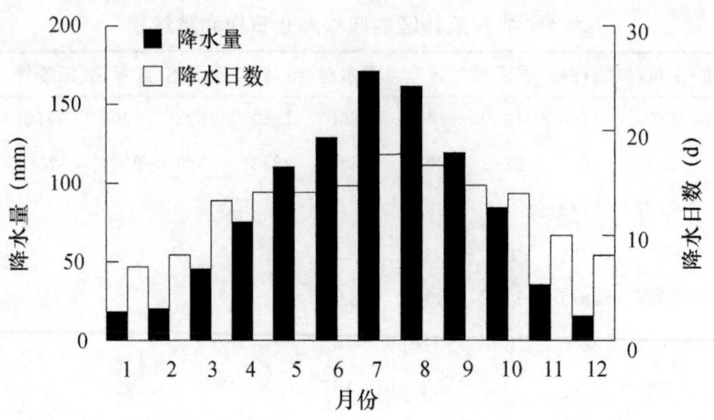


图 1　神农架降水量、降水日数逐日分布图

量之和为 284 mm，降水日数却有 74 d，这说明神农架 5—9 月的降水强度大，容易引起山体崩塌、滑坡。1—4 月和 10—12 月这 7 个月的降水强度小。一次最长连续降水天数 14 d，一次最长无降水天数 36 d。

据《神农架志》记述："神农架的降水资源非常丰富，年平均降水量 800～2500 mm，其跨度相当于从广东沿海到亚热带北缘。海拔 1000 m 以下地区，年降水量 800～1000 mm；海拔 1000～1500 m 地区，南坡 1300～1500 mm，北坡 1000～1300 mm；海拔 1500 mm 以上地区，年降水 1500～2000 mm；海拔 2000 m 以上地区，年降水量可达 2500 mm，其空间分布规律是：由南向北减少，由山下向山上增多。南坡比北坡降水强度大，多大雨和暴雨。例如，南坡的千家坪，1983 年记录到 13 次大暴雨，而北坡的松柏镇 1975 年以来未记录到 1 次大暴雨；又如 1983 年 9 月 9 日，千家坪雨量 148.9 mm，而松柏镇只有 52 mm。林区冬季多降雪，日降雪量低山区 30 mm/d，高山区 40 mm/d，积雪深度低山区 30 cm，高山区 100 cm 以上。"

### 3.3.2　空气相对湿度

按照在一定高度内海拔升高空气湿度增大的气象学原理，根据神农架林区 2002—2003 年的逐日空气相对湿度、2004 年 8 月不同大气条件下的小气候观测值，计算各观测点的空气相对湿度变化率，推算各测点的空气相对湿度，结果如表 6 所示。

**表 6　神农架林区的空气相对湿度**　　单位：%

| | 1 月 | 2 月 | 3 月 | 4 月 | 5 月 | 6 月 | 7 月 | 8 月 | 9 月 | 10 月 | 11 月 | 12 月 | 全年 |
|---|---|---|---|---|---|---|---|---|---|---|---|---|---|
| 松柏镇 | 68 | 70 | 70 | 68 | 72 | 75 | 80 | 81 | 82 | 78 | 72 | 68 | 74 |
| 木鱼坪 | 71 | 75 | 72 | 76 | 74 | 80 | 83 | 91 | 87 | 82 | 81 | 80 | 79 |
| 塔坪村 | 73 | 77 | 74 | 78 | 80 | 82 | 85 | 93 | 89 | 84 | 83 | 84 | 82 |
| 红坪镇 | 71 | 75 | 72 | 76 | 78 | 80 | 83 | 91 | 87 | 82 | 81 | 82 | 80 |
| 酒壶坪 | 71 | 75 | 72 | 76 | 78 | 80 | 83 | 91 | 87 | 82 | 81 | 82 | 80 |
| 大九湖 | 69 | 73 | 70 | 69 | 75 | 81 | 84 | 89 | 85 | 80 | 79 | 80 | 78 |
| 燕子垭 | 70 | 74 | 77 | 75 | 77 | 79 | 82 | 90 | 86 | 81 | 80 | 81 | 79 |
| 牛场坪 | 70 | 74 | 77 | 75 | 77 | 79 | 82 | 90 | 86 | 81 | 80 | 81 | 79 |
| 板壁岩 | 73 | 77 | 74 | 78 | 80 | 82 | 88 | 93 | 90 | 85 | 84 | 84 | 82 |

## 3.4　风向风速

### 3.4.1　风向

海拔 935 m 处的松柏镇，全年盛行东南风，其频率达 80%，西北风频率 10%，其他各风向频率之和不足 10%。由于神农架山体高大，山峰突兀，沟谷纵横，各地区的风向因地形而多变化。

### 3.4.2　风速

神农架林区年平均风速 1.8 m/s，年最大风速 20.0 m/s，各月平均风速及各月最大风速见表 7。

**表 7　神农架林区风速一览表**　单位：m/s

| | 1月 | 2月 | 3月 | 4月 | 5月 | 6月 | 7月 | 8月 | 9月 | 10月 | 11月 | 12月 | 全年 |
|---|---|---|---|---|---|---|---|---|---|---|---|---|---|
| 平均风速 | 2 | 2 | 2 | 2 | 1.8 | 1.8 | 1.5 | 1.5 | 1.6 | 1.7 | 2 | 2 | 1.8 |
| 最大风速 | 10 | 10 | 20 | 13 | 13 | 15 | 14 | 11 | 12 | 10 | 11 | 11 | 20 |

## 3.5　旅游舒适期

根据特吉旺（W · H · Terjung）设计的舒适评价指数，用气温和相对湿度的不同组合来表示舒适程度的不同状况，确定神农架林区内各点一年内宜人气候时段，即旅游季节的长短。根据大多数人的感觉，特吉旺把气温与相对湿度的不同组合分为 11 类，见表 8。

**表 8　舒适指数分级表**

| 代号 | −6 | −5 | −4 | −3 | −2 | −1 | 0 | +1 | +2a | +2b | +3 |
|---|---|---|---|---|---|---|---|---|---|---|---|
| 大多数人的感觉 | 极冷 | 非常冷 | 很冷 | 冷 | 稍冷 | 凉 | 舒适 | 暖 | 热 | 闷热 | 极热 |

测试结果表明：90%以上的人认为"0"区范围内的气温和相对湿度的组合舒适，+1 区的组合只有 10%的人感到舒适，其他人感到还可以，而−1 区的组合，只需穿一件衣服就可以维持人体的热量平衡。因此，一般认为，舒适指数在−1～+1 之间的日期为适于旅游的舒适期。神农架林区内各点旅游舒适期见表 9。

**表 9　神农架林区内各点的旅游舒适期**

| 测点 | 松柏镇 | 木鱼坪 | 塔坪村 | 红坪镇 | 酒壶坪 | 燕子垭 | 牛场坪 | 板壁岩 |
|---|---|---|---|---|---|---|---|---|
| 海拔(m) | 935 | 1200 | 1200 | 1630 | 1750 | 2200 | 2300 | 2950 |
| 舒适期(d) | 148 | 136 | 129 | 95 | 85 | 62 | 50 | 13 |

由表 9 可知，随着海拔升高，各点舒适期的总体趋势是逐渐缩短的，这是因为神农架林区整体海拔高、气温低，人感觉寒冷的持续时间长。海拔 2950 m 的板壁岩，年旅游舒适期仅 13 d，酷暑难熬的三伏天时来此观光游览仍须借助大军袄才能抵御寒冷。而海拔相对较低的松柏镇、木鱼坪、塔坪村，虽为人类活动频繁的聚居地，但旅游舒适期却达到 129～148 d，这得益于神农架林区茂密的森林、高大乔木的绿荫效应，显示了森林改善环境的优良功能。

## 3.6　气候灾害

暴雨山洪、低温冷害、春秋阴雨以及低山平坝干旱是神农架最主要的气候灾害。

### 3.6.1　暴雨山洪

神农架海拔高差悬殊，河床落差极大，并且降水强度大、时间短，日降水量只要大于 50 mm 就造成滚滚洪水，一落千丈，破坏力极大。暴雨出现的时间集中在 6—9 月，每年至少有一场暴雨发生。暴雨强度和出现的频率有明显的地带性差别。南部、东南部比北部、东北部暴雨次数多，且强度大。十年一遇的特大暴雨，南部达 170 mm/d 多；北部最大降水强度为 70 mm/d 左右。

### 3.6.2　低温冷害

受北方冷空气影响，林区部分地区会气温骤然下降，日降温常常大于 8 ℃以上，最低气温降到 3 ℃以下，出现寒潮天气。

春季每年 2—4 月，一般寒潮低温天气频繁，3 月中、下旬出现的概率最高，一般每年有 2～3 次寒潮低温天气出现。平均每两年有 1 次倒春寒出现。常造成农作物烂种、死苗，对春种十分不利，4 月上、中旬的寒潮天气最低气温可降至－1 ℃以下。严重影响小麦抽穗和油菜结荚，每 3 年有 1 次强寒潮出现，并伴有暴雪，日雪量低山区近 30 mm，高山区 40 mm 以上，积雪深度高山达 100 cm 左右，低山在 30 cm 左右，积雪常常压断树木，阻断交通、通信和电力。

秋季气温骤降，秋寒来势迅猛，气温低于 15 ℃会造成苞谷籽粒不能饱满，高山地区甚至有种无收。海拔 1700 m 以上地区 10 年就有 8 年在 8 月底、9 月初出现秋寒，低温开始就低于 15 ℃。海拔 1700 m 是神农架林区粮食作物生长的限制高度。

### 3.6.3　春秋连阴雨

春季 3—5 月一般出现 6 d 以上的连阴雨，平均每年有 3 次，阴雨最长的年份长达 13 d，海拔 1700 m 的大九湖最长达 39 d。阴雨又集中出现在 4—5 月，4 月出现频率占 42%，5 月占 36%，春季连阴雨影响春耕春播，诱发小麦病害；但又是食用菌等土特产的适宜气候条件。

秋季 9—10 月一般出现 7 d 以上的阴雨，平均每年 4 次，阴雨最长的年份长达 2 个月，可见秋季阴雨超过春季阴雨。秋季阴雨对于秋收秋播极为不利，粮食生产上的重要措施常是“龙口”夺粮和抢季节播种。

# 4　结论与建议

(1)神农架林区气候垂直变化大，气候类型多样，气候资源丰富。海拔 935 m 的松柏镇年平均气温 12.1 ℃，海拔 2950 m 处的板壁岩年平均气温 3.2 ℃，山上山下相差 8.3 ℃。海拔 460 m 处的阳日湾年平均气温 14.5 ℃，1 月平均气温 1.6 ℃，表现了北亚热带气候特征；海拔 935 m 处的松柏镇 1 月平均气温 0.8 ℃，春、夏、秋、冬四季分明，表现了暖温带气候类型；海拔 1750 m 的酒壶坪年平均气温 7.1 ℃，1 月平均气温－4.2 ℃，表现了温带气候特征；海拔 2300 m 的牛场坪年平均气温 5.1 ℃，1 月平均气温－6.2 ℃，5 月 19 日入春，9 月 30 日出秋，10 月 1 日入冬，5 月 18 日冬季终止，冬季长达 230 d，长冬无夏，春秋相连，表现了寒温带的气候特征。多种多样的气候类型孕育了丰富多样的物种资源，创造了丰富的气象气候景观。

(2)神农架林区大气中水分资源充足,年平均空气相对湿度74%～82%,属湿润地区。年平均降水量800～2500 mm,具有夏季多、冬季少,南坡多、北坡少,山上多、山下少的分布特点。夏季降水量占全年的48%,春、秋两季之和为47%,冬季仅占5%。夏季降水强度大,最大达191.3 mm/d,南坡多暴雨,容易泛滥成灾,应加强预测预报,建立预警机制,避免灾害。

(3)神农架林区植被茂密,森林覆盖率68.5%,空气清新,低山地区夏季凉爽,高山地区长冬无夏、春秋相连,是避暑度假胜地。冬季降雪量大,日降雪量40 mm/d以上,积雪深度可达100 cm以上,不仅是观赏北国风光、置身晶莹世界的理想场所,而且有利于开展冰雪活动。神农架的牛场坪因此成为我国南方唯一的天然滑雪场。神农架林区旅游气候资源极为丰富,应当深度开发利用,积极保护。

(4)神农架林区有暴雨山洪、低温冷害、春秋连阴雨等气候灾害,加上神农架山体多板页岩构造,在暴雨、山洪影响下容易崩塌滑坡,道路沿岸应添置保护设施,加强防范,旅游途中应注意趋利避害。

(2006年11月)

# 重庆大足县的旅游气候特征*

吴章文

## 一、大足县的气候特征

重庆玉龙山国家森林公园位于大足县东部，位于重庆市西部的大足县，其东部、北部与铜梁县、永川市、潼南县相邻，南与荣昌县接境，西邻四川省内江市。县境位于北纬 29°23′～29°52′，东经 105°28′～106°02′，是四川盆地中的低山丘陵地带，属亚热带温暖湿润季风气候，热量充足，四季分明，雨量充沛。

### (一)日照

据大足县气象局 1971—2000 年 30 年间的观测资料表明，大足县平均年日照时数 1111.7 h，最多的 1974 年达到 1583 h，属日照时数较偏少的地区之一。其月日照分布见表 1。

**表 1　大足县 1971—2000 年平均各月日照时数**　　单位:h

| 月份 | 1 | 2 | 3 | 4 | 5 | 6 | 7 | 8 | 9 | 10 | 11 | 12 | 全年 |
|---|---|---|---|---|---|---|---|---|---|---|---|---|---|
| 日照时数 | 34.3 | 40.8 | 80.0 | 115.1 | 120.1 | 115.7 | 171.0 | 187.2 | 97.3 | 61.4 | 53.2 | 35.6 | 1111.8 |

### (二)气温

#### 1. 平均气温

大足县境内自 1937 年开始有气象实测资料，1945 年测候所撤销，由此可知 1937—1945 年期间的年平均气温为 17.9 ℃，其月平均气温见表 2。

**表 2　大足县 1937—1945 年的平均气温**　　单位:℃

| 月份 | 1 | 2 | 3 | 4 | 5 | 6 | 7 | 8 | 9 | 10 | 11 | 12 | 全年 |
|---|---|---|---|---|---|---|---|---|---|---|---|---|---|
| 气温 | 6.6 | 9.3 | 13.2 | 18.0 | 22.7 | 24.7 | 27.7 | 27.6 | 23.3 | 18.6 | 13.6 | 9.7 | 17.9 |

1958 年大足县重新建立气象站，据 1958—1985 年资料，此间的年平均气温为 17.2 ℃，其逐月分布见表 3。

**表 3　大足县 1958—1985 年平均气温**　　单位:℃

| 月份 | 1 | 2 | 3 | 4 | 5 | 6 | 7 | 8 | 9 | 10 | 11 | 12 | 全年 |
|---|---|---|---|---|---|---|---|---|---|---|---|---|---|
| 气温 | 6.6 | 8.4 | 13.2 | 17.9 | 21.5 | 24.0 | 27.1 | 27.0 | 22.3 | 17.6 | 12.8 | 8.3 | 17.2 |

* 摘自《大足县志》，1996 年 12 月，北京：方志出版社；本文载于《重庆大足玉龙山国家森林公园总体规划》(2006 年)。

世界气象组织规定，须用近 30 a 的资料说明一个地方的气候特征。据大足县气象局提供的资料，大足县 1971—2000 年的年平均气温为 17.0 ℃，其逐月平均气温见表 4。

**表 4　大足县 1971—2000 年的平均气温**　　　　单位：℃

| 月份 | 1 | 2 | 3 | 4 | 5 | 6 | 7 | 8 | 9 | 10 | 11 | 12 | 全年 |
|---|---|---|---|---|---|---|---|---|---|---|---|---|---|
| 气温 | 6.7 | 8.4 | 12.5 | 17.4 | 21.4 | 24.0 | 26.5 | 26.6 | 22.2 | 17.4 | 12.9 | 8.2 | 17.0 |

由表 2、3、4 可以看出，大足县的年平均气温呈下降趋势，由 1937—1945 年 9 a 的年平均气温为 17.9 ℃、1958—1985 年 23 a 的年平均气温为 17.2 ℃、1971—2000 年 30 a 的年平均气温为 17.0 ℃可知，1937—2000 年的 64 a 间大足县的年平均气温下降了 0.9 ℃，平均每年下降 0.014 ℃。其中冬季 1 月相对稳定，为 6.6～6.7 ℃，春季 4 月下降 0.6 ℃，夏季 7 月下降 1.2 ℃，秋季 10 月下降 1.2 ℃，夏、秋两季降温幅度大于春季，冬季升温 0.1 ℃。

### 2. 极端气温

历年极端最高气温为 40.6 ℃，出现在 1995 年 9 月 6 日，最高气温高于 38.0 ℃的年份占 46%。历年极端最低气温－3.4 ℃，出现在 1975 年 12 月 15 日，最低气温在 0～－2 ℃的年份占 80%。由此可见，夏季炎热、冬季寒冷是大足县的气候特征之一。

### 3. 四季划分

按候平均气温＞22.0 ℃为夏季，候平均气温≤10.0 ℃为冬季，10.0 ℃＜候平均气温≤22.0 ℃为春、秋季的划分标准，大足县各季起止日期见表 5。

**表 5　大足县境四季起止日期**

| 季节 | 春 | 夏 | 秋 | 冬 |
|---|---|---|---|---|
| 起止时间 | 3 月 1 日至 6 月 5 日 | 6 月 6 日至 9 月 15 日 | 9 月 16 日至 11 月 30 日 | 12 月 1 日至翌年 2 月 28(29)日 |
| 天数(d) | 97 | 102 | 76 | 90(91) |

由表 5 得知，大足县虽然四季分明，但各季节长短分配不太均匀，夏季最长 102 d，秋季最短 76 d，春、冬季分别为 97 d 和 90(91) d。

## (三)降水

### 1. 降水量

据《大足县志》载：1958—1985 年，大足县年平均降水量为 1006.6 mm，最多的 1965 年为 1486 mm，最少的 1978 年仅 676.9 mm。年降水量 1000 mm 以上的降水保证率为 46.4%。根据大足县气象局提供资料，1971—2000 年间的年平均降水量为 1009.0 mm，亦略有增加。降水量逐月分布情况见表 6。

**表 6　大足县 1971—2000 年各月降水量、降水日数**

| 月份 | 1 | 2 | 3 | 4 | 5 | 6 | 7 | 8 | 9 | 10 | 11 | 12 | 全年 |
|---|---|---|---|---|---|---|---|---|---|---|---|---|---|
| 降水量(mm) | 16.4 | 19.2 | 29.7 | 74.6 | 116.2 | 167.1 | 178.9 | 145.5 | 129.7 | 77.8 | 35.3 | 18.7 | 1009.1 |
| 降水日数(d) | 10.2 | 10.6 | 11.0 | 14.0 | 15.4 | 15.9 | 13.7 | 12.4 | 15.2 | 16.1 | 12.0 | 9.7 | 156.2 |

由表 6 可见，大足县境全年各月均有降水，4—10 月各月的降水量均在 50 mm 以上，其中 6—9 月各月降水量均多于 100 mm。

按照统计季节划分法，公历 3—5 月为春季、6—8 月为夏季、9—11 月为秋季、12 月至翌年 2 月为冬季。各季节的降水量见表 7。

**表 7　大足县 1971—2000 年降水量的季节分配**

| 季节 | 春季 | 夏季 | 秋季 | 冬季 | 夏半年 4—9 月 | 冬半年 10 月至翌年 3 月 |
|---|---|---|---|---|---|---|
| 雨量(mm) | 220.5 | 491.5 | 242.8 | 54.3 | 812.0 | 197.1 |
| 占比(%) | 21.8 | 48.7 | 24.1 | 5.4 | 80.5 | 19.5 |

由表 7 可知，大足县 80.5% 降水量集中在夏半年 4—9 月，冬半年的降水量只有全年的 19.5%。降水集中在气温高的夏半年，使得这种雨热同季的季风气候不仅对林木和作物生长十分有利，而且高温酷暑季节里的降水可以缓解暑热，对当地居民身心健康和开展各种旅游活动有利。

**2. 降水日数**

据大足县气象局 1971—2000 年资料，近 30 年平均年降水日数为 156.2 d。全年各月均有降水，6 月最多为 15.9 d，12 月最少为 9.7 d。由图 1 可知，7 月的降水量是全年各月最多的，降水日数最多的并非 7 月，而是出现在 6 月，说明 7 月的降水强度比 6 月大，大足县 1971—2000 年间最大降水强度为 147.0 mm/d。最长连续降水日数 17 d，最长连续无降水日数 25 d。

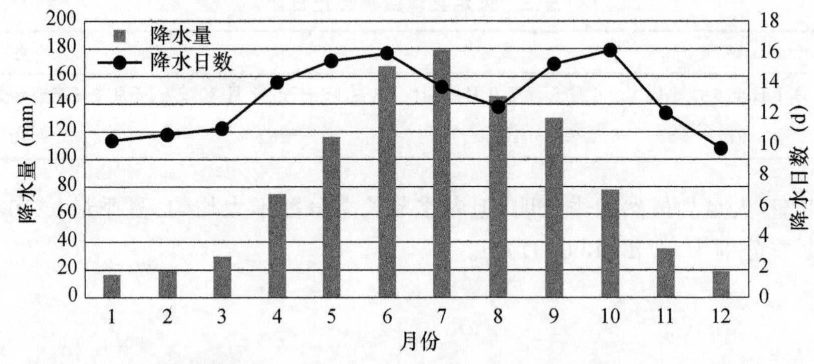


图 1　大足县 1971—2000 年逐月降水量与降水日数分布图

此外，30 年的统计资料表明，大足县暴雪、暴雨、冰雪灾害较少，而雷暴天气较多，平均每年雷暴日数 36.6 d，其中 7 月最多为 10.2 d，其次是 8 月为 9.0 d，再次是 4、5、6 月，分别为 4.1、4.3、4.2 d。冬季有降雪，平均年降雪日数 23 d，积雪 5 d，其中 1 月有 3 d、2 月有 2 d，最大积雪深度 33 cm。

## (四)空气相对湿度

大足县地处四川盆地东部。四川盆地境内江河溪流密布，四周有山脉阻挡，水汽不易扩散，空气相对湿度大。据大足县气象局资料，近 30 a 的年平均空气相对湿度为 83%，其逐月分布见表 8。

表 8　大足县 1971—2000 年空气相对湿度逐月分布　单位:%

| 月份 | 1 | 2 | 3 | 4 | 5 | 6 | 7 | 8 | 9 | 10 | 11 | 12 | 全年 |
|---|---|---|---|---|---|---|---|---|---|---|---|---|---|
| 相对湿度 | 86 | 83 | 80 | 79 | 80 | 84 | 83 | 81 | 85 | 87 | 86 | 87 | 83 |

由表 8 看出,大足县一年之中仅 4 月份空气相对湿度为 79%,其余 11 个月的空气相对湿度均高于 80%。空气相对湿度高进一步说明大足县属湿润地区。

## (五)雾

大足县隶属重庆市。重庆是世界著名的雾都,大足亦以阴霾寡照著称,多年平均雾日 56.5 d。浓雾降低能见度,影响交通,但山区的薄雾如轻纱缠绕,如丝如绢,可以成为一道亮丽的气象景观,是一种可供观赏的气候旅游资源。

## (六)风速风向

大足县境常年风速较小,多年平均风速为 1.3 m/s,最大风速为 16.3 m/s,详见表 9。

表 9　大足县 1971—2000 年逐月风速表　单位:m/s

| 月份 | 1 | 2 | 3 | 4 | 5 | 6 | 7 | 8 | 9 | 10 | 11 | 12 | 全年 |
|---|---|---|---|---|---|---|---|---|---|---|---|---|---|
| 平均风速 | 1.1 | 1.2 | 1.6 | 1.7 | 1.6 | 1.5 | 1.5 | 1.5 | 1.3 | 1.1 | 1.1 | 1.0 | 1.3 |
| 最大风速 | 6.0 | 7.0 | 10.7 | 16.3 | 14.0 | 12.0 | 15.3 | 15.3 | 9.0 | 10.7 | 11.0 | 8.0 | 16.3 |

大足县属亚热带温暖湿润季风气候,主风方向应随季节变换而改变;但由于地形影响,风向虽随季节改变而有变化,但主风方向变化不大。全年以东北风频率最大,详见表 10 和图 2。

表 10　大足县 1971—2000 年各风向频率表　单位:%

| 风向 | N | NNE | NE | ENE | E | ESE | SE | SSE | S | SSW | SW | WSW | W | WNW | NW | NNW | C |
|---|---|---|---|---|---|---|---|---|---|---|---|---|---|---|---|---|---|
| 频率 | 58.5 | 75.4 | 109.8 | 65.0 | 78.9 | 27.4 | 25.6 | 16.3 | 20.2 | 26.8 | 42.8 | 35.7 | 46.4 | 31.9 | 29.8 | 32.4 | 45.9 |

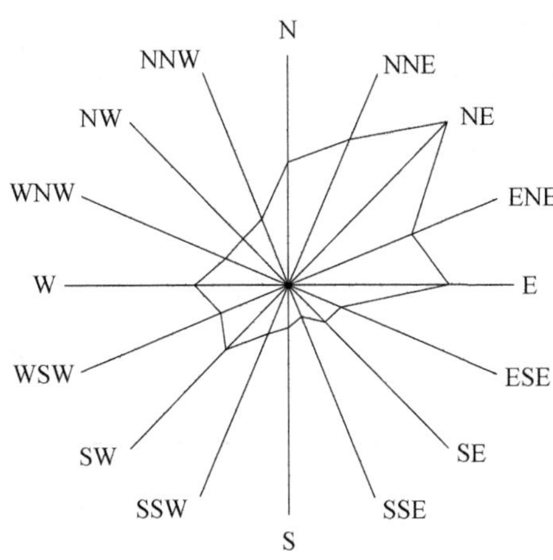


图 2　大足县 1961—2000 年风向玫瑰图

## 二、公园内的舒适旅游期

大多数人对周围环境感觉舒适的程度称舒适度，通过心理测试，大多数人对周围环境的感觉可分 11 类，包括极冷、非常冷、很冷、冷、稍冷、凉、舒适、暖、热、闷热、极热。极热时人在室外裸地活动可能中暑；气温高，相对湿度大，人感觉闷热；稍冷时须穿 3 件衣服维持人体自身新陈代谢；感觉凉时，须穿 1 件衣服维持热量平衡；气温降至 1.6 ℃以下时，人体会感觉冷。大足县仅出现其中的冷、稍冷、凉、舒适、暖、闷热 6 类。

一年中，感觉凉、舒适、暖的日数之和为舒适旅游期。

按上述标准，据大足县气象局 2001—2003 年的日平均气温和空气相对湿度资料，计算出大足县舒适旅游期如表 11 所示。

**表 11 大足县的舒适旅游期** 单位：d

| 舒适度符号 | −3 | −2 | −1 | 0 | +1 | +2b | 舒适旅游期 |
|---|---|---|---|---|---|---|---|
| 大多数人感觉 | 冷 | 稍冷 | 凉 | 舒适 | 暖 | 闷热 | |
| 2001 年 | 3 | 116 | 48 | 61 | 68 | 69 | 177 |
| 2002 年 | 6 | 116 | 44 | 79 | 42 | 78 | 165 |
| 2003 年 | 1 | 129 | 24 | 99 | 59 | 53 | 182 |
| 平均 | 3.3 | 120.3 | 38.7 | 79.7 | 56.3 | 66.7 | 174.7 |

由表 11 得知，一年中大足县的旅游舒适期在 165～182 d，平均为 174.7 d。根据旅游舒适期 165 d 以上的为一类地区，150～165 d 为二类地区，135～150 d 为三类地区，从旅游舒适期来看，大足县为一类地区，适宜生态旅游开发。

为方便旅游经营者安排旅游活动，方便旅游者选择旅游地点和旅游季节，特将大足县 2001—2003 年舒适旅游期的逐月分布列入表 12～14。

**表 12 大足县 2001 年的舒适旅游期** 单位：d

| 月份 | 1 | 2 | 3 | 4 | 5 | 6 | 7 | 8 | 9 | 10 | 11 | 12 | 全年 |
|---|---|---|---|---|---|---|---|---|---|---|---|---|---|
| 冷 | 3 | | | | | | | | | | | | 3 |
| 稍冷 | 28 | 28 | 19 | 4 | | | | | | | 6 | 31 | 116 |
| 凉 | | | 12 | 12 | 4 | | | | | | 20 | | 48 |
| 舒适 | | | | 14 | 18 | 10 | | | | 15 | 4 | | 61 |
| 暖 | | | | | 8 | 13 | | 10 | 21 | 16 | | | 68 |
| 闷热 | | | | | 1 | 7 | 31 | 21 | 9 | | | | 69 |
| 各月舒适期 | | | 12 | 26 | 30 | 23 | | 10 | 21 | 31 | 24 | | 177 |

**表 13　大足县 2002 年的舒适旅游期**　　单位:d

| 月份 | 1 | 2 | 3 | 4 | 5 | 6 | 7 | 8 | 9 | 10 | 11 | 12 | 全年 |
|---|---|---|---|---|---|---|---|---|---|---|---|---|---|
| 冷 | | | | | | | | | | | | 6 | 6 |
| 稍冷 | 31 | 25 | 13 | 6 | | | | | | | 16 | 25 | 116 |
| 凉 | | 3 | 15 | 4 | | | | | | 13 | 9 | | 44 |
| 舒适 | | | 3 | 20 | 31 | 1 | | | 10 | 9 | 5 | | 79 |
| 暖 | | | | | | 12 | 1 | 13 | 7 | 9 | | | 42 |
| 闷热 | | | | | | 17 | 30 | 18 | 13 | | | | 78 |
| 各月舒适期 | | 3 | 18 | 24 | 31 | 13 | 1 | 13 | 17 | 31 | 14 | | 165 |

**表 14　大足县 2003 年的舒适旅游期**　　单位:d

| 月份 | 1 | 2 | 3 | 4 | 5 | 6 | 7 | 8 | 9 | 10 | 11 | 12 | 全年 |
|---|---|---|---|---|---|---|---|---|---|---|---|---|---|
| 冷 | | | | | | | | | | | | 1 | 1 |
| 稍冷 | 31 | 23 | 22 | | | | | | | | 23 | 30 | 129 |
| 凉 | | 5 | 3 | 3 | | | | | | 12 | 1 | | 24 |
| 舒适 | | | 6 | 27 | 20 | 12 | | | 9 | 19 | 6 | | 99 |
| 暖 | | | | | 11 | 12 | 7 | 10 | 19 | | | | 59 |
| 闷热 | | | | | | 6 | 24 | 21 | 2 | | | | 53 |
| 各月舒适期 | | 5 | 9 | 30 | 31 | 24 | 7 | 10 | 28 | 31 | 7 | | 182 |

由表 12、13、14 可知,12 月至翌年 2 月大足县城的气候稍冷,7 月和 8 月闷热。6 月下旬至 8 月底大足居民应选择去林区和湖边避暑消夏。

## 三、主要气象灾害

### (一)旱灾

春旱、夏旱、秋旱均在大足县出现过,据历史记载,1446 年、1914 年、1933 年、1979 年、1980 年是大足县的大旱年。干旱成灾,粮食严重减产。

### (二)水灾、冰冻

1643 年 6 月 23 日,路孔河大水,冲毁千百户家园、农田,人员伤亡上百。1745 年、1909 年均出现冰冻,积雪深度 20～30 cm,冰凌长度达 33 cm。

### (三)风灾

1642 年大足县龙水镇大风成灾,树倒瓦飞,死伤 170 余人。

## 四、结论与建议

(1)重庆大足县年日照 1111.8 h,年平均气温 17.0 ℃,1 月最冷,月平均气温 6.7 ℃;7、8

月最热,月平均气温分别为 26.5 ℃、26.6 ℃。气温年较差 19.9 ℃,极端最高气温 40.6 ℃,出现在 1995 年 9 月 6 日,极端最低气温 −3.4 ℃,出现在 1975 年 12 月 15 日。年降水量 1009.0 mm,年雾日 55.3 d,年平均风速 1.3 m/s。属亚热带温暖湿润季风气候,具有日照少、雾日多、热量丰富、雨量充沛、冬暖夏热、四季分明、雨热同季、多干旱、多雷暴、降水季节分配不均等气候特征。

(2)玉龙山森林公园内的年舒适旅游期长达 175 d,属良好的一类地区;公园内的禅乐竹海日舒适有效温度持续时间长达 22 h,是重庆市民近距离避暑消夏的理想去处,建议将此地建成避暑疗养区或旅游度假区。

(3)大足县历史上出现过水、旱、风、雪、冰冻等气象灾害,开展旅游活动时须关注当地气候特征和天气现象,注意趋利避害。

(2006 年 10 月)

# 广东南昆山生态旅游区旅游气候特征研究*

吴章文　吴楚材　徐聪荣　许　媛

**摘　要**：南昆山生态旅游区地处广东省惠州市龙门县西部永汉镇境内，位于北纬23°36′58″～23°55′26″，东经113°48′35″～114°06′23″，海拔270～1228 m，面积129 km²，森林覆盖率74.5%，属南亚热带季风气候，年平均气温14.3～20.3 ℃，比龙门县低0.8～6.7 ℃；年平均空气相对湿度84%～86%，比龙门县高2%～5%；年降水量2299.2 mm，比龙门县多333.1 mm；境内风向风速随地形变化而多变。山上山下季节差异大，七仙湖等地春季106 d、夏季177 d、秋季82 d，长夏无冬；天堂顶春季172 d、秋季77 d、冬季166 d，长冬无夏。年旅游舒适期154～201 d，比龙门县长6～53 d，是夏季避暑、冬季避寒、春秋季休闲的理想场所。

**关键词**：旅游区；旅游气候；旅游舒适期

南昆山位于广东省东北部，属惠州市龙门县永汉镇管辖。地理坐标为23°36′58″～23°55′26″N，113°48′35″～114°06′23″E，处于北回归线边缘，山脉主要呈东西走向，地势西北高、东南低，属南亚热带季风气候，夏凉冬暖，阳光充足，雨量充沛，年平均气温14.3～20.3 ℃；1月最冷，月平均气温4.4～11.0 ℃，极端最低气温−7 ℃；7月最热，月平均气温21.3～27.2 ℃，极端最高气温38.1 ℃。年日照时数1774.2 h，年降水量2299.2 mm，年平均空气相对湿度84%～86%。

## 1　研究目的

追求舒适是人的本能需求，追求适宜的气候是人们外出旅游的重要动机之一。气候是一种自然资源，也是一种重要的旅游资源，为了更好地开发利用南昆山生态旅游区的气候资源，我们进行了本项研究。

## 2　研究地概况

南昆山生态旅游区包括南昆山镇、南昆山省级自然保护区、南昆山国家森林公园三个单位，下辖上坪、下坪、花竹、乌坭、炉下5个居民社区、23个居民小组，面积129 km²，森林覆盖率74.5%，海拔270～1228 m，包括川龙瀑布、石河奇观、观音潭、蟠龙古树、百岁杉王、天堂顶、九重远眺、七仙湖、石门一线天等30多处奇特绚丽的景点，本文涉及的10个主要景观的基本情况见表1。

* 南昆山水文雨量观测站观测员林捷夫为本文提供降水资料。

表 1　南昆山主要景观基本情况表

| 景观名称 | 地理坐标 | 海拔(m) | 植被 | 地形地物 |
|---|---|---|---|---|
| 七仙湖 | 23°39′45″N,113°54′56″E | 312 | 马尾松、荷木林 | 17.3 $hm^2$ 水体 |
| 十字水 | 23°38′21″N,113°52′24″E | 415 | 楠竹林 | 山脚狭长地带 |
| 下坪 | 23°38′08″N,113°54′50″E | 420 | 鱼尾葵、大王椰 | 开阔的裸露地 |
| 上坪 | 23°38′00″N,113°51′13″E | 470 | 裸露地 | 开阔的裸露地 |
| 桃源山庄 | 23°38′45″N,113°51′05″E | 473 | 木荷、山竹林 | 窄谷溪流 |
| 上坪尾 | 23°38′18″N,113°50′01″E | 512 | 竹柏、毛竹林 | 山间盆地 |
| 丹枫寨 | 23°39′32″N,113°51′42″E | 585 | 浅草、稀疏梨树 | 山间缓坡地 |
| 云天海 | 23°38′36″N,113°51′56″E | 634 | 猴欢喜、深山含笑 | 山坡中下部 |
| 老伯公 | 23°39′05″N,113°49′08″E | 700 | 苦槠、青冈林 | 山谷中,植被茂密 |
| 天堂顶 | 23°39′17″N,113°48′52″E | 1228 | 胡秃子、杜鹃灌丛 | 中山坡地 |

# 3　研究方法

搜集龙门县气象站 1963—2002 年多年平均气候要素值,龙门县 2003、2004、2005 年的逐日平均气温和平均空气相对湿度,南昆山上坪水文站多年平均降水资料。2006 年 7 月 13—21 日在南昆山境内的主要景点和度假村设置小气候观测点 10 个,每小时观测一次,昼夜连续观测,并与龙门县气象站的同步观测资料对比,计算不同天气条件、不同海拔高度处的景点与龙门县的日平均气温的铅直梯度详见表 2。

表 2　南昆山主要景区的气温梯度值

| | | 七仙湖 | 十字水 | 下坪 | 上坪 | 桃源山庄 | 上坪尾 | 丹枫寨 | 云天海 | 老伯公 | 天堂顶 |
|---|---|---|---|---|---|---|---|---|---|---|---|
| 海拔(m) | | 312 | 415 | 420 | 470 | 473 | 512 | 585 | 634 | 700 | 1228 |
| 铅直梯度值(℃/100m) | 晴天 | 0.34 | 0.32 | 0.43 | 0.71 | 0.45 | 0.55 | 0.56 | 0.44 | 0.24 | 0.75 |
| | 雨天 | 0.34 | 0.32 | 0.43 | 0.38 | 0.38 | 0.38 | 0.38 | 0.37 | 0.44 | 0.38 |

根据表 2 中各景点的气温铅直梯度值推算各景点 2003、2004、2005 年的逐日平均气温。

根据小气候观测值,用内差外延法推算得知云天海、十字水、下坪、上坪、桃源山庄 5 个景点的日平均空气相对湿度与龙门县的差值为+2%;上坪尾、老伯公、七仙湖、天堂顶、丹枫寨 5 个景点的日平均空气相对湿度与龙门县的差值为+3%。以此为依据,推算各景点 2003、2004、2005 年的逐日平均空气相对湿度。

降水资料由龙门县气象站和南昆山上坪水文观测站提供。多年风向、风速资料由龙门县气象站提供,各景点风向、风速资料属短期定位观测值。

用五日滑动平均法计算四季起止日期及各季持续期。

# 4　研究结果

## 4.1　气温

### 4.1.1　平均气温

根据表2所示的晴天、雨天的不同气温铅直梯度值，计算各主要景点2003—2005年的逐日平均气温，全月各日的日平均气温的算术平均值为月平均气温，全年各月的月平均气温的算术平均值为年平均气温，结果见表3。

**表3　南昆山主要景点及龙门县的平均气温(℃)**

| 月份 | 1月 | 2月 | 3月 | 4月 | 5月 | 6月 | 7月 | 8月 | 9月 | 10月 | 11月 | 12月 | 全年 |
|---|---|---|---|---|---|---|---|---|---|---|---|---|---|
| 龙门县 | 11.8 | 15.1 | 16.6 | 22.3 | 25.3 | 26.5 | 28.0 | 27.8 | 26.3 | 21.7 | 18.8 | 12.7 | 21.1 |
| 七仙湖 | 11.0 | 14.3 | 15.8 | 21.5 | 24.5 | 25.7 | 27.2 | 27.0 | 25.5 | 20.9 | 18.1 | 11.9 | 20.3 |
| 十字水 | 10.7 | 14.0 | 15.5 | 21.2 | 24.2 | 25.4 | 26.9 | 26.7 | 25.2 | 20.6 | 17.8 | 11.6 | 20.0 |
| 下坪 | 10.3 | 13.6 | 15.1 | 20.8 | 23.8 | 25.0 | 26.5 | 26.3 | 24.8 | 20.2 | 17.4 | 11.2 | 19.6 |
| 上坪 | 9.3 | 12.7 | 14.5 | 20.3 | 23.4 | 24.6 | 25.7 | 25.9 | 24.0 | 19.0 | 16.2 | 10.0 | 18.8 |
| 桃源山庄 | 10.1 | 13.4 | 14.9 | 20.7 | 23.7 | 24.9 | 26.3 | 26.2 | 24.6 | 20.0 | 17.1 | 10.9 | 19.4 |
| 上坪尾 | 9.6 | 12.9 | 14.5 | 20.3 | 23.4 | 24.5 | 25.9 | 25.9 | 24.1 | 19.4 | 16.5 | 10.3 | 19.0 |
| 丹枫寨 | 9.1 | 12.5 | 14.2 | 19.9 | 23.0 | 24.2 | 25.5 | 25.5 | 23.7 | 18.9 | 16.1 | 9.9 | 18.5 |
| 云天海 | 9.4 | 12.7 | 14.3 | 20.0 | 23.1 | 24.2 | 25.7 | 25.6 | 23.9 | 19.3 | 16.4 | 10.2 | 18.7 |
| 老伯公 | 10.0 | 13.1 | 14.4 | 20.0 | 23.0 | 24.0 | 26.0 | 25.4 | 24.2 | 20.2 | 17.2 | 11.0 | 19.1 |
| 天堂顶 | 4.4 | 8.0 | 10.3 | 16.3 | 19.6 | 20.9 | 21.3 | 22.1 | 19.4 | 13.5 | 10.9 | 4.6 | 14.3 |

表3显示：南昆山各景区年平均气温比龙门县低0.8～6.7 ℃；盛夏7月天堂顶比龙门县的月平均气温低6.7 ℃，其余各点分别低0.8～2.5 ℃；1月月平均气温天堂顶比龙门县低7.4 ℃，其余各点分别低0.8～2.7 ℃。对流层中随海拔增高而气温降低的山地气候特征明显。

### 4.1.2　平均最高、最低气温

根据气温铅直梯度值推算出的最高、最低气温见表4。

**表4　南昆山主要景点的平均最高、最低气温(℃)**

| 景区名称 | 龙门 | 七仙湖 | 十字水 | 下坪 | 上坪 | 桃源山庄 | 上坪尾 | 丹枫寨 | 云天海 | 老伯公 | 天堂顶 |
|---|---|---|---|---|---|---|---|---|---|---|---|
| 年平均最高气温 | 24.4 | 23.6 | 23.3 | 22.9 | 22.0 | 22.6 | 22.2 | 21.7 | 22.0 | 22.6 | 18.0 |
| 年平均最低气温 | 18.1 | 17.3 | 17.0 | 16.6 | 15.8 | 16.4 | 16.0 | 15.6 | 15.8 | 15.8 | 10.8 |

### 4.1.3　极端气温

龙门县气象站观测到的极端最高气温39.9 ℃，出现在1980年7月10日；极端最低气温－4.4 ℃，出现在1963年1月16日和1999年12月23日。龙门县的年平均最高气温

24.4 ℃,年平均最低气温 18.1 ℃。南昆山主要景区的极端最高气温和极端最低气温因缺少资料,不便推算,仅从《南昆山》一书中得知南昆山的极端最高气温为 38.1 ℃,比龙门县低 1.8 ℃;极端最低气温为−7 ℃,比龙门县低 2.6 ℃。

### 4.1.4 四季划分

按照候平均气温低于 10 ℃为冬季、高于 22 ℃为夏季、10～22 ℃为春秋季的划分标准,用五日滑动平均法计算各景点的四季起止日期及持续期,结果见表 5。

**表 5 南昆山各景区四季起止日期和持续期**

| 地点(海拔高度) | 项目 | 春 | 夏 | 秋 | 冬 |
|---|---|---|---|---|---|
| 七仙湖(312 m) | 起始期 | 1 月 1 日 | 4 月 17 日 | 10 月 11 日 | |
| | 终止期 | 4 月 16 日 | 10 月 10 日 | 12 月 31 日 | |
| | 持续期(d) | 106 | 177 | 82 | |
| 十字水(415 m) | 起始期 | 1 月 15 日 | 4 月 17 日 | 10 月 10 日 | 1 月 9 日 |
| | 终止期 | 4 月 16 日 | 10 月 9 日 | 1 月 8 日 | 1 月 14 日 |
| | 持续期(d) | 92 | 176 | 91 | 6 |
| 下坪(420 m) | 起始期 | 2 月 3 日 | 5 月 6 日 | 10 月 2 日 | |
| | 终止期 | 5 月 5 日 | 10 月 1 日 | 2 月 2 日 | |
| | 持续期(d) | 92 | 149 | 124 | |
| 上坪(470 m) | 起始期 | 2 月 4 日 | 5 月 6 日 | 10 月 1 日 | 12 月 26 日 |
| | 终止期 | 5 月 5 日 | 9 月 30 日 | 12 月 25 日 | 2 月 3 日 |
| | 持续期(d) | 91 | 148 | 86 | 40 |
| 桃源山庄(473 m) | 起始期 | 2 月 3 日 | 5 月 6 日 | 10 月 2 日 | |
| | 终止期 | 5 月 5 日 | 10 月 1 日 | 2 月 2 日 | |
| | 持续期(d) | 92 | 149 | 124 | |
| 上坪尾(512 m) | 起始期 | 2 月 4 日 | 5 月 7 日 | 10 月 1 日 | 1 月 31 日 |
| | 终止期 | 5 月 6 日 | 9 月 30 日 | 1 月 30 日 | 2 月 3 日 |
| | 持续期(d) | 92 | 147 | 122 | 4 |
| 丹枫寨(585 m) | 起始期 | 2 月 4 日 | 5 月 7 日 | 10 月 1 日 | 1 月 30 日 |
| | 终止期 | 5 月 6 日 | 9 月 30 日 | 1 月 29 日 | 2 月 3 日 |
| | 持续期(d) | 92 | 147 | 121 | 5 |
| 云天海(634 m) | 起始期 | 2 月 4 日 | 5 月 7 日 | 10 月 1 日 | 12 月 26 日 |
| | 终止期 | 5 月 6 日 | 9 月 30 日 | 12 月 25 日 | 2 月 3 日 |
| | 持续期(d) | 92 | 147 | 86 | 40 |
| 老伯公(700 m) | 起始期 | 2 月 4 日 | 5 月 8 日 | 10 月 2 日 | 1 月 31 日 |
| | 终止期 | 5 月 7 日 | 10 月 1 日 | 1 月 30 日 | 2 月 3 日 |
| | 持续期(d) | 93 | 147 | 121 | 4 |
| 天堂顶(1228 m) | 起始期 | 3 月 13 日 | | 9 月 1 日 | 11 月 17 日 |
| | 终止期 | 8 月 31 日 | | 11 月 16 日 | 3 月 12 日 |
| | 持续期(d) | 172 | | 77 | 116 |

由表 5 可见，南昆山境内四季长短不一。由于海拔和地形的不同，各景区四季起止日期和持续期差异大。七仙湖景区夏季长达 177 d，下坪和桃源山庄的夏季均为 149 d，可谓长夏无冬、春秋相连。天堂顶景区冬季长达 116 d，长冬无夏、春秋相连。

## 4.2 降水

### 4.2.1 降水量与降水日数

南昆山上坪水文观测站 2003—2005 年的资料显示，南昆山年平均降水量 2299.2 mm，平均年降水日数 150 d，逐月分布见表 6、图 1。

**表 6　南昆山逐月降水量与降水日数**

| 月份 | 1 | 2 | 3 | 4 | 5 | 6 | 7 | 8 | 9 | 10 | 11 | 12 | 全年 |
|---|---|---|---|---|---|---|---|---|---|---|---|---|---|
| 降水量(mm) | 39.7 | 76.7 | 166.7 | 283.7 | 390.3 | 621.3 | 219.0 | 306.5 | 146.0 | 6.3 | 39.8 | 3.2 | 2299.2 |
| 降水日数(d) | 9 | 12 | 17 | 17 | 20 | 22 | 14 | 18 | 14 | 1 | 4 | 2 | 150 |

龙门县气象站 2003—2005 年的资料显示，龙门县年平均降水量 1966.1 mm，平均年降水日数 147 d，逐月分布见表 7、图 2。

**表 7　龙门县逐月降水量与降水日数**

| 月份 | 1 | 2 | 3 | 4 | 5 | 6 | 7 | 8 | 9 | 10 | 11 | 12 | 全年 |
|---|---|---|---|---|---|---|---|---|---|---|---|---|---|
| 降水量(mm) | 30.7 | 49.7 | 112.5 | 185.5 | 271.2 | 780.2 | 137.1 | 283.4 | 86.3 | 2.0 | 23.1 | 4.6 | 1966.1 |
| 降水日数(d) | 8 | 10 | 16 | 18 | 20 | 21 | 13 | 21 | 12 | 2 | 3 | 3 | 147 |

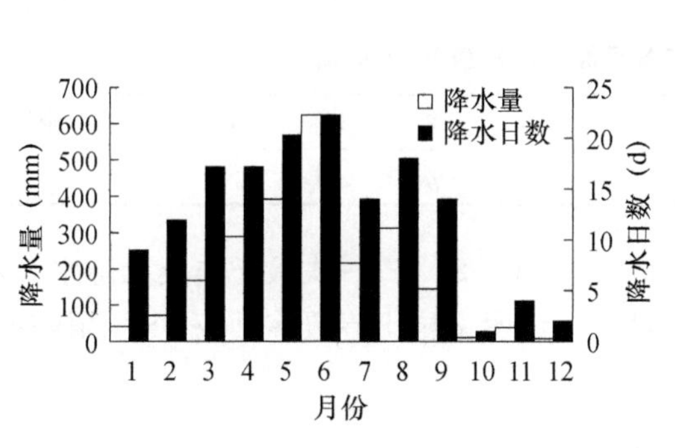


图 1　南昆山降水量、降水日数逐月分布图

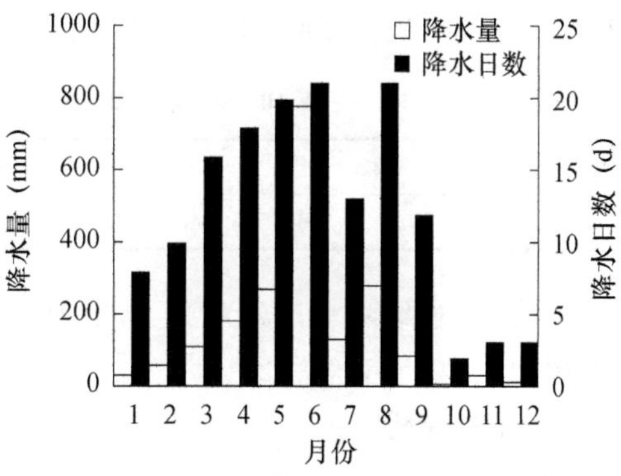


图 2　龙门县降水量、降水日数逐月分布图

由表 6、表 7、图 1、图 2 可知，南昆山全年各月均有降水，但 3—9 月的月平均降水量均在 100 mm 以上，尤其是 4—8 月的月平均降水均超过 200 mm。而龙门县虽各月均有降水，但降水量明显少于南昆山，年降水量比南昆山少 333.1 mm，降水日数少 3 d，仅 5 月、6 月、8 月的月平均降水量超过 200 mm。按照统计季节的划分，南昆山的降水量和降水日数的季节分布见表 8，龙门县的降水量和降水日数的季节分布见表 9。

表 8 南昆山降水量和降水日数的季节分布

| 季节 | 春季（3、4、5 月） | 夏季（6、7、8 月） | 秋季（9、10、11 月） | 冬季（12、1、2 月） | 全年 |
|---|---|---|---|---|---|
| 降水量(mm) | 840.7 | 1146.8 | 192.1 | 119.6 | 2299.2 |
| 百分比(%) | 37 | 50 | 8 | 5 | 100 |
| 降水日数(d) | 54 | 54 | 19 | 23 | 150 |
| 百分比(%) | 36 | 36 | 13 | 15 | 100 |

表 9 龙门县降水量和降水日数的季节分布

| 季节 | 春季（3、4、5 月） | 夏季（6、7、8 月） | 秋季（9、10、11 月） | 冬季（12、1、2 月） | 全年 |
|---|---|---|---|---|---|
| 降水量(mm) | 569.2 | 1200.6 | 111.3 | 85.0 | 1966.1 |
| 百分比(%) | 29 | 61 | 6 | 4 | 100 |
| 降水日数(d) | 54 | 55 | 17 | 21 | 147 |
| 百分比(%) | 37 | 37 | 12 | 14 | 100 |

由表 8、表 9 可看出，春季和夏季南昆山和龙门县的降水量分别占全年的 87%和 90%，降水日数占全年的 72%和 74%，降水主要集中在春、夏两季；秋季和冬季降水量只占全年的 13%和 10%，降水日数却占 28%和 26%，说明秋冬两季降水量少。

#### 4.2.2 降水强度、最长连续降水日数及最长连续无降水日数

南昆山夏季降水强度大，冬季降水强度小。1968—2005 年的 37 年中最大降水强度 342.4 mm/d，出现在 2001 年 7 月 6 日。2003—2005 年的 3 年中各月最大降水强度见表 10。

表 10 南昆山 2003—2005 年各月最大降水强度(mm/d)

| 月份 | 1 | 2 | 3 | 4 | 5 | 6 | 7 | 8 | 9 | 10 | 11 | 12 | 全年 |
|---|---|---|---|---|---|---|---|---|---|---|---|---|---|
| 降水强度 | 38.0 | 36.5 | 64.5 | 74.5 | 130.5 | 118.0 | 140.5 | 91.0 | 80.0 | 6.5 | 39.5 | 3.0 | 140.5 |

一次最长连续降水日数为 19 d，出现在 2005 年 6 月 6—25 日；一次最长连续无降水日数 45 d，出现在 2004 年 9 月 22 日—11 月 5 日。这进一步说明南昆山春夏多雨、秋冬少雨，有出现秋冬小旱的年份。

#### 4.2.3 空气相对湿度

南昆山年平均空气相对湿度 84%～86%，各景区的空气相对湿度略有差异，其中云天海、十字水、下坪、上坪、桃源山庄 5 个景点（表 11 中称一组）的空气相对湿度相同，上坪尾、老伯公、七仙湖、天堂顶、丹枫寨 5 个景点（表 11 中称二组）的空气相对湿度相同。

由表 11 可知：①南昆山空气相对湿度比龙门县大 2%～5%；②南昆山境内海拔较高的老伯公、天堂顶等地比海拔较低的云天海、十字水等地空气相对湿度大 1%；③林内空气相对湿度比林外大 2%～4%；④海拔 312 m 的七仙湖与海拔 700 m 以上的老伯公、天堂顶等地的空气相对湿度相同，比海拔 415～512 m 的十字水、下坪、上坪等地高，主要原因是受到湖水调节，显示水域小气候特征。总体符合一定高度内空气相对湿度随海拔升高而增大的规律。

**表 11 南昆山的空气相对湿度与龙门县比较(%)**

| 月份 | | 1月 | 2月 | 3月 | 4月 | 5月 | 6月 | 7月 | 8月 | 9月 | 10月 | 11月 | 12月 | 全年 |
|---|---|---|---|---|---|---|---|---|---|---|---|---|---|---|
| 龙门县 | | 76 | 82 | 83 | 85 | 86 | 88 | 83 | 86 | 84 | 77 | 79 | 70 | 81 |
| 南昆山 | 一组 | 78 | 84 | 85 | 87 | 88 | 90 | 85 | 88 | 86 | 79 | 81 | 72 | 83 |
| | 二组 | 79 | 85 | 86 | 88 | 89 | 91 | 86 | 89 | 87 | 80 | 82 | 73 | 84 |
| | 林内 | 81 | 87 | 88 | 90 | 91 | 93 | 88 | 91 | 89 | 82 | 84 | 75 | 86 |

## 4.3 风向风速

龙门县气象站 1963—2002 年的 40 年资料显示，龙门县年平均风速 1.3 m/s，最大风速 18.0 m/s(1995 年 8 月 31 日)，静风频率 44%，主风方向为西风，详见图 3。

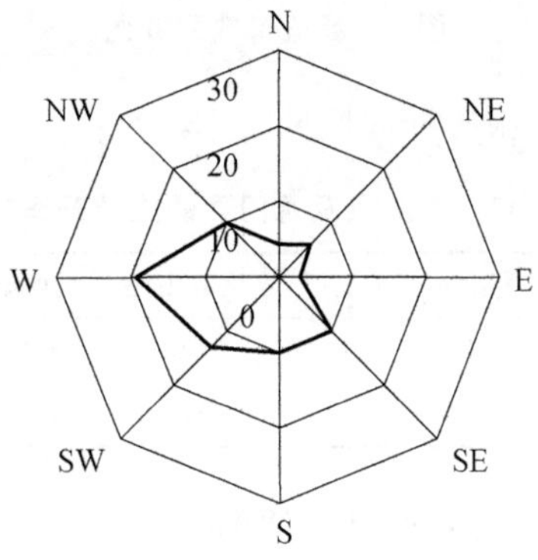


图 3 龙门县 1963—2002 年风向玫瑰图

对流层中，风速随高度增加而增大，2006 年 7 月 13—21 日小气候观测资料进一步证明了这一结论，海拔 1228 m 的天堂顶日平均风速 1.5 m/s，海拔 512 m 的上坪尾为 0.9 m/s，相差 0.6 m/s。

## 4.4 旅游舒适期

根据特吉旺(W·H·Terjung)设计的舒适评价指数，本文用气温和相对湿度的不同组合来表示舒适程度的不同状况，确定南昆山内各景区一年内宜人气候时段，即旅游季节的长短。根据大多数人的感觉，特吉旺把气温与相对湿度的不同组合分为 11 类，见表 12。

**表 12 舒适指数分级表**

| 代号 | −6 | −5 | −4 | −3 | −2 | −1 | 0 | +1 | +2a | +2b | +3 |
|---|---|---|---|---|---|---|---|---|---|---|---|
| 大多数人的感觉 | 极冷 | 非常冷 | 很冷 | 冷 | 稍冷 | 凉 | 舒适 | 暖 | 热 | 闷热 | 极热 |

测试结果表明：90%以上的人认为“0”区范围内的气温和相对湿度的组合舒适，+1 区的组合只有 10%的人感到舒适，其他人感到还可以，而−1 区的组合，只需穿一件衣服就可以维持人体的热量平衡。因此，一般认为，舒适指数在−1～+1 之间的日期为适于旅游的舒适期。

旅游舒适期通过气温和相对湿度的不同组合查舒适指数列线图(图 4)获得。

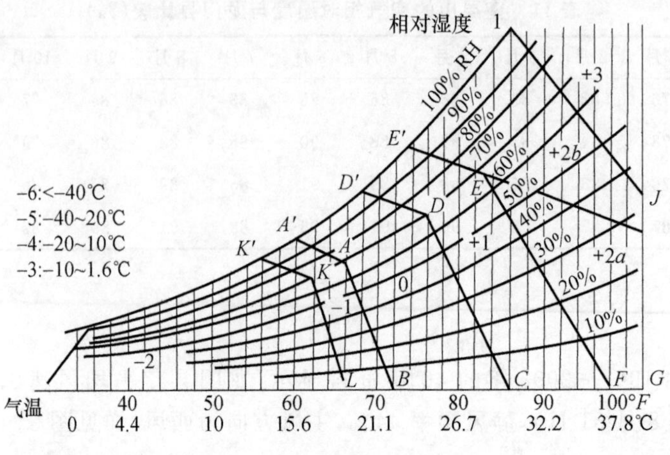


图 4 舒适指数列线图

南昆山各测点及龙门县的年旅游舒适期见表 13。

**表 13 各测点及龙门县的旅游舒适期**

| 测点 | 龙门 | 七仙湖 | 十字水 | 下坪 | 上坪 | 桃源山庄 | 上坪尾 | 丹枫寨 | 云天海 | 老伯公 | 天堂顶 |
|---|---|---|---|---|---|---|---|---|---|---|---|
| 海拔(m) | 70.3 | 312 | 415 | 420 | 470 | 473 | 512 | 585 | 634 | 700 | 1228 |
| 舒适期(d) | 148 | 154 | 159 | 168 | 175 | 171 | 173 | 188 | 192 | 201 | 193 |

由表 13 可知，随着海拔升高，各景区舒适期的总体趋势是逐渐增长；但由于地形不同，植被覆盖率不同，有时海拔较低处比海拔较高处还舒适。例如，老伯公海拔 700 m，年旅游舒适期 201 d，天堂顶海拔 1228 m，年旅游舒适期 193 d，老伯公比天堂顶还长 8 d。其主要原因是天堂顶以灌木为主要植被，而老伯公则得益于森林茂密，乔木高大，绿荫浓郁，显示了森林改善环境的优良功能。

### 4.5 气象气候灾害及其对旅游的影响

(1)南昆山森林茂密，气候温和，气象灾害少，1962—2005 年间仅出现过 8 次暴雨、3 次大风，均未造成重大损失，对旅游者影响不大。

(2)南昆山秋冬季节降水量少，空气相对湿度较小，旅游区应注意预防森林火灾，并加强对游客进行防火宣传教育。

(3)南昆山森林茂密，物种丰富，夏季温高湿重，易发森林病虫害，须注意加强森林病虫害预防工作。

## 5 结论与建议

(1)南昆山生态旅游区在海拔 270～1228 m 范围内，境内随海拔升高，气温降低 0.6～6.7 ℃，空气相对湿度增大 2%～5%，风速增大 0.6 m/s。不同海拔处，四季长短不一，海拔 500 m 以下的七仙湖、下坪、桃源山庄，夏季长达 148～177 d，秋季过后是春季，长夏无冬；海拔 500 m 以上的上坪尾、丹枫寨、云天海、老伯公景区夏长冬短，四季分明；海拔 1228 m 的天堂顶冬季长达 116 d,长冬无夏、春秋相连,真可谓“一山有四季”“山上山下两重天”,具有典型的山地气候特征。山上凉爽宜人的小气候环境说明南昆山是名副其实的“南国避暑天堂”。

(2)南昆山低处的七仙湖空气相对湿度比高处的云天海等地大,说明七仙湖的水域调节了湖岸气候,显示了水域小气候特征。海拔 700 m 处的老伯公比海拔 1228 m 处的天堂顶年旅游舒适期长,是森林小气候优越性的体现。因此,南昆山生态旅游区具有山地小气候、森林小气候、水域小气候等多种气候类型。丰富、优越的气候类型为旅游开发者提供了丰富的旅游气候资源,应当积极地开发利用。

(3)南昆山山体高大,植被茂盛,交通方便,夏季凉爽,春秋季宜人,冬季温暖,旅游舒适期长,是夏季避暑、冬季避寒的理想场所,应当积极开发休闲、度假旅游产品。

(4)南昆山森林覆盖率高,植被茂密,须做好森林保护工作,预防森林病虫害及森林火灾的发生。

(2008 年 9 月)

# 湖南汝城气候特征

吴章文　曹边江　欧阳建华　陈祖纯　唐爱华

**摘　要**:汝城是湖南省的重点林区县,位于亚热带季风湿润气候区,年日照 1612.8 h,日照百分率 37%,年平均气温 16.7 ℃,1 月最冷,月平均气温 6.3 ℃,7 月最热,月平均气温 25.4 ℃,年平均空气相对湿度 82%,年降水量 1546.4 mm,降水日数 181.3 d,4—8 月盛行偏南风,9 月至翌年 3 月盛行偏北风。境内气候温和湿润,阳光充足,降水充沛,四季分明,夏无酷暑,冬少严寒,物种丰富,居民健康长寿,是理想的人类居住地和休闲度假旅游胜地。

**关键词**:汝城县;气候资源;空气温度;空气相对湿度

汝城县位于湖南省东南部,与广东、江西两省接壤,地理坐标为 113°16′～113°59′E,25°19′～25°52′N,地势西北高、东南低。汝城四面环山,丘岗盆地相间,其中汝城中部盆地长约 50 km,宽约 20 km,海拔 500～700 m;南部有海拔 800 m 以下的南洞盆地。境内多山,海拔 1000 m 以上的山峰 274 座,海拔 1500 m 以上的山峰 14 座,最高峰是小垣镇境内的五指峰,海拔 1726 m,南面的三江口海拔最低,仅 160 m。境内森林覆盖率近 74%,是湖南省的重点林区县,主要树种有杉木、楠竹、红豆杉等乔木 667 种,灌木 677 种,药用植物 700 多种。水资源丰富,县域内有大小河流 696 条。地热是汝城的一道独特风景,中南六省最大的热田汝城温泉,地热异常,面积达 20 $hm^2$,古称“灵泉”,水温一般为 91.5 ℃,最高达 98 ℃,远景日开采量可达 14740～15960 t,已被建设成国家 AAAA 级景区,年游客量达 11.8 万人次。距县城 10 km 的罗泉温泉,地热面积 0.33 $hm^2$。水温 45～53 ℃,日流量 500 t,可饮可浴,年游客量接近 2 万人次。此外,还有汤口、大汤、塘内、铜坑等多处地热资源。

汝城县位于南岭北麓多金属成矿带,矿藏分布广,矿种多,目前发现的有铁、钨、钼等 23 种。

汝城历史悠久,东晋升平二年(公元 359 年)置县,全县总面积 2406 $km^2$,总人口约 37 万,其中截至 2009 年 7 月 60 岁以上老年人 40515 人,占总人口 10.1%,90 岁以上的老人 1495 人,达到总人口数的 3‰,2008 年尚健在的百岁老寿星 6 人。

根据汝城县气象局提供的 1971—2000 年的资料总结分析,其主要气候特征归纳如下。

## 1　日照

### 1.1　日照时数

长江中下游地区全年日照时数最高值出现在 7、8 月。汝城县位于本区南部,年日照时数 1612.8 h(这一数值与四川奉节的年日照时数相等,如此巧合,实属罕见)。一年中,最高值出现在 7 月,为 226.8 h,最低值出现在 3 月,为 65.1 h。逐月分布状况见表 1。

表 1　汝城县 1971—2000 年多年平均各月日照统计

| 月份 | 1 | 2 | 3 | 4 | 5 | 6 | 7 | 8 | 9 | 10 | 11 | 12 | 全年 |
|---|---|---|---|---|---|---|---|---|---|---|---|---|---|
| 日照时(h) | 88.6 | 67.2 | 65.1 | 87.5 | 116.8 | 146.7 | 226.8 | 199.0 | 166.4 | 157.8 | 149.8 | 141.2 | 1612.8 |
| 日照百分率(%) | 27 | 21 | 18 | 23 | 28 | 36 | 54 | 50 | 45 | 44 | 46 | 43 | 37 |

## 1.2　日照百分率

汝城县纬度虽不高，但因境内多丘陵和山地，地形遮蔽、森林覆盖和云雨天多等因素影响，使得实际日照时数减少，日照百分率降低，全年平均日照百分率略低，为 37%，但比湖南省张家界永定区(34%)、邵阳市(35%)、安化县(31%)、沅陵县(34%)、武冈县(36%)、新化县(34%)，湖北省来风县(29%)、恩施县(31%)，广西区龙胜县(28%)、全州县(34%)，贵州铜仁县(27%)、遵义市(27%)，西藏波密(35%)等许多县市高，在全国居中等水平。汝城县的日照百分率逐月分布见表 1、图 1。

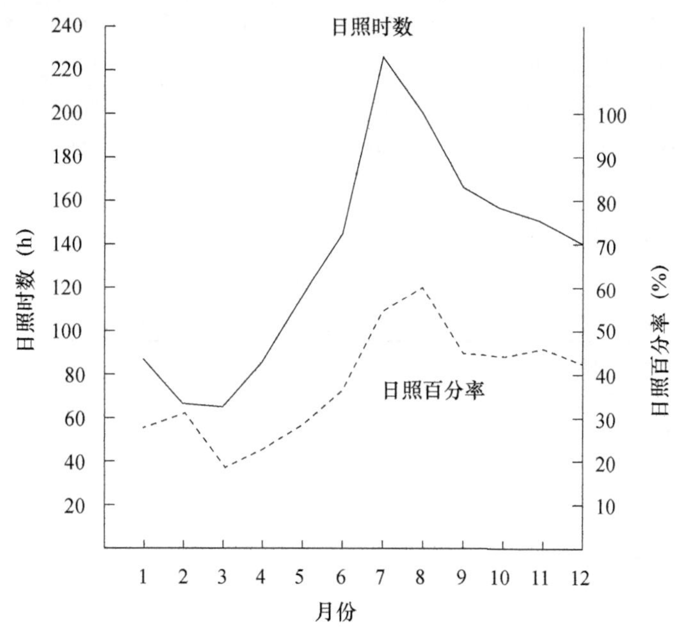


图 1　汝城县日照时数及日照百分率年内逐月分布

由表 1 可见，日照百分率 7 月最高，为 54%，3 月最低，为 18%，与日照时数分布规律一致；4 月、5 月达到 23%和 28%；6 月为 36%，7—12 月的日照百分率均在 43%以上，下半年日照时数多，日照百分率较高，有利于农作物夏收、秋种、冬播。12 月、1 月、2 月日照时数较多，日照百分率较高，是汝城盆地冬季温暖少寒的原因之一。

# 2　气温

气温是气候学中最重要的要素之一，世界上自然景观的巨大变化、各地农作物的种类和种植制度、房屋建筑风格、人们衣着服饰特点的差别、旅游者的流向等，都与气温高低有关。

汝城县气象站位于城关镇新建东路北街，观测场海拔高 610 m。汝城县境内的气温变化规律如下。

## 2.1　平均气温

汝城县年平均气温 16.7 ℃，1 月最冷月平均气温 6.3 ℃，比湖南省境内其他台站高0.1～2.1 ℃，可与冬季温暖的四川盆地媲暖。7 月最热，月平均气温 25.4 ℃，比湖南其他台站低 1.0～4.3 ℃，是湖南最凉爽的县城之一。年平均最高温 21.5 ℃，7 月平均最高气温 30.2 ℃，1 月平均最高气温 11.2 ℃，1 年内最热月平均气温与最冷月平均气温之差称为气温年较差，汝城县多年平均气温年较差为 19.1 ℃。年平均最低气温 13.3 ℃，1 月平均最低气温 3.0 ℃，7 月平均最低气温 22.1 ℃。气温逐月分布见表 2、图 2。

**表 2　汝城县 1971—2000 年各月气温统计(℃)**

| 月份 | 1 | 2 | 3 | 4 | 5 | 6 | 7 | 8 | 9 | 10 | 11 | 12 | 全年 |
|---|---|---|---|---|---|---|---|---|---|---|---|---|---|
| 平均气温 | 6.3 | 7.9 | 11.7 | 17.1 | 21.0 | 23.9 | 25.4 | 25.0 | 22.4 | 18.2 | 12.8 | 8.3 | 16.7 |
| 平均最高 | 11.2 | 12.1 | 15.7 | 21.1 | 25.1 | 27.9 | 30.2 | 30.0 | 27.5 | 23.7 | 18.7 | 14.4 | 21.5 |
| 平均最低 | 3.0 | 4.9 | 8.7 | 14.1 | 17.9 | 21.0 | 22.1 | 21.6 | 18.9 | 14.2 | 8.6 | 4.0 | 13.3 |
| 极端最高 | 22.6 | 26.3 | 29.2 | 31.0 | 33.3 | 34.3 | 36.4 | 36.3 | 34.7 | 32.5 | 29.3 | 24.2 | 36.4 |
| 出现日期 | 24 | 2T | 28 | 24 | 24 | 16 | 31 | 21 | 9 | 11 | 5 | 10 | 31/7 |
| 出现年份 | 1972 | 2N | 2000 | 1993 | 1980 | 1971 | 1984 | 1998 | 1995 | 2000 | 1996 | 1990 | 1984 |
| 极端最低 | −6.8 | −6.4 | −3.4 | 1.9 | 7.1 | 11.8 | 17.6 | 16.5 | 10.7 | 1.2 | −3.2 | −9.8 | −9.8 |
| 出现日期 | 30 | 9 | 1 | 2 | 5 | 9 | 5 | 25 | 22 | 30 | 24 | 15 | 15/12 |
| 出现年份 | 1977 | 1972 | 1986 | 1974 | 1990 | 1987 | 1973 | 1986 | 2N | 1978 | 1975 | 1975 | 1975 |

注：表中 2T、2N 分别表示出现 2 d 和 2 年，余同。

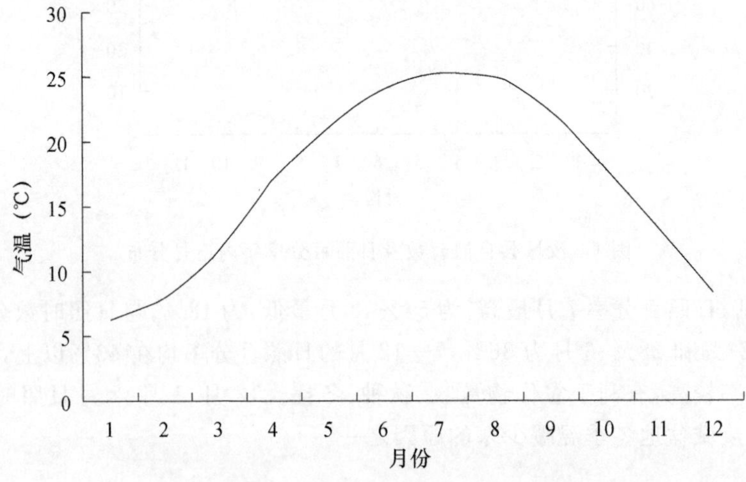


图 2　汝城县 1971—2000 年逐月平均气温

## 2.2　气温极值

汝城县极端最高气温 36.4 ℃，出现在 1984 年 7 月 31 日。极端最低气温 −9.8 ℃，出现在 1975 年 12 月 15 日。

## 2.3　四季气温

### 2.3.1　四季划分

依候平均气温低于 10 ℃为冬季、高于 22 ℃为夏季、10～22 ℃为春秋季的划分标准，根据 2006—2008 年的逐日平均气温，用五日滑动平均法计算得知，汝城县境内各季长短和起止时间不一，暖水镇、热水镇、南洞乡、城关镇、岭秀乡、小垣镇的四季起始日期和各季持续时间见表 3。

**表 3　汝城县的四季起止时间一览表**

| | 春季 | | 夏季 | | 秋季 | | 冬季 | |
|---|---|---|---|---|---|---|---|---|
| | 始日 | 天数(d) | 始日 | 天数(d) | 始日 | 天数(d) | 始日 | 天数(d) |
| 暖水镇 | 2 月 28 日 | 59 | 4 月 28 日 | 156 | 10 月 1 日 | 55 | 11 月 25 日 | 95 |
| 热水镇 | 3 月 3 日 | 77 | 5 月 19 日 | 130 | 9 月 26 日 | 59 | 11 月 24 日 | 99 |
| 南洞乡 | 2 月 28 日 | 80 | 5 月 19 日 | 155 | 10 月 21 日 | 35 | 11 月 25 日 | 95 |
| 城关镇 | 3 月 1 日 | 80 | 5 月 20 日 | 128 | 9 月 25 日 | 60 | 11 月 24 日 | 97 |
| 岭秀乡 | 3 月 5 日 | 104 | 6 月 17 日 | 99 | 9 月 24 日 | 54 | 11 月 17 日 | 108 |
| 小垣镇 | 2 月 28 日 | 122 | 6 月 30 日 | 85 | 9 月 23 日 | 61 | 11 月 23 日 | 97 |

由表 3 看出，汝城县境内的 6 个乡镇中，春季起始时间和持续时间差异十分显著，小垣镇春季长达 122 d，是汝城之最，暖水镇春季最短仅 59 d，相差 63 d。夏季以海拔最低的暖水镇(海拔 300 m)入夏最早，4 月 28 日入夏；海拔最高的小垣镇(海拔 942 m)入夏最迟，6 月 30 日入夏；夏季最长的暖水镇达 156 d；夏季最短的小垣镇仅 85 d。暖水镇的夏季比小垣镇长 71 d。秋季长短各乡镇的差异比冬季略大，南洞乡最短为 35 d，小垣镇最长为 61 d，两地相差 26 d。冬季长短各乡镇差异最小，岭秀乡的冬季最长 108 d，暖水镇、南洞乡冬季最短亦有 95 d，最长与最短之间仅相差 13 d。

小垣镇海拔虽高，但对面有汝城最高峰五指峰，侧面有道士仙，背面有高山草甸，三面环山的地形阻挡了北来的寒风，又因其位于山坡上部，冬季冷空气顺坡下滑很难停留，因此冬季比海拔低的岭秀乡短 11 d。

汝城县境内，海拔越高，春秋季越长，夏季越短，越有利于避暑消夏。

### 2.3.2　四季特征

按照统计季节划分法，公历 3、4、5 月为春季，6、7、8 月为夏季，9、10、11 月为秋季，12、1、2 月为冬季。其中，4、7、10、1 月是各季的代表月。

汝城县有 12 个自动气象观测站，2008 年资料完整的有暖水镇、南洞乡、三江口镇、城关镇、岭秀乡、小垣镇、附城乡、三星镇。本文选取其中 6 个乡镇与长沙站的各代表月的气温进行比较，详见表 4。

**表 4 2008 年汝城县境内四季气温与长沙市比较**

| 地点 | 长沙市 | 暖水镇 | 南洞乡 | 三江口镇 | 城关镇 | 岭秀乡 | 小垣镇 |
|---|---|---|---|---|---|---|---|
| 海拔(m) | 44.9 | 300 | 420 | 552 | 610 | 719 | 942 |
| 春季(℃) | 19.1 | 19.9 | 19.0 | 18.5 | 18.4 | 16.9 | 16.6 |
| 夏季(℃) | 30.1 | 26.9 | 26.3 | 25.2 | 25.5 | 24.0 | 23.4 |
| 秋季(℃) | 19.9 | 21.7 | 21.1 | 20.5 | 20.1 | 18.0 | 18.6 |
| 冬季(℃) | 5.1 | 7.0 | 6.5 | 6.0 | 5.8 | 3.6 | 5.1 |
| 全年(℃) | 18.6 | 18.3 | 17.7 | 17.2 | 16.8 | 15.1 | 15.6 |

由表 4 可知，汝城县境内各站点的海拔均高于长沙市，年平均气温均比长沙市低，尤其是夏季气温比长沙低 3.2～6.7 ℃，冬季除岭秀乡外，小垣镇气温与长沙市相等，其他站点气温均高于长沙市，这说明汝城县与长沙市比较，汝城县夏季凉爽、冬季不冷。

2.3.2.1 春季

仲春 4 月太阳已移过赤道，全国大部分地区进入春暖花开的季节。此时的漠河月平均气温升至－1.1 ℃，北京为 13.3 ℃，上海 13.7 ℃，而汝城的 4 月，月平均气温在 16.6～19.9 ℃，中部盆地的城关镇为 18.4 ℃，文时水库等地的月平均气温为 18.8 ℃，与滨海城市厦门的 18.9 ℃十分接近。汝城县境内此时的平均空气相对湿度为 85%，降水量 195.5 mm。春季的汝城，气候温暖湿润，雨量适中，十分宜人。

2.3.2.2 夏季

除了沿海地区和岛屿外，全国各地普遍高温，天山南麓的吐鲁番盆地 7 月平均气温高达 33.0 ℃，极端最高气温 49.6 ℃；最北的漠河，7 月平均气温 25.9 ℃，江西婺源 30.2 ℃，湖南长沙 29.5 ℃、衡阳 29.9 ℃、株洲 29.7 ℃、郴州 29.3 ℃。号称长江流域“三大火炉”的重庆、武汉、南京分别为 28.6 ℃、29.0 ℃、28.2 ℃，而汝城县此时的月平均气温 25.4 ℃，比最北的漠河还低 0.5 ℃，比上述各台站低 2.8～4.8 ℃，比首都北京的 26.0 ℃还低 0.6 ℃；与之毗邻的广东省各台站 7 月平均气温均在 27.1～29.1 ℃，汝城的 7 月比广东凉爽多了。气象部门确定日最高气温高于 32 ℃的日子为“暑热日”，日最高气温高于 35 ℃的日子为“炎热日”，日最高气温高于 37 ℃的日子称“酷热日”。根据自动气象站 2006、2007、2008 年 6、7、8 月资料，长沙站的暑热日、炎热日、酷热日有 66 d，有的年份多达 71 d；汝城县同期平均只有 22 d，比长沙少 44 d，其中主要为暑热日 20 d，少有炎热日和酷热日，是非常舒适的季节。详见表 5。

**表 5 长沙市、汝城县的暑热天比较** 单位：d

| | | 暑热日日最高气温≥32.0 ℃ | | | 炎热日日最高气温≥35.0 ℃ | | | 酷热日日最高气温≥37.0 ℃ | | | 合计 |
|---|---|---|---|---|---|---|---|---|---|---|---|
| | | 6月 | 7月 | 8月 | 6月 | 7月 | 8月 | 6月 | 7月 | 8月 | |
| 长沙市 | 2006 年 | 9 | 9 | 14 | 8 | 14 | 9 | 0 | 3 | 5 | 71 |
| | 2007 年 | 6 | 8 | 12 | 9 | 12 | 6 | 1 | 8 | 7 | 62 |
| | 2008 年 | 14 | 14 | 10 | 2 | 9 | 10 | 0 | 4 | 1 | 64 |
| | 合计 | 29 | 31 | 36 | 14 | 35 | 25 | 1 | 15 | 13 | 198 |
| | 平均 | 9.7 | 10.3 | 12 | 4.7 | 11.7 | 8.3 | 0.3 | 5.0 | 4.3 | 66 |

续表

| | | 暑热日日最高气温≥32.0 ℃ | | | 炎热日日最高气温≥35.0 ℃ | | | 酷热日日最高气温≥37.0 ℃ | | | 合计 |
|---|---|---|---|---|---|---|---|---|---|---|---|
| | | 6月 | 7月 | 8月 | 6月 | 7月 | 8月 | 6月 | 7月 | 8月 | |
| 汝城县 | 2006年 | 0 | 7 | 10 | 0 | 0 | 0 | 0 | 0 | 0 | 17 |
| | 2007年 | 3 | 14 | 8 | 1 | 0 | 0 | 0 | 1 | 1 | 28 |
| | 2008年 | 2 | 8 | 8 | 0 | 1 | 2 | 0 | 0 | 0 | 21 |
| | 合计 | 5 | 29 | 26 | 1 | 1 | 2 | 0 | 1 | 1 | 66 |
| | 平均 | 1.7 | 9.7 | 8.7 | 0.3 | 0.3 | 0.67 | 0.0 | 0.3 | 0.3 | 22 |
| 相差 | 合计 | 24 | 2 | 10 | 13 | 34 | 23 | 1 | 4 | 12 | 132 |
| | 平均 | 8 | 0.6 | 3.3 | 4.4 | 11.4 | 7.6 | 0.3 | 4.7 | 4.0 | 44 |

由表5得知，2006—2008年，夏季长沙市的“暑热日”32 d、“炎热日”24.7 d、“酷热日”9.6 d，共计66 d。汝城县的“暑热日”20.1 d、“炎热日”1.27 d、“酷热日”0.6 d，共计22 d。长沙“暑热日”比汝城县多12 d、“炎热日”多23 d、“酷热日”多9 d，共计多44 d。汝城县的夏季比长沙凉爽舒适多了。

2.3.2.3　秋季

金秋10月是全国秋高气爽、舒适宜人的季节，但是全国的秋季都非常短促，汝城县亦不例外。汝城县境内的秋季长短与海拔高低相关，低海拔处的南洞乡秋季仅35 d，中部盆地为55～60 d，高海拔的岭秀乡和小垣镇分别为54 d和61 d(详见表3)。

2.3.2.4　冬季

除了少数海滨地区和岛屿外，1月份是全国最冷的月份，此时的漠河月平均气温－30.0 ℃，而此时汝城县海拔610 m的城关镇平均气温为6.3 ℃，比漠河高36.3 ℃，比长沙高1.7 ℃。海拔300 m的暖水镇月平均气温比长沙高2.3 ℃，海拔719 m的岭秀乡月平均气温仍与长沙等值，除岭秀乡外，汝城境内各乡镇的气温均比长沙高1.3～5.6 ℃，这进一步说明汝城县冬季温暖，尤其是海拔400～700 m的汝城中部平原，1月平均气温在3.9～5.6 ℃。

气象上将候平均气温低于0 ℃的日子作为“严寒日”的指标，按照这一标准，汝城县仅在湖南遭受严重冰雪灾害的2008年1月26日—2月3日的日平均气温低于0 ℃，而符合上述标准的严寒日仅6 d。2008年的长沙从1月13日—2月3日的日平均气温均在0 ℃以下，其中符合标准的严寒日长达16 d，比汝城多10 d。长沙比汝城冷。

汝城冬季温暖少寒，适宜人居。

# 3　降水

降水是气象学中最重要的气象要素之一。全球降水量分布极不均匀，印度的乞拉朋齐，年平均降水量约12000 mm，1861年，乞拉朋齐的降水量达22990 mm。秘鲁首都利马市，年降水量仅有10～15 mm。我国台湾省的阿里山年平均降水量多达4413.4 mm，新疆吐鲁番盆地西缘的托克逊平均年雨量只有5.6 mm。又如北京市多年平均降水量600 mm，多的年份可达900 mm，少的年份仅300 mm。由此可见，全球降水量的空间分布与季节分配不均匀，年际变化大。

## 3.1　降水量

汝城县 1971—2000 年 30 年平均降水量为 1546.4 mm，最多的年份达 2205.9 mm，出现在 1975 年，最少的年份 1059.9 mm，出现在 1989 年。日最大降水强度 200.7 mm/d，出现在 1996 年 8 月 2 日。

## 3.2　降水日数

30 年平均降水日数 181.3 d，最多的 1975 年达 220 d，最少的 1986 年 155 d。最长连续降水日数 31 d，出现在 1975 年，最长连续无水日数 42 d，出现在 1974 年。

降水量与降水日数逐月分布见表 6、图 3。

**表 6　汝城县 1971—2000 年各月降水统计**

| 月份 | 1 | 2 | 3 | 4 | 5 | 6 | 7 | 8 | 9 | 10 | 11 | 12 | 全年 |
|---|---|---|---|---|---|---|---|---|---|---|---|---|---|
| 最大日降水量(mm) | 59.4 | 48.7 | 72.1 | 77.1 | 85.5 | 122.6 | 169.1 | 200.7 | 100.9 | 80.5 | 57.2 | 54.8 | 200.7 |
| 出现日期 | 4 | 18 | 27 | 14 | 8 | 28 | 11 | 2 | 17 | 6 | 16 | 21 | 2/8 |
| 出现年份 | 1983 | 1985 | 1983 | 1981 | 1980 | 1973 | 1996 | 1996 | 1999 | 1975 | 1990 | 1997 | 1996 |
| 最长连续无降水日数(d) | 42 | 19 | 19 | 9 | 8 | 12 | 17 | 12 | 20 | 30 | 39 | 34 | 42 |
| 出现日期 | 9 | 11 | 22 | 20 | 12 | 12 | 15 | 15 | 27 | 25 | 20 | 29 | 9/1 |
| 出现年份 | 1974 | 1993 | 1977 | 2N | 1984 | 1988 | 1978 | 1990 | 1986 | 1979 | 1994 | 1988 | 1974 |
| 最长连续降水日数(d) | 13 | 17 | 20 | 24 | 31 | 16 | 14 | 19 | 11 | 10 | 10 | 15 | 31 |
| 降水量 | 21.5 | 89.0 | 162.1 | 214.3 | 311.9 | 418.9 | 325.1 | 175.1 | 112.1 | 122.1 | 64.0 | 79.4 | 311.9 |
| 出现日期 | 2 | 9 | 31 | 7 | 30 | 22 | 12 | 22 | 1 | 30 | 9 | 14 | 30/5 |
| 出现年份 | 1990 | 1989 | 1996 | 1988 | 1975 | 1994 | 1997 | 1994 | 1999 | 1976 | 1981 | 1975 | 1975 |
| 年均降水量(mm) | 67.5 | 102.6 | 149.3 | 195.5 | 212.3 | 208.8 | 160.5 | 177.7 | 110.4 | 73.8 | 48.1 | 39.8 | 1546.3 |
| 年均降水日数(d) | 145 | 160 | 203 | 193 | 205 | 182 | 155 | 171 | 126 | 99 | 89 | 84 | 1812 |

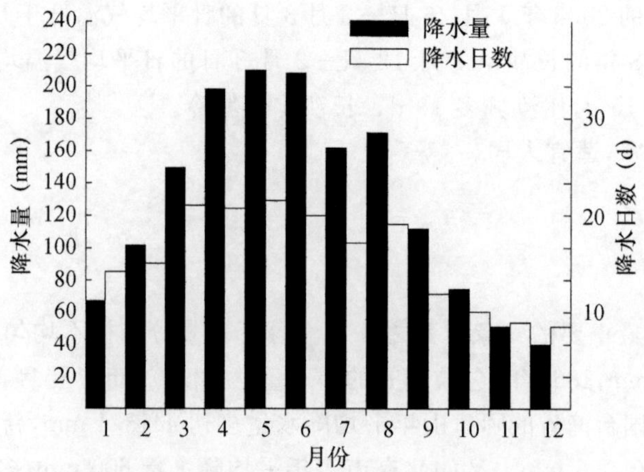


图 3　汝城县年内各月降水量、降水日数分布图

## 3.3　降水的季节分配

按照统计季节，汝城县春夏秋冬各季的降水量列入表7。

**表7　汝城县多年平均降水量的季节分配**

| | 春季（3、4、5月） | 夏季（6、7、8月） | 秋季（9、10、11月） | 冬季（12、1、2月） | 全年 |
|---|---|---|---|---|---|
| 降水量（mm） | 557.1 | 547.0 | 323.3 | 209.9 | 1546.3 |
| 百分比（%） | 36.0 | 35.4 | 15.0 | 13.6 | 100.0 |
| 降水日数（d） | 60.1 | 50.8 | 31.4 | 38.9 | 181.2 |
| 百分比（%） | 33.2 | 28.0 | 17.3 | 21.5 | 100.0 |

由表7看出，汝城县的降水量季节分配不均匀，春、夏两季的降水量占全年的71.4%，秋季占15.0%，冬季占13.6%；春、夏两季降水强度比秋、冬季大，秋、冬两季降水量仅占全年的28.6%，而降水日数却占全年的38.8%，这说明秋、冬季不仅降水量少，而且降水强度小。

## 3.4　降水量的年际变化

汝城县降水量最多的年份达2303.6 mm，比正常年份多757.3 mm，相对变率为49%；降水少的年份亦有1051.9 mm，比多年平均值少494.4 mm，相对变率为－32%。这说明汝城县的旱涝灾害涝大于旱。

## 3.5　降雪

多年平均降雪日数52 d，初日1月8日，终日2月15日。积雪天数17 d，初日1月21日，终日1月25日，县站最大积雪深度17 cm。详见表8。

**表8　汝城县1971—2000年累年各月降雪统计**

| 月份 | 7 | 8 | 9 | 10 | 11 | 12 | 1 | 2 | 3 | 4 | 5 | 6 | 全年 |
|---|---|---|---|---|---|---|---|---|---|---|---|---|---|
| 降雪日数（d） | 0 | 0 | 0 | 0 | 1 | 8 | 23 | 17 | 2 | 1 | 0 | 0 | 52 |
| | 初日1月8日，终日2月15日，初终间日数39 d | | | | | | | | | | | | |
| 积雪日数（d） | 0 | 0 | 0 | 0 | 0 | 4 | 6 | 5 | 1 | 0 | 0 | 0 | 17 |
| | 初日1月21日，终日2月25日，初终间日数36 d | | | | | | | | | | | | |
| 最大积雪深度（cm） | 0 | 0 | 0 | 0 | 0 | 17 | 4 | 3 | 4 | 0 | 0 | 0 | 17 |
| 出现日期 | | | | | | 2T | 1 | 1 | 2T | | | | 2T/12 |
| 出现年份 | | | | | | 1975 | 1984 | 1990 | 1986 | | | | 1975 |

注：最大积雪深度统计年份为1976—2000年。

## 3.6　相对湿度

汝城县多年平均相对湿度82%，属湿润地区，各月变化幅度不大，3月最大，为86%；11月、12月最小，均为77%，年变化曲线平缓，相对湿度年较差仅9%。2009年6月19日晴天

07:00 相对湿度高达 96%,这天的最小值仅 48%,相对湿度日较差 48%。见图 4。

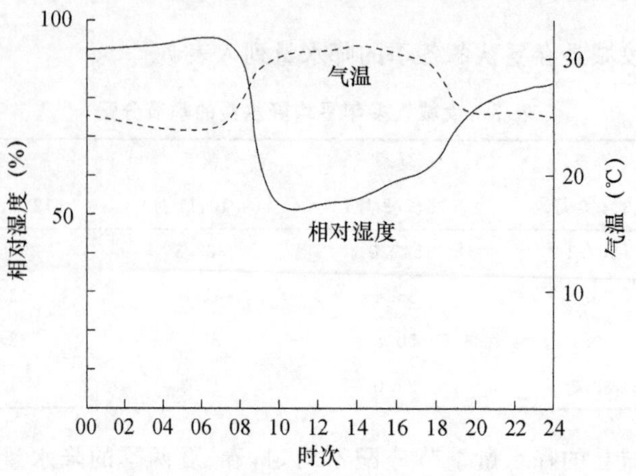


图 4　2009 年 6 月 19 日空气温度、相对湿度日变化曲线图

# 4　风

## 4.1　风向

风是重要的气候要素之一。汝城县位于亚热带季风湿润气候区,主要受我国东南季风影响,但由于山脉阻挡,季风方向有所变化,夏半年偏南风是主风方向,冬半年偏北风是主风方向。例如,一年中 8 月至翌年 3 月的 7 个月盛行偏北风,4—8 月的 5 个月盛行南风。2008 年 1 月偏北风频率 29%,偏南风频率为 40%,静风频率 22%。7 月偏北风频率 12%,偏南风频率 67%,静风频率 19%。详见图 5、图 6。

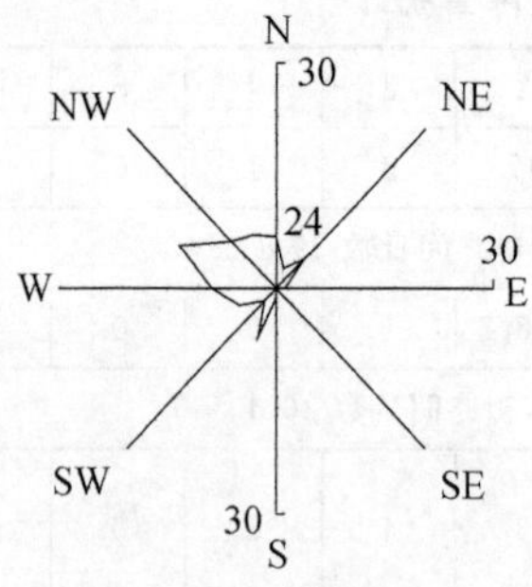

图 5　汝城县 2008 年 1 月风向玫瑰图

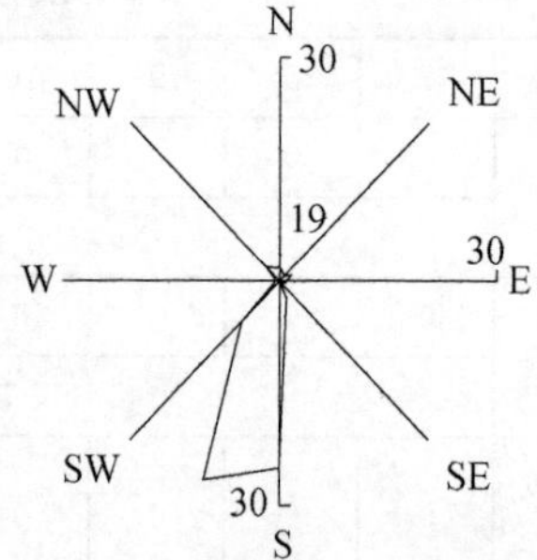


图 6　汝城县 2008 年 7 月风向玫瑰图

## 4.2　风速

多年平均风速 1.9 m/s。1—12 月各月最大风速依次为 11.0 m/s,13.0 m/s,20.3 m/s,13.7 m/s,14.0 m/s,11.0 m/s,16.0 m/s,15.0 m/s,11.7 m/s,11.0 m/s,14.3 m/s,9.0 m/s。日最大风速 20.3 m/s,出现在 1980 年 3 月 4 日。冬季 12 月、1 月、2 月风速较小是汝城县冬季温暖的原因之一,春、夏季风速较大是汝城夏季凉爽的原因之一。详见图 7、图 8。

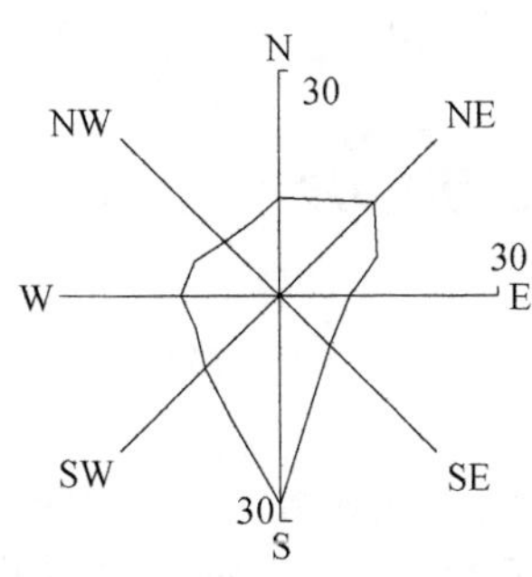


图 7　汝城县 2008 年 1 月风速玫瑰图

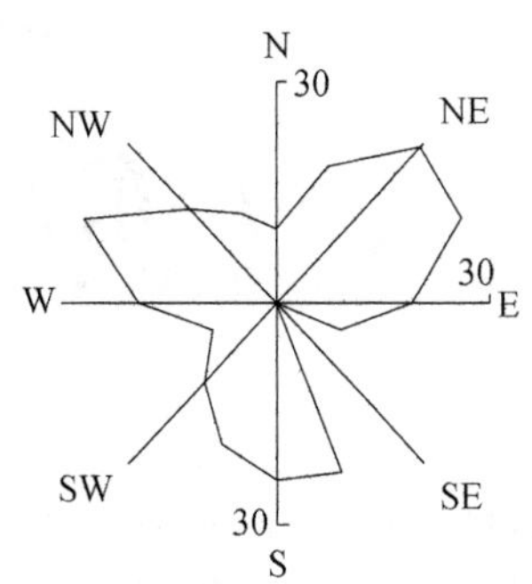


图 8　汝城县 2008 年 7 月风速玫瑰图

## 5　结论

### 5.1　气候优越，适宜居住

汝城县虽然丘陵和山地多，但由于山地分布在盆地四周，群山环抱中的盆地面积大，地形开阔平坦，海拔在 400～700 m，高度适中，加上境内森林覆盖率高，溪涧、河流、水库众多，水体丰富，使得汝城县阳光充足，雨量充沛，温暖湿润，夏无酷暑，冬少严寒，气候优越，适宜居住。优越的气候条件是天然赋存的资源，是花钱也买不来的宝贵财富，不利用就会白白流失；如果开发利用，可以再生，循环往复，永续利用。

### 5.2　物种丰富多样，居民健康长寿

汝城县境内有乔木 667 种、灌木 677 种，其中药用植物 700 多种，2002 年还曾出现过华南虎的踪迹，这表明汝城物种丰富多样。生态旅游学家认为“人的寿命长短与居住地物种数量成正相关”。汝城县 60 岁以上的老年人占该县总人口的 10.1%，90 岁以上的老年人占总人口的 3‰，2009 年 7 月尚健在的百岁寿星 6 人，居民健康长寿，这进一步印证了汝城县气候优越、物种多样、居民长寿，是人类的宜居之地，具有城市人选择第二住宅的潜在优势，是度假休闲的理想地域。

（2009 年 9 月）

# 广东大埔气候与旅游

吴章文

**摘　要**:大埔县属梅州市所辖,面积 2467 km²,人口约 56 万,森林覆盖率 75.6%,年平均气温 21.0 ℃,7 月最热,月平均气温 28.2 ℃,冬季温暖,1 月平均气温 12.1 ℃,年降水量 1508.6 mm。境内多山,生态环境优美,名人众多,是粤北的休闲旅游胜地。

## 一、大埔概况

大埔县位于广东省北部,赣江中上游,地处北纬 24°01′～24°41′,东经 116°18′～116°56′。面积 2467 km²,其中丘陵山地面积占总面积的 80%以上,海拔千米以上的山峰 27 座,最高峰海拔 1357 m,位于县境西南部。境内河流众多,集雨面积 30 km²以上的河流 19 条,比较著名的有赣江(境内长 43 km)、梅江(境内长 22 km)、汀江(境内长 55 km)、梅潭河(境内长 83 km)、漳溪河(境内长 32 km)。还有 48 座水库、100 多个山塘。水资源充沛,水域风光美丽。

大埔县山多、林多,空气质量好,是中国最美的绿色生态县之一。境内的阴那山国家森林公园、双髻山省级森林公园、丰溪省级自然保护区以及众多森林地段的葱郁林木、古道幽径、奇花异草、奇峰怪石构成了美丽的绿色生态景观,是人们游览观光、休闲度假的好去处。

大埔公元 413 年置县,有 1600 多年县史,全县 56 万多人口,主要是汉族,还有蒙古族、回族、藏族、苗族、彝族、壮族、布依族、朝鲜族、满族等 26 个少数民族。大埔民间艺术丰富,广东汉乐被列入国家级非物质文化遗产名录。是广东首个中央苏区县。大埔华侨多,祖籍大埔华侨、华人有近 50 万。大埔名人多,例如,父子进士饶相、饶与龄,父子总理李光耀、李显龙,一腹三翰林,兄弟三将军,一门九清华,一县同期四省长,中国民族工业之父,中国首任驻日本公使,中山大学首任校长,中国共产党早期革命活动家,现代名人田家炳,著名作家杜埃、碧野,郑度、饶芳权、杨文采、邱冠周、蒲慕明等诸多院士名人皆出自大埔。大埔历史悠久、钟灵毓秀、人文荟萃、名人辈出。

## 二、大埔气候

为书写方便,先将大埔 1957—2000 年的气候要素值列入表 1。

### (一)日照

大埔年日照日数 1705.3 h,7 月最多 201.3 h,3 月最少,仅 88.4 h。年日照百分率 39%,10 月最大,达 50%,2、3、4、5 月均小于 30%。详见表 1。

### (二)气温

大埔年平均气温 21.0 ℃,7 月最高 28.2 ℃,1 月最低 12.1 ℃,气温年较差 16.1 ℃。极端最高气温 39.8 ℃，出现在 1988 年 7 月 18 日。极端最低气温－4.2 ℃，出现在 1967 年 1 月 17 日。逐月平均气温见表 1。

**表 1　大埔县 1957—2000 年逐月气候要素一览表**

| 月份 | 1 | 2 | 3 | 4 | 5 | 6 | 7 | 8 | 9 | 10 | 11 | 12 | 全年 |
|---|---|---|---|---|---|---|---|---|---|---|---|---|---|
| 日照时数(h) | 126.3 | 89.3 | 88.4 | 97.3 | 116.5 | 131.6 | 201.3 | 194.4 | 172.9 | 176.8 | 160.9 | 149.7 | 1705.3 |
| 日照百分率(%) | 38 | 28 | 24 | 26 | 28 | 32 | 48 | 49 | 47 | 50 | 49 | 45 | 39 |
| 气温(℃) | 12.1 | 13.6 | 17.3 | 21.5 | 24.7 | 26.7 | 28.2 | 27.8 | 26.1 | 22.7 | 17.9 | 13.5 | 21.0 |
| 极端最高气温(℃) | 29.4 | 31.4 | 33.8 | 36.1 | 37.1 | 38.5 | 39.8 | 38.6 | 39.0 | 36.2 | 34.4 | 30.0 | 39.8 |
| 出现日期 | 24 | 15 | 9 | 25 | 19 | 29 | 18 | 17 | 2 | 1 | 1 | 10 | 18/7 |
| 出现年份 | 1972 | 1996 | 1960 | 1977 | 1964 | 1967 | 1988 | 1990 | 1963 | 1974 | 1996 | 1959 | 1988 |
| 极端最低气温(℃) | －4.2 | －2.0 | 5.0 | 5.6 | 11.0 | 15.9 | 20.2 | 19.0 | 12.0 | 5.2 | 8.0 | －4.0 | －4.2 |
| 出现日期 | 17 | 2 | 3 | 6 | 3 | 5 | 8 | 30 | 25 | 30 | 25 | 23 | 17/1 |
| 出现年份 | 1967 | 1961 | 1986 | 1969 | 1965 | 1982 | 1992 | 1974 | 1966 | 1978 | 1995 | 1999 | 1967 |
| 相对湿度(%) | 78 | 79 | 80 | 81 | 82 | 83 | 80 | 81 | 81 | 78 | 78 | 78 | 80 |
| 降水量(mm) | 42.5 | 83.2 | 128.5 | 169.9 | 215.0 | 242.2 | 163.7 | 199.6 | 142.4 | 53.1 | 35.4 | 33.1 | 1508.6 |
| 降水日数(d) | 8.8 | 11.6 | 14.8 | 15.9 | 18.5 | 19.0 | 15.2 | 17.2 | 13.5 | 6.8 | 5.6 | 6.0 | 153.0 |
| 最大降水量(mm) | 193.5 | 394.4 | 454.1 | 419.5 | 407.2 | 480.1 | 441.4 | 466.3 | 508.7 | 204.3 | 131.3 | 19.4 | 2286.9 |
| 出现年份 | 1969 | 1983 | 1983 | 1980 | 1989 | 1968 | 1973 | 1996 | 1970 | 1974 | 1982 | 1994 | 1983 |
| 最小降水量(mm) | 0 | 2 | 9.3 | 33.0 | 46.9 | 68.9 | 20.1 | 44.2 | 30.4 | 0 | 0 | 0 | 1043.6 |
| 出现年份 | 1976 | 1960 | 1972 | 1991 | 1991 | 1967 | 1962 | 1965 | 1994 | 3N | 4N | 1962 | 1991 |
| 平均风速(m/s) | 10 | 11 | 11 | 11 | 9 | 10 | 11 | 10 | 9 | 9 | 9 | 8 | 10 |
| 最多风向 | N | N | SE | SE | SE | SE | SE | SE | SE | N | N | N | SE |
|  | C | C | C | C | C | C | C | C | C | C | C | C | C |
| 频率(%) | 11 | 10 | 9 | 11 | 11 | 11 | 12 | 11 | 7 | 7 | 9 | 8 | 8 |
|  | 52 | 48 | 49 | 50 | 53 | 51 | 47 | 50 | 54 | 55 | 56 | 58 | 52 |
| 降水日数(d) | 8.8 | 11.6 | 14.8 | 15.9 | 18.5 | 19.0 | 15.2 | 17.2 | 13.5 | 6.8 | 5.6 | 6.0 | 153.0 |

## (三)季节

按照张宝堃先生提出的用候平均气温作为划分季节的依据，其界限是：

候平均气温稳定<10 ℃为冬季；

候平均气温稳定≥22 ℃为夏季；

10 ℃≤候平均气温<22 ℃为春季、秋季。

根据此标准划分，大埔春季 74 d，夏季长达 191 d，秋季 68 d，冬季 32 d。起止日期见表 2。

**表 2　大埔县的四季起止时间**

| 季节 | 春季 | 夏季 | 秋季 | 冬季 |
|---|---|---|---|---|
| 起始时间 | 2 月 8 日 | 4 月 23 日 | 10 月 31 日 | 1 月 7 日 |
| 终止时间 | 4 月 22 日 | 10 月 30 日 | 1 月 6 日 | 2 月 7 日 |
| 持续天数(d) | 74 | 191 | 68 | 32 |

## (四)空气相对湿度

大埔位于南亚热带湿润季风气候区，终年湿润。年平均相对湿度 80%，6 月最大为 83%，1 月、10 月、11 月、12 月均为 78%，详见表 1。

## (五)降水

大埔多年平均降水量为 1508.6 mm。各月均有降水，6 月最多为 242.2 mm，12 月最少为 33.1 mm。降水量最多的 1983 年为 2286.9 mm，最少的 1991 年 1043.6 mm。降水距平值分别为 778.3 mm，−465.1 mm，正值大于负值，丰水年大于欠水年。日最大降水量 150.2 mm，出现在 1961 年 8 月 26 日。最长连续降水日数 15 d，出现在 1992 年 6 月 4—18 日，15 d 降水量合计 93.3 mm。最长连续无降水日数 25 d，出现在 1991 年 12 月 3 日至 27 日。按照统计季节划分法（3、4、5 月为春季，6、7、8 月为夏季，9、10、11 月为秋季，12、1、2 月为冬季的划分标准），大埔各季的降水情况如表 3 所示。

**表 3　大埔县降水量季节分配表**

| 季节 | 春 | 夏 | 秋 | 冬 | 全年 |
|---|---|---|---|---|---|
| 降水量(mm) | 513.4 | 605.5 | 230.9 | 158.8 | 1508.6 |
| 比例(%) | 34 | 40 | 15 | 11 | 100 |

大埔虽然全年各月均有降水，但春、夏两季的降水量占全年的 74%，秋、冬两季仅占 26%。春夏季气温高、降水多，对作物和林木生长有利；秋冬季温暖少雨，有利于开展多种旅游活动。

大埔全年降水日数 153 d，6 月最多，为 19 d，11 月最少，为 5.6 d，各月分布见表 1 和图 1。

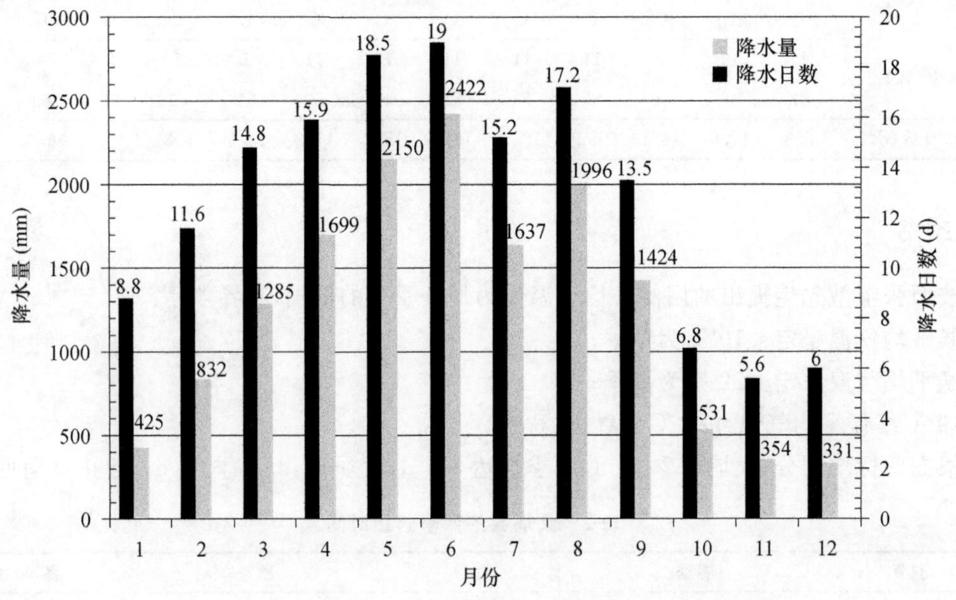


图 1　大埔历年月平均降水量及降水日数分布（1957—2000 年）

### (六)风向、风速

大埔春夏季多东南风,频率为 11%～12%,秋冬季多北风,频率为 7%～11%,全年多静风,频率为 47%～58%。年平均风速为 10 m/s。风向、风速情况见表 1 和图 2。

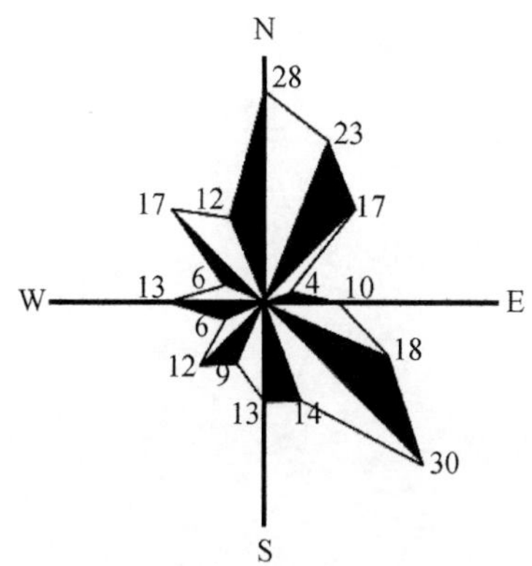


图 2 大埔历年最大风向玫瑰图

(根据历年各风向频率最大值绘制而成;各风向上的数据为历年各风向最大频率值)

### (七)气象灾害

大埔县境内曾有冰雹灾害记载,例如,1993 年 4 月 16 日下午,大埔县境内的党坪、石田、花联、洋山村遭受冰雹危害。大部分村民的屋顶被阵风掀掉盖瓦、大树被狂风吹倒、田里种的烟叶被毁。

## 三、结论

(1)大埔是广东省最早的中央苏区县、革命老区县、边远山区县。境内山多、水多、名人多,被誉为文化之乡、华侨之乡、中国青花瓷之乡、中国名茶之乡,有丰富的旅游资源。

(2)气候温和湿润,夏无酷热、冬季温暖,适合老年人避寒越冬。

(3)森林覆盖率高,生态环境优越,适宜人们休闲、养生、度假。

(2020 年 7 月完成)

# 第二部分 森林景观地段的小气候

在相同大气候范围内，由于局部下垫面构造和特征不同，使热量和水分收支不同，形成近地层与大气候不同的特殊气候称小气候。

此部分收录了 24 篇森林景观地段小气候观测报告，为旅游相关从业人员合理开发建设和经营管理提供了科学依据。

# 湖南张家界国家森林公园小气候特征*

吴章文

张家界国家森林公园原为张家界林场，在经过20多年人工栽培和保护，在原有次生林的基础上，使森林覆盖率达到98%，在森林植被演化过程中，逐步形成了独特的森林小气候，其研究方法及主要特征如下。

## 一、研究方法

为了全面了解张家界的森林小气候特征，从1984年7月至1990年间，先后8次在张家界进行小气候观测，观测项目有太阳辐射、日照时数、日照强度、空气温度、空气相对湿度、地面温度，地下5、10、15、20 cm上壤温度，离地150 cm处的风向、风速和有关天气现象，采用短期定位对比观测法，每小时观测一次，在一些主要景区的代表性地段设置过12个小气候观测点，各测点的基本情况如下。

锣鼓塔：海拔600 m，测点设在金鞭溪饭店与翠楼宾馆之间的空旷地，是游人食宿活动中心，车多人挤，代表公园入口处最繁华地区。

金鞭溪：海拔600 m，测点设在金鞭岩附近，代表金鞭溪游道的气候环境。

杉林幽径和大岩屋测点：海拔分别为730 m和800 m，杉木覆盖率100%，郁闭度0.8，代表杉木人工林生境，测点设在林内。

南天门和养鹿场测点：海拔分别为950 m和1000 m，森林郁闭度0.8，代表天然阔叶林生境。

黄石寨：海拔1082 m，山顶台地，测点设在后卡门上方山脊“金龟”附近的林内。

夫妻岩：海拔770 m，主测点在观景台附近的杉木林内，辅助测点设在田家台。

朝天观：海拔1250 m，测点设在古庙遗址下100 m处山脊的防火线上，代表重要人文景观所在地的气候环境。

腰子赛：海拔1000 m，代表公园第二类风景点的小气候环境。

大庸市对照观测点：设在大庸市气象站附近。

大庸市气象站：海拔245 m，距张家界30 km，位于东经110°28′，北纬29°08′，周围是水田和菜地生境，是距张家界最近的城镇。

慈利县气象站：海拔100 m，位于东经111°08′，北纬29°17′，生境与大庸市相似，是武陵源的门户。

张家界气象站：海拔540 m，设在闺门岩附近的金鞭溪旁，地形为狭窄谷地，1986年5月开

---

* 主要观测人员：吴章文、严放、赵仲辉、李世东、邓金阳、黄艺、吴新功、吕伟东、尹世红、曾志新等以及经济林82级全体同学。

始有正式记录，资料由大庸市气象站审核。

小气候观测仪器：采用鉴定有效期内的 DFM1 型辐射电流表、DFY2 型天空辐射表、ZF-2 型照度计、DEM6 型三杯轻便风向风速仪、DHM2 型机动通风干湿表、ALTMETER 高度表和各种套管式地温表。

资料整理：空气温度、土壤温度，空气相对湿度用北京时 02、08、14、20 时的平均值为日平均值；光照用 08—18 时的逐时观测值平均；太阳辐射用日出至日落逐时观测值计算日总量。

## 二、日射

太阳辐射：1986 年 5 月 3—5 日，我们用 DFY2 型天空辐射表、DFM1 型辐射电流表、DFY1 型直接辐射表在大庸市、金鞭溪、黄石寨三个测点进行了每小时一次的对比观测，其结果整理如下。

(1)太阳辐射通量密度

5 月 3 日多云，黄石寨的太阳总辐射通量密度，早晨 6:30 为423.5 J/($cm^2$ · min)，中午 12:30 最大，其值为 473.5 J/($cm^2$ · min)，傍晚 19:00 最小为 308.3 J/($cm^2$ · min)。太阳辐射早晚小、正午大的日变化规律虽明显，但其变化值不大。阴天受云雾影响，日变化不规则。较小的太阳辐射日变化是气温日变化较小的主要原因。

根据辐射日总量计算公式，我们计算出 5 月 4 日的太阳辐射日总量见表 1。

**表 1 张家界各测点的太阳辐射日总量(1986 年 5 月 4 日，阴)($10^6$ J/($m^2$ · d))**

| | 总辐射 | 直接辐射 | 散射辐射 | 反射辐射 | 备注 |
|---|---|---|---|---|---|
| 大庸市 | 8.99 | | 8.99 | 2.00 | 城郊平地，海拔 254 m |
| 金鞭溪 | 6.89 | 0.23 | 6.66 | 1.07 | 较窄谷地，海拔 600 m |
| 黄石寨 | 8.82 | 0.79 | 8.03 | 3.84 | 山顶台地，海拔 1082 m |

由表 1 可知，张家界境内的黄石寨太阳总辐射日总量大，为大庸市的 98%；谷地金鞭溪仅为大庸市的 77%。

(2)日照时数

张家界境内，由于地形急骤变化，各景点地形遮蔽程度差异很大，我们用经纬仪在各景点的小气候观测点上测绘出地形地物遮蔽图。按所在纬度制作各月太阳轨迹，求出各测点的日出日落时间，见表 2。

**表 2 张家界各测点月平均日照时数(h)**

| 测点 | 时间 | 1月 | 4月 | 7月 | 10月 | 平均 | 占空旷地的百分数(%) |
|---|---|---|---|---|---|---|---|
| 黄石寨 | 日出 | 6.76 | 5.58 | 5.13 | 6.29 | 12.12 | 100 |
| | 日落 | 17.25 | 18.42 | 18.87 | 17.71 | | |
| | 日照时数 | 10.49 | 12.84 | 13.74 | 11.42 | | |
| 南天门 | 日出 | 9.10 | 7.64 | 7.80 | 8.09 | 6.68 | 55.1 |
| | 日落 | 14.92 | 14.74 | 14.50 | 15.17 | | |
| | 日照时数 | 5.82 | 7.10 | 6.70 | 7.08 | | |

续表

| 测点 | 时间 | 1月 | 4月 | 7月 | 10月 | 平均 | 占空旷地的百分数(%) |
|---|---|---|---|---|---|---|---|
| 花溪峪 | 日出 | 8.58 | 6.90 | 6.40 | 7.64 | 8.29 | 68.4 |
| | 日落 | 13.44 | 17.10 | 17.50 | 14.63 | | |
| | 日照时数 | 4.86 | 10.20 | 11.10 | 6.99 | | |
| 夫妻岩 | 日出 | 7.90 | 6.36 | 6.50 | 7.30 | 8.51 | 70.2 |
| | 日落 | 14.51 | 16.00 | 16.10 | 15.70 | | |
| | 日照时数 | 6.61 | 9.64 | 9.40 | 8.40 | | |
| 杉林幽径 | 日出 | 8.38 | 8.20 | 8.38 | 7.82 | 6.27 | 51.7 |
| | 日落 | 14.80 | 14.33 | 14.14 | 14.57 | | |
| | 日照时数 | 6.42 | 6.13 | 5.76 | 6.75 | | |
| 金鞭溪 | 日出 | 10.93 | 10.20 | 9.64 | 10.64 | 3.58 | 29.5 |
| | 日落 | 13.45 | 14.44 | 14.40 | 13.44 | | |
| | 日照时数 | 2.52 | 4.24 | 4.76 | 2.79 | | |
| 锣鼓塔 | 日出 | 8.67 | 7.66 | 7.73 | 8.22 | 6.26 | 51.8 |
| | 日落 | 12.37 | 15.80 | 16.53 | 12.60 | | |
| | 日照时数 | 3.70 | 8.14 | 8.80 | 4.38 | | |

注:大庸市与黄石寨等地日出和日落时间差不超过 0.03 h。

由表 2 看出,各测点可照时数差异甚大:由于黄石寨、腰子寨、朝天观三处位于山顶开阔台地,是公园可照时数最多的地方,日平均 12.12 h,这些地方日出早、日落迟,是观赏日出、日落的理想场所,同时具有很大的潜在生产意义;夫妻岩和花溪峪平均日可照时数 8 h 以上,生长期内可达 10 h 以上。金鞭溪的可照时数最少,平均日可照时数 1 月为 2.52 h、10 月为 2.79 h,最大的 7 月只有 4.76 h,年平均日可照时数仅 3.58 h。

(3)日照百分率

金鞭溪 1、4、7、10 月的日照百分率分别为 42%、87%、64%、100%,年日照百分率 62%,金鞭溪的日照百分率以秋季最大、冬季最小。

(4)光照强度

1986 年 8 月、1988 年 7 月,我们先后在张家界境内进行了为期 3～5 d 的光照强度观测,以大庸市空旷地的日平均值 19806 lux 为 100%,其余各点的相对值列入表 3。

**表 3　张家界各测点的光照强度比较(%)**

| | 黄石寨 | 南天门 | 夫妻岩 | 锣鼓塔 | 花溪峪 | 腰子寨 | 大庸市 |
|---|---|---|---|---|---|---|---|
| 空旷地 | 96 | 42 | 93 | 92 | 70 | 57 | 100 |
| 林冠下 | 69 | 23 | 28 | 27 | 44 | 11 | 36 |

注:夫妻岩的对照观测点设在田家台。

从表 3 可看出:张家界境内与大庸市的光照强度差异,空旷地较小,相差 4%～58%,其中黄石寨、田家台、锣鼓塔与大庸市仅相差 4%～8%;林冠下差异大,相差 31%～89%。林冠郁闭度越大,地形愈闭塞差异越大。

## 三、温度

张家界由于海拔高，地形复杂、森林茂密，气温和地温比外界低。境内由于地形遮蔽和森林覆盖程度的不同，温度差异很大，1984 年 7 月、1986 年 5 月、1988 年 7 月，我们先后进行过三次为期 3～7 d 的小气候观测，其结果见表 4。

**表 4 张家界各测点的平均温度(℃)**

| 测点 | | | 黄石寨 | 南天门 | 大岩屋 | 杉林幽径 | 金鞭溪 | 锣鼓塔 | 大庸市 | 夫妻岩 | 朝天观 | 腰子寨 | 花溪峪 |
|---|---|---|---|---|---|---|---|---|---|---|---|---|---|
| 海拔高度(m) | | | 1082 | 950 | 800 | 730 | 600 | 600 | 245 | 770 | 1250 | 1000 | 870 |
| 1984 年 7 月 2—6 日 | 阴天 | 气温 | 19.4 | 19.7 | 20.6 | 20.6 | 20.6 | 21.7 | 25.6 | | 20.1 | | 20.6 |
| | | 地面温度 | 20.0 | 19.9 | 20.2 | 20.1 | 23.5 | 23.2 | 27.7 | | 22.4 | | 22.3 |
| | | 地面最高 | 23.2 | 21.9 | | | 31.1 | 29.3 | 41.8 | | 30.5 | | 26.2 |
| | | 地面最低 | 18.5 | 19.4 | | | | 20.9 | 23.2 | | 19.0 | | 20.6 |
| | | 地面振幅 | 4.7 | 2.5 | | | | 8.4 | 18.8 | | 11.5 | | 5.6 |
| | 晴天 | 气温 | 23.4 | 23.9 | 24.4 | 24.2 | | 25.0 | 30.5 | 23.9 | 24.1 | 23.0 | 24.8 |
| | | 地面温度 | 22.4 | 22.4 | 22.6 | 22.7 | | 28.1 | 30.1 | 22.8 | 29.5 | 23.1 | 25.6 |
| | | 地面最高 | 32.0 | 25.7 | 29.2 | 25.2 | | 44.4 | 58.0 | 31.0 | 52.5 | 29.0 | |
| | | 地面最低 | 19.4 | 21.2 | 21.1 | 21.1 | | 20.7 | 23.7 | 21.3 | 18.9 | 18.6 | |
| | | 地面振幅 | 12.6 | 4.5 | 8.1 | 4.1 | | 23.7 | 34.3 | 9.7 | 33.6 | 10.4 | |
| 1986 年 5 月 3—5 日 | 阴天 | 气温 | 12.6 | | | | 13.5 | | 14.2 | | | | |
| | | 地面温度 | 15.3 | | | | 17.0 | | 17.7 | | | | |
| | | 地面最高 | 21.5 | | | | 18.7 | | 29.4 | | | | |
| | | 地面最低 | 8.3 | | | | 11.0 | | 12.1 | | | | |
| | | 地面振幅 | 13.2 | | | | 7.7 | | 17.3 | | | | |
| 1988 年 7 月 24—29 日 | 阴天 | 气温 | 19.9 | | 21.0 | | 21.6 | | 25.4 | | | | |
| | | 地面温度 | 24.5 | | 22.5 | | 24.4 | | 32.5 | | | | |
| | | 地面最高 | 26.6 | | 26.2 | | 25.9 | | 38.1 | | | | |
| | | 地面最低 | 7.5 | | 5.3 | | 6.4 | | 10.5 | | | | |
| | | 地面振幅 | 19.1 | | 20.9 | | 19.5 | | 27.6 | | | | |
| | 晴天 | 气温 | 21.2 | | 22.1 | | 24.1 | | 30.7 | | | | |
| | | 地面温度 | 26.0 | | 25.4 | | 25.6 | | 35.8 | | | | |
| | | 地面最高 | 30.1 | | 28.3 | | 34.0 | | 44.6 | | | | |
| | | 地面最低 | 10.0 | | 6.9 | | 9.0 | | 12.2 | | | | |
| | | 地面振幅 | 20.1 | | 21.4 | | 25.0 | | 32.4 | | | | |

由表 4 得知，张家界与外界相比，气温阴天低 4.8～6.5 ℃，晴天低 5.7～6.6 ℃；地面温度阴天低 4.7～7.8 ℃，晴天低 9.6～12.8 ℃，地面最高温度低 26.0～32.8 ℃；地温日较差阴天小，为 7.3～16.3 ℃，晴天大，为 0.9～29.8 ℃，气温日较差阴天为 5.3～7.5 ℃，晴天为 6.9～10.0 ℃。

夏季晴天，大庸市上午 10 时后气温上升到 33 ℃以上，一直到下午 19 时才开始降温，一天的持续时间达 9 h 之久，其中 35 ℃以上的特别高温持续 5 h 以上；而张家界境内的气温终日保持在 30.0 ℃以下，比大庸舒适宜人。

表 4 还说明张家界境内锣鼓塔至黄石寨、锣鼓塔至腰子寨、锣鼓塔至朝天观的各条游览线路上的气温均随海拔增高而降低。

一般山地海拔每升高 100 m，气温平均下降 0.5 ℃，经海拔高差订正后，张家界各景点的日平均气温如表 5 所示。

**表 5　经海拔高差订正后张家界各景点的气温(℃)**

| 测点 | 黄石寨 | 南天门 | 大岩屋 | 杉林幽径 | 锣鼓塔 | 大庸市 | 夫妻岩 | 朝天观 | 花溪峪 | 腰子寨 |
|---|---|---|---|---|---|---|---|---|---|---|
| 气温 | 27.6 | 27.4 | 27.2 | 26.6 | 26.8 | 30.5 | 26.5 | 29.4 | 27.9 | 28.6 |
| 与大庸差值 | −2.9 | −3.1 | −3.3 | −3.9 | −3.7 | 0 | −4.0 | −1.1 | −2.6 | −1.9 |

表 5 说明，良好的森林环境夏季晴天可使日平均气温降低 4 ℃，中午的气温可降低 10 ℃左右。森林像把撑开的伞，遮挡了太阳直接辐射。白天，夏季林内降温；森林植物的蒸散作用，使得每蒸散 1 g 水，约消耗 2500 J 热量。张家界茂密的森林为旅游者创造了一个凉爽舒适的森林小气候环境。

夏季，张家界的森林环境中，150 cm 高度以下逆温全天存在。逆温强度一般超过 1 ℃/m，最大可达 4.4 ℃/m。逆温最大强度出现在 14 时左右，其日变化与气温日变化相似，这种低层逆温结构使空气静稳，有益于身心健康。

夏季，我国亚热带丘陵、平原地区在副热带高压控制下，大多赤日炎炎，人们终日受酷暑干扰，挥汗如雨，难以很好地工作、休息和睡眠。而张家界境内凉爽宜人，夜晚睡觉须盖棉被，是最舒适的森林小气候环境。

## 四、空气相对湿度

张家界境内空气相对湿度终年较大，年平均为 85%，夏季晴天平均为 87%，阴天平均为 98%，比大庸市高 11%。晴天，空气相对湿度从傍晚(18 时左右)开始升高，整个夜间保持在 90%以上，日出后开始减小，08 时后降至 80%左右，午后最低值可达 66%。阴天，空气相对湿度夜间可达 100%，上午 10 时以后可减少到 85%～90%，最小值出现在 14 时左右。

在空气潮湿清新的张家界短期旅游，有利于消除疲劳，较长时间的疗养有利于多种疾病的康复治疗。

由于夜间空气湿度特别大，旅游者又是昼游夜憩，傍晚换洗的衣物晾在室外会变得更加湿漉漉的，应挂在室内通风之处，饭店、宾馆应当安置些衣物烘干设施，以方便游客。

## 五、风向风速

张家界常年风速小，且多静风。夏季，在离地 150 cm 的贴地层内，风速更小，日平均风速仅 0.1～0.4 m/s，朝天观可达 1.8 m/s，在有天气系统影响时，最大风速可达 8 m/s。静风频率最大，达 80%以上。由于地形影响，各景点风向、风速差异很大：朝天观静风频率为 60%，日平均风速 1.8 m/s；黄石寨静风频率为 72%，日平均风速 0.4～0.7 m/s；腰子寨静风频率为 70%，日平均风速 0.6 m/s。这三处景点海拔较高，最大风速可达 5 m/s。金鞭溪静风频率为 77%，日平均风速 0.4～0.9 m/s。除静风之外，各景点的其他风向与地形关系密切。金鞭溪多东南风和西北风，花溪峪多北风，大岩屋多东北风和西北风，黄石寨多东北风和东南风，朝天观则多东北风和西南风，腰子寨多西风和西南风。张家界风力微弱对游客有强身健体之作用。

## 六、结论

地形遮蔽和森林覆盖，形成了张家界国家森林公园优越的小气候环境。与大庸市相比，公园境内各测点的太阳辐射减弱 23%～70%；日照时数减少 30%～70%；光照强度减弱 4%～89%；日平均气温降低 5.7～6.6 ℃，气温日较差减小 2.5～5.0 ℃；150 cm 以下的气层终日存在逆温；风速减小 30%～75%，空气静稳，体感舒适。是人们理想的避暑消夏、赏景度假胜地。

(1988 年 12 月)

# 广州流溪河国家森林公园的森林小气候*

吴章文

**摘　要**：1992年10月9—11日，采用短期定位对比观测法，在广州流溪河国家森林公园境内外、林内外进行了每小时1次的小气候观测。得知林内比林外日平均气温低0.1～0.3℃，最高气温低3.1℃，日较差减小0.6～3.6℃；空气相对湿度大1%～4%；风速减小0.4～2.3 m/s。说明森林小气候变化比林外缓和，林内比林外凉爽。

**关键词**：流溪河；森林公园；森林小气候

## 一、观测目的

广州流溪河国家森林公园（以下简称流溪河）总面积8331 $hm^2$，其中，水域面积1466.6 $hm^2$、山地丘陵面积6031.9 $hm^2$、陆地森林覆盖率为86%，为满足旅游业的需要，我们进行了森林小气候观测。

## 二、测点性质

各测点海拔高度见《广州流溪河国家森林公园气候资源考察报告》中的表2。

小漓江代表水库东北部河谷沿岸森林小气候环境；

虎爪岗代表游人活动中心附近的森林小气候环境；

南山湾代表山坡下部森林小气候环境；

三椏塘代表山坡中部森林小气候环境；

五指山代表山坡上部森林小气候环境。

## 三、观测结果

在地形、气候等生态因子的综合作用下，流溪河森林茂密，树干挺拔、树形美观，形成了良好的森林景观和优越的森林小气候环境。

据观测，流溪河境内，同一海拔的林内日平均气温比林外低0.1～0.3℃，日最高气温比林外低3.1℃，日最低气温一般比林外高0.1～0.6℃，日较差减小0.6～3.6℃；空气相对湿度日平均值增大1%～4%，一般从傍晚开始（18时）升高，夜间22时至次日凌晨08时林内外的空气湿度都保持在85%以上，最大值93%；白天相对湿度比较小，林内最小值57%，林外最小值48%；林内风速比林外减小0.4～2.3 m/s。海拔越高，林内外风速差异越大，森林降低风速

* 主要观测人员：罗明春、尹少华、赵仲辉、彭涛、吴敏、黄秀芬、尹世红、曾志新、吴新宇、郭永忠及流溪河林场部分员工。

的作用越显著，森林越茂密，郁闭度越大，森林的降温增湿作用越明显，各测点的小气候差异，详见表1。

**表1　流溪河林内外的小气候差异**

| 观测点＼要素值 | | 气温(℃) | | | | 空气湿度(%) | 日平均风速(m/s) | 备注 |
|---|---|---|---|---|---|---|---|---|
| | | 日平均 | 最高 | 最低 | 日较差 | | | |
| 小滴江 | 林内 | 22.5 | 26.0 | 16.9 | 9.1 | 68 | 0.6 | 杂灌木林 |
| | 林外 | 22.2 | 29.1 | 16.4 | 12.7 | 67 | 1.0 | |
| | 差值 | 0.3 | −3.1 | 0.5 | −3.6 | 1 | −0.4 | |
| 虎爪岗 | 林内 | 22.5 | 25.8 | 17.4 | 8.4 | 63 | 0.7 | 松林 |
| | 林外 | 22.4 | 26.5 | 18.1 | 8.4 | 62 | 1.3 | |
| | 差值 | 0.1 | −0.7 | −0.7 | 0.0 | 1 | −0.6 | |
| 南山湾 | 林内 | 20.6 | 24.5 | 16.6 | 7.4 | 69 | 1.5 | 林外测点设在跨沟石桥上 |
| | 林外 | 20.4 | 25.3 | 16.5 | 8.8 | 72 | 1.5 | |
| | 差值 | 0.2 | −0.8 | 0.1 | −1.4 | −3 | 0.0 | |
| 三椏塘 | 林内 | 19.0 | 23.6 | 14.4 | 9.2 | 80 | 0.9 | 杉杂木林 |
| | 林外 | 19.2 | 25.0 | 13.8 | 11.2 | 76 | 2.2 | |
| | 差值 | −0.2 | −1.4 | 0.6 | −2 | 4 | −1.3 | |
| 五指山 | 林内 | 16.6 | 20.5 | 13.1 | 7.4 | 78 | 1.2 | 杂灌木林 |
| | 林外 | 16.6 | 21.0 | 13.0 | 8.0 | 79 | 3.5 | |
| | 差值 | 0 | −0.5 | 0.1 | −0.6 | −1 | −2.3 | |

注：各要素均为1992年10月9—11日昼夜逐时观测值的平均值。

表1还可以说明湖水有调节气候、降低暑热的作用。小漓江海拔220 m，虎爪岗223 m，按海拔升高、气温降低的规律，小漓江林外的气温应略高于虎爪岗林外的气温。观测结果恰恰相反，小漓江林外日平均气温反而比虎爪岗林外低0.2 ℃，这说明流溪湖水面蒸发、消耗热量，降低了水面与周围的温度，使三面环水的小漓江的日平均气温比一面临水的虎爪岗略低。

一般山地海拔每升高100 m，气温下降0.6 ℃，在森林覆盖下，降温幅度增大。流溪河各测点经海拔高度订正后的气温见表2。

**表2　经海拔高度订正后各景点的气温**

| 测点 | 广州 | 小漓江 | 虎爪岗 | 南山湾 | 三椏塘 | 五指山 |
|---|---|---|---|---|---|---|
| 海拔(m) | 6.3 | 220 | 233 | 380 | 518 | 1031 |
| 实测气温(℃) | 24.1 | 21.5 | 22.4 | 20.0 | 18.3 | 16.0 |
| 海拔订正后气温(℃) | 24.1 | 23.0 | 23.2 | 21.8 | 21.2 | 19.1 |

表2说明，流溪河的森林在夏季可使日平均气温降低1.1～3.1 ℃，森林像把撑开的大伞，遮挡了太阳直接辐射，白天、夏季林内降温；加上森林植物的蒸散耗热，使得林内更加凉爽。据研究，良好的森林环境下，夏季晴天可使日平均气温降低4.0 ℃，中午的气温降低10 ℃左右，这说明流溪河森林的“凉伞”效应有待进一步提高。因此，流溪河林场再不能在景区采伐木材；必须加强森林抚育，进一步改善森林小气候环境，提高森林的“凉伞”效应以及

水源涵养和卫生保健效益。

## 四、结论和建议

(1)应在不同的季节对各景区进行短期定位观测，以寻找不同的休闲地进行旅游开发。

(2)应在三椏塘、鹿湖田、五指山建立气象哨，长期积累气候资料，为森林公园的经营者提供决策依据，为游客提供参考资料。

(1992 年)

# 湖南阳明山国家森林公园的小气候特征*

吴章文

**摘　要**:于 1993 年 7 月 7 日 20 时至 11 日 20 时,采用短期定位对比观测的方法,对阳明山国家森林公园主要景观地段森林内外的小气候进行了连续 4 昼夜的逐时观测,并搜集双牌县气象局、永州市气象台的同步观测值作为对照。结果表明:阳明山国家森林公园内的气温日平均值比山下的双牌县城低 6.5～9.1 ℃、日最高气温低 3.4～9.1 ℃,空气相对湿度大 13%～21%;同一地段,林内比林外日平均气温低0.1～0.5 ℃,气温日较差小 0.3～5.1 ℃,空气相对湿度大 1%～6%,日平均风速减小 0.2～1.1 m/s。地形在小气候形成中的作用大于森林的影响。

**关键词**:森林公园;景观地段;小气候

## 一、研究目的

为了科学地开发、利用与保护阳明山国家森林公园(以下简称阳明山)的旅游气候资源,充分发挥阳明山的资源优势,推出更多的旅游项目,取得更好的经济效益与社会效益,我们受阳明山总体规划组委托,开展了此项观测研究。

## 二、研究方法

采用短期定位对比观测与搜集资料相结合的方法,在公园境内选取双江口、陈家、万寿寺三处分别代表溪流沟底、窄谷山坡、山顶台地的楠竹林、松杉混交林、落叶阔叶林景观地段,设置林内外对比观测点。观测时间:04—20 时每小时 1 次,20—04 时每 2 h 1 次。7 月 7 日上午进场布点,14 时始测,20 时记录。观测高度:0 cm、20 cm、150 cm、200 cm。观测项目:地温、气温、空气相对湿度、风向风速、光照强度、云雾状况,资料整理按《地面气象观测规范》统计整理。双牌县气象站、永州市气象台的同步观测值为境外对照。观测点情况见表 1。

**表 1　小气候观测点基本情况**

| 地段 | 测点 | 海拔(m) | 坡度 | 坡面 | 局部环境特点及测点代表性 |
|---|---|---|---|---|---|
| 双江口 | 林外 | 745 | 30° | 平 | 测点设在豺狗岩河的河滩,卵石、河砂地面,河中多巨石,水流湍急,沟谷地形,沟宽 8～20 m |
| | 林内 | 747 | 30° | 平 | 测点位于沟边楠竹密林内,花岗岩母岩,红壤 |
| 陈家 | 林外 | 950 | 30° | 平 | 测点设在喇叭形山谷中部的山坡中下部位,地面生有杂草,为林中空地。可代表阳明山较大范围气候 |
| | 林内 | 950 | 30° | 平 | 测点与林外等高,松杉混交幼林,树龄 8 年生,树高 8 m,造林密度 1.5 m×3 m,郁闭度 0.9 |

* 主要观测人员:罗明春、赵仲辉、尹少华、吴敏、彭涛、王薇、于红涛、吴红英、雷俊友、胡庆宣、何铁平、皮杨鹰、蒋平、黄冬玉、邓武文、廖备战等。

续表

| 地段 | 测点 | 海拔(m) | 坡度 | 坡面 | 局部环境特点及测点代表性 |
|---|---|---|---|---|---|
| 万寿寺 | 林外 | 1350 | 30° | 平 | 观测点位于阳明山顶部、万寿寺庙前，浅草平地，代表杜鹃林生长环境 |
| | 林内 | 1347 | 40° | 平 | 落叶阔叶林，株行距 15 m×15 m，郁闭度 0.6，树高 50 m，树龄 50 年，林相残破，生长势差 |
| 公园外 | 双牌 | 168 | | 平 | 种植浅草，气象观测场面积为 16 m×20 m |
| | 永州 | 175 | | 平 | 种植浅草，气象观测场面积为 25 m×25 m |

## 三、研究结果

外业期间，7 月 7 日、8 日阴天有雨，9—11 日天气晴稳。

### (一)山上山下小气候差异悬殊

据 1993 年 7 月 9—11 日在阳明山境内不同景观地段的观测得知，晴天山上与山下相比，日平均气温低 3.8～7.6 ℃；日最高气温低 5.5～9.8 ℃，双江口因处于窄谷沟底，地形闭塞，所以日最高气温比双牌、永州还高；气温日较差比山下小 0.4～2.3 ℃；空气相对湿度大 13%～16%，日平均风速比山下大 0.7 m/s。详见表 2、图 1、图 2。

表 2　山上山下的小气候差异

| | 万寿寺 | 陈家 | 双江口 | 双牌县 | 永州市 |
|---|---|---|---|---|---|
| 日平均气温(℃) | 21.0 | 23.7 | 24.2 | 28.6 | 28.5 |
| 日最高气温(℃) | 25.0 | 29.3 | 36.8 | 34.8 | |
| 气温日较差(℃) | 8.8 | 10.7 | 17.0 | 11.1 | |
| 空气相对湿度(%) | 87 | 84 | 86 | 71 | 73 |
| 日平均风速(m/s) | 2.3 | 0.2 | 0.2 | 1.6 | |
| 日平均光照强度(lux) | 24000 | 6100 | 186000 | | |

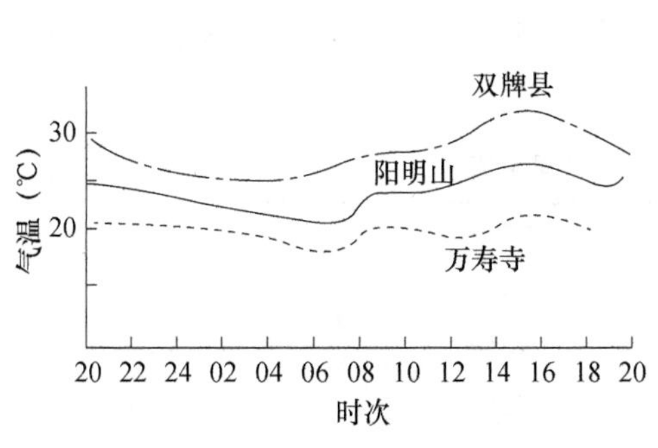


图 1　阳明山的气温日变化曲线

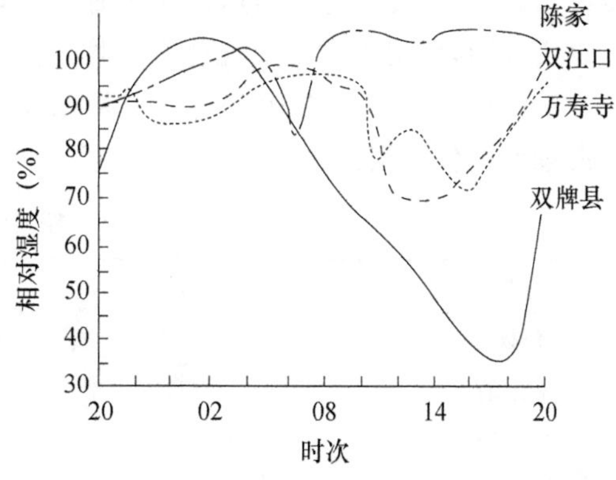


图 2　阳明山的空气相对湿度日变化曲线

表 2 和图 1、图 2 说明，阳明山山上气温低、湿度大、日较差小，夏季凉爽、湿润、舒适，山地小气候环境优越，是避暑消夏的理想去处。

## (二)林内林外小气候差异较小

在阳明山，同一景观地段的林内与林外相比，小气候差异较小，见表 3。

**表 3　阳明山森林内外的小气候差异**

| | | 温度(℃) | | | | 地温日较差(℃) | | | 气温日较差(℃) | | | 相对湿度(%) | | | 日平均风速(m/s) | 日最多风向 | 云量 | 光照强度(lux) |
|---|---|---|---|---|---|---|---|---|---|---|---|---|---|---|---|---|---|---|
| | | 0 cm | 20 cm | 150 cm | 200 cm | 最高 | 最低 | 日较差 | 最高 | 最低 | 日较差 | 20 cm | 150 cm | 200 cm | | | | |
| 双江口 | 林外 | 27.4 | 24.2 | 24.2 | | 30.1 | 20.1 | 10.0 | 36.8 | 19.0 | 17.0 | 87 | 85 | | 0.2 | N | 5 | 18600 |
| | 林内 | 22.5 | 23.1 | 23.7 | 23.5 | 25.6 | 19.4 | 6.2 | 29.6 | 17.7 | 11.9 | 93 | 92 | 92 | 0 | C | 5 | 1400 |
| | 差值 | 4.5 | 1.1 | 0.5 | | 4.5 | 0.7 | 3.8 | 7.2 | 1.3 | 5.1 | −6 | −6 | | 0.2 | | 0 | 17200 |
| 陈家 | 林外 | 26.5 | 23.6 | 23.7 | | 41.1 | 16.0 | 25.1 | 29.3 | 18.6 | 10.7 | 90 | 84 | | 0.2 | C NW | 5 | 6100 |
| | 林内 | 23.3 | 23.3 | 23.6 | 23.5 | 33.3 | 15.8 | 17.5 | 28.5 | 17.0 | 11.5 | 90 | 85 | 84 | 0.2 | C NW | 5 | 3100 |
| | 差值 | 3.2 | 0.3 | 0.1 | | 7.8 | 0.2 | 7.6 | 0.8 | 1.6 | −0.8 | 0 | −1 | | 0 | | 0 | 3000 |
| 万寿寺 | 林外 | 23.2 | 21.2 | 21.0 | | 35.0 | 18.0 | 7.9 | 25.0 | 16.2 | 8.8 | 90 | 86 | | 2.3 | SW | 7 | 24000 |
| | 林内 | 20.3 | 20.7 | 20.8 | 20.7 | 25.3 | 17.7 | 7.6 | 24.6 | 15.5 | 9.7 | 87 | 87 | 89 | 1.2 | SW | 7 | 7700 |
| | 差值 | 2.9 | 0.5 | 0.5 | | 9.7 | 0.7 | 0.3 | 0.4 | 0.7 | −0.3 | 3 | −1 | | 1.1 | | 0 | 16300 |

由表 3 可知，同一地段，林内外相比，日平均气温低 0.1～0.5 ℃，气温日较差小0.3～0.5 ℃；空气相对湿度大 1%～6%；风速减小 0.2 m/s；光照强度减弱 49%、68%和 92%，地形越闭塞，森林越茂密，减弱越多。

由表 3 还可看出，林内外光照强度差异虽大，但气温和空气相对湿度差异却不显著。这是因为双江口地形郁塞，竹林密集，又受到溪流水体调节，所以气温未随光照强度增大而升高；陈家的松杉幼林郁闭度小，林冠的遮蔽作用较小，致使林内外小气候差异较小；万寿寺阔叶林因林相残破，林木生长势不良导致林内外小气候差异小。黄柏洞地段阳明山庄后面的柳杉林，长势良好，因坡度较陡，不宜游览，故未设置测点，这是笔者在阳明山主要景观地段见到的最好林相。事实说明，阳明山主要景观地段的林分需要改造。

一般山地海拔每升高 100 m，气温降低 0.6 ℃，按此规律推算，阳明山经海拔高度订正后的气温理论值仅比实测值高 0.9～1.5 ℃，见表 4。

**表 4　主要景观地段的气温理论值**

| 地段 | 双江口 | 陈家 | 万寿寺 |
|---|---|---|---|
| 海拔(m) | 747 | 950 | 1345 |
| 理论值(℃) | 25.7 | 24.7 | 22.7 |
| 实测值(℃) | 24.2 | 23.7 | 21.8 |
| 差值(℃) | 1.5 | 1.0 | 0.9 |

表 4 说明，阳明山主要景观地段的气温差异主要是海拔高差所致，而森林覆盖产生的差异小。据研究，剔除海拔高度的影响后，张家界的森林在夏季可使日平均气温降低 4.0 ℃，最高气温降低 10.0 ℃；桃源洞的森林在夏季使日平均气温降低 3.4 ℃，最高气温降低 9.5 ℃。与外界比较，阳明山的林分状况亟待改善。改善途径：更换树种，调整结构，加强抚育，改造林相。

## (三)晴天比阴天小气候差异显著

天气越晴稳，小气候差异越显著。阳明山的晴天山上山下气温差值大于阴天，林内林外的差异也比阴天大，详见表 5。

**表 5　阳明山不同天气的气温差异(℃)**

| 天气<br>日期 | 地段 | 测点 | 地面 0 cm | | | 离地 20 cm | | |
|---|---|---|---|---|---|---|---|---|
| | | | 平均 | 最高 | 最低 | 平均 | 最高 | 最低 |
| 阴<br>7 月 8 日 | 双江口 | 林外 | 24.3 | 25.5 | 19.7 | 22.7 | 24.4 | 20.5 |
| | | 林内 | 22.5 | 24.9 | 19.6 | 22.6 | 23.9 | 20.7 |
| | | 差值 | 1.8 | 0.6 | 0.1 | 0.1 | 0.5 | −0.2 |
| | 陈家 | 林外 | 23.2 | 25.5 | 17.0 | 21.3 | 23.0 | 19.7 |
| | | 林内 | 22.1 | 23.3 | 17.5 | 21.4 | 22.6 | 19.5 |
| | | 差值 | 1.1 | 2.2 | −0.5 | −0.1 | 0.4 | 0.2 |
| | 万寿寺 | 林外 | 19.6 | 21.4 | 17.3 | 19.1 | 20.6 | 17.2 |
| | | 林内 | 18.9 | 19.3 | 17.7 | 19.0 | 20.6 | 19 |
| | | 差值 | 0.7 | 2.1 | −0.4 | 0.1 | 0.0 | −1.8 |
| | 县站 | | | | | | | |
| 晴<br>7 月 11 日 | 双江口 | 林外 | 28.4 | 47.0 | 21.5 | 24.7 | 29.1 | 21.0 |
| | | 林内 | 23.0 | 25.6 | 21.5 | 23.7 | 28.7 | 20.7 |
| | | 差值 | 5.4 | 21.4 | 0.0 | 1.0 | 0.4 | 0.3 |
| | 陈家 | 林外 | 26.3 | 39.7 | 15.5 | 23.6 | 27.8 | 19.6 |
| | | 林内 | 23.2 | 33.0 | 15.8 | 23.3 | 26.8 | 19.7 |
| | | 差值 | 3.1 | 6.4 | −0.3 | 0.3 | 1.0 | −0.1 |
| | 万寿寺 | 林外 | 24.0 | 39.0 | 17.0 | 21.7 | 24.6 | 18.4 |
| | | 林内 | 20.4 | 25.2 | 17.8 | 21.0 | 23.4 | 18.3 |
| | | 差值 | 3.6 | 13.8 | −0.8 | 0.7 | 1.2 | 0.1 |
| | 县站 | | | | | | | |

续表

| 天气日期 | 地段 | 测点 | 离地 150 cm | | | 离地 200 cm | | |
|---|---|---|---|---|---|---|---|---|
| | | | 平均 | 最高 | 最低 | 平均 | 最高 | 最低 |
| 阴 7月8日 | 双江口 | 林外 | 22.7 | 24.5 | 19.7 | 22.9 | 24.5 | 20.9 |
| | | 林内 | 22.7 | 28.8 | 17.7 | | | |
| | | 差值 | 0.0 | −4.3 | 2.0 | | | |
| | 陈家 | 林外 | 21.5 | 23.7 | 19.5 | 21.3 | 22.6 | 16.9 |
| | | 林内 | 21.4 | 23.0 | 19.1 | | | |
| | | 差值 | 0.1 | 0.7 | 0.4 | | | |
| | 万寿寺 | 林外 | 19.0 | 20.6 | 16.9 | 18.8 | 20.5 | 16.9 |
| | | 林内 | 19.0 | 20.6 | 15.5 | | | |
| | | 差值 | 0.0 | 0.0 | 1.4 | | | |
| | 县站 | | 25.4 | 27.9 | 24.9 | | | |
| 晴 7月11日 | 双江口 | 林外 | 24.6 | 29.8 | 22.1 | 23.9 | 27.0 | 21.1 |
| | | 林内 | 24.2 | 29.6 | 19.0 | | | |
| | | 差值 | 0.4 | 0.2 | 2.1 | | | |
| | 陈家 | 林外 | 23.7 | 27.0 | 19.9 | 23.5 | 26.6 | 19.2 |
| | | 林内 | 23.6 | 26.4 | 20.0 | | | |
| | | 差值 | 0.1 | 0.6 | −0.1 | | | |
| | 万寿寺 | 林外 | 21.4 | 25.0 | 17.9 | 21.0 | 23.2 | 18.2 |
| | | 林内 | 21.0 | 23.9 | 17.2 | | | |
| | | 差值 | 0.4 | 1.1 | −0.7 | | | |
| | 县站 | | 30.1 | 34.1 | 25.8 | | | |

由表 5 看出，晴天山上气温比山下低 5.5～8.7 ℃，林内比林外低 0.1～0.4 ℃，差异较显著；阴天山上比山下低 2.7～6.4 ℃，林内外气温几乎无差异。

## (四)风向、风速随地形而改变

双江口为河流沟谷地形，静风频率高达 71%～93%，陈家为山坡地段，静风频率 50%；山坡上部万寿寺附近的西南风频率高达 55%～97%。风速山上大于山下。详见表 6 和图 3。

**表 6　阳明山景观地段的风向风速表**

| | | 风向频率(%) | | | | | | | | |
|---|---|---|---|---|---|---|---|---|---|---|
| | | E | SE | S | SW | W | NW | N | NE | C |
| 双江口 | 林外 | | | 5 | | | | 17 | 7 | 71 |
| | 林内 | | 1 | | | | | 1 | 2 | 93 |
| 陈家 | 林外 | 1 | 2 | 10 | 5 | | 30 | 2 | | 50 |
| | 林内 | | | 12 | 1 | | 35 | 2 | | 50 |
| 万寿寺 | 林外 | | 10 | 27 | 55 | | 8 | | | |
| | 林内 | | | 3 | 97 | | | | | |

续表

| | | 平均风速(m/s) | | | | | | | | |
|---|---|---|---|---|---|---|---|---|---|---|
| | | E | SE | S | SW | W | NW | N | NE | C |
| 双江口 | 林外 | | | 1.3 | | | | 0.7 | 1.0 | 0.0 |
| | 林内 | | 0.4 | | | | | 0.4 | 0.5 | 0.0 |
| 陈家 | 林外 | 0.8 | 0.2 | 0.6 | 0.3 | | 0.6 | 1.0 | | 0.0 |
| | 林内 | | | 0.4 | 0.2 | | 0.3 | 0.2 | | 0.0 |
| 万寿寺 | 林外 | | 0.2 | 2.3 | 2.5 | | 3.3 | | | 0.0 |
| | 林内 | | | 1.8 | 1.1 | | | | | |

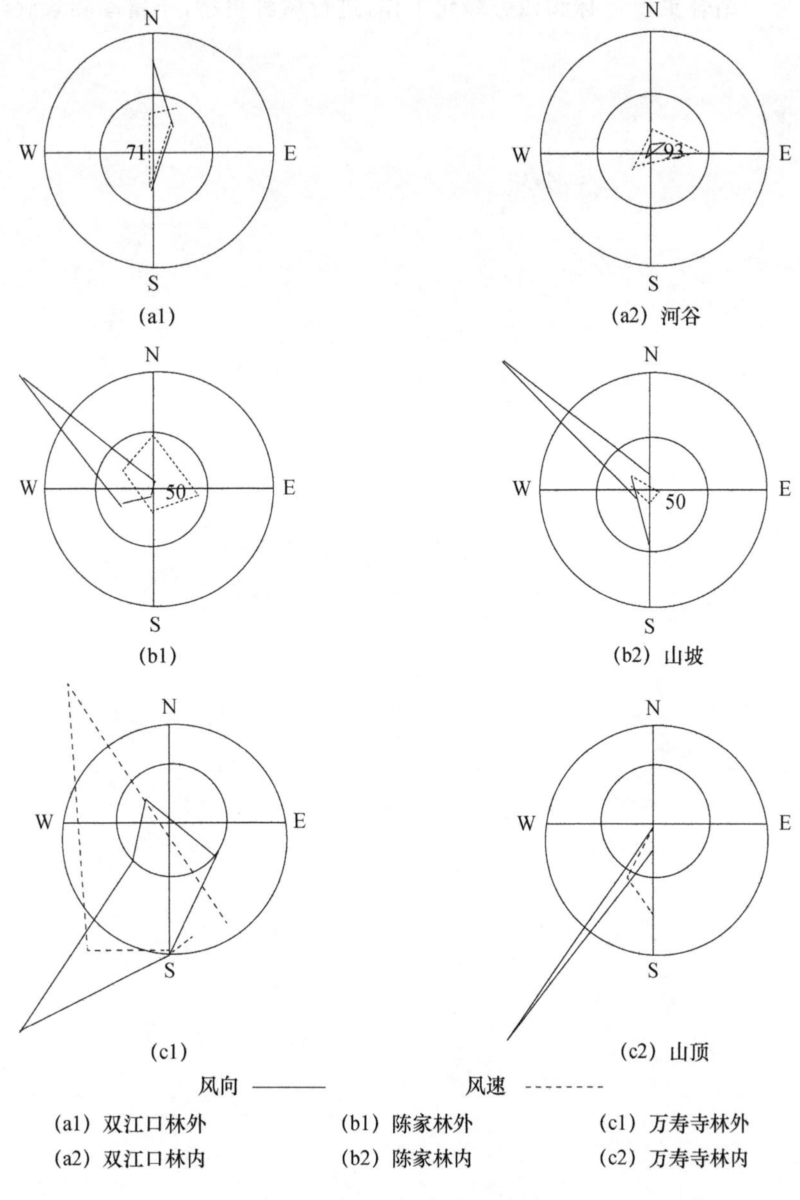


图 3　阳明山的风向、风速频率图

## 四、结论

(1)阳明山国家森林公园主要景观地段的山地小气候优越。夏季山上与山下相比，日平均气温低 3.8～7.6 ℃，日最高气温低 5.5～9.8 ℃，日平均风速大 0.7 m/s，空气相对湿度大 13％～16％。山上夏季凉爽湿润舒适，宜于避暑消夏。

(2)阳明山国家森林公园主要景观地段林内外小气候差异小，森林的“凉伞”效应不显著，亟须进行林相改造，提高森林夏季的降温增湿功能。

(3)阳明山主要景观地段的森林主要是楠竹林、松杉混交林和少量阔叶林，组成树种单纯，季相变化小，应当结合更新造林和四旁绿化工作，进行树种更替，丰富季相景观，提高其观赏价值。

(1993 年 7 月)

# 湖南桃源洞国家森林公园的小气候特征*

吴章文

**摘　要**:采用短期定位对比观测法,于1993年1月18—20日、7月14—17日在石板滩、平坑等景观地段的林内外设置14个小气候观测点,进行了连续3昼夜的逐时观测。境外县城对照点委托炎陵县气象站加密观测。结果表明:桃源洞国家森林公园,冬季林内比林外温和;夏季公园境内比境外凉爽,林内比林外凉爽,山上比山下凉爽,海拔每升高100 m,气温降低0.73 ℃;林内光照强度比林外减弱28%～92%,风速比林外小69%～100%,小气候要素日变化比林外缓和,具有优越的森林小气候特征。

**关键词**:森林公园;景观地段;森林小气候

## 一、基本情况

桃源洞国家森林公园(以下简称桃源洞)位于湖南省酃县东北部,距县城45 km,地理坐标为26°30′～26°32′30″N,114°03′45″～114°07′03″E,海拔420～1834 m、相对高差1414 m,境内溪流纵横,群峰竞秀,地形复杂,森林覆盖率高达90%以上,气候温凉湿润多雨,静风频率大,风速小,属亚热带季风湿润气候区山地气候类型,小气候类型多,气象气候旅游资源丰富。

## 二、研究目的和方法

为了了解桃源洞国家森林公园的小气候特征,充分开发利用其气象气候资源优势,做好总体规划,我们于1993年1月18—20日、7月14—17日,采用短期定位对比观测法,在桃源洞的珠帘瀑布、楠木坝、石板滩、平坑等景观地段的林内外设置了14个观测点,进行了逐时观测,各观测点情况见表1。

**表1　各小气候观测点位置及性质**

| 地段 | 测点 | 海拔(m) | 局部环境特征及测点性质 | 备注 |
|---|---|---|---|---|
| 楠木坝 | 林外 | 620 | 桃源洞宾馆门前空坪 | |
| | 林内 | 620 | 桃源洞宾馆右侧阔叶林生境 | |
| 石板滩 | 林外 | 680 | 万阳河中游巨石叠水深潭边 | |
| | 林内 | 680 | 林荫道与河谷之间的竹林阔叶林内 | |
| 焦石工区 | 林外 | 935 | 中低山宽谷平地 | |
| | 林内 | 941 | 东坡下部楠竹杉木混交林 | |

* 主要观测人员:罗明春、赵仲辉、邓金阳、彭涛、吴敏、叶敏亮、陈酃、石耀发、曾志新、尹世红、黎群生、唐利灵、李国清等;本文原载于《桃源洞国家森林公园总体规划》(1993年)专题调查报告。

续表

| 地段 | 测点 | 海拔(m) | 局部环境特征及测点性质 | 备注 |
|---|---|---|---|---|
| 平坑 | 空旷地 | 1350 | 中山广谷盆地 | |
| 炎陵县城 | 空旷地 | 224.5 | 低山盆地,县气象观测场内 | 由县站代测 |
| 珠帘瀑布北 | 水面 | 631 | 与瀑布入潭处水平距离 30 m | 吊桥高 6 m |
| | 吊桥上 | 634 | 与瀑布入潭处水平距离 52.5 m | |
| 珠帘瀑布 | 水面 | 629 | 与瀑布入潭处水平距离 40.0 m | |
| | 吊桥头 | 635 | 与瀑布入潭处水平距离 42.5 m | |
| 珠帘瀑布南 | 水面 | 630 | 与瀑布入潭处相距 35.0 m | |
| | 桥头 | 634 | 与瀑布入潭处相距 40.0 m | |

## 三、研究结果

### (一)冬季林内外小气候

1993 年 1 月 18 日 20 时至 20 日 20 时在楠木坝进行的林内小气候观测结果见表 2。

**表 2 冬季林内外小气候比较**

| | | 温度(℃) | | | | 地温日较差(℃) | | | 气温日较差(℃) | | | 相对湿度(%) | | | 云量 | 风速(m/s) |
|---|---|---|---|---|---|---|---|---|---|---|---|---|---|---|---|---|
| | | 0 cm | 20 cm | 150 cm | 300 cm | 最高 | 最低 | 较差 | 最高 | 最低 | 较差 | 20 cm | 150 cm | 300 cm | | |
| 1月19日 | 林内 | 0.5 | −2.0 | −2.2 | −2.0 | 1.5 | −1.0 | 2.5 | 0.5 | −3.7 | 4.2 | 100 | 99 | 100 | 10 | 0.0 |
| | 林外 | 1.2 | −1.5 | −1.7 | −2.0 | 4.7 | −1.2 | 5.9 | 0.2 | −4.0 | 4.2 | 100 | 100 | 100 | 10 | 0.2 |
| | 差值 | 0.7 | 0.5 | 0.5 | 0.0 | 3.2 | 0.2 | 3.4 | 0.3 | 0.3 | 0.0 | 0 | 1 | 0 | 0 | 0.2 |
| 1月20日(雪) | 林内 | 0.6 | −1.2 | −1.5 | −1.3 | 1.0 | −0.3 | 1.3 | −0.5 | −0.2 | 1.5 | 100 | 100 | 100 | 10 | 0.0 |
| | 林外 | 1.1 | −1.1 | −1.1 | −1.2 | 1.1 | −0.5 | 1.6 | −0.1 | −2.1 | 2.0 | 100 | 100 | 100 | 10 | 0.0 |
| | 差值 | 0.5 | 0.1 | 0.4 | 0.1 | 0.1 | 0.2 | 0.3 | 0.4 | 0.1 | 0.5 | 0 | 0 | 0 | 0 | 0.0 |

注:19 日 22 时—20 日 19 时下雪,林外地面积雪 10 cm,林内积雪 8 cm,观测期间林外静风频率 88%,林内静风频率 100%,测点四周山顶有雾。

由表 2 看出,冬季雨雪天气下,桃源洞林内外小气候差异较小,且主要表现在地温与气温两个要素上,风向、风速和空气相对湿度的差异甚微。林内外地面日平均温度相差 0.6 ℃,林内地温日较差比林外小 0.3~3.4 ℃;林内外日平均气温相差 0.4~0.5 ℃,林内气温日较差比林外小 0.5 ℃;近地层气温铅直变化,林内呈“S”形变化,以 150 cm 高处的气温最低,林外随海拔升高气温降低,平均海拔每升高 100 cm,气温降低 0.18 ℃;静风频率达 100%,林外为 68%,林外风速为 0.2 m/s。林内气象要素的日变化比林外缓和。

## (二)夏季林内外的小气候

1993 年 7 月 14—17 日的观测结果表明，夏季林内外小气候差异比冬季大，林内各气象要素的日变化比林外缓和，观测结果见表 3。

**表 3　夏季各景观地段的小气候差异**

| | | 空气温度（℃） | | | | 地温日较差（℃） | | | 气温日较差（℃） | | | 相对湿度(%) | | | 日平均风速(m/s) | 云量 | 光照强度(lux) |
|---|---|---|---|---|---|---|---|---|---|---|---|---|---|---|---|---|---|
| | | 0 cm | 20 cm | 150 cm | 200 cm | 最高 | 最低 | 日较差 | 最高 | 最低 | 日较差 | 20 cm | 150 cm | 200 cm | | | |
| 炎陵县站 | | 39.4 | | 29.7 | | 51.2 | 24.2 | 27.0 | 36.2 | 23.4 | 12.8 | | 73 | | 1.5 | 1 | |
| 楠木坝 | 林外 | 31.3 | 26.7 | 26.0 | 25.8 | 57.3 | 16.4 | 40.9 | 34.5 | 20.8 | 13.7 | 86 | 80 | 82 | 0.3 | 5 | 19438 |
| | 林内 | 24.2 | 24.8 | 24.3 | 24.3 | 33.1 | 19.1 | 14.0 | 29.4 | 22.1 | 8.3 | 84 | 83 | 84 | 0.0 | | 14000 |
| | 差值 | 7.1 | 1.9 | 1.7 | 1.5 | 24.2 | −2.7 | 26.9 | 5.1 | −0.3 | 5.4 | 2 | −3 | −2 | 0.3 | | 5438 |
| 石板滩 | 林外 | 25.0 | 24.4 | 24.2 | 24.2 | 37.1 | 18.7 | 18.4 | 27.4 | 20.9 | 6.5 | 88 | 87 | 87 | 1.3 | 2 | |
| | 林内 | 23.9 | 24.2 | 24.0 | 24.0 | 29.9 | 19.6 | 10.3 | 27.0 | 20.6 | 6.4 | 86 | 85 | 85 | 0.4 | 3 | |
| | 差值 | 1.1 | 0.2 | 0.2 | 0.2 | 7.2 | −0.9 | 8.1 | 0.4 | 0.3 | 0.1 | 2 | 2 | 2 | 0.9 | | |
| 焦石 | 林外 | 31.3 | 24.1 | 23.9 | 24.0 | 52.1 | 17.4 | 34.7 | 29.8 | 18.6 | 11.2 | 88 | 90 | 86 | 0.5 | 4 | 27242 |
| | 林内 | 23.5 | 23.5 | 23.8 | 23.7 | 33.3 | 18.6 | 14.7 | 29.4 | 19.1 | 10.3 | 87 | 89 | 85 | 0.0 | 4 | 2161 |
| | 差值 | 7.8 | 0.6 | 0.1 | 0.3 | 18.8 | 1.2 | 20.0 | 0.4 | −0.5 | 0.9 | 1 | 1 | 1 | 0.5 | | 25081 |
| 平坑草地 | | 24.5 | 21.1 | 21.5 | 21.4 | 47.6 | 15.0 | 32.6 | 29.0 | 14.3 | 14.7 | 89 | 88 | 88 | 0.2 | 5 | |

由表 3 得知，桃源洞境内，林内外差异最大的气象要素是地表温度，0 cm 地温林内比林外低 1.1～7.8 ℃，林内地温日较差比林外小 8.1～26.9 ℃；林内气温比林外低 0.1～1.7 ℃，气温日较差林内比林外小 0.1～5.4 ℃；日平均风速林内比林外小 0.3～0.9 m/s，即林内风速比林外小 69%～100%；林内光照强度比林外减弱 28%～92%，林内气象要素变化比林外缓和，说明桃源洞的森林小气候具有良好的密林效应，夏季凉爽宜人。

由表 3 还可知，石板滩海拔高度虽位于楠木坝与焦石之间，但石板滩林内的日平均地面温度比楠木坝林内低 0.3 ℃，林内地面最高温度比楠木坝林内低 3.2 ℃，比焦石林内低 3.4 ℃，地温日较差比楠木坝林内小 3.7 ℃，比焦石林内小 4.3 ℃；石板滩林内的空气最高温度比楠木坝林内和焦石林内均低 2.4 ℃，林内气温日较差石板滩比楠木坝小 1.9 ℃，比焦石小 3.9 ℃。这是因为石板滩位于万阳河傍，溪流水体热容量大、森林植物蒸散耗热强和林冠阻挡太阳辐射等因子的综合作用，使得溪流傍林荫下石板滩的温度既低于海拔较低处的楠木坝，也低于海拔较高处的焦石，成为公园中低山地区最凉爽的地段，这也说明阔叶林的凉伞效应比楠竹林好。

从表 3 还可以看出，桃源洞境内海拔升高，表现出温度降低、气温日较差减小、相对湿度增大、光照强度增大的山地小气候特点。海拔 1350 m 的平坑日平均气温比县城低 8.2 ℃，海拔每升高 100 m，气温降低 0.83 ℃。夏季气温铅直梯度比冬季大(冬季−0.65 ℃/100 m)。夏季降温幅度大，说明夏季山上比山下凉爽得多；冬季降温幅度小，说明山上气温年变化比山下缓和。

一般山地海拔每升高 100 m，气温平均降低 0.6 ℃，经过海拔高度订正，桃源洞各景观地段的日平均气温如表 4 所示。

**表 4　经海拔高度订正后各景观地段的气温(℃)**

| 观测点 | 楠木坝 | 石板滩 | 焦 石 | 平坑 |
|---|---|---|---|---|
| 气温 | 27.7 | 27.4 | 26.2 | 24.0 |
| 与县城差值 | −2.0 | −2.3 | −3.5 | −5.7 |

表 4 说明，楠木坝、石板滩、焦石、平坑各测点经海拔高度订正后的日平均气温理论值分别比县城低 2.0 ℃、2.3 ℃、3.5 ℃和 5.7 ℃，而上述各测点的日平均气温实测值比经海拔高度订正的气温低 2.4～3.4 ℃，见表 5。

**表 5　各景观地段的日平均气温订正值与实测值(℃)**

| 观测点 | 楠木坝 | 石板滩 | 焦石 | 平坑 |
|---|---|---|---|---|
| 订正气温 | 27.7 | 27.4 | 26.2 | |
| 实测气温 | 24.3 | 24.0 | 23.8 | 24.0 |
| 差值 | 3.4 | 3.4 | 2.4 | |

表 5 说明桃源洞良好的森林环境可以使日平均气温降低 3.4 ℃。

桃源洞森林公园各景观地段的风向、风速除受森林影响外，还与地形有密切关系。例如，楠木坝静风频率 45％，西北风频率 17％，东北风频率 13％；石板滩静风频率 30％，东北风频率 42％，东风频率 23％，风向与万洋河河谷走向一致。焦石林外静风频率 68％，东南风、南风频率均为 10％，风向与桃花溪走向有关。由于森林阻挡，林内的静风频率比林外大 21％～30％，详见表 6。

**表 6　景观地段的风向风速**

| | | 风向频率(％) | | | | | | | | | 平均风速(m/s) | | | | | | | |
|---|---|---|---|---|---|---|---|---|---|---|---|---|---|---|---|---|---|---|
| | | E | SE | S | SW | W | NW | N | NE | C | E | SE | S | SW | W | NW | N | NE |
| 酃县县城 | | 8 | 7 | 3 | 26 | 4 | 10 | 3 | 7 | 32 | 0.9 | 0.6 | 0.6 | 2.5 | 1.6 | 2.5 | 2.6 | 1.0 |
| 楠木坝 | | | 13 | 2 | 12 | | 17 | 3 | 8 | 45 | | 0.6 | 0.4 | 0.8 | | 0.4 | 0.9 | 0.4 |
| 石板滩 | 林外 | 23 | | | 5 | | | | 42 | 30 | 1.2 | | | 1.0 | | | | 2.1 |
| | 林内 | 3 | 2 | | | | | 16 | 19 | 60 | 0.7 | 1.1 | | | | | 1.0 | 1.0 |
| 焦石 | 林外 | 2 | 10 | 10 | 3 | | | 5 | 2 | 68 | 0.6 | 0.6 | 1.3 | 1.1 | | | 0.6 | 0.7 |
| | 林内 | 2 | 2 | 3 | 2 | 2 | | | | 89 | 0.5 | 0.4 | 0.3 | 0.4 | 0.8 | | | |
| 平坑 | | | | 8 | 2 | | | 30 | 3 | 57 | | | 0.4 | 0.7 | | | 0.2 | 0.4 |

森林公园内静风多，风速小，对人体皮肤刺激小，有益于人体健康。凉爽湿润无风或微风是桃源洞国家森林公园森林小气候的主要特征。

## (三)瀑布地段的小气候效应

位于桃花溪下游的珠帘瀑布形似白练，水落深潭，淙淙有声，水花飞溅，水雾弥漫，空气清新湿润，负离子含量极高。7 月 17 日，晴天，我们采用流动观测法，在珠帘瀑布吊桥两头及正中的桥上、桥下观测了水雾笼罩下不同距离处的空气气温和湿度，观测结果见表 7。

表 7　珠帘瀑布地段的小气候效应

| | 与落水处相距(m) | | 空气温度(℃) | | | | 空气湿度(%) | | | |
|---|---|---|---|---|---|---|---|---|---|---|
| | 水平距离 | 海拔高度/距水面 | 9:30 | 13:00 | 16:30 | 平均 | 9:30 | 13:00 | 16:30 | 平均 |
| 吊桥北 | 30.0 | 631.0/1.5 | 24.4 | 27.5 | 25.9 | 25.9 | 91 | 79 | 89 | 90 |
| | 52.5 | 634.0/7.5 | 24.3 | 26.3 | 25.9 | 25.5 | 90 | 77 | 88 | 85 |
| 桥正中 | 40.0 | 629.0/1.5 | 24.1 | 25.2 | 25.5 | 24.9 | 92 | 82 | 91 | 88 |
| | 42.5 | 635.0/7.5 | 24.5 | 27.5 | 25.7 | 25.9 | 92 | 73 | 90 | 85 |
| 吊桥南 | 35.0 | 630.0/1.5 | 25.1 | 26.1 | 26.0 | 25.7 | 87 | 80 | 86 | 84 |
| | 40.0 | 634.0/7.5 | 25.1 | 26.5 | 26.4 | 26.0 | 88 | 77 | 84 | 83 |
| 对照点 | 800.0 | 620 | 24.4 | 28.2 | 28.9 | 27.2 | 73 | 72 | 55 | 67 |

表 7 说明，在瀑布水花飞溅范围内，气温的高低、空气相对湿度的大小与测点距瀑布入潭处的水平距离有关，与测点离水面的高度有关。离水面愈近，气温愈低，空气相对湿度愈大；在同一测点，上午气温低，空气相对湿度大，午后气温增高，空气相对湿度减小。水汽笼罩下的空气湿度上午与外界相近，午后比外界低，三次平均值比外界低 1.2～2.3 ℃；空气相对湿度终日比外界大，平均值比外界大 16%～23%。

14:30 做小气候观测时，见一轮彩虹悬挂在白练南侧，透过蒙蒙水雾，熠熠生辉，使美丽的珠帘瀑布更加绚丽多姿。据当地工作人员介绍，晴天 14—17 时均有彩虹出现，这说明这种气象景观的观赏利用价值大。瀑布附近不仅景观美丽，而且空气湿润凉爽，负离子含量高达 64626 个/$cm^3$，小气候环境十分舒适宜人。

## 四、结论与建议

(1) 桃源洞国家森林公园景观地段林内光照强度比林外减弱，风速比林外减小，地温和气温日较差比林外小，日变化缓和，夏季凉爽湿润，具有优越的密林小气候效应。

(2) 森林公园境内，海拔愈高，气温越低，气温日较差越小；同一高度，阔叶林内比楠竹林内凉爽，白天水体附近阔叶林林冠下最凉爽；景观地段的地形小气候优越。

(3) 珠帘瀑布附近，石板滩一带受水体调节，水域小气候的优越性明显，使水体附近的森林小气候环境更加优异，应当充分利用这些景观地段的小气候优势，使游人更加舒适。

(4) 桃源洞国家森林公园优越的小气候环境得益于茂密的森林植被，在积极开发利用这种资源优势的同时，要切实保护好森林植被。否则，森林一旦遭到破坏，优越的小气候环境就会变劣。

(1993 年 11 月)

# 江西三爪仑国家森林公园小气候特征*

吴章文

**摘　要**:1994 年 8 月 29 日至 9 月 1 日,采用短期定位对比观测法,对江西靖安三爪仑国家示范森林公园进行了逐时小气候观测。其结果:气温铅直梯度为－0.36 ℃/100 m,林内气温比林外低 1.3～3.7 ℃,水域比县城低 2.8 ℃;空气相对湿度林内比林外大 2%～5%,林区比县城大 11%～17%,水域比县城大 4%～13%;日平均风速林内比林外减小 0.2～1.1 m/s,静风频率林内比林外增加 4%～53%。

**关键词**:小气候;气温;空气相对湿度;静风频率

中南林学院森林旅游研究中心对江西靖安县三爪仑国家森林公园的小气候进行了观测研究,现将观测研究结果报告如下。

## 一、研究目的

了解靖安县主要景区的小气候特征,为进一步开发利用和保护其旅游气候资源服务。

## 二、研究方法

我们采用短期定位对比观测法,在三爪仑国家森林公园的主要景区设置林内外对比测点 8 个;在水域风光迷人的小湾毗炉设置定位测点 1 个、辅助测点 1 个;在县城况钟园林设置林内外测点 2 个,另外还在橹崖和小湾水库进行了水上流动观测,共有测点 14 个。设置地面 0 cm 及离地 20 cm、150 cm、200 cm 四个观测梯度。观测时间:1994 年 8 月 29 日—9 月 2 日逐时观测。观测要素有各高度气温、地面温度、空气相对湿度、风向、风速、气压、日照等。观测仪器全部采用国家定型产品。资料按国家气象局的《地面气象观测规范》要求整理。各测点基本情况见表 1。

**表 1　小气候主要观测点基本情况**

| 观测日期(1994 年) | 地段 | 测点性质 | 海拔(m) | 坡向 | 主要树种 | 代表内容 |
|---|---|---|---|---|---|---|
| 8 月 29 日 20 时—9 月 1 日 20 时 | 三爪仑(茗冈) | 林外 | 240 | 平地 | 樟树、枫香、板栗 | 场部旅游生活区溪流旁沟谷小气候 |
| | | 林内 | 240 | 平地 | | 场部低海拔森林小气候 |
| 8 月 29 日 20 时—9 月 1 日 20 时 | 骆家坪 | 林外 | 661 | 平地 | 松、杉、枫香 | 景区生活点小气候环境 |
| | | 林内 | 660 | 平地 | | 景区优良的森林小气候环境 |
| 8 月 29 日 20 时—9 月 1 日 20 时 | 红星山 | 林外 | 720 | 北坡凹地 | 松树纯林 | 生产区居民点的小气候环境 |
| | | 林内 | 730 | 北坡 | | 坡地松林小气候环境 |

* 本文原载于《三爪仑国家森林公园总体规划设计》(2000 年)专题调查报告中。

主要观测人员:罗明春、柯显东、尹少华、赵仲辉、尹世红、曾志新、吴敏、彭涛、陈德东、陈孝青、郭盛辉、肖光明、肖华章等。

续表

| 观测日期（1994年） | 地段 | 测点性质 | 海拔（m） | 坡向 | 主要树种 | 代表内容 |
|---|---|---|---|---|---|---|
| 8月29日20时—8月31日20时 | 洪屏村 | 林外 | 730 | 平地 | 松树、枫香 | 瀑布游览点及居民点小气候 |
| | | 林内 | 735 | 东北坡 | | 坡地松阔混交成林小气候 |
| 9月1日8时—9月2日20时 | 况钟园林 | 林外 | 82 | 平地 | 地面为细沙马尾松、杉木 | 公园内娱乐小空地小气候 |
| | | 林内 | 84 | 平地 | | 公园内松，杉混交林小气候 |
| 9月1日8时—9月2日20时 | 况钟园林 | 水面吊桥 | | 平地 | | 小湾水库宽谷水域小气候 |
| 9月1日16时 | 橹崖 | 水面 | | 水上窄谷 | | 水上窄谷小气候 |
| 9月2日11时—12：30时 | 小湾水库 | 船外 | | 平面 | | 水上娱乐场所的小气候 |
| | | 船内 | | 平面 | | 船舱内小气候 |
| 8月28日20时—9月2日20时 | 县气象站 | 空旷地 | 79 | 平地 | 浅草 | 代表县城空旷地对照点 |

# 三、研究结果

## （一）气温

### 1. 三爪仑国家森林公园境内的小气候

三爪仑国家森林公园的主要风景地段的林内外的小气候观测结果如表2所示。

**表2　各景观地段的气温比较（1994年8月30—31日的平均值）（℃）**

| 天气 | 地段 | 测点性质 | 地面温度 | | | | 20 cm处气温 | 150 cm处气温 | | | | 200 cm处气温 |
|---|---|---|---|---|---|---|---|---|---|---|---|---|
| | | | 日平均 | 最高 | 最低 | 日较差 | | 日平均 | 最高 | 最低 | 日较差 | |
| 晴 | 三爪仑 | 林外 | 28.7 | 42.8 | 21.5 | 21.3 | 25.5 | 24.7 | 33.7 | 19.0 | 14.7 | 24.8 |
| | | 林内 | 24.2 | 29.0 | 21.6 | 7.4 | 24.2 | 24.1 | 30.6 | 20.3 | 10.3 | 24.5 |
| | | 差值 | 4.5 | 13.8 | −0.1 | 13.9 | 1.3 | 0.6 | 3.1 | −1.3 | 4.4 | 0.3 |
| | 骆家坪 | 林外 | 27.4 | 42.2 | 19.4 | 22.8 | 23.4 | 23.2 | 30.6 | 18.1 | 12.5 | 23.3 |
| | | 林内 | 22.6 | 25.2 | 20.1 | 5.1 | 22.5 | 22.5 | 26.9 | 19.2 | 7.7 | 22.6 |
| | | 差值 | 4.8 | 17.0 | −0.7 | 17.7 | 0.9 | 0.7 | 3.7 | −1.1 | 4.8 | 0.7 |
| | 洪屏村 | 林外 | 26.0 | 40.6 | 17.1 | 23.5 | 23.4 | 22.7 | 30.0 | 15.8 | 14.2 | 22.7 |
| | | 林内 | 22.7 | 29.2 | 17.2 | 12.0 | 22.4 | 22.6 | 28.3 | 16.8 | 11.5 | 22.7 |
| | | 差值 | 3.3 | 11.4 | −0.1 | 11.5 | 1.0 | 0.1 | 1.7 | −1.0 | 2.7 | 0.0 |
| | 红星山 | 林外 | 24.9 | 41.0 | 19.8 | 21.2 | 23.8 | 22.4 | 32.2 | 18.8 | 13.4 | 22.2 |
| | | 林内 | 22.3 | 25.8 | 19.8 | 6.0 | 22.3 | 22.9 | 28.1 | 19.0 | 9.1 | 22.8 |
| | | 差值 | 2.6 | 15.2 | 0.0 | 15.2 | 1.5 | −0.5 | 4.1 | −0.2 | 4.3 | −0.6 |
| | 县气象站 | 空旷地 | | | | | | 27.0 | | | | |

由表 2 可以看出以下几点。

(1)各测点林内外不同高处气温不一，随着海拔升高气温降低，在海拔 230～735 m，海拔每升高 100 m，林外气温下降 0.36 ℃左右，林内气温下降 0.3 ℃左右。林外气温铅直梯度比林内大，林内气温变化比较缓和，林内出现逆温现象，强度为 0.08 ～0.42 ℃/m。

(2)林内外气温日较差悬殊，林内气温日较差在 7.7～11.5 ℃，林外气温日较差为12.5～13.4 ℃。林内气温日较差比林外小 2.7～4.8 ℃，林外地温日较差范围为 21.2～23.5 ℃，林内地温日较差在 5.1～12.0 ℃，林内外地温日较差的差异为11.5～17.7 ℃。

(3)林内外最高、最低温度差异大。三爪仑、骆家坪、洪屏山风景地段林外最高气温比林内高 1.7～3.7 ℃。但林内最低温度比林外略高。红星山因林外测点选在北坡凹地，且林内测点海拔比林外高 10 m 左右。故林内最低温度与林外差异小，林外气温比林内略低。林外最高地温比林内高 13.8～17.0 ℃。这说明森林使小气候的日变化趋于缓和。

(4)森林公园境内各测点气温均比县城低。日平均气温三爪仑景区比县城低 2.3 ℃；骆家坪比县城低 3.8 ℃左右；洪坪村比县城低 4.3 ℃；红星山比县城低 4.6 ℃。海拔越高，夏季越凉爽。

(5)骆家坪空旷地因空气流畅，故气温比林中空地略低。

## 2. 靖安县主要景观地段的小气候

三爪仑、骆家坪、况钟公园、小湾壁炉、橹崖的小气候观测结果列入表 3。

**表 3　靖安县主要景观地段的小气候差异(℃)**

| | | 三爪仑 | | | 骆家坪 | | | 况钟园林 | | | 毗炉村 | |
|---|---|---|---|---|---|---|---|---|---|---|---|---|
| | | 林外 | 林内 | 差值 | 林外 | 林内 | 差值 | 林外 | 林内 | 差值 | 水面 | 空旷地 |
| 地面温度 | | 37.9 | 27.0 | 10.9 | 30.8 | 24.6 | 6.2 | 38.3 | 29.4 | 8.9 | 31.9 | |
| 20 cm 高度处气温 | | 30.9 | 28.0 | 2.9 | 26.7 | 25.1 | 1.6 | 32.7 | 30.4 | 2.3 | 31.1 | |
| 150 cm 高度处气温 | 观测值 | 30.1 | 28.7 | 1.4 | 26.8 | 25.5 | 1.3 | 32.4 | 31.2 | 1.2 | 32.0 | 32.0 |
| | 最高值 | 34.4 | 32.0 | 2.4 | 31.3 | 27.6 | 3.7 | 36.1 | 32.6 | 3.5 | 38.2 | |
| 200 cm 高度处气温 | | 30.1 | 28.9 | 1.2 | 26.9 | 25.6 | 1.3 | 32.1 | 31.0 | 1.1 | 30.8 | |

由表 3 可以看出，三爪仑、骆家坪分别比况钟园林气温低 2.3 ℃、5.6 ℃，比毗炉水面气温低 1.9 ℃、3.2 ℃。三爪仑最高气温比况钟园林低 1.7 ℃，比毗炉水面低 3.8 ℃。骆家坪最高气温比况钟园林低 4.8 ℃，比毗炉水面低 6.9 ℃。

## 3. 小湾水库的小气候

况钟园林、小湾毗炉小气候观测值见表 4。

**表 4　三测点的气温比较(℃)**

| 地段名称 | 测点性质 | 地面温度 | | | | 20 cm 处气温 | 150 cm 处气温 | | | | 200 cm 处气温 |
|---|---|---|---|---|---|---|---|---|---|---|---|
| | | 日平均 | 最高 | 最低 | 日较差 | | 日平均 | 最高 | 最低 | 日较差 | |
| 况钟园林 | 林外 | 30.7 | 55.2 | 24.5 | 30.7 | 28.0 | 27.7 | 36.0 | 35.0 | 1.0 | 27.5 |
| | 林内 | 26.4 | 30.1 | 25.4 | 4.7 | 26.5 | 26.4 | 31.7 | 23.0 | 8.7 | 26.5 |
| 毗炉村 | 岸边 | | | | | 26.2 | | | | | |
| | 水面 | 29.8 | | | | 26.2 | 26.6 | 38.0 | 23.6 | 14.4 | 26.6 |
| 县气象站 | 空地 | | | | | 27.5 | | | | | |

从表 4 可知：

(1)况钟园林地温日较差很大，为 30.7 ℃，而气温日较差小，仅 1.0 ℃，林外气温随高度增加而减小，林内出现逆温现象，以 150 cm 处最低；

(2)况钟园林林外气温比县气象站高 0.2 ℃，林内比县气象站低 1.1 ℃，林内气温比林外低 1.3 ℃；

(3)小湾毗炉水面气温比县城气象站低 0.9 ℃，比况钟园林林外低 1.1 ℃，宜开展水上游乐活动。

**4. 游船内外的气温**

小湾水库希望号(封闭式金属船体)游船内外的气温如表 5 所示。

**表 5　船舱内外气温与县城比较(℃)**

| | 小湾水库水面 | | | 小湾水库大坝 | 县城 |
|---|---|---|---|---|---|
| | 船外 | 船内 | 差值 | | |
| 气温 | 29.2 | 30.6 | −1.4 | 28.9 | 31.7 |

由表 5 可知，小湾水库水面气温比县城低，船外比县城低 2.5 ℃，船舱内比县城低 1.1 ℃，水库大坝比县城低 2.8 ℃。由于船外通风好，故船外气温比船内气温低 1.4 ℃。再由于铁甲板的反辐射作用，船上的温度比大坝上高，夏季水上游览应选用木结构，有较高顶棚，四周不封闭，而且较宽敞的彩船为宜，既美观又凉爽舒适。封闭式金属游船不宜夏季使用。

## (二)空气相对湿度

**1. 三爪仑国家森林公园各景观地段林内外空气相对湿度**

三爪仑、骆家坪、洪屏村、县气象站 8 月 30—31 日两天观测的平均空气相对湿度见表 6。

**表 6　各景观林内外空气相对湿度(%)**

| 离地高度 | 县气象站 | 三爪仑 | | | 骆家坪 | | | 洪屏村 | | | 红星山 | | |
|---|---|---|---|---|---|---|---|---|---|---|---|---|---|
| | | 林外 | 林内 | 差值 | 林外 | 林内 | 差值 | 林外 | 林内 | 差值 | 林外 | 林内 | 差值 |
| 20 cm | | 91 | 94 | −3 | 93 | 96 | −3 | 88 | 93 | −5 | 92 | 95 | −3 |
| 150 cm | 75 | 91 | 94 | −3 | 88 | 91 | −3 | 89 | 94 | −5 | 88 | 91 | −3 |
| 200 cm | | 90 | 92 | −2 | 88 | 91 | −3 | 88 | 92 | −4 | 89 | 92 | −3 |

由表 6 可以看出：

(1)三爪仑森林公园境内各景观地段日平均空气相对湿度在 88%～94%，属潮湿地区；

(2)林内外空气相对湿度最大差值为 5%。

**2. 靖安县部分景观地段的空气相对湿度**

况钟园林、小湾毗炉、县气象站 9 月 2 日的空气相对湿度平均值见表 7。

**表 7　靖安县部分景观点的空气相对湿度(%)**

| 离地高度 | 县气象站 | 况钟园林 | | | 小湾毗炉 | | |
|---|---|---|---|---|---|---|---|
| | | 林外 | 林内 | 差值 | 水面 | 湖岸 | 差值 |
| 20 cm | | 83 | 91 | −8 | 90 | | |
| 150 cm | 77 | 84 | 90 | −6 | 81 | 85 | −4 |
| 200 cm | | 85 | 89 | −4 | 83 | | |

由表 7 可知：

(1)况钟园林林内空气相对湿度明显高于林外，林内与水域的空气相对湿度近似；

(2)小湾毗炉水面的相对湿度本应高于湖岸的，但由于水面的风速较大，故水面相对湿度比湖岸小 4%左右；

(3)橹崖属峡谷地形，又有明显狭管效应，风速大，故相对湿度较低。

## (三)风向、风速

三爪仑森林公园受山区地形影响，静风频率大、风速小；各景区的风向、风速在局部不同地形影响下又有明显差异，公园管理处所在地三爪仑为东西向沟谷地形，风向与溪流方向一致。骆家坪为山间台地，气流通畅，风速较大。红星山测点设在北坡上部山凹居民点附近，地形闭塞，静风频率达 100%。洪屏山上部为宽阔盆地，风速较大。况钟公园观测期间林外(人工湖岸)和林内(松林听鹤)均以静风为主，林外静风频率占 67%，林内静风频率占 95%。公园内风速仅 0.1～0.3 m/s。小湾水库由于水面较宽，在明显的湖陆效应，因此风速较大，日平均风速为 2.8 m/s。各测点林内静风频率比林外大，风速比林外小，地形小气候和森林小气候特征十分明显。详见表 8。

**表 8　靖安县主要景观地段的风向、风速**

| 地点 | 测点 | 风向频率(%) | | | | | | | | | 日平均风速(m/s) |
|---|---|---|---|---|---|---|---|---|---|---|---|
| | | E | ES | S | SW | W | NW | N | NE | C | |
| 三爪仑 | 林外 | 4 | 22 | | 13 | 13 | 9 | | 9 | 30 | 0.6 |
| | 林内 | | | | | 4 | 9 | | 4 | 83 | 0.3 |
| 红星山 | 林外 | 4 | | | | | | | | 100 | |
| | 林内 | | 8 | 25 | | | | | | 100 | |
| 骆家坪 | 林外 | 4 | 8 | 25 | | | | | | 63 | 1.3 |
| | 林内 | 7 | 12 | 3 | | | | | | 78 | 0.2 |
| 洪屏村 | 林外 | | | 29 | 4 | | | | | 67 | 0.7 |
| | 林内 | | 12 | | | | | | | 71 | 0.5 |
| 况钟园林 | 林外 | | 2 | | | | 2 | | 2 | 15 | 0.3 |
| | 林内 | | | | | | | | 1 | 20 | 0.1 |
| 小湾毗炉 | | 5 | 1 | 1 | | 6 | 11 | | 2 | | 2.8 |

## 四、结论

观测结果表明，在三爪仑国家示范森林公园内，海拔每升高 100 m，日平均气温降低 0.36 ℃；林内气温比林外低 1.3～3.7 ℃；水域气温比县城低 2.8 ℃。空气相对湿度林内比林外大 2%～5%，林区比县城大 11%～17%，水域比县城大 4%～13%。林内日平均风速比林外减小 0.2～1.1 m/s，静风频率林内比林外增加 4%～53%。

（1994 年 12 月）

# 江西靖安况钟园林小气候观测报告*

吴章文

## 一、基本情况和观测方法

江西靖安县城森林公园又名况钟园林，位于江西靖安县城东门山上，原林业科学研究所内，占地 333807 $m^2$，1984 年 7 月建成县城森林公园，园内绿树成荫、花卉遍地，有 278 个树种，另有人工湖 2 个，小亭阁 8 个，儿童乐园一座，绿色长廊一条。园内花木繁茂，亭台水榭掩映其间；湖光山色，相映成趣。有狮山仰贤、湖心赏月、竹林留梦、踏雪寻梅、仙洞览胜、双龙喷水、金猴跃涧、松林听鹤、叶底藏春等十多处富有诗情画意的景观交错于其中，是游乐休憩的舒适场所。

为配合靖安县三爪仑国家森林公园总体规划的需要，我们于 1994 年 9 月 1 日 08 时至 2 日 20 时对县城森林公园的小气候进行了初步观测，观测内容包括面地 0 cm 温度、离地20 cm、150 cm 和 200 cm 处的气温，空气相对湿度，风向、风速，光照强度、总云量及天气现象等。观测期间除 22 时至次日 04 时每 2 h 正点观测一次外，其余时间均每小时一次正点观测。为便于对照，我们还搜集了县城空旷地 02、08、14 和 20 时的气温和空气相对湿度。

观测时在公园内设立了两个点，一个在待月亭北侧湖岸，紧靠湖水，周围无遮蔽物，地面为细沙，上有少许莎草；另一个点在听鹤亭旁的马尾松和杉木的混交林内，林相整齐，郁闭度为 0.8，地面无杂草。观测期间除 9 月 2 日下午 15 时有过短时阵雨外，天气晴好。

## 二、观测结果及分析

1. 气温。观测期间公园内人工湖边最高温度为 36.1 ℃，出现在 9 月 1 日 15 时，最低气温为 25.0 ℃，出现在 9 月 2 日 02 时；与此相对应的松林听鹤最高气温出现在 9 月 1 日 15 时，为 32.6 ℃，最低气温出现在 9 月 2 日 04 时，为 23.0 ℃。人工湖岸的日平均气温为 27.7 ℃，松林听鹤的日平均气温为 26.4 ℃，林内比林外低 1.3 ℃，同期内县城空旷地的日平均气温为 27.4 ℃。此三个点一天内的气温变化曲线如图 1 所示。

从图 1 可看出，人工湖边和松林听鹤的温度变化曲线比较一致，这是由于人工湖边的测点紧靠水体，水体对气温的调节作用与森林的调节作用相当，而县城空旷地的变化则明显有别，这是由于没有其他因素的调节所致。

2. 地温。观测期间，地面 0 cm 最高温度人工湖岸为 55.2 ℃，最低温度为 24.5 ℃，日较差为 30.7 ℃，日平均温度为 31.1 ℃；而与此对应的松林听鹤的最高地温为 31.0 ℃，最低地温

---

* 主要观测人员：罗明春、赵仲辉、柯显东、尹少华、郭盛辉、肖光明等。

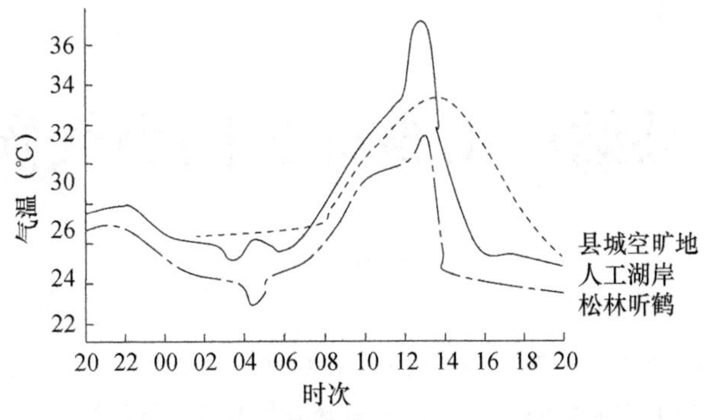


图 1　况钟园林内外气温日变化曲线

为 25.4 ℃，日较差为 5.6 ℃，日平均地温为 26.4 ℃，这是由于松林听鹤的森林一方面遮蔽了太阳直射，使地温变化缓慢，另一方面森林土壤热容量大，对温度调节能力强；而人工湖岸侧的地表为细沙，热容量小，又无他物减弱太阳直射，从而使温度变化剧烈。

3. 空气湿度。观测期间人工湖岸的空气相对湿度平均为 85%，松林听鹤为 90%，而与此同时县城空旷地的为 77%，前两处的明显大于后者，主要原因为人工湖岸由于水体的调节，而松林听鹤由于森林的调节，使空气相对湿度上升。

4. 风向风速。观测期间松林听鹤和人工湖岸均以静风为主，人工湖岸静风频率占 67%，松林听鹤占 95%，在 9 月 2 日这天，松林听鹤内仅观测到一次风速为 1.8 m/s 的东北风，平均风速为 0.1 m/s，而人工湖岸有东北风 2 次、西北风 2 次、西南风 2 次，平均风速为 0.3 m/s。

5. 光照强度。观测期间，人工湖岸光照强度平均为 11516 lux，而松林听鹤内平均为 729.3 lux。这说明森林的郁闭已使光照受到极大削弱。

## 三、结论及建议

1. 江西靖安县城森林公园位于县城一隅，有较好的森林和水体，对空气温度调节效果好，为靖安县城人民提供了一个消暑和娱乐的最佳场所。由于园林内的森林为人工培育，经过多年管理和维护而形成成林不易，应加强保护，除结合抚育管理，加以适当间伐外，绝对不能轻易加以砍伐，以免林分遭到破坏，从而使多年心血毁于一旦，大大降低森林公园的风景美和小生态环境。

2. 由于水体的作用，森林公园内的人工湖起到了较好的降温和增加空气湿度的功能，又是一个较好的游乐场所，应加强水体的保护，防止水体受到污染。但水体岸边地温变化剧烈，应采取适当措施如造林植草等，使之适当荫蔽，降低温度。

3. 森林郁闭后可阻挡太阳直射，降低气温，但由于日照减少，会使蚊虫孳生，应适当进行透光伐，并辅以其他措施，消除林内蚊虫，以免游人受到侵扰，降低其游览价值。

（1994 年 12 月）

# 广西贺县姑婆山森林公园小气候特征*

吴章文

**摘　要**:1994年8月和1995年1月,采用短期定位对比观测法对广西贺县姑婆山森林公园分别进行了3 d的小气候观测。结果表明,在海拔460～1610 m,随着海拔升高气温降低2.5～3.8 ℃,风速增大1.8～2.2 m/s,气温铅直梯度为−0.66 ℃/100 m;林内气温日较差比林外小1.2 ℃,林内日平均比林外低0.2 ℃,日平均风速减小0.2～0.6 m/s。

**关键词**:姑婆山;森林公园;森林小气候;气温

贺县地处广西东部,是湘、粤、桂三省(区)交界地,介于东经111°12′～112°03′,北纬23°49′～24°48′之间,东邻广东省连山县、怀集县,南连广东封开县及梧州市苍梧县,西接昭平县、钟山县,北靠湖南省江华县。境内属南岭山地丘陵地区,地势由北向南倾斜,东北高、西南低,东西宽74 km,南北长108 km,面积5147.20 $km^2$。

贺县位于亚热带湿润季风气候区,气候温和,雨量充沛。境内由于地形复杂,山岭叠嶂,东西走向的山脉成为气候分界线,山北属中亚热带气候,小气候类型多样。县城位于山北八步盆地,年平均气温19.9 ℃,1月最冷月平均气温9.4 ℃,7月最热月平均气温38.9 ℃,年较差29.5 ℃,年内4—10月,平均气温高于20.0 ℃,11月至翌年3月的平均气温多低于18 ℃;极端最高气温为38.8 ℃(1957年8月14日),极端最低气温为−4.0 ℃(1963年5月15日)。全县各地年降水量在1500～1900 mm,县城年平均降水量1535.6 mm,最多达2327.0 mm(1973年),最少为1053.7 mm(1958年),年降雨变率15%;年平均雨日171 d,季节分配不均匀,春季占全年的36.4%,夏季占37.5%,秋季为12.3%,冬季为11.9%。6月份最多,月降雨量256.5 mm。其次是5月和8月,分别为231.4 mm和179.6 mm,多暴雨和雷暴,暴雨最大强度为125.5 mm/d,雷暴日数为88.1 d,各月均有出现;平均年雾日为3.9 d,最多为10 d,最少为1 d;阴雨天气频率为61.5%。

姑婆山山高林密,人烟稀少,原始次生林环境保护良好,满山野花野果,春华秋实,林木季相丰富多彩,密林深处景观多变,气象万千,地上落叶枯枝,树上藤萝漫布,飞禽走兽出没其间,整个山林天然不饰雕琢,神秘令人向往,幽深茂密的山林孕育出无数大大小小的飞泉流瀑,也造就出良好的生态环境空间。姑婆山森林内普遍含有数量较高的有利于人体健康的空气负离子,许多地方都是无菌区、无污染区,空气负离子能调节人体机能,提高基础代谢和蛋白质代谢,亦能治疗哮喘、慢性支气管炎等多种疾病,据测定姑婆山林场内部空气负离子含量为3292个/$cm^3$,姑婆肚瀑布处竟达65856个/$cm^3$之多。良好的森林生态环境是姑婆山人及全人类难得的一笔巨大的天然财富。

为了全面了解姑婆山的气候特征和森林小气候特征,我们在1994年8月13—17日和

* 主要观测人员:赵仲辉、吕振华、叶丽燕、毛新平、魏俊益、黎金风、周战胜、吴敏、彭涛及93旅游班十多位同学。

1995 年 1 月 20—21 日两次对姑婆山进行小气候观测，观测项目有太阳辐射、日照时数、日照强度、空气温度、空气相对湿度、地面温度，地下 5、10、15、20 cm 土壤温度，离地 150 cm 处的风向风速和有关天气现象。采用短期对比定位观测法，每小时观测一次。观测结果分析如下。

# 一、观测点设置

在一些具有代表性的地段设置 10 个小气候观测点，其中林内对照点 5 个。测点情况见表 1。

**表 1　观测点基本情况一览表**

| 测点 | | 海拔(m) | 坡度(°) | 坡面 | 局部环境特点及测点代表性 |
|---|---|---|---|---|---|
| 场部 | 林内 | 460 | — | 平 | |
| | 林外 | 460 | — | 平 | |
| 场部对面山林 | 林内 | 470 | 35 | 平 | 黄壤，花岗岩，阔叶林(水青冈、鹅耳枥、苦竹、假吊钟) |
| | 林外 | 465 | — | 平 | 黄红壤，花岗岩，测点设在菜园内，无杂草，土裸露 |
| 瞭望台 | 林内 | 922 | 25 | 平 | 15 年杉树林，长势中等，黄红壤，花岗岩 |
| | 林外 | 900 | — | 平 | 菜地，夹在两山中间，黄壤，花岗岩 |
| 山猪坳 | 林内 | 1025 | 30 | 平 | 黄壤，花岗岩 |
| | 林外 | 1030 | 20 | 台地 | 黄壤，花岗岩，新中国成立前有少数民族在此垦荒 |
| 仙姑顶 | 林内 | 1605 | 48 | 平 | 黄壤，花岗岩，阔叶林(水青冈、鹅耳枥、苦竹、假吊钟) |
| | 林外 | 1610 | 20 | 平 | 黄壤，花岗岩，茅草丛生，靠近防火线 |

# 二、观测结果

## (一)山地小气候特征

### 1. 气温

**表 2　不同海拔高度的冬季气温一览表(℃)**

| 观测时间(北京时) | 11 时 | 13 时 | 14 时 | 16 时 | 平均 |
|---|---|---|---|---|---|
| 场部 | 16.1 | 17.9 | 17.7 | 17.3 | 17.3 |
| 瞭望台 | 13.6 | 14.3 | 14.5 | 14.9 | 14.3 |
| 差值 | 2.5 | 3.6 | 3.2 | 2.4 | 3.0 |

由表 2 得知，冬季白天场部的日平均气温比瞭望台高 3.0 ℃，海拔每升高 100 m，气温降低 0.68 ℃，即姑婆山 1995 年 1 月 22 日的气温铅直梯度为－0.68 ℃/(100 m)，事实说明，晴好天气，山下冬季增温比山上快。

1994 年 8 月 15 日，公园内场部对面山林、瞭望台、山猪坳的日平均气温依次为 24.4 ℃、23.6 ℃、20.6 ℃；夏季场部对面山林比仙姑顶高 4.4 ℃(详见表 3)，其气温铅直梯度为 0.64 ℃/(100 m)。

一般山地海拔每升高 100 m，气温降低 0.6 ℃。姑婆山因为森林覆盖率高，森林像一把大伞,阻挡太阳辐射到达地面,减少了地面净辐射收入,降低了气温;同时又因为低海拔处交通较方便,被砍伐的林木多,植被覆盖率低,而高海拔处人为干扰少,植被覆盖率高,植物的蒸发、蒸腾消耗热量,降低气温;再加上山高风大、气流畅通、云雾水汽多等原因,使得姑婆山的气温铅直梯度比一般山地大。

一日内最高气温与最低气温之差称气温日较差。公园内各观测点的气温极值与气温日较差见表3。

**表3 园内各观测点的气温极值与气温日较差**

| 海拔高度(m) | 测点名称 | 气温(℃) | | | | 备注 |
|---|---|---|---|---|---|---|
| | | 日平均 | 最高 | 最低 | 日较差 | |
| 465 | 场部对面山林 | 24.4 | 28.3 | 21.1 | 7.2 | 瞭望台8月15日00—04时下小雨 |
| 900 | 瞭望台 | 23.6 | 26.3 | 20.7 | 5.6 | |
| 1030 | 山猪坳 | 20.6 | 25.2 | 18.6 | 6.6 | |

表3说明:姑婆山海拔升高,气温日较差减小。

一日内气温随时间的连续变化称气温日变化。姑婆山的气温日变化值见表4 。

**表4 不同海拔高处逐时平均气温**

| 时间(北京时) | 21 | 22 | 23 | 00 | 01 | 02 | 03 | 04 | 05 | 06 | 07 | 08 |
|---|---|---|---|---|---|---|---|---|---|---|---|---|
| 场部对面山林 | 23.4 | 22.8 | — | 23.2 | — | 22.5 | — | 21.9 | 21.3 | 21.1 | 22.0 | 22.4 |
| 瞭望台 | 22.5 | 22.0 | — | | 下小雨 | | — | 20.9 | 21.3 | 20.7 | 22.1 | 23.4 |
| 山猪坳 | 20.5 | 20.5 | — | 21.0 | — | 19.6 | — | 19.2 | 18.7 | 18.6 | 19.6 | 20.3 |
| 仙姑顶 | 19.6 | 19.2 | — | 1.7 | — | 19.6 | — | 18.3 | 18.2 | 18.0 | 18.5 | 21.0 |
| 时次 | 09 | 10 | 11 | 12 | 13 | 14 | 15 | 16 | 17 | 18 | 19 | 20 |
| 场部对面山林 | 25.5 | 25.8 | 28.2 | 28.3 | 26.2 | 26.4 | 27.0 | 26.6 | 25.5 | 25.3 | 24.8 | 23.8 |
| 瞭望台 | 25.0 | 26.2 | 24.0 | 25.9 | 24.9 | 23.9 | 26.3 | 26.3 | 26.0 | 24.3 | 23.8 | 22.9 |
| 山猪坳 | 22.4 | 24.1 | 24.2 | 24.3 | 25.1 | 22.8 | 24.3 | 25.1 | 25.2 | 23.4 | 21.1 | 20.9 |
| 仙姑顶 | 22.0 | 23.5 | 21.8 | 20.9 | 20.4 | 20.2 | 22.5 | 23.1 | 20.4 | 19.9 | 19.2 | 19.8 |

由表4看出:不同海拔高处,山上与山下的气温差异白天大、夜间小,正午最大、凌晨最小。在同一观测点上,气温白天高、夜间低,日出前最低、午后最高。

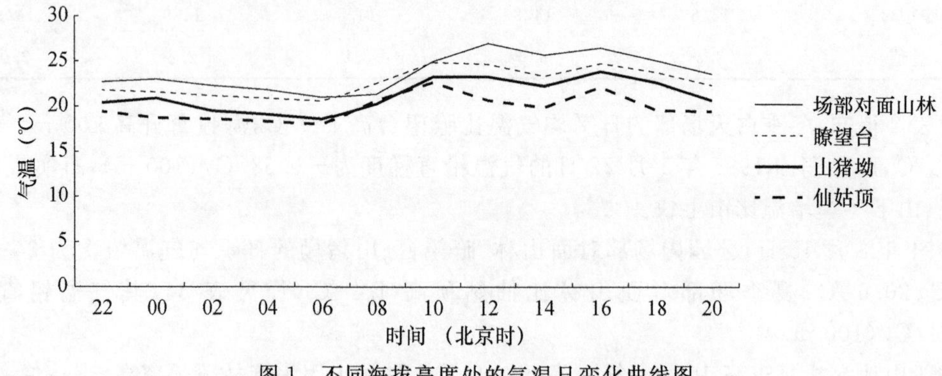


图1 不同海拔高度处的气温日变化曲线图

### 2. 空气相对湿度

山区空气相对湿度变化比较复杂。温度高低、地形地势、天气现象、水汽来源等都是影响空气相对湿度变化的重要因子。观测期间，各测点的空气相对湿度变化列入表5、表6。

**表5　不同海拔高处冬季空气相对湿度一览表(%)**

| 时间(北京时) | 11时 | 13时 | 14时 | 16时 | 平均 |
|---|---|---|---|---|---|
| 场部 | 93 | 83 | 88 | 90 | 89 |
| 瞭望台 | 99 | 98 | 98 | 96 | 98 |
| 差值 | −6 | −15 | −10 | −6 | −9 |

**表6　不同海拔高处夏季空气相对湿度一览表(%)**

| 时间(北京时) | 21 | 22 | 23 | 00 | 01 | 02 | 03 | 04 | 05 | 06 | 07 | 08 |
|---|---|---|---|---|---|---|---|---|---|---|---|---|
| 场部对面山林 | 96 | 99 | | 96 | — | 96 | — | 97 | 98 | 98 | 98 | 98 |
| 瞭望台 | 93 | 95 | 下 | 99 | — | 100 | — | 98 | 95 | 98 | 95 | 86 |
| 山猪坳 | 98 | 98 | 雨 | 98 | — | 98 | — | 98 | 98 | 99 | 98 | 99 |
| 仙姑顶 | 94 | 96 | | 100 | — | 98 | — | 99 | 98 | 99 | 99 | 93 |

| 时间(北京时) | 09 | 10 | 11 | 12 | 13 | 14 | 15 | 16 | 17 | 18 | 19 | 20 |
|---|---|---|---|---|---|---|---|---|---|---|---|---|
| 场部对面山林 | 88 | 88 | 79 | 82 | 90 | 90 | 93 | 93 | 95 | 97 | 95 | 96 |
| 瞭望台 | 84 | 80 | 95 | 81 | 88 | 91 | 77 | 73 | 76 | 92 | 86 | 90 |
| 山猪坳 | 96 | 85 | 79 | 82 | 85 | 91 | 79 | 81 | 78 | 87 | 97 | 95 |
| 仙姑顶 | 89 | 84 | 91 | 96 | 99 | 93 | 87 | 83 | 92 | 92 | 96 | 93 |

由表5、表6看出：观测期间，公园内海拔升高，空气相对湿度增大，山上空气相对湿度较大，海拔1610 m处的仙姑顶，空气相对湿度经常高达90%以上。

### 3. 风向风速

公园内的风向变化受地形影响大。场部对面山林海拔低，地形闭塞，静风频率最大，达83.3%；其次是山猪坳，虽然海拔较高，但由于地形原因，静风频率也高达75%；瞭望台因为地势开阔，其静风频率仅为33.3%。公园内的场部对面山林、瞭望台、山猪坳、仙姑顶的风速依次为0.3 m/s、0.4 m/s、0.7 m/s、2.5 m/s。详见表7。

**表7　姑婆山森林公园境内风向风速**

| 地点 | 测点 | 风向频率(%) | | | | | | | | | 日均风速 |
|---|---|---|---|---|---|---|---|---|---|---|---|
| | | E | SE | S | SW | W | NW | N | NE | C | (m/s) |
| 场部对面山林 | 林外 | | 8.3 | | 4.2 | | | | | 87.5 | 0.3 |
| 瞭望台 | 林外 | 12.5 | 20.8 | 20.8 | 8.3 | | 25 | 8.3 | 4.2 | | 0.4 |
| 山猪坳 | 林外 | 4.2 | 12.5 | | | 8.3 | | | | 75 | 0.7 |
| 仙姑顶 | 林外 | 41.7 | 8.3 | | | | | 25 | 20.8 | 4.2 | 2.5 |

综上所述，姑婆山森林公园具有下列山地气候变化规律：海拔升高，气温降低，气温日较差减小，空气相对湿度增大，风速增大。地形小气候优势明显。

## (二)森林小气候特征

### 1. 气温

表 8 和图 2 说明，白天林外气温高于林内，正午前后差异最大；夜间林外气温低于林内，但差异较小。其原因是白天林冠阻挡了太阳辐射，到达林内的太阳辐射少于同海拔高度的林外空地，因此林内气温低于林外。夜间林冠阻挡地面辐射，减少了林内的热量损失，因此林内气温略高于林外。

**表 8　园内林分内外的气温差异(℃)**

| 地段 | 测点 | 日平均气温 | 最高气温 | 最低气温 | 日较差 |
|---|---|---|---|---|---|
| 场部对面山林 | 林外 | 24.4 | 28.3 | 21.1 | 7.2 |
| | 林内 | 24.3 | 27.6 | 21.4 | 5.2 |
| | 差值 | 0.1 | 0.7 | −0.3 | 2.0 |
| 仙姑顶 | 林外 | 20.2 | 23.5 | 18.0 | 5.5 |
| | 林内 | 20.0 | 21.9 | 18.2 | 3.7 |
| | 差值 | 0.2 | 1.6 | −0.2 | 1.8 |

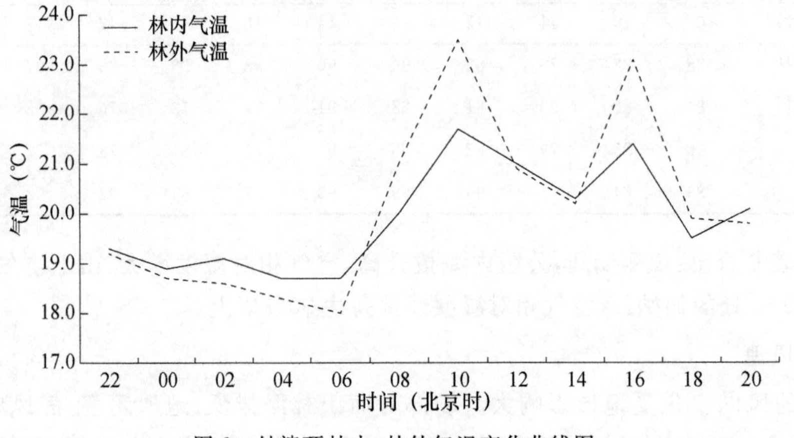


图 2　姑婆顶林内、林外气温变化曲线图

### 2. 林内外空气相对湿度

1994 年 8 月 13—17 日林内外空气相对湿度观测值见表 9。表 9 说明：森林越茂密，林内空气越湿润。

**表 9　内外的空气相对湿度一览表(%)**

| 时次 | | 02 时 | 08 时 | 14 时 | 20 时 | 日平均 |
|---|---|---|---|---|---|---|
| 瞭望台 | 林外 | 100 | 86 | 91 | 90 | 89 |
| | 林内 | 100 | 96 | 98 | 88 | 91 |
| | 差值 | 0 | −10 | −7 | 2 | −2 |
| 仙姑顶 | 林外 | 98 | 93 | 93 | 93 | 94 |
| | 林内 | 98 | 97 | 98 | 93 | 96 |
| | 差值 | 0 | −4 | −5 | 0 | −2 |

### 3. 有效温度持续时间

一日内的有效温度持续时间是衡量气候舒适度的指标之一。所谓舒适度是指大多数人对周围空气环境感觉舒适的程度，一个地区的有效温度持续时间越长，表明该地区气候越宜人。根据有效温度的计算公式计算出姑婆山森林公园各测点一天中各时刻的有效温度，见表10。

**表10　测点有效温度一览表(℃)**

| 时间(北京时) | 21 | 22 | 23 | 00 | 01 | 02 | 03 | 04 | 05 | 06 | 07 | 08 |
|---|---|---|---|---|---|---|---|---|---|---|---|---|
| 场部对面山林 | 22.2 | 22.7 | — | 23.3 | — | 22.5 | — | 21.9 | 21.3 | 21.1 | 22.0 | 22.4 |
| 瞭望台 | 22.5 | 22.0 | — | 21.6 | — | 21.2 | — | 20.9 | 21.3 | 20.7 | 22.1 | 23.4 |
| 山猪坳 | 20.5 | 20.5 | — | 21.0 | — | 19.6 | — | 19.2 | 18.7 | 18.6 | 19.6 | 20.3 |
| 仙姑顶 | 19.6 | 19.2 | — | 18.7 | — | 18.6 | — | 18.3 | 18.2 | 18.0 | 18.5 | 21.0 |
| 时间(北京时) | 09 | 10 | 11 | 12 | 13 | 14 | 15 | 16 | 17 | 18 | 19 | 20 |
| 场部对面山林 | 25.5 | 24.8 | 28.2 | 28.3 | 26.2 | 21.4 | 27.0 | 26.6 | 25.5 | 25.3 | 24.8 | 23.8 |
| 瞭望台 | 25.0 | 26.2 | 24.0 | 25.9 | 24.9 | 23.9 | 26.3 | 26.3 | 26.0 | 24.3 | 23.8 | 22.9 |
| 山猪坳 | 22.4 | 24.1 | 24.2 | 24.3 | 25.1 | 22.8 | 24.3 | 25.1 | 25.2 | 23.4 | 21.1 | 20.9 |
| 仙姑顶 | 22.0 | 23.5 | 21.8 | 20.9 | 20.4 | 20.2 | 22.5 | 23.1 | 20.4 | 19.9 | 19.2 | 19.8 |

**表11　园内各测点有效温度($ET$)持续时间一览表(h)**

| 标准 | 场部对面山林 | 瞭望台 | 山猪坳 | 仙姑顶 |
|---|---|---|---|---|
| $ET \leqslant 24$℃，感觉舒适 | 14 | 15 | 17 | 24 |
| 24℃$<ET\leqslant 30$℃，感觉闷热 | 10 | 9 | 7 | 0 |
| 30℃$<ET$，感觉极热，难以忍受 | 0 | 0 | 0 | 0 |

## 三、结论和建议

(1)姑婆山森林公园山体高峻陡峭，高度差异大，气候垂直变化明显，海拔每升高100 m，气温下降0.64～0.68 ℃。随着海拔升高，日平均气温降低2.5～3.8 ℃，气温日较差减小0.6～1.6 ℃，空气相对湿度增大3%～20%，风速增大1.8～2.2 m/s，山地小气候特征明显。

(2)姑婆山森林公园内瞭望台林内比林外平均气温低0.2 ℃，气温日较差小1.2 ℃，空气相对湿度增大4%～5%，风速减小0.2～0.6 m/s，森林小气候优势显著。

(3)姑婆山森林公园内，日有效温度持续时间以仙姑顶一带最长，全天24 h舒适；山猪坳次之，也有17 h的舒适时间；瞭望台和场部对面山林也分别有15 h和14 h的舒适时间。舒适时间长，有利于各项旅游活动的开展。

(4)公园境内冬季有冰冻，夏季有暴雨洪涝等旅游障碍，旅游者应根据当地气候特征合理安排旅游项目，选择适当的观赏位置，把握时机，善于趋利避害，获得最佳旅游效果。

(1995年8月)

# 四川青城山景观地段小气候观测*

吴章文

**摘　要**:青城山境内景观地段与境外都江堰市区比较,海拔 1150 m 的上清宫比海拔 720 m 的四川林校日平均气温低 2.4 ℃,空气相对湿度高 10%,静风频率小 20%。

**关键词**:青城山;都江堰;静风频率

以“青城天下幽”著称的道教名山青城山国家森林公园位于四川省都江堰市,地理位置为北纬 31°47″,东经 103°15″,海拔 800～1400 m。境内青山蜿蜒起伏,林木葱茏滴翠,道观寺院星星点缀,清风送爽,舒适宜人。为了定量了解青城山的森林小气候特征,结合教学工作,在青城山境内设测点 4 个,青城山至都江堰风景线上设测点 2 个,共 6 个,进行不同景观地段小气候和森林小气候对比观测。

## 一、测点基本情况

四川林校:海拔 720 m,测点设在林校废弃观测场内,面积 525 $m^2$,测点西北部为山地,东部方向为平原,为本次观测的空旷地对照点。

宝瓶口:海拔 775 m,为泥江内河,是都江堰三大水工设施之一,代表窄谷水域小气候,测点位于离堆公园对岸阶地上,主要植被有悬铃木、银木、蒿类。

福建宫:海拔 800 m,青城山脚青城山入园处,水泥路面,店铺鳞次栉比,游人活动频繁,附近主要植被有楠木、银杏、柏木、樟树等。

二王庙:海拔 810 m,测点位于山坡下二王庙左侧空旷地,附近主要植被有楠木、柏木、悬钩子等。

天师洞:海拔 1025 m,代表青城山中上部人文景点环境。

上清宫:海拔 1150 m,山上部台地,测点设在上清宫东南 200 m 远处的菜地,东侧花圃,附近主要植被有桦木、青冈、刺楸、盐肤木、杉木、灯台树等。

以上测点均设置在主要景观地段。

## 二、观测方法

采用短期定位观测法。白天每小时观测 1 次。观测项目有林内外气温、空气相对湿度、风向、风速、云量和天气现象。观测高度离地 20 cm 和 150 cm。使用仪器为鉴定有效期内的

---

* 原载:《四川林业科技》,1996,17(1):74-75.

主要观测人员:原中南林学院四川函授班 87 级全体同学。

DHM2 型机动通风干湿表、DEM6 型三杯轻便风向风速仪和套管式温度表等。观测时间 1990 年 6 月 16—17 日。

## 三、观测结果

### (一)不同景观地段的小气候差异

由于海拔、植被和地面状况的差异,尽管是阴天各景观地段的小气候要素仍有明显差异(表 1)。

**表 1　不同景观地段的小气候差异**

| 测点 | 气温(℃) | | 空气相对湿度(%) | | 平均风速 | 主风风向 | 静风频率 |
|---|---|---|---|---|---|---|---|
| | 20 cm | 150 cm | 20 cm | 150 cm | (m/s) | 及频率 | (%) |
| 四川林校 | 23.3 | 23.3 | 78 | 70 | 0.6 | WNW,40% | 40 |
| 宝瓶口 | 22.9 | 23.3 | 75 | 75 | 1.6 | W,60% | 20 |
| 建福宫 | 23.0 | 22.6 | 82 | 82 | 0.1 | E,20% | 70 |
| 二王庙 | 23.9 | 23.7 | 69 | 71 | 0.2 | SSW,20% | 80 |
| 天师洞 | 21.9 | 22.2 | 77 | 78 | 0.2 | SW,60% | 40 |
| 上清宫 | 21.1 | 20.9 | 80 | 80 | 0.6 | SW,36% | 20 |

由表 1 可知,青城山气温变化总趋势是随海拔升高气温降低。150 cm 高处气温变化则海拔每升高100 m,气温下降 0.56 ℃,山上山下气温差异大。在同一测点不同高度上,由于地形地物不同,观测结果不一。水体附近(宝瓶口)和山河附近有逆温存在。宝瓶口由于地形狭管效应,主风方向与河谷一致,平均风速比其他测点大,又由于风速较大,所以空气相对湿度较低。

### (二)林内外的小气候差异

6 月 16 日正午前后出现短暂晴天,上清宫林内外小气候有明显差异,林外气温比林内高 0.2～0.7 ℃,空气相对湿度比林内低 1%～5%(表 2)。

**表 2　林内外小气候差异**

| | 13:00 | | | 14:00 | | | 15:00 | | |
|---|---|---|---|---|---|---|---|---|---|
| | 林外 | 林内 | 差值 | 林外 | 林内 | 差值 | 林外 | 林内 | 差值 |
| 气温(℃) | 22.0 | 21.8 | 0.2 | 22.4 | 21.8 | 0.6 | 22.1 | 21.4 | 0.7 |
| 相对湿度(%) | 66.0 | 68.0 | −2.0 | 74.0 | 75.0 | −1.0 | 73.0 | 78.0 | −5.0 |

## 四、结论和建议

天下名山青城山森林景观美丽,人文景观丰富,气候舒适宜人。景观地段小气候及森林小气候优越,是观光游览、避暑度假、会议旅游、宗教旅游、森林沐浴、探幽揽胜的理想去处。青城山将以它的旅游资源优势和气候优势吸引更多的中外宾客。为了更好地开发青城山的旅游资源，建议有关单位定量研究青城山的大气质量、空气清洁度等环境因子，并进一步进行气候和森林小气候研究，以便科学地利用和保护青城山森林公园的旅游资源，以取得最佳生态效益、社会效益和经济效益。

(1996 年 3 月)

# 广州增城金坑森林公园小气候观测*

吴章文

**摘　要**:金坑森林公园日平均气温比广州市区低 1.7～3.5 ℃,空气相对湿度比市区高 7%～11%。公园内,林内外日平均空气温度和相对湿度差异不明显,说明森林公园缺少高大乔木林。

**关键词**:金坑森林公园;日平均气温;空气相对湿度

## 一、地理位置

金坑森林公园(以下简称公园),位于广州增城市西部镇龙镇金坑村,距广州市中心 25 km,离增城市区 34 km,与镇龙镇相距 4 km。地理坐标为 23°14′21″～23°16′12″N,113°29′20″～113°30′54″E。总面积 211.6 $hm^2$,其中水库面积 97 $hm^2$。东与镇龙镇的均和村毗邻,南与宝石村相连,西与广州市白云区交界,北与福洞村接壤。

## 二、地质地貌

公园地处南昆山余脉派生出来的油麻山和广州市白云山交汇的丘陵地带,四周高,中间的金坑水库是公园的最低处,海拔 62.2 m;大多数丘陵山头高为 100～150 m,最高海拔 172.1 m。主要植被为亚热带人工阔叶林和湿地松、杉木林,陆地森林覆盖率为 76%。

## 三、气候特征

公园位于北回归线南侧,属南亚热带海洋性季风气候,炎热多雨,长夏无冬。年平均气温 21.6 ℃,极端最高气温 38.2 ℃(1980 年 7 月 10 日),极端最低气温 10.4 ℃(1963 年 1 月 15 日);1 月最冷,月平均气温 13.2 ℃;7 月最热,月平均气温 28.3 ℃,气温年较差 15.1 ℃。年降水量1921.6 mm,4—9 月为雨季,10 月至翌年 3 月为旱季,年降水日数 155.4 d,年平均空气相对湿度 81%。年日照时数 1953.5 h,年雾日 11.1 d。偏北风频率为 48%,偏南风频率为 24%,静风频率为 24%。

## 四、小气候观测结果

### (一)测点设置

公园境内设测点 5 个,其中水库 1 个,九地和大佛庙的林内外各 2 个,对照测点设在广州

---

* 主要观测人员:郑群明、石强、陈孝青、毛新平、袁建琼、傅蓉、尹世红、吴惠康等。

市天河体育中心广场。测点详细情况见表 1。

**表 1 小气候观测点位置及性质**

| 地段及测点 | | 海拔(m) | 局部环境特征及测点性质 |
|---|---|---|---|
| 广州市体育中心广场 | | 6.3 | 广场前水泥地面 |
| 水库码头 | | 65.0 | 金坑水库南岸,测点设在木板码头上,距水面 0.50 m |
| 九地 | 林内 | 105.0 | 谷地,荔枝林生境 |
| | 林外 | 101.0 | 谷地,平坦空旷地 |
| 大佛庙 | 林内 | 147.0 | 东坡中部木荷林 |
| | 林外 | 150.0 | 大佛庙门前空坪 |

## (二)观测结果

1998 年 4 月 24—27 日进行观测。取 25、26 日两天的资料进行整理,结果见表 2。

**表 2 1998 年 4 月 25 日各测点小气候比较**

| 观测点 | | 气温(℃) | | | | 地面温度(℃) | | | | 空气相对湿度(%) | 日平均风速(m/s) |
|---|---|---|---|---|---|---|---|---|---|---|---|
| | | 日平均 | 最高 | 最低 | 日较差 | 日平均 | 最高 | 最低 | 日较差 | | |
| 广州市体育中心广场 | | 26.5 | 33.8 | 22.8 | 11.0 | 29.0 | 40.5 | 24.5 | 16.0 | 88 | 多静风 |
| 水库码头 | | 24.8 | 30.1 | 22.5 | 7.6 | 25.0 | 29.8 | 22.0 | 7.8 | 88 | 0.9 |
| 九地 | 林内 | 23.0 | 29.6 | 19.7 | 9.9 | 22.8 | 26.3 | 22.5 | 3.8 | 94 | 0.3 |
| | 林外 | 24.3 | 30.2 | 20.0 | 10.2 | 26.5 | 37.3 | 21.6 | 15.7 | 93 | 0.5 |
| | 差值 | −1.3 | −0.6 | −0.3 | −0.3 | −3.7 | −11 | 0.9 | −11.9 | 1 | −0.2 |
| 大佛庙 | 林内 | 23.9 | 28.9 | 21.2 | 7.7 | 22.7 | 26.9 | 21.9 | 5.0 | 94 | 0.1 |
| | 林外 | 24.3 | 30.9 | 20.5 | 10.4 | 26.6 | 35.9 | 21.9 | 14.0 | 89 | 0.6 |
| | 差值 | −0.4 | −2.0 | 0.7 | −2.7 | −3.9 | −9.0 | 0.0 | −9.0 | 5 | −0.5 |

从表 2 可以看出,公园内各测点日均气温比广州市测点低 1.7～3.5 ℃,日最高气温比广州市测点低 2.9～4.9 ℃,日较差减少 0.6～3.4 ℃;日均地面温度比广州市测点低 2.4～6.3 ℃,最高地温比广州市测点低 3.2～14.2 ℃,日较差比广州市测点减少 0.3～12.2 ℃;由于受地形等因素影响,地形风出现较多,平均风速 0.1～0.9 m/s,而广州市测点受高楼大厦的阻隔,多静风,空气不畅通,产生"热岛"效应。

根据 4 月 26 日 02、08、14、20 时四次观测结果(表 3)表明,在 4 月 26 日公园内的气温平均值要比广州市测点低 2.5～3.7 ℃,空气相对湿度比广州市测点高出 7～11 个百分点,地面温度低 3.2～4.7 ℃。

表 3　1998 年 4 月 26 日各观测点小气候比较

| 观测点 | | 气温(℃) | 地表温度(℃) | 相对湿度(%) |
|---|---|---|---|---|
| 广州市天河体育中心 | | 26.3 | 27.7 | 88 |
| 水库码头 | | 23.8 | 23.9 | 95 |
| 九地 | 林内 | 23.8 | 23.5 | 95 |
| | 林外 | 23.5 | 24.5 | 97 |
| 大佛庙 | 林内 | 22.6 | 23.0 | 99 |
| | 林外 | 22.6 | 23.8 | 99 |

以上说明,公园各测点气温、地温、日平均气温、日最高气温及气温日较差均低于广州市。空气相对湿度和风速则比广州市大。同时,公园内林内各气象要素的变化较林外缓和。凉爽湿润的森林小气候环境,有利于广州市民近郊旅游。

(1998 年 7 月)

# 广东象头山国家级自然保护区小气候考察报告*

吴章文

**摘　要**:1999 年 5 月,在广东惠州市区和象头山自然保护区南坡,采用短期定位对比观测法进行了 3 d 的小气候观测。结果表明:象头山自然保护区山地气候、地形小气候、森林小气候特征明显,在海拔 312～920 m 间,随着海拔升高温度降低 3.6～4.5 ℃,风速增大 0.9～1.0 m/s,静风频率降低 34%～65%,气温铅直梯度为－0.59 ℃/100 m。森林调节气候、降低夏季气温的功能明显;但阔叶矮林林冠对温度的副作用亦明显:杉木林、阔叶乔木林林冠有"凉伞"效应;惠州市区"水泥沙漠"地面的城市"火炉"效应显著,夏季炎热。

**关键词**:象头山;自然保护区;小气候

象头山自然保护区是广东省政府 1998 年 12 月 28 日批准建立的 7 个自然保护区之一。

象头山位于广东省惠州市北部博罗县境内,山脉呈东西走向,横贯博罗县中部,南坡面海。象头山自然保护区由惠州市林业局所辖的汤泉、象头山、白芒 3 个林场的三堆池、上嶂、天堂山 3 个边远毗邻工区组建而成,土地连片,总面积 6424 $hm^2$,境内最低海拔 30 m,最高峰蟹眼顶海拔 1024 m。地理坐标为北纬 23°13′～23°23′,东经 114°19′～114°27′,处于北回归线上。地貌属中低山地,山体多裸露花岗岩,土壤多南亚热带赤红壤。保护区内森林覆盖率 78.6%,植被由常绿阔叶林、常绿针阔叶混交林、常绿针叶林构成。境内有山塘水库 7 座,主要河流小金河及其支流流经保护区后,经四牌楼,在小金口注入东江。保护区属典型的南亚热带湿润季风气候,光照充足,雨量充沛,年平均气温 21.7 ℃,极端最低气温 0.7 ℃,极端最高气温 36.6 ℃,年降水量 1610～2869 mm。由于保护区境内地形复杂,植被繁茂,小气候类型多样。为了进一步了解象头山的小气候特点,我们进行了短期小气候观测,现将结果报告如下。

## 一、观测目的

了解象头山自然保护区的自然本底资料,建立科学技术档案;为象头山自然保护区总体规划、象头山自然保护区实验区的旅游开发规划和今后的生态环境建设提供科学依据。

## 二、观测时间

1999 年 5 月 4 日 20 时至 7 日 20 时,5 月 11 日 10—16 时。每小时 1 次,昼夜连续观测。

---

* 此次考察由中南林学院森林旅游研究中心与惠州市林业局共同完成;
参加外业观测工作的有张西林、肖光明、马先锋、林惠兰、郭盛晖、郑群明、傅蓉、顾晓艳、李黎、文首文、李健、张永发等;
本文原载于《象头山自然保护区综合考察报告》(1999 年)。

## 三、观测方法

采用短期定位对比观测法，以惠州市气象局东坪气象站的定时观测值和每小时一次的校正后的自记值为对照，设置惠州市内南坛小学校内水磨石地面的城市"水泥沙漠"观测点，在象头山自然保护区内的三堆池、四级站（电站所在地）、范家田、鸡公田 4 个地段设置林内、林外、沟谷对比观测点 9 个，共计 11 个不同性质的观测点，进行两两对比观测。在同一测点上观测地面 0 cm、离地 20 cm、离地 150 cm 共 3 个梯度的温度和湿度，以及离地 200 cm 高处的风向、风速。仪器采用 DHM2 型机动通风干湿表、套管式水银普通温度表、最高温度表和酒精最低温度表、DEM6 型三杯轻便风向风速仪。资料整理以 20 时为日界，即用 21 时至次日 20 时的逐时值，24 次平均值为日平均值。各观测点基本情况见表 1。

**表 1　小气候观测点基本情况一览表**

| 地段名称 | 测点名称 | 海拔(m) | 坡向情况 | 局部环境特征 | 测点性质 |
|---|---|---|---|---|---|
| 惠州市区 | 东坪 | 21.5 | 平地 | 气象观测场、草坪 | 对照点 |
| | 南坛小学 | 21.5 | 平地 | 水磨石地面，周围均有房屋 | 城市水泥地 |
| 三堆池 | 小金河 | 311.0 | 狭窄谷地 | 溪河水边，河中水量小，多巨石 | 溪谷水域 |
| | 林中空地 | 312.0 | 南坡小盆地 | 山间空地，西侧 200 m 处有山体 | 对照点 |
| | 林内 | 312.0 | 南坡小盆地 | 山间盆地，面积约 4 $hm^2$，青梅纯林，平均树高 3 m，株行距 5 m×3 m，郁闭度 0.8 | 人工阔叶林 |
| 四级站 | 林中空地 | 402.0 | 南坡小盆地 | 电站厂房前空地，地面多沙砾 | 对照点 |
| | 林内 | 400.0 | 西坡 | 7 年生树木，平均树高 8 m，株行距 1 m×2 m，郁闭度 0.9 | 杉木纯林 |
| 范家田 | 林中空地 | 747.6 | 南坡盆地 | 面积约 15 $hm^2$，测点设在电站住房前空地，地面多沙砾 | 对照点 |
| | 林内 | 757.6 | 南坡 | 阔叶混交林，平均高 5 m，株行距 1 m×2 m郁闭度 0.9 | 常绿阔叶混交密林 |
| 鸡公田 | 林中空地 | 920.0 | 南坡盆地 | 蟹眼顶山脚，发射台房前，公路终端 | 对照点 |
| | 林内 | 920.0 | 南坡 | 沟谷地，阔叶混交林，株行距 2 m×3 m，平均高 6 m，郁闭度 0.9 | 常绿阔叶混交乔木林 |

## 四、观测结果

### （一）海拔高度不同，小气候特征不同

根据总体规划需要，我们在象头山南坡不同海拔高处的林中空地设置了观测点 4 个，观测结果见表 2。

**表 2　不同海拔高处的小气候观测值**

（5 月 4 日 20 时—5 月 7 日 20 时的平均值）

| | | 三堆池 | 四级站 | 范家田 | 鸡公田 | 备注 |
|---|---|---|---|---|---|---|
| 海拔高度(m) | | 312.0 | 402.0 | 747.0 | 920.0 | |
| 气温(℃) | 日平均 | 19.0 | 19.0 | 16.1 | 15.4 | −0.59 ℃/(100 m) |
| | 最高 | 27.0 | 26.6 | — | 26.0 | |
| | 最低 | 13.0 | 13.1 | — | 11.0 | |
| | 日较差 | 9.1 | 8.6 | — | 8.8 | |
| 空气相对湿度(%) | | 92 | 87 | 94 | 92 | |
| 地温(℃) | 日平均 | 21.1 | 20.7 | 18.2 | 17.8 | −0.54 ℃/(100 m) |
| | 最高 | 35.5 | 31.0 | 31.9 | 31.8 | |
| | 最低 | 14.0 | 13.5 | 12.7 | 11.6 | |
| | 日较差 | 12.8 | 10.5 | 9.2 | 8.8 | |
| 日平均风速(m/s) | | — | 0.3 | 1.2 | 1.3 | |
| 静风频率(%) | | 44 | 78 | 13 | 18 | |

注：范家田的最高气温值因观测错误而淘汰。

由表 2 可知，1999 年 5 月 4—7 日，象头山南坡海拔 312.0～920.0 m 间的 4 个观测点中，海拔 312.0 m 处的三堆池日平均气温为 19.0℃，海拔 920.0 m 的鸡公田为15.4 ℃，海拔每升高 100 m，日平均气温降低 0.59 ℃，即象头山南坡的气温铅直梯度为－0.59 ℃/(100 m)。随着海拔升高，空气最高温度与空气最低温度亦有降低，但降低幅度与日平均气温不一致，气温日较差山上比山下减小 0.3～0.5 ℃。空气相对湿度因地形和植被不同而略有增减；日平均风速由 0.3 m/s 增大到 1.3 m/s，静风频率减小 34%～65%。气温、地温、空气湿度、风向、风速随海拔高度的变化均呈现出明显的山地气候特征。

一般山地，海拔每升高 100 m，气温下降 0.6 ℃，经海拔高度订正后，海拔 747 m 的范家田气温理论值为 16.7 ℃，而实际值为 16.1 ℃；海拔 920 m 处的鸡公田气温理论值应为 16.0 ℃，而实际为 15.4 ℃，实测值均比理论值低 0.6 ℃，其原因主要是周围森林覆盖率高达 78.6%，森林改善了环境，使林中空地夏季的降温幅度大于一般山地。

## (二)地形不同，小气候特征不同

由表 1 和表 2 综合分析还可以看出：地形不同，小气候观测值不同。海拔 402.0 m 处的四级站测点因山势陡峭，台地面积小，仅 0.1 $hm^2$，北有陡坡挡北风，东西方向有杉木林及阔叶林的遮挡，降低了风速，故日平均风速仅 0.3 m/s，静风频率最大，达 78%。海拔 747.0 m 的范家田为山间开阔盆地，面积约 15 $hm^2$，为弃荒农田，近处无遮挡物，故静风频率仅 13%，为象头山最小值。

在同一高度上，地形不同，小气候特征也不相同。根据小气候原理，水体有调节气候、夏季降低气温的作用。三堆池海拔 312 m 处的林中空地与小金河河谷相比，因受水体调节，河谷的日平均气温理应比林中空地低，实际观测值河谷却比林中空地高 0.3 ℃，原因是小金河流域修建了 7 级水电站，其中有 4 级在三堆池上游，由于河水被拦截，引入水渠，水库发电后，又通过涵管输送到下一级电站发电，形成了小金河在三堆池河段只见卵石难见水流的景观，加上河床较窄(约 3 m 宽)，地形闭塞，所以出现水域附近的日平均气温反而比林中的空地高的现象。不过，小金河毕竟旱季也不断流，所以水体调节气候的功能在最高气温和最低气温值上还有体现，河谷的最高气温比林中空地低 0.8 ℃，最低气温比林中空地高 2.0 ℃，气温日较差减小 3.0 ℃。由于河谷地形闭塞，静风频率比林中空地增大 7%，详见表 3。

**表 3 不同地形条件下的小气候观测值**

(5 月 4 日 20 时—5 月 7 日 20 时的平均值)

| | 气温(℃) | | | | 相对湿度(%) | 静风频率(%) | 20 cm 高处气温(℃) |
|---|---|---|---|---|---|---|---|
| | 日平均 | 最高 | 最低 | 日较差 | | | |
| 林中空地 | 19.0 | 27.0 | 13.0 | 9.1 | 92 | 44 | 19.3 |
| 河谷 | 19.3 | 26.2 | 15.0 | 6.1 | 92 | 51 | 19.3 |
| 差值 | −0.3 | 0.8 | −2.0 | 3.0 | 0.0 | −7 | 0.0 |

## (三)植被类型不同，小气候特征不同

为了了解不同类型森林的小气候效应，考察期间我们在三堆池的青梅林内外、四级站的杉木林内外、范家田的常绿阔叶密林和鸡公田的常绿阔叶混交乔木林内外，设置 4 组 8 个对比观测点，进行了为期 3 d 的同步观测，其结果见表 4。

**表 4 不同类型森林内外的小气候观测值**

| | | 气温(℃) | | | | 相对湿度(%) | 日平均风速(m/s) | 静风频率(%) | 20 cm 高处气温(℃) | 地表温度(℃) |
|---|---|---|---|---|---|---|---|---|---|---|
| | | 日平均 | 最高 | 最低 | 平均日较差 | | | | | |
| 三堆池 | 青梅林 | 19.1 | 25.5 | 13.5 | 6.3 | 90 | — | 51 | 19.1 | 19.9 |
| | 林中空地 | 19.0 | 27.0 | 13.0 | 9.1 | 92 | — | 44 | 19.3 | 21.1 |
| | 差值 | 0.1 | −1.5 | 0.5 | −2.8 | −2 | — | 7 | −0.2 | −1.2 |
| 四级站 | 杉木林 | 18.9 | 23.0 | 14.0 | 5.3 | 89 | 0.1 | 89 | 18.9 | 18.9 |
| | 林中空地 | 19.0 | 26.6 | 13.1 | 8.6 | 87 | 0.3 | 78 | 19.3 | 20.7 |
| | 差值 | −0.1 | −3.6 | 0.9 | −3.3 | 2 | −0.2 | 11 | −0.4 | −1.8 |
| 范家田 | 阔叶混交 | 16.6 | 21.1 | 14.3 | 4.2 | 90 | 1.0 | 26 | 17.0 | 16.9 |
| | 林中空地 | 16.1 | 29.0 | 14.8 | 7.4 | 94 | 1.2 | 13 | 17.2 | 18.2 |
| | 差值 | 0.5 | −7.9 | −0.5 | −3.2 | −4 | −0.2 | 13 | −0.2 | −1.3 |
| 鸡公田 | 阔叶林 | 15.0 | 19.8 | 11.7 | 4.7 | 93 | 1.1 | 47 | 15.2 | 15.6 |
| | 林中空地 | 15.4 | 26.0 | 11.0 | 8.8 | 92 | 1.3 | 18 | 15.5 | 17.8 |
| | 差值 | −0.4 | −6.2 | 0.7 | −4.1 | 1 | −0.2 | 29 | −0.3 | −2.3 |

由表 4 得知：三堆池海拔 312 m 处的人工青梅林平均树高 3 m，属小乔木，亦可视为大灌木林，虽然林内透光良好，但由于树体矮小，通风及庇荫效果不良。所以林内的日平均气温比林中空地略高。加上林木的蒸发作用，使得林内的空气相对湿度也比林外低，显示出这两个气象要素在青梅林内林冠对温度的副作用大于正作用。由于青梅林的“凉伞”效应差，不宜在林

内开展游憩活动。

海拔 402 m 处四级站附近的人工杉木幼林，林内与林中空地相比，林内的日平均气温比林外低 0.1 ℃，气温日较差小 3.3 ℃，空气相对湿度高 2%，日平均风速小 0.2 m/s，静风频率高 11%，离地 20 cm 处平均气温低 0.4 ℃，地面日平均温度低 1.8 ℃。各要素均显示出林冠对温度的正作用大于副作用。由于所测地段地形陡峭，又正值幼林阶段，故林内降温幅度不大，但这已经说明密度合理、郁闭度适宜的杉木成林是可望获得良好的“凉伞”效应的。在纬度低、太阳辐射大的象头山应选择地形开阔、平坦的山间盆地，营造培育松、杉成林，以利在实验区开展森林游憩活动。从森林小气候效应考虑，象头山针叶林内开展森林旅游是有潜力的。

海拔 757.6 m 处的范家田，地势平坦，视野开阔，属山间大盆地，已种植兰花、百合多种花卉及作物，盆地周围青山叠翠，林木葱茏，绿色环抱，景色迷人，但由于海拔较高，周围山体陡峻，多裸露岩石，常绿阔叶次生林密度大，郁闭度达 0.9 以上，林内可进入性差，通风透光不良。林内与林中空地相比，林内的平均气温比林外高 0.5 ℃，空气相对湿度低 4%，林冠对温度的副作用在这里又有所显示；其余的观测值仍然表现出森林小气候的变化比林中空地缓和的趋势。虽然林内可进入性差，但由于森林覆盖率高，林分调节气候、美化环境、保护水土的功能在范家田表现出极大优势。笔者认为，这里应利用森林的综合公益效能，在宽阔的林中空地开展野营、游憩、避暑等多项活动，林内可以开展科学考察、科普教育及采集标本等多项旅游活动。

海拔 920 m 的鸡公田测点设在最高峰蟹眼顶的山脚，林内测点在博罗县广播电视发射台生活用房东侧的天然阔叶林内，坡面呈凹形，平均树高 6 m，株行距 2 m×3 m，郁闭度 0.9，林外测点设在公路终端。观测结果表明，林内比林中空地日平均气温低 0.4 ℃，最高气温低 6.2 ℃，最低气温高 0.7 ℃，气温日较差小 4.1 ℃，空气相对湿度大 1%，日平均风速小 0.2 m/s，静风频率大 29%，离地 20 cm 处气温低 0.3 ℃，日平均地温低 2.3 ℃。所测全部要素都表明，鸡公田的森林内林冠对温度的效应正作用起主导作用，但由于山高风大，林木生长受到制约，树体矮小，因此森林的“凉伞”效应不够理想。良好的森林环境，在夏季晴天可使日平均气温降低 4 ℃，中午的气温可降低 10 ℃。

森林对林内温度的影响，主要取决于林冠对温度所起的正负两种作用。林冠的存在阻挡了入射林内的太阳辐射，也阻挡了林内向林外放射辐射，因此白天和夏季林内气温与地温低于林外；夜间和冬季温度比林外高，使林内温度日较差和年较差减小。低纬度地区，因全年都是入射辐射占优势，因此森林具有降低日平均温度和年平均温度的作用，产生良好影响，俗称“凉伞”效应，这就是林冠对温度的正作用。

另外，林冠的存在减小了林内风速和乱流交换作用，使之与林外的热量交换减少，有提高林内温度、增大林内温度日较差的作用，产生不良影响，这称为林冠对温度的副作用。

### (四)地表面性质不同，小气候特征不同

城市是人类文明进步的标志，现代化的城市里房屋愈盖愈密、愈盖愈高。鳞次栉比的高楼大厦大都是由钢筋混凝土堆砌而成。城市被当今环境生态学家称为“水泥沙漠”。为了解城市的小气候特征，我们选择惠州市南坛小学校园内的水磨石地面进行了为期 3 d 的小气候观测，并与惠州市气象局东坪观测场的同步观测值进行对比，其差值见表 5。

表 5　不同地表性状的小气候特征

|  | 地表性状 | 海拔(m) | 气温(℃) |  |  |  | 20 cm 高处气温(℃) | 地面温度(℃) | 相对湿度(%) |
|---|---|---|---|---|---|---|---|---|---|
|  |  |  | 日平均 | 最高 | 最低 | 日较差 |  |  |  |
| 东坪气象站 | 浅草坪 | 21.5 | 20.3 | 26.5 | 15.5 | 7.6 |  | 22.9 | 84 |
| 南坛小学 | 水磨石 | 21.5 | 21.6 | 29.6 | 16.0 | 6.7 | 21.7 | 23.6 | 89 |
| 差值 |  |  | −1.3 | −3.1 | −0.5 | −0.9 |  | −0.7 | −5 |

从表 5 得知，5 月 5—7 日期间，在惠州市区南坛小学游泳池旁水磨石地面与东坪气象站相比，水磨石地面比草地日平均气温高 1.3 ℃，最高气温高 3.1 ℃，最低气温高 0.5 ℃，相对湿度高 5%，地表温度高 0.7 ℃。这说明居民集中区的“水泥沙漠”要比草坪上热。晴天、盛夏这种差异更大。5 月 7 日，晴，南坛小学比东坪气象站的日平均气温高 1.5 ℃，5 月 11 日，晴，白天 10—16 时的逐时气温南坛小学比东坪气象站高 1.0～2.3 ℃，最高气温高 3.8 ℃。据研究，100 万人口以上的城市中心，最高气温比郊区高 8.0～10.0 ℃，广州市区比郊区的日平均气温高 1.3 ℃。这种市区温度比郊区高的现象称为城市的“热岛”效应，或“火炉”效应，它迫使城市居民外出避暑消夏。惠州市人口虽然不多，但居民居住集中，在居民集中区居住的居民应当逃避“沙漠”和“热岛”的困扰，外出避暑消夏、旅游度假。象头山距惠州市仅 28 km，夏季气候凉爽，景色优美，生态环境优越，应当是惠州及珠江三角洲居民回归自然、享受自然的理想去处。

## (五)天气不同，小气候特征不同

考察期间，5 月 6 日为阴天，有小雨，5 月 7 日雨过天晴。在这相近的两天里，林中空地晴天各测点的日平均气温相差 1.7～6.0 ℃，气温日较差相差 1.8～4.9 ℃，地面日平均温度相差 3.5～4.9 ℃；阴天，各测点的日平均温度相差 1.0～3.9 ℃，气温日较差相差2.2～4.7 ℃，地面日平均温度相差 2.7～3.6 ℃。晴天差异大，阴天差异小。晴天与阴天相比，晴天日平均气温的差异要比阴天大 0.2～1.6 ℃，地面日平均温度要相差 0.7～1.5 ℃，最高气温相差 1.8～4.9 ℃，最高地温相差 4.5～7.0 ℃，详见表 6。

综上所述，象头山南坡，春夏之交，海拔高度对小气候影响十分显著，山上日平均气温比山下低 3.6 ℃，比惠州市低 4.9 ℃，气温铅直梯度为−0.59 ℃/100 m；日平均风速山上比山下增大 1.0 m/s，静风频率山上比山下减小 34%～65%；空气相对湿度因地形和植被变化而略有增减，变化较复杂。除高度影响外，地形对小气候的影响亦十分明显，同高度的盆地与河谷相比，河谷的日平均气温比盆地高 0.3 ℃，水体附近比陆地的气温日较差减小 3.0 ℃，静风频率比盆地大 7%。森林植被覆盖使象头山夏季的气候更加凉爽，降低幅度增大 0.6 ℃，但因山高风大，树体矮小，林分过密，林冠郁闭度大，林内通风透光不良，故三堆池青梅林、范家田阔叶林的“凉伞”效应不佳；仅四级站杉木林、鸡公田阔叶林有“凉伞”效应。此外，惠州市水磨石地面与草地相比，日平均气温比草坪高 1.3 ℃，最高气温比草坪高 3.1 ℃，城市“水泥沙漠”的存在增大了城市的“热岛”效应。象头山山地小气候特点晴天比阴天明显，天气越晴朗，象头山越凉爽。

表 6　象头山不同海拔高处的小气候观测值(℃)

| 地点 | | 东坪 | 三堆池 | 四级站 | 鸡公田 |
|---|---|---|---|---|---|
| 5月7日 晴天 | 日平均气温 | 19.8 | 18.8 | 19.0 | 15.3 |
| | 最高气温 | 29.7 | 26.0 | 26.6 | 26.0 |
| | 气温日较差 | 11.8 | 13.9 | 9.0 | 10.8 |
| | 日平均地温 | 27.8 | 22.7 | 21.9 | 18.4 |
| | 最高地温 | 35.5 | 35.5 | 31.0 | 38.0 |
| | 地温日较差 | 21.9 | 18.5 | 15.3 | 10.8 |
| 5月6日 阴天 | 日平均气温 | 19.7 | 18.6 | 18.4 | 15.8 |
| | 最高气温 | 24.9 | 22.0 | 20.5 | 21.0 |
| | 气温日较差 | 6.7 | 5.4 | 4.2 | 2.0 |
| | 日平均地温 | 21.3 | 21.3 | 20.4 | 17.7 |
| | 最高地温 | 25.2 | 28.0 | 23.5 | 22.5 |
| | 地温日较差 | 7.9 | 7.0 | 6.3 | 6.2 |

## 五、结论与建议

(1)象头山由于海拔高、地形复杂、植被茂盛,山地气候特征、地形小气候特征、森林小气候特征明显。气候凉爽是象头山自然保护区的资源优势;杉木林内“凉伞”效应明显,象头山营造松、杉林的宜林地多,是象头山潜在的小气候优势,也是象头山自然保护区实验区发展旅游业的潜在资源优势。

(2)三堆池气候凉爽,山、水、石、树交相辉映。附近的金娘坪开阔美丽,金河幽谷深邃神秘,山涧流水潺潺有声,既是理想的野营场所,也是建设旅游度假村的最佳选址,旅游开发前景看好,但在开发利用中,必须保护好“金河幽谷”风景河段,除了修建沿溪人行小路外,不能进行其他人为干扰。

(3)象头山的大芒窝海拔高度适中,山势平缓,土壤肥沃,环境优越,既是良好的宜林地,也是良好的野营地,应当加速培育树体高大、景观优美、保健效益和小气候效益好的游憩林,作为重要的生态旅游地开发建设和保护。

(4)象头山南坡的范家田为山间盆地,面积大,地势平坦,视野开阔,气候凉爽,交通方便,是避暑度假、康体休闲、野营露宿的理想之地,也是种茶、养兰、种植药材和蔬菜的理想场所。除旅游气候优势外,还有优越的农田小气候优势,有广阔的综合开发利用价值。

(5)象头山南坡的鸡公田旅游资源丰富,自然景观优美,小气候优越,交通方便,还有石级直达最高峰蟹眼顶,是开展登山旅游和极目远眺观光游览的理想场所,应予以充分利用。

(6)惠州市区城市小气候的“热岛”效应明显,市民们应增强生态意识、保健意识和旅游意识,双休日去郊外旅游度假,康体休闲,回归自然。象头山应当成为人们返璞归真、回归自然的首选之地。

(1999 年 12 月)

# 湖南资兴市小东江的小气候特征*

吴章文

**摘　要**:2000年7月27—28日,采用单线考察法,对小东江、东江镇进行了小气候观测,并搜集了资兴市气象站的同步观测资料作为对照。结果表明:随着距小东江的距离增大,气温上升,空气相对湿度和风速减小,风向趋于稳定。

**关键词**:小东江;小气候;气候要素

东江湖景区位于资兴市西南部,总面积200 $km^2$,是以"湘南洞庭湖"——东江湖为主体的省级风景名胜区。小东江为东江湖景区重要景点之一,位于景区的主入口处、东江镇境内,距离新区10余千米,主要由云雾景观和镰刀湾瀑布组成。为了进一步开发利用这里的旅游资源,结合资兴市总体规划需要,中南林学院森林旅游研究中心对这里的小气候进行了观测研究。现将观测研究结果报告如下。

## 一、研究目的

了解小东江及其附近地段的小气候特征,为进一步开发利用和保护其旅游资源服务。

## 二、研究方法

我们采用单线考察法,从小东江上的吊桥中心到东江镇水电路设置对比测点4个、辅助测点6个,并取资兴市气象局7月27—28日的观测资料进行对比分析。观测时间:2000年7月27日20时至28日20时,每2 h观测一次。观测要素:150 cm处气温、空气相对湿度、200 cm高处风向风速等。观测仪器全部采用国家定型产品。资料按中国气象局的《地面气象观测规范》要求整理。各测点基本情况见表1。

**表1　小气候主要观测点至小东江的距离(m)**

| 测点 | 吊桥中心 | 桥西冷饮店 | 东方宾馆 | 邮局 | 新区气象站 |
|---|---|---|---|---|---|
| 距小东江距离 | 0 | 20 | 50 | 200 | 10000 |

## 三、研究结果

### (一)气温和相对湿度

我们在小东江、东江镇、资兴市区的小气候观测结果如表2所示。

---

* 主要观测人员:顾晓艳、吴章文、孟明浩、文首文等。

**表 2　各测点的气温及相对湿度比较**

| 测点 | 150 cm 高处气温(℃) | | | | 空气相对湿度(%) |
|---|---|---|---|---|---|
| | 日平均 | 最高 | 最低 | 日较差 | |
| 吊桥中心 | 29.8 | 35.5 | 24.5 | 11.0 | 73 |
| 桥西冷饮店 | 30.9 | 37.0 | 24.4 | 12.6 | 69 |
| 东方宾馆 | 31.3 | 37.4 | 25.1 | 12.3 | 67 |
| 邮局 | 31.1 | 37.6 | 25.4 | 12.2 | 67 |
| 新区气象站 | 31.8 | 37.7 | 27.3 | 10.4 | 64 |

由表 2 可知：

(1)各测点随着距离小东江的远近不同，气温变化呈规律性的变化。一般地，随着距离增大，气温上升。日平均气温小东江较东江镇低 1.5 ℃，比新区低 2.0 ℃；最高气温小东江较东江镇低 2.1 ℃，比新区低 2.1 ℃。

(2)气温日较差东江镇三个测点相差仅为 0.1～0.4 ℃。最大值出现在东方宾馆，为 12.6 ℃，较小东江高出 1.6 ℃。气温日较差最小值为新区。这主要是因为新区多为水泥路面和人工建筑物，混凝土热容量小、升温快，因而白天气温高；而晚间空气流通不畅，热量不易散失。结果是白天新区最高气温较小东江高出 2.1 ℃，晚间最低气温比小东江高出 2.8 ℃。这表明小东江较新区和东江镇凉爽。

(3)各测点距离小东江越远，空气相对湿度呈规律性的减少。小东江水面上的空气相对湿度比东江镇大 4%～6%，比新区大 9%。可见小东江的水域效应非常明显，这也是小东江较新区凉爽的原因之一。

在对 4 个测点进行观测的同时，为进一步说明小东江的水域效应，我们同时又设置了 6 个辅助点，分别于 7 月 27 日 18 时、24 时及 7 月 28 日 02 时三个时间进行小气候观测，其结果如表 3 所示。

**表 3　各辅助点的温度(℃)**

| 测点时间 | 桥东 | 桥中心 | 桥西 | 冷饮店 | 宾馆 | 邮局 | 安康药店 | 糕点厂 | 客房内 | 客房走廊 |
|---|---|---|---|---|---|---|---|---|---|---|
| 27 日 18 时 | 31 | 30.2 | 29.3 | 30.0 | 30.5 | 31.1 | | | | |
| 27 日 24 时 | | 26.1 | | 28.1 | 28.0 | 28.0 | 28.5 | 27.8 | 31.0 | 29.1 |
| 28 日 02 时 | | 26.9 | 25.8 | 27.0 | 27.2 | 27.8 | | | 30.7 | |

则表 3 可以看出：

(1)以桥西为起点，各测点距离越远，气温越高。原因可能是：桥东面有一电厂，每天排出大量废气，导致附近空气增热升温，而吊桥多盛行南风。当风从桥东往桥西吹，热空气和小东江水面上的冷气流混合，被逐渐冷却，所以从桥东往桥西气温逐渐降低，7 月 27 日 18 时测得桥西气温比桥东低 1.7 ℃，比桥中心低 0.9 ℃。而从桥西往东江镇方向，人口越来越密集，人类活动产生大量热量，加上小东江的冷气流因建筑物的阻挡不能继续前进，因而气温呈逐渐上升的趋势。

(2)同一时间宾馆内外气温差异显著。根据 7 月 27 日 24 时的小气候观测，宾馆客房气温达到 31.0 ℃，较客房走廊高 1.9 ℃，较宾馆出口处高 3.0 ℃，较桥中心高 4.9 ℃，人住在宾馆内颇感郁热难当。

### (二)风向风速

空气沿小东江流动时有明显的狭管效应,风速较大,风向与河流的方向一致,多吹南风。在东江镇上,因受建筑物和水泥路面的阻挡、摩擦,风速大为减小,风向与街道方向一致,多吹东风(表 4)。

**表 4　各个测点的风向、风速分布情况**

| 测点 | 风向频率(%) | | | | | | | | | | 日平均风速 (m/s) |
|---|---|---|---|---|---|---|---|---|---|---|---|
| | E | EES | ES | ESS | S | SSW | SW | W | NE | C | |
| 吊桥中心 | | | | | 92 | | | 8 | | | 4.1 |
| 冷饮店 | 33 | | 8 | | 25 | | 8 | 17 | | 8 | 2.0 |
| 东方宾馆 | 42 | | | | | | | 25 | | 33 | 2.0 |
| 邮局 | 50 | | | | | | | 25 | 25 | | 1.8 |
| 气象站 | | 4 | 17 | 17 | 13 | 8 | 29 | 4 | | 8 | 1.9 |

由表 4 可以看出:

(1)小东江水面上因狭管效应,风多沿着河流流向吹南风,其风向频率高达 92%,而且风速较其他测点要高,日平均风速达 4.1 m/s,比东江镇高出 2.1 m/s。

(2)沿吊桥往街道方向,随着距离的增大,风速越来越小。这是由于街道两旁建筑物的阻挡、摩擦作用,阻碍了气流的运动,减小了风速,而且因为狭管效应,气流逐渐趋于稳定,方向少变化,东风频率增大,即风沿着街道方向吹。

## 四、结论和建议

(1)观测结果表明,因为水域效应和狭管效应,使得各测点的小气候要素随着距离小东江的远近不同呈现出规律性的变化。一般地,距离增大,气温上升,空气相对湿度和风速减小,风向趋于稳定。

(2)小东江日平均气温比东江镇低 1.5 ℃,比资兴市新区低 2.0 ℃;最高气温比东江镇和新区均低 2.1 ℃。小东江水面上的空气相对湿度比东江镇大 4%~6%,比新区大 9%;南风风向频率高达 92%,日平均风速为 4.1 m/s,比东江镇高出 2.1 m/s。所以,气温较低,湿度和风速较大,使得小东江比东江镇和新区要凉爽舒适得多,是炎炎夏日消暑纳凉的好去处。

(3)以吊桥西端为起点,往桥东或东江镇方向,距离越远,气温越高。同一时间东方宾馆内外气温差异显著,客房内气温比宾馆出口处高 3.2 ℃,比吊桥中心高 4.9 ℃,人住在宾馆内颇感闷热。

(2000 年 8 月)

# 湖南资兴市东江湖兜率岛小气候特征*

吴章文

**摘　要**:2000 年 7 月 24—25 日,采用短期定位对比观测法,对郴州市火车站、资兴市区、兜率岛三地进行了逐时小气候观测。结果表明:兜率岛景区范围内,林内日平均气温比林外低 0.2 ℃;岛上比市区低 2.8 ℃,比火车站低 4.1 ℃;空气相对湿度林内比林外高 2%;岛上比市区高 9%～11%,比火车站高 17%～19%。林内日平均风速比林外小 0.4%,静风频率比林外增加 30%。

**关键词**:兜率岛;小气候;气温;空气相对湿度;风向;风速

东江湖景区位于资兴市西南部,总面积 200 $km^2$,是以"湘南洞庭"——东江湖为主体的省级风景名胜区。兜率岛位于东江湖腹地,是湖中最大的岛屿,总面积 5.7 $km^2$,现已成为东江湖景区重要的景点之一。

为了进一步开发利用这里的旅游资源,结合兜率岛开发详规需要,中南林学院森林旅游研究中心对这里的小气候进行了观测研究。现将观测研究结果报告如下。

## 一、研究目的

了解兜率岛的小气候特征,为进一步开发利用和保护其旅游资源服务。

## 二、研究方法

我们采用短期定位对比观测方法,在兜率岛空旷地设观测点 1 个,并在附近的马尾松林内设对比测点 1 个,郴州市火车站广场设对比测点 1 个,共有测点 3 个,设置地面 0 cm 和 150 cm 两个观测高度。取资兴市气象局 7 月 24—25 日的观测资料进行对比分析。观测时间:2000 年 7 月 24 日 20 时至 25 日 20 时逐时观测。观测要素:150 cm 处气温、0 cm 地面温度、空气相对湿度、200 cm 高处风向风速等。观测仪器全部采用国家定型产品。资料按中国气象局的《地面气象观测规范》要求整理。各测点基本情况见表 1。

**表 1　小气候主要观测点基本情况**

| 观测时间 | 地段 | 测点性质 | 海拔 (m) | 坡向 | 主要植被 | 代表内容 |
|---|---|---|---|---|---|---|
| 24 日 20 时—25 日 20 时 | 兜率岛 | 空地 | 350 | 东 | 杂草灌木 | 岛上林外小气候环境 |
| | | 林内 | 350 | 东 | 马尾松 | 岛上林内小气候环境 |

* 主要观测人员:李向明、张朝枝、叶晔、张文敏、赵凯、沈治乾等。

续表

| 观测时间 | 地段 | 测点性质 | 海拔(m) | 坡向 | 主要植被 | 代表内容 |
|---|---|---|---|---|---|---|
| 24 日 20 时—25 日 20 时 | 郴州市火车站 | 水泥路面 | — | — | — | 郴州车站广场小气候环境 |
| 24 日 20 时—25 日 20 时 | 资兴市气象站 | 气象观测站 | — | 平地 | 浅草 | 资兴市新区气候环境 |

## 三、研究结果

### (一)气温

在兜率岛、郴州市火车站、资兴市区(气象站)的小气候观测结果如表 2 所示。

**表 2　各测点的气温比较(℃)**

| 天气 | 地段 | 测点性质 | 地面温度 | | | | 150 cm 高处气温 | | | |
|---|---|---|---|---|---|---|---|---|---|---|
| | | | 日平均 | 最 高 | 最 低 | 日较差 | 日平均 | 最 高 | 最 低 | 日较差 |
| 晴 | 兜率岛 | 空地 | 35.4 | 59.5 | 21.8 | 37.7 | 28.4 | 36.5 | 24.1 | 12.4 |
| | | 林内 | 27.3 | 34.8 | 23.9 | 10.9 | 28.2 | 33.7 | 24.2 | 9.5 |
| | | 差值 | 8.1 | 24.7 | −2.1 | 26.8 | 0.2 | 2.8 | −0.1 | 2.9 |
| 晴 | 郴州市火车站 | 广场水泥地面 | 39.9 | 61.0 | 29.5 | 31.5 | 32.5 | 39.5 | 26.5 | 13.0 |
| 晴 | 气象站 | 空旷地 | 37.8 | 61.6 | 24.8 | 36.8 | 31.0 | 36.7 | 26.0 | 11.7 |

由表 2 可以看出：

(1)兜率岛马尾松林林内外气温日较差悬殊较大。林内日较差为 9.5 ℃，林外为 12.4 ℃，林内气温日较差比林外小 2.9 ℃。林外地温日较差为 37.7 ℃，而林内地温日较差为 10.9 ℃，两者相差 26.8 ℃之多。这说明森林有使小气候的日变化趋于缓和的作用。

(2)4 个测点日平均气温、最高气温由高到低的顺序为郴州火车站、资兴市新区、兜率岛林外、兜率岛林内；气温日较差由高到低的排列顺序为郴州火车站、资兴市新区、兜率岛林外、兜率岛林内。火车站广场为水泥路面，热容量小，温度升高快、下降也快，变化剧烈。兜率岛林外为杂草灌木覆盖，林内为马尾松林覆盖，气象站为 20 cm 厚的浅草覆盖。这三个测点因植被的存在，地表的蒸发作用和植物的蒸腾作用使小气候变化不至于太剧烈，其中森林改善小气候的作用比杂草灌木和浅草明显，加之兜率岛四面环水，因为湖陆效应使岛上两个测点小气候变化较其他两个测点变化缓和。

(3)林内外最高、最低温度差异大。林内最高气温较林外低 2.8 ℃，最低气温较林外高 0.1 ℃；林内最高地温较林外低 29.2 ℃，最低地温较林外高 2.1 ℃。这再次说明森林改善近地层小气候的作用非常明显。

## (二)空气相对湿度

兜率岛、郴州市火车站、资兴市区在7月24—25日两天观测的平均空气相对湿度见表3。

**表3　各测点空气相对湿度(%)**

| 离地高度(cm) | 兜率岛 | | | 郴州市火车站 | 资兴市气象站 |
|---|---|---|---|---|---|
| | 林外 | 林内 | 差值 | | |
| 150 | 77 | 79 | 2.0 | 60 | 68 |

由表3可以看出：

(1)4个测点日平均空气相对湿度由高到低的顺序为林内、林外、资兴市区、郴州市火车站，下垫面性质的不同对空气相对湿度的影响依次为：森林＞杂草灌木＞浅草＞水泥。而且马尾松林位于兜率岛，岛周围的水面给岛上带来大量的水汽，能增加空气湿度。

(2)林内日平均空气相对湿度较林外高2%。

## (三)风向风速

观测期间，兜率岛与郴州市火车站广场南风频率高大，均达42%；静风频率以兜率岛林内最大，为38%；风速以资兴市区最大(表4)。

**表4　各个测点的风向、风速分布情况**

| 地点 | 测点 | 风向频率(%) | | | | | | | | | | | 日平均风速(m/s) |
|---|---|---|---|---|---|---|---|---|---|---|---|---|---|
| | | E | EES | ES | ESS | S | SSW | SW | W | N | NE | C | |
| 兜率岛 | 林外 | | | | | 42 | | 38 | 4 | | 8 | 8 | 0.6 |
| | 林内 | | | 4 | | 33 | | 21 | 4 | | | 38 | 0.2 |
| 郴州市火车站 | 广场 | | | 8 | | 42 | | 8 | 4 | 4 | 8 | 25 | 1.1 |
| 资兴市气象站 | | | 4 | 17 | 17 | 13 | 8 | 29 | 4 | | | 8 | 1.9 |

由表4可以看出：

(1)林内风速小于林外，且静风频率远大于林外，达到38%。原因是林分林冠、树干及灌草层对风的阻挡、摩擦作用减弱了风的动能，从而能减小风速。

(2)气象站因建于空旷地，且地面只有20 cm厚的浅草层，在其上测得的风速最大，而且风向多变。相比之下，火车站广场周围因为有高大建筑物阻挡，风速较气象站的为小。

(3)下垫面的性质，特别是植被覆盖情况对近地层的风向、风速影响较大，松林内外风速较郴州市火车站和资兴市区为小，且风向少变，近地层小气候相对较稳定。

# 四、结论和建议

(1)观察结果表明，兜率岛范围内，林内日平均气温比林外低0.2 ℃；岛上比资兴市区低2.8 ℃，比郴州市火车站低4.1 ℃。空气相对湿度林内比林外高2%；岛上比市区高9%～

11%，比火车站高 17%～19%。林内日平均风速比林外减小 0.4 m/s，静风频率比林外增加 30%。

(2)兜率岛地处东江湖腹地，其四面环水，岛上森林茂密，小气候优越，夏季凉爽湿润，是避暑消夏的理想场所。

（2000 年 8 月）

# 湖南大熊山森林公园小气候特征*

吴章文　吴楚材　张健民

新化县位于湖南省中部、资水中游、雪峰山脉之东。资水横贯新化县南北，分县境为西南和东北两部分，西南面群山耸立，地势高峻，东北面丘陵绵亘，间有高峰挺立。地理坐标为北纬27°44′，东经111°14′。县城海拔高度212 m，年平均气温15.8～17.7 ℃，1月平均气温4.8 ℃，7月平均气温28.3 ℃，极端最高气温39.4 ℃(1963年8月31日)，极端最低气温－7.8 ℃(1969年1月31日)，最低气温低于0 ℃的日数为23 d，最高气温高于30 ℃的日数为93 d，高于35 ℃的日数为25 d。年降水量1449 mm，最大降水强度145.1 mm/d(1957年6月6日)，年降水日数164 d，平均积雪日数7 d，最多为10 d，最大积雪深度16 cm(1970年1月14日)。年平均相对湿度80%，平均风速2 m/s。≥8级的大风日数11 d。由此可见，新化县具有冬寒夏热、降水充沛、四季分明的亚热带湿热季风气候特点。

大熊山位于新化县北部，山脉呈偏西南向偏东北走向，是新化县与安化县的天然分界线，海拔240～1622 m，山势雄峻多支脉，属国营大熊山林场管辖。1992年由湖南省林业厅批准建立大熊山森林公园(以下简称公园)。与林场的关系是两块牌子一套班子。公园内森林覆盖率92.6%，辖区内以东西走向的庆子山(海拔1354 m)、黄洋界(海拔1164 m)、娘娘殿(海拔1606.5 m)、花行界(海拔1461 m)、油竹界(海拔1461 m)、九龙池(海拔1622 m)为分水岭。南坡主要溪流有7条，北坡主要溪流有2条，还有许多支流汇集于上述干流之中。由于河床比降大，形成近20处瀑布、跌水。山体峻峭、森林茂密、溪流纵横、瀑布众多、气候宜人，小气候环境优越。为了满足公园总体规划的需要，中南林学院森林旅游研究中心于2000年4月22日和8月8—10日在公园境内主要景观地段进行了为期3 d的小气候观测。采用短期定位对比观测，每小时1次，昼夜连续观测。并以新化县气象站的同步观测值为公园外对照值。观测结果分析如下。

## 一、观测点设置

因公园内旅游资源主要集中在南坡，故本次在南坡共设置观测点6个。其中不同海拔高度测点4个、林内对照点2个。此外，县城对照点1个。测点情况见表1。

**表1　测点基本情况一览表**

| 序号 | 观测地段 | 测点性质 | 海拔高度(m) | 坡位及坡面状况 | 植被状况 |
|---|---|---|---|---|---|
| 1 | 新化县城 | 对照点 | 212.0 | 空旷平地 | 浅草 |
| 2 | 春姬坳 | 林场场部 | 270.0 | 南坡山脚溪边 | 菜地空隙 |

* 主要观测人员：郑群明、张朝枝；李向明、秦学、张文敏、刘红艳、孟明浩、顾晓艳、于德珍、耿庆会、胡卫华、文首文、张翔等参加了外业观测；罗艳菊参加了内业资料整理工作。

续表

| 序号 | 观测地段 | 测点性质 | 海拔高度(m) | 坡位及坡面状况 | 植被状况 |
|---|---|---|---|---|---|
| 3 | 长基坪 | 林外 | 570.0 | 南坡下部公路旁空地 | 附近为水稻田 |
| 4 | 长基坪 | 林内 | 570.0 | 西坡下部公路旁空地 | 马尾松成林 |
| 5 | 熊山古寺 | 林外 | 1006.0 | 南坡下部寺院内平地 | 杂草 |
| 6 | 熊山古寺 | 林内 | 1006.0 | 南坡上部寺院内平地 | 银杏、杉木、马尾松 |
| 7 | 瞭望台 | 林外 | 1606.0 | 山间台地 | 灌丛、竹丛 |

## 二、观测结果

### (一)山地小气候特征

#### 1. 气温

(1)平均气温。2000 年 4 月 22 日，在公园内的长基坪、瞭望台做了 4 次对比观测。结果见表 2。

**表 2　不同海拔高处的春季气温一览表(℃)**

| 观测时间 | 11 时 | 13 时 | 14 时 | 16 时 | 平均 |
|---|---|---|---|---|---|
| 长基坪 | 16.4 | 18.0 | 18.4 | 18.4 | 17.8 |
| 瞭望台 | 8.0 | 9.7 | 11.0 | 11.0 | 9.9 |
| 差值 | 8.4 | 8.3 | 7.4 | 7.4 | 7.9 |

由表 2 得知，春季白天长基坪的日平均气温比瞭望台高 7.9 ℃，海拔每升高 100 m，气温降低 0.69 ℃，即大熊山南坡 2000 年 4 月 22 日的气温铅直梯度为－0.69 ℃/(100 m)，山下春季增温比山上快。

2000 年 8 月 8—10 日，公园内春姬坳、长基坪、熊山古寺、瞭望台的日平均气温依次为 29.1 ℃、26.8 ℃、24.3 ℃、20.5 ℃；夏季春姬坳比瞭望台高 8.6 ℃(详见表 3)，其气温铅直梯度为－0.64 ℃/(100 m)。夏季的气温铅直梯度略小于春季。

一般山地海拔每升高 100 m，气温降低 0.6 ℃。大熊山因为海拔高，森林覆盖率高，森林像一把大伞，阻挡太阳辐射到达地面，减少了地面净辐射收入，降低了气温；同时又因为低海拔处交通较方便，被砍伐的林木多，植被覆盖率低，而高海拔处人为干扰较少，植被覆盖率高，植物的蒸发、蒸腾消耗热量，降低了气温；再加上山高风大、气流通畅、云雾水汽多等原因，使得大熊山南坡的气温铅直梯度比一般山地大。

(2)气温日较差。一日内，最高气温与最低气温之差称气温日较差。公园内外各观测点的气温极值与气温日较差见表 3。

表 3 公园内外的气温极值与气温日较差

| 测点名称 | 海拔高度(m) | 气温(℃) | | | | 备注 |
|---|---|---|---|---|---|---|
| | | 日平均 | 最高 | 最低 | 日较差 | |
| 新化县城 | 212.0 | 22.7 | 33.8 | 23.6 | 10.2 | 8 月 8 日、9 日县城午后降雷阵雨,降雨量达 7.7 mm 和 26.0 mm |
| 春姬坳 | 270.0 | 29.1 | 35.4 | 23.1 | 12.3 | |
| 长基坪 | 570.0 | 26.8 | 32.3 | 22.0 | 10.3 | |
| 熊山古寺 | 1006.0 | 24.3 | 28.3 | 21.3 | 6.9 | |
| 瞭望台 | 1606.0 | 20.5 | | | | |

(3)气温日变化。一日内,气温随时间的连续变化称气温日变化。大熊山的气温日变化值见表 4。

表 4 不同海拔高处逐时气温变化(℃)

| 时间(北京时) | 21 | 22 | 23 | 00 | 01 | 02 | 03 | 04 | 05 | 06 | 07 | 08 |
|---|---|---|---|---|---|---|---|---|---|---|---|---|
| 县城 | 25.9 | 25.8 | 25.2 | 25.2 | 24.8 | 24.9 | 26.3 | 24.5 | 24.4 | 24.4 | 24.5 | 24.6 |
| 春姬坳 | 25.7 | 25.5 | 24.5 | 24.6 | 24.3 | 24.0 | 24.0 | 23.8 | 23.5 | 23.2 | 23.4 | 23.9 |
| 长基坪 | 24.9 | 24.7 | 24.5 | 23.8 | 23.0 | 22.6 | 22.5 | 22.5 | 22.4 | 22.2 | 23.1 | 24.8 |
| 熊山古寺 | 22.7 | 22.6 | 22.6 | 22.7 | 22.1 | 21.7 | 21.5 | 22.1 | 22.0 | 22.7 | 22.9 | 23.2 |
| 时间(北京时) | 09 | 10 | 11 | 12 | 13 | 14 | 15 | 16 | 17 | 18 | 19 | 20 |
| 县城 | 25.5 | 27.9 | 29.6 | 31.4 | 32.7 | 33.6 | 33.3 | 32.3 | 29.5 | 28.1 | 28.5 | 27.4 |
| 春姬坳 | 26.1 | 32.6 | 31.9 | 32.9 | 33.7 | 32.9 | 34.5 | 34.8 | 33.6 | 30.3 | 27.2 | 26.9 |
| 长基坪 | 26.7 | 28.5 | 29.5 | 30.8 | 31.4 | 31.1 | 31.1 | 32.0 | 30.3 | 28.6 | 26.3 | 26.3 |
| 熊山古寺 | 24.0 | 25.5 | 27.2 | 27.8 | 27.2 | 25.3 | 25.5 | 25.1 | 24.9 | 24.7 | 23.5 | 22.9 |

由表 4 看出:不同海拔高处,山上与山下的气温差异白天大、夜间小,正午最大、凌晨最小。春姬坳与熊山古寺间的气温铅直梯度分别为−0.29 ℃/(100 m)、−0.05 ℃/(100 m)、−1.03 ℃/(100 m)、−0.54 ℃/(100 m)。在同一观测点上,气温白天高、夜间低,其中日出前最低、午后最高。各测点的气温日变化曲线见图 1。

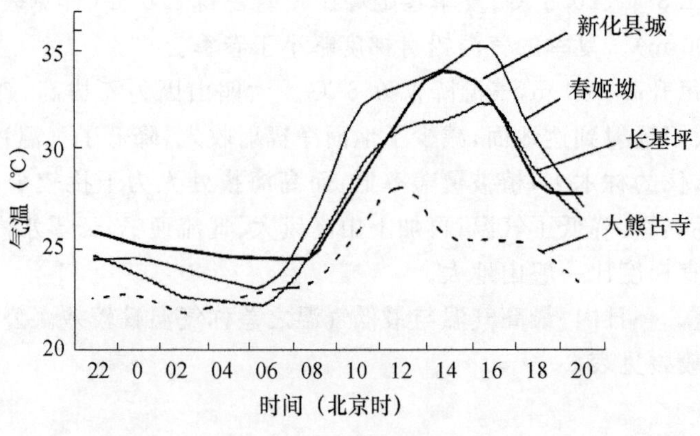


图 1 不同海拔高度处的气温日变化曲线图

### 2. 空气相对湿度

山区空气相对湿度变化比较复杂。温度高低、地形地势、天气现象、水汽来源等都是影响空气相对湿度变化的重要因子。观测期间，各测点的空气相对湿度变化见表 5、表 6。

**表 5　不同海拔高处春季空气相对湿度一览表(%)**

| 时间(北京时) | 11 时 | 13 时 | 14 时 | 16 时 | 平均 |
|---|---|---|---|---|---|
| 长基坪 | 85 | 73 | 69 | 82 | 77 |
| 瞭望台 | 94 | 94 | 94 | 94 | 94 |
| 差值 | −9 | −21 | −25 | −12 | −17 |

**表 6　不同海拔高处夏季空气相对湿度一览表(%)**

| 时间(北京时) | 21 | 22 | 23 | 00 | 01 | 02 | 03 | 04 | 05 | 06 | 07 | 08 |
|---|---|---|---|---|---|---|---|---|---|---|---|---|
| 县城 | 92 | 93 | 94 | 95 | 96 | 96 | 96 | 97 | 97 | 97 | 97 | 96 |
| 春姬坳 | 93 | 92 | 94 | 95 | 95 | 95 | 97 | 98 | 98 | 98 | 98 | 97 |
| 长基坪 | 83 | 87 | 88 | 89 | 90 | 97 | 88 | 94 | 96 | 97 | 94 | 88 |
| 熊山古寺 | 88 | 92 | 88 | 88 | 90 | 88 | 94 | 94 | 82 | 86 | 85 | 83 |
| 时间(北京时) | 09 | 10 | 11 | 12 | 13 | 14 | 15 | 16 | 17 | 18 | 19 | 20 |
| 县城 | 94 | 86 | 77 | 70 | 65 | 63 | 70 | 73 | 85 | 81 | 81 | 85 |
| 春姬坳 | 96 | 92 | 77 | 65 | 61 | 60 | 62 | 64 | 59 | 68 | 77 | 88 |
| 长基坪 | 83 | 74 | 69 | 67 | 66 | 67 | 73 | 67 | 73 | 82 | 85 | 87 |
| 熊山古寺 | 80 | 76 | 74 | 77 | 84 | 91 | 88 | 91 | 92 | 94 | 96 | 95 |

由表 5 和表 6 看出：观测期间，公园内海拔升高，空气相对湿度增大，山上空气相对湿度较大，海拔 1606 m 的瞭望台，春季经常云雾缭绕，空气相对湿度高达 90%以上。

### 3. 风向风速

公园内的风向变化受地形影响大。春姬坳海拔低，地形闭塞，静风频率最大，达 72%；长基坪三山夹两谷，主风向与沟谷走向一致，静风频率仅 35%；熊山古寺静风频率为 66%。公园内的风速春姬坳、长基坪、熊山古寺依次为 0.8 m/s、0.84 m/s、1.1 m/s。详见表 7。

**表 7　大熊山森林公园境内的风向风速分布情况**

| 地点 | 测点 | 风向频率(%) | | | | | | | | | 日均风速 |
|---|---|---|---|---|---|---|---|---|---|---|---|
| | | E | SE | S | SW | W | NW | N | NE | C | (m/s) |
| 春姬坳 | 林外 | 8.3 | 10 | 8.3 | | | | | 1.7 | 71.7 | 0.8 |
| 长基坪 | 林外 | 13 | 7.4 | 11.1 | 18.5 | 3.7 | 3.7 | 7.4 | | 35.2 | 0.84 |
| 熊山古寺 | 林外 | 1.8 | 3.6 | 3.6 | 21.4 | 3.6 | | | | 66.0 | 1.1 |

综上所述，大熊山森林公园具有下列山地气候变化规律：海拔升高，气温降低，气温日较差减少较小，空气相对湿度增大，风速增大。地形小气候优势明显。与公园外相比，以海拔 500 m以上的长基坪、熊山古寺一带夏季凉爽宜人的小气候优势最明显。瞭望台海拔太高，气

温低，终日云遮雾罩，湿度太大；春姬坳一带海拔低，夏季不够凉爽。因此笔者认为：大熊山海拔 500～1000 m 森林茂密的山地是避暑消夏的理想之地。

## (二)森林小气候特征

### 1. 气温

长基坪三山夹两谷，谷底宽 50～200 m，山体相对高度 100～150 m。谷底有水田、旱地、公路，山坡上有块状分布的马尾松、板栗纯林、竹林等主要林木，林分稀疏，长势中下，林冠郁闭度 0.4～0.6。熊山古寺及其附近，植被繁茂，林木葱茏挺拔，林冠郁闭度 0.6～0.8，主要树种为马尾松、杉木、银杏、酸枣树等，湖南省最古老的千年古银杏就在熊山古寺寺院内。上述两处林内外的气温差异见表 8，气温日变化曲线见图 2。

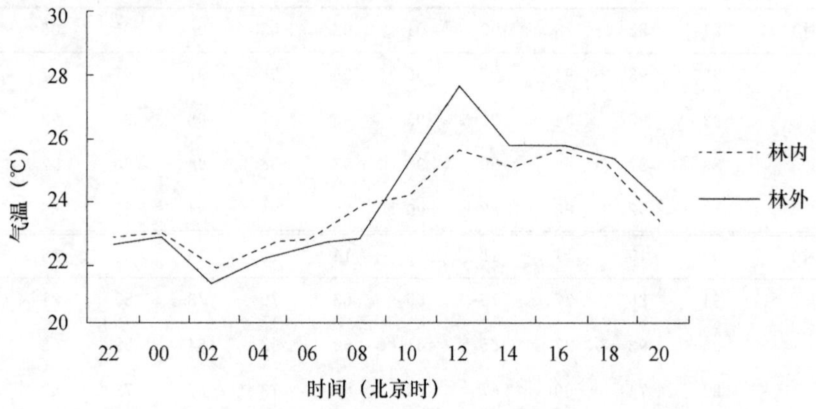


图 2　熊山古寺林内、林外气温变化曲线图

**表 8　公园内林分内外的气温差异(℃)**

| 地段 | 测点 | 日平均气温 | 最高气温 | 最低气温 | 日较差 |
|---|---|---|---|---|---|
| 长基坪 | 林外 | 26.8 | 32.3 | 22.0 | 10.3 |
| | 林内 | 25.8 | 31.7 | 22.4 | 9.3 |
| | 差值 | 1.0 | 0.6 | −0.4 | 1.0 |
| 熊山古寺 | 林外 | 24.3 | 28.2 | 21.4 | 6.9 |
| | 林内 | 23.3 | 26.3 | 21.3 | 4.9 |
| | 差值 | 1.0 | 1.9 | −0.1 | 2.0 |

表 8 和图 2 说明，白天林外气温高于林内，正午前后差异最大；夜间林外气温低于林内，但差异较小。其原因是白天林冠阻挡了太阳辐射，到达林内的太阳辐射少于同高度的林外空地，因此林内气温低于林外。夜间林冠阻挡地面辐射，减少了林内的热量损失，因此林内气温略高于林外。

### 2. 林内外空气相对湿度

2000 年 8 月 8—10 日林内外空气相对湿度观测值见表 9。

表 9　林内外的空气相对湿度一览表(%)

| 观测时间(北京时) | | 02 时 | 08 时 | 14 时 | 20 时 | 日平均 |
|---|---|---|---|---|---|---|
| 长基坪 | 林外 | 97 | 88 | 67 | 87 | 80 |
| | 林内 | 94 | 82 | 66 | 82 | 81 |
| | 差值 | 3 | 6 | 1 | 5 | −1 |
| 熊山古寺 | 林外 | 88 | 85 | 84 | 95 | 85 |
| | 林内 | 87 | 86 | 83 | 94 | 87 |
| | 差值 | 1 | −1 | 1 | 1 | −2 |

表 9 说明：森林越茂密，林内空气越湿润。据新化县气象局 1983 年 6 月 28、29 日在大熊山的考察结果，空旷地的空气相对湿度为 86%，竹林内的空气相对湿度为 88%，混交林内为 95%，夏季混交林内空气最湿润。

**3. 风向风速**

根据新化县气象局 1983 年的考察资料，林内风速比林外小 0.2～0.9 m/s。

总之，大熊山森林公园南坡中上部森林茂密、古木参天、浓荫蔽日，夏季清凉湿润，环境优雅宁静，森林小气候舒适宜人，是避暑消夏、康体健身的理想之地。

**4. 有效温度持续时间**

(1)有效温度。一日内的有效温度持续时间是衡量气候舒适度的指标之一。所谓舒适度是指大多数人对周围空气环境感觉舒适的程度，一个地区的有效温度持续时间越长，表明该地区气候越宜人。

按照大多数人对周围空气环境的感觉标准，计算出各测点的有效温度持续时间，见表 10。

表 10　公园内外有效温度(*ET*)持续时间一览表(h)

| 标准 | 县城 | 春姬坳 | 长基坪 | 熊山古寺 |
|---|---|---|---|---|
| *ET*≤24℃，感觉舒适 | 9 | 6 | 11 | 16 |
| *ET*>24℃，感觉闷热 | 15 | 16 | 13 | 8 |
| *ET*>30℃，感觉极热，难以忍受 | 0 | 2 | 0 | 0 |

表 10 说明，2000 年 8 月 10 日这天，新化县城有 15 h 感觉闷热，春姬坳有 16 h 感觉闷热，仅有 6 h 感觉舒适，2 h 感觉极不舒适。长基坪有 11 h 感觉舒适，13 h 感觉闷热，熊山古寺令人感觉舒适的持续时间长达 16 h，仅有 8 h 闷热感觉。这进一步说明，熊山古寺一带(大熊山南坡中上部)在地形和森林植被的共同作用下，小气候环境十分优越。是休闲度假、宗教朝拜、会议旅游、康体健身的理想之地。

(2)春姬坳早晚的有效温度。根据春姬坳气象哨 1999 年早(08 时)、晚(20 时)各 1 次的气温及空气湿度观测值，计算出 1—12 月逐时早、晚的有效温度，见表 11。

根据舒适度列线图，通过计算分析，我们确定 *ET*≤15 ℃时，大多数人感觉寒冷、不舒适。根据这一标准计算分析春姬坳各月逐日早间(08 时)与傍晚(20 时)的有效温度出现频率，结果见表 11。

**表 11　春姬坳早、晚舒适度一览表(%)**

| 体感 | 1月 | | 2月 | | 3月 | | 4月 | | 5月 | | 6月 | |
|---|---|---|---|---|---|---|---|---|---|---|---|---|
| | 早 | 晚 | 早 | 晚 | 早 | 晚 | 早 | 晚 | 早 | 晚 | 早 | 晚 |
| 冷 | 100 | 100 | 100 | 100 | 100 | 97 | 77 | 73 | 10 | 6 | | |
| 舒适 | | | | | | 3 | 23 | | 90 | | 97 | 80 |
| 闷热 | | | | | | | 27 | | 94 | | 320 | |
| 极热 | | | | | | | | | | | | |

| 体感 | 7月 | | 8月 | | 9月 | | 10月 | | 11月 | | 12月 | |
|---|---|---|---|---|---|---|---|---|---|---|---|---|
| | 早 | 晚 | 早 | 晚 | 早 | 晚 | 早 | 晚 | 早 | 晚 | 早 | 晚 |
| 冷 | | | | | | | 54 | 46 | 100 | 93 | 100 | 100 |
| 舒适 | 58 | 52 | 55 | 39 | 83 | 67 | 46 | | | 7 | | |
| 闷热 | 42 | 48 | 42 | 61 | 17 | 33 | 54 | | | | | |
| 极热 | | | | | | | | | | | | |

注:本表数据统计标准(冷、舒适、闷热、极热)同表 10。

由表 11 得知,春姬坳 1—3 月和 11—12 月这 5 个月有 90%以上的天数,早间与傍晚都感觉寒冷;4 月、10 月、11 月的早晚寒冷不舒适的天数多于舒适的天数。5 月、6 月和 9 月的早晚舒适天数达 67%～97%,这是全年中早晚最宜人的月份;7 月、8 月闷热时间为 42%～61%,其中有 3%的早晨热不可耐,令人感觉不舒适。

## 三、结论和建议

(1)大熊山森林公园山体高峻陡峭,高度差异大,气候垂直变化明显,南坡海拔每升高 100 m,气温下降 0.64～0.69 ℃。随着海拔增高,日平均气温降低 3.8～8.6 ℃,气温日较差减小 3.9～5.4 ℃,空气相对湿度增大 9%～25%,风速增大 0.1～0.3 m/s,山地小气候特征明显。

(2)大熊山森林公园内南坡林内比林外日平均气温低 1.0 ℃,气温日较差小 2.0 ℃,空气相对湿度高 5%～9%,风速小 0.1～0.9 m/s,森林小气候优势显著。

(3)大熊山森林公园内,日有效温度持续时间以熊山古寺一带最长,一日之内有 16 h 舒适;长基坪次之,有 11 h 舒适,春姬坳有 16 h 闷热,2 h 感觉极热,难以忍受,仅 6 h 感觉舒适。

(4)公园内海拔 500～1000 m 林相好的南坡中部,地形小气候、森林小气候均为最优状态,是难得的避暑消夏胜地,为此建议结合公园内的人文景观分布状况,将首期开发建设重点放在熊山古寺一带,未来的游人中心设在长基坪一带。春姬坳一带海拔低,夏热冬冷,瞭望台一带海拔高,云雾水汽太多,夏凉冬寒,不宜建度假村、森林小屋等旅游设施。

(2000 年 9 月)

# 森林公园小气候*

吴章文

森林公园是以大面积森林为基础，以森林为主要景观，具有优美的环境和科学教育、游览休憩价值的地域，经科学的保护和适度的开发建设，为人们提供游览、观光、野营、保健疗养、休闲度假和科学文化活动的特定场所。森林公园具有小气候多样性的特点，如森林小气候、水域小气候、溶洞小气候、地形小气候等。尽管类型多样，但几乎所有森林公园都具有优越的森林小气候。据在广州流溪河，湖南张家界、阳明山、桃源洞，广西姑婆山，江西三爪仑，四川青城山等森林公园的观测研究，在森林覆盖率 80%以上、郁闭度 0.5～0.8 的森林景观地段，具有下列小气候特征。

## 一、日照少，辐射弱

在森林公园里，由于地形遮蔽和森林覆盖，林内与林外相比，日照时数减少 30%～70%，光照强度减弱 31%～92%，太阳总辐射通量密度减小 23%以上。地形越闭塞、林冠郁闭度越大，其减弱程度越大。因此，森林公园的许多景观地段，成为全国日照时数最少、日照百分率最低的地区。例如，张家界国家森林公园的金鞭溪景区的年可照时数达 4425 h，而实照时数仅 809.8 h，日照百分率仅 18%，为全国最小。该景区 5 月上旬正午的太阳直接辐射通量密度为 473.5 J/($cm^2$·min)，日总量仅 0.23×10 J/($m^2$·d)，比外界小 23%。森林公园的沟谷和森林景观地段具有日照少、日射弱的小气候特征。这种独特的小气候环境具有独特的造景功能，孕育了森林公园里深邃、神秘、朦胧的幽景。

## 二、气温低，日较差小

森林公园与外界邻近的依托城市相比，公园内的森林景观地段与裸地相比，水域和陆地相比，可知公园内、林冠下、水域边在夏季白天气温低、日变化缓和，气温日较差小。夏季晴天，公园内的日平均气温比外界低 3.7～9.1 ℃，阴天低 1.7～6.5 ℃。在森林公园内的同一地段，晴天日平均气温林内比林外低 0.1～4.0 ℃，日最高气温比林外低 0.2～24.2 ℃，日最低气温林内比林外高 0.1～4.8 ℃(竹林例外)，气温日较差比林外低 0.2～2.0 ℃。水体可以使森林公园内的小气候更加优越，如广州流溪河的湖水、湖南桃源洞的万阳河旁都比无水体地段的森林环境夏季白天降温幅度大 0.2～2.4 ℃。水体面积越大、林地面积越大、林冠郁闭度越高、林内外气温差异越大。在郁闭度相同的情况下，高大阔叶林内白天气温最低；针叶林次之；竹林白天的降温作用、夜间的保温作用最差。森林公园在森林的庇护下，夏季凉爽舒适，小气候宜人。

---

* 注：本文原载于《中国森林气象学》(2001 年)一书中，中国林业出版社出版。

大多数森林公园地处山区，具有随海拔升高而气温降低的特点。林外，夏季海拔每上升100 m，日平均气温降低 0.4～1.14 ℃，其中广州流溪河的五指山为 0.4 ℃、湖南阳明山为 0.64 ℃、江西三爪仑的洪屏山为 0.65 ℃、湖南张家界的黄石寨为 1.14 ℃；林内，海拔每升高 100 m，气温仅降低 0.15～0.70 ℃，且林内铅直梯度比林外小。在同一山地，冬、夏两季气温铅直梯度有明显差异，如湖南桃源洞的万阳山，海拔每升高 100 m，日平均气温夏季降低 0.73 ℃，冬季仅降低 0.18 ℃。

森林公园的贴地层大气有明显的逆温现象。张家界国家森林公园 150 cm 高度内，地形逆温昼夜存在，逆温强度达 1 ℃/m 以上，最大可达 4.4 ℃/m，最大强度出现在 14:00 左右，其日变化规律与气温日变化规律相似。流溪河国家森林公园的辐射逆温出现在傍晚 17:00 至次日凌晨 06:00 之间，持续 7～13 h，逆温强度 0.1～1.69 ℃/m。其余几个森林公园，夜间均有辐射逆温。这种局部环境的低层大气逆温结构使空气静稳，延长了林木释放的各种芳香气体及杀菌素在林内的停留时间，增强了森林卫生保健功能，提高了森林环境质量，有益于人体身心健康。

## 三、空气清洁，相对湿度大

森林公园内，由于森林、岩石、瀑布等物质的喷筒效应强，产生的空气负离子多，使空气清洁新鲜，广州流溪河，广西姑婆山，江西三爪仑，湖南阳明山、桃源洞国家森林公园内每立方厘米的空气负离子平均含量达 1000 个以上，有水体的森林景观地段为 10000～40000 个，个别景点高达 60000 个以上。负离子含量是空气清洁程度的标志之一。据观测计算，上述 5 个森林公园的空气清洁度全部达到 I 级标准。由于空气负离子有杀菌灭菌、促进人体新陈代谢和血液循环的作用，森林公园内负离子含量高的景区，可以开辟为负离子呼吸区，有很大的康体休闲疗养利用价值。

森林公园小气候的另一显著特点是空气相对湿度大、云雾水汽多。张家界境内年平均空气相对湿度为 87%，夏季晴天为 87%，阴天为 98%，夜间达 90%以上，比外界高 11%；流溪河境内，最干燥的 10 月，晴天为 80%，阴天为 93%，夜间达 85%以上；桃源洞、阳明山、姑婆山等森林公园年平均空气相对湿度均在 85%以上，有的月份高达 93%。晴天相对湿度日变化呈单波型。林内与林外相比，林内相对湿度日平均值比林外高 1%～6%，山上与山下相比，随海拔升高，林外相对湿度略有增大；林内的差异较小，桃源洞国家森林公园因林相整齐，溪流水体分布均匀，海拔升高而空气相对湿度变化极小。

## 四、静风频率大，平均风速小

因地形起伏、林木阻挡，森林公园境内的风向、风速变化很大。在山顶及山间台地，静风较少、风速较大，一般静风频率为 30%～45%，瞬时风速可达 8～18 m/s。在山坡及谷地或林冠下，静风频率为 50%～93%，日平均风速 0.2～4.5 m/s。同一地段，林内的静风频率比林外大 21%～30%，日平均风速比林外减小 0.4～2.3 m/s。

## 五、气象景观丰富，感觉舒适时间长

由于森林公园内气温低、空气相对湿度大，水汽容易凝结，因此，森林公园内多云雾。张家界、流溪河、姑婆山等许多森林公园内一年四季有雾，千姿百态的云雾变幻奇特、美妙壮观，成为特有的气象景观，增添了森林公园的美感。

许多有瀑布的森林公园，瀑布直落深潭，溅起水花，形成局部朦朦细雾，当阳光穿过水雾照射瀑布时，形成七色彩虹飞架溪流，艳丽多姿。例如，湖南桃源洞的珠帘瀑布，在夏季晴天14:00—16:00常有此景。优越的森林小气候孕育了绚丽多姿的气象景观，提高了森林公园的美学价值。

大多数人对周围空气环境感觉舒服的程度，称为舒适度，用气温和空气相对湿度的组合来表示。据实验，当空气相对湿度低于60%时，气温高到35 ℃才有热感；但70%～80%的相对湿度下，31 ℃就开始有热感；当空气相对湿度超过80%时，气温29 ℃就感觉闷热。森林公园内空气相对湿度虽然高，但由于气温低，因此，小气候环境使人感觉舒适。气温和空气相对湿度的组合状况称有效温度。有效温度的计算方法很多，通常利用森林公园各景观地段逐时气温和相对湿度观测值，用Biiltner公式计算出各森林公园各景观地段的有效温度持续时间，结果见表1。

$$ET = T - 0.4(T - 10)(1 - RH/100)$$

式中：$ET$为有效温度；$T$为空气温度；$RH$为空气相对湿度。

Biiltner认为：$ET \leqslant 24$ ℃，感觉舒适；$ET > 24$ ℃，感觉闷热；$ET > 30$ ℃，感觉极不舒适，无法忍受。

**表1　森林公园内外的小气候舒适度持续时间(h)**

| 舒适度 | 湖南 | | | | | 四川 | 江西 | 广西 | 广州 |
|---|---|---|---|---|---|---|---|---|---|
| | 张家界 | 阳明山 | 桃源洞 | 长沙市 | 株洲市 | 青城山 | 三爪仑 | 姑婆山 | 流溪河 |
| 感觉舒适 | 22～24 | 14～24 | 18～22 | 0 | 0 | 24 | 14～17 | 14～24 | 20～24 |
| 感觉闷热 | 2～0 | 10～0 | 6～2 | 24 | 23 | 0 | 10～7 | 10～0 | 4～0 |
| 极不舒适无法忍受 | 0 | 0 | 0 | 0 | 1 | 0 | 0 | 0 | 0 |

注：表中数值对应为森林公园外—内。

表1说明，森林公园内使人感觉舒适的时间长，感觉闷热的时间短。其中张家界、青城山等森林公园内几乎100%的时间的有效温度低于24 ℃，使人感觉舒适。感觉闷热的时期极短；而对照区长沙市100%的时间感觉闷热，株洲市不仅感觉闷热的时间长，而且其中有1 h使人极不舒适，无法忍受。

亚热带地区，在副热带高压控制下，夏季气候干燥炎热，难以很好地工作、休息和睡眠。此时，森林公园境内处处湿润凉爽宜人，尤其是那些高海拔景区，感觉舒适的时间甚至为100%。小气候环境优越。人在舒适环境里，新陈代谢旺盛、思维活跃、行动敏捷、身心愉快、抗病力强，难怪森林公园成为外出度假居民的第一选择。

可见，森林公园小气候具有日照少、日射弱、空气湿度大、云雾水汽多，气温低、日较差小，逆温明显，静风多、风速小、空气静稳，负离子含量高，气象景观丰富使人感觉舒适时间长，有效温度持续时间长等优良特征。优越的森林公园小气候环境舒适宜人，具有较高的旅游开发利用价值，应当在科学保护的前提下积极开发利用，以促进生态环境平衡和人们身心健康。

（2001 年 9 月）

# 广东丰溪省级自然保护区小气候特征*

吴章文

丰溪自然保护区位于大埔县东北部，距县城湖寮镇 48 km，地理位置在北纬 24°39′，东经 116°47′，东北与福建省永定县毗邻，距其县城仅 15 km，西南与茶阳镇相接。区内属亚热带海洋性季风气候，适宜多种植物和动物生存，物种极为丰富。区内山系属水珠山系，地质组成为麻石黄岩、花岗岩、长片麻岩，在新生代以来喜马拉雅运动及新构造运动影响下，由于地面持续抬升，大面积花岗岩岩体逐渐裸露地表，从而形成神奇俊秀的山体，海拔多在 200～1030 m，山坡坡度较大，多在 25°～60°，海拔 1000 m 以上的山有 4 座，最高峰为西部边界的尖笔岽，海拔 1030 m，站在山顶极目远眺，群峰俊秀，怪石嶙峋，溪谷清幽，流泉飞瀑，高峡平湖，玉带明珠，修竹茂林，一幅宁静优美、自然流畅的风景画卷。区内森林覆盖率高达 98%，繁茂的森林植被使丰溪孕育了数处山泉、溪流，再加上陡峭的山势，便在多处形成壮丽的瀑布，动感十足，更为丰溪增添了灵气和活力。

为了全面了解丰溪自然保护区的气候特征和森林小气候特征，我们在 2003 年 8 月 3—6 日对丰溪自然保护区进行了小气候观测，观测项目有气温、空气相对湿度、地面温度以及离地 150 cm 高度处的风向风速和有关天气现象。采用短期对比定位观测法，每小时观测一次。观测结果如下。

## 一、观测点设置

在一些具有代表性的地段设置 6 个小气候观测点，其中林内和林外各 3 个，另将大埔县气象站的观测资料作为对照。测点情况见表 1。

**表 1　测点基本情况一览表**

| 地名 | 测点 | 海拔(m) | 坡度 | 坡面 | 局部环境特点及测点代表性 |
|---|---|---|---|---|---|
| 溪上 | 林内 | 243 | 25° | 平 | 杂木林(毛竹、10 年生杉木、油茶、蕨类)，黏土，花岗岩 |
| | 林外 | 245 | — | 平 | 菜地，住房旁边，黄壤裸露，无植被 |
| 场部 | 林内 | 475 | — | 平 | 溪流边，鹅卵石地面，植被有枫树、毛竹、凤尾蕨、芭蕉、兰草、酸枣等 |
| | 林外 | 477 | — | 平 | 草坪，空旷地 |
| 丰村 | 林内 | 740 | 28° | 平 | 楠竹林，生长茂盛，山地黄壤，板岩 |
| | 林外 | 740 | — | 平 | 菜地，黄壤，板岩 |

* 主要观测人员：刘民坤、范晓君、沈治乾、李萍、曾兰君、黄蓉、杨宇、潘春芳、陈燕娥、蔡碧凡等。

## 二、观测结果

### (一)山地小气候特征

#### 1. 气温

表 2-1 不同海拔高度处的夏季气温一览表(℃)

| 地点 | 海拔高度(m) | 观测时间(北京时) | | | | 平均 |
|---|---|---|---|---|---|---|
| | | 02:00 | 08:00 | 14:00 | 20:00 | |
| 溪上 | 245.0 | 24.8 | 25.5 | 32.2 | 25.6 | 27.1 |
| 丰村 | 740.0 | 22.5 | 24.2 | 28.2 | 23.5 | 24.6 |
| 差值 | −495.0 | 2.3 | 1.3 | 4.0 | 2.1 | 2.5 |

表 2-2 不同海拔高度处的夏季气温一览表(℃)

| 地点 | 海拔高度(m) | 观测时间(北京时) | | | | 平均 |
|---|---|---|---|---|---|---|
| | | 02:00 | 08:00 | 14:00 | 20:00 | |
| 县城 | | 26.3 | 26.8 | 31.3 | 26.9 | 27.8 |
| 场部 | 477 | 24.7 | 25.9 | 28.9 | 25.1 | 26.2 |
| 差值 | | 1.6 | 0.9 | 2.4 | 1.8 | 1.6 |

由表 2 得知,夏季丰村的日平均气温比溪上低 2.5 ℃,海拔每升高 100 m,气温降低 0.51 ℃,即丰溪自然保护区 2003 年 8 月 4 日的气温铅直梯度为−0.51 ℃/(100 m)。

一般山地海拔每升高 100 m,气温降低 0.6 ℃。丰溪自然保护区因为森林覆盖率高,森林阻挡太阳辐射到达地面,减少了地面净辐射收入,降低了气温;再加上高海拔处风大、气流畅通、云雾水汽多等原因,使得丰溪自然保护区的气温铅直梯度比一般山地稍大。

(1)气温日较差。一日内,最高气温与最低气温之差称气温日较差。保护区内各观测点的气温极值与气温日较差见表 3。

表 3 保护区内各观测点的气温极值与气温日较差

| 测点名称 | 海拔高度(m) | 气温(℃) | | | | 备注 |
|---|---|---|---|---|---|---|
| | | 日平均 | 最高 | 最低 | 日较差 | |
| 溪上 | 245 | 28.6 | 35.8 | 24.0 | 11.8 | 表中数据为 2003 年 8 月 4 日实测数据 |
| 场部 | 477 | 28.1 | 34.8 | 23.8 | 11.0 | |
| 丰村 | 740 | 26.1 | 32.0 | 23.3 | 8.7 | |

(2)气温日变化。一日内,气温随时间的连续变化称气温日变化。丰溪自然保护区和大埔县气象站的气温日变化值见表 4 。

**表 4　各观测点逐时气温(℃)**

| 时间(北京时) | 21 | 22 | 23 | 00 | 01 | 02 | 03 | 04 | 05 | 06 | 07 | 08 |
|---|---|---|---|---|---|---|---|---|---|---|---|---|
| 县气象站 | 30.3 | 29.7 | 28.8 | 28.4 | 27.7 | 27.1 | 26.7 | 26.1 | 25.8 | 25.8 | 26.7 | 27.5 |
| 溪上 | 26.2 | 26.7 | 26.3 | 26.1 | 26.5 | 25.3 | 25.3 | 25.3 | 24.5 | 24.2 | 24.0 | 25.9 |
| 场部 | 26.9 | 26.3 | 26.0 | 25.7 | 25.6 | 25.5 | 25.3 | 24.3 | 23.8 | 24.9 | 24.4 | 27.6 |
| 丰村 | 24.8 | 24.5 | 24.4 | 23.9 | 23.2 | 23.1 | 22.9 | 22.4 | 23.7 | 24.2 | 24.6 | 27.1 |
| 时间(北京时) | 09 | 10 | 11 | 12 | 13 | 14 | 15 | 16 | 17 | 18 | 19 | 20 |
| 县气象站 | 28.4 | 29.7 | 32.4 | 34.8 | 35.0 | 36.4 | 35.4 | 28.0 | 28.7 | 27.8 | 27.8 | 27.9 |
| 溪上 | 26.8 | 29.7 | 32.1 | 34.5 | 35.5 | 35.8 | 30.5 | 30.1 | 30.2 | 29.5 | 28.3 | 27.2 |
| 场部 | 29.2 | 31.4 | 31.2 | 34.8 | 33.6 | 38.3 | 29.6 | 28.4 | 29.0 | 28.0 | 27.1 | 26.7 |
| 丰村 | 26.8 | 28.1 | 31.4 | 32.2 | 32.8 | 33.2 | 28.8 | 25.3 | 26.2 | 25.6 | 24.9 | 25.0 |

注:表中数据为 2003 年 8 月 3—4 日测得。

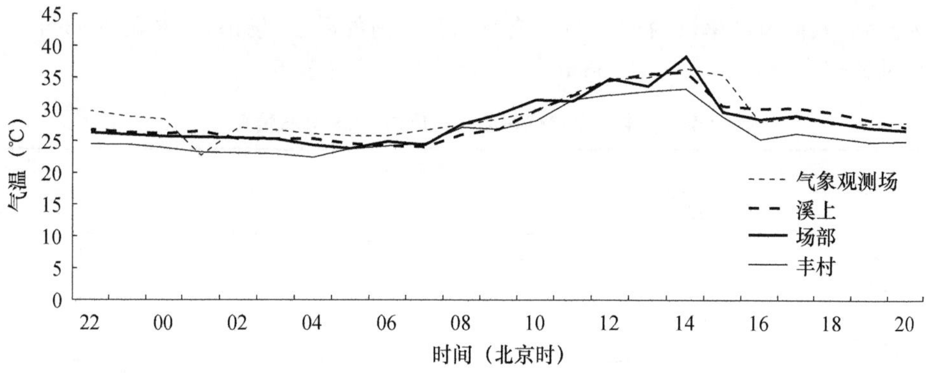


图 1　各观测点的气温日变化曲线图

由表 4 和图 1 可以看出:不同海拔处,山上与山下的气温差异白天大、夜间小,正午最大、凌晨最小。在同一观测点上,气温白天高、夜间低,其中日出前最低、午后最高。县气象站白天午后 14:00 气温最高,为 36.4 ℃,凌晨 05:00—06:00 气温最低,为 25.8 ℃,日振幅 10.6 ℃;海拔740 m 的丰村白天午后 14:00 气温最高,为 33.2 ℃;凌晨 04:00 左右气温最低,为 22.4 ℃,日振幅 10.8 ℃。

## 2. 空气相对湿度

山区空气相对湿度变化比较复杂。温度高低、地形地势、天气现象、水汽来源等都是影响空气相对湿度变化的重要因子。观测期间,各测点的空气相对湿度变化见表 5。

**表 5　不同海拔高度处夏季空气相对湿度一览表(%)**

| 时间(北京时) | 21 | 22 | 23 | 00 | 01 | 02 | 03 | 04 | 05 | 06 | 07 | 08 |
|---|---|---|---|---|---|---|---|---|---|---|---|---|
| 气象观测站 | 82 | 84 | 83 | 84 | 84 | 83 | 84 | 87 | 88 | 89 | 89 | 84 |
| 溪上 | 81 | 85 | 87 | 89 | 92 | 96 | 96 | 98 | 99 | 98 | 97 | 94 |
| 场部 | 79 | 84 | 84 | 84 | 84 | 88 | 88 | 91 | 93 | 92 | 94 | 81 |
| 丰村 | 86 | 83 | 86 | 86 | 82 | 94 | 96 | 95 | 97 | 97 | 97 | 92 |

续表

| 时间(北京时) | 09 | 10 | 11 | 12 | 13 | 14 | 15 | 16 | 17 | 18 | 19 | 20 |
|---|---|---|---|---|---|---|---|---|---|---|---|---|
| 气象观测站 | 80 | 72 | 70 | 87 | 87 | 83 | 81 | 74 | 83 | 88 | 88 | 90 |
| 溪上 | 90 | 89 | 77 | 80 | 69 | 70 | 74 | 67 | 68 | 72 | 96 | 99 |
| 场部 | 91 | 96 | 87 | 88 | 80 | 80 | 80 | 76 | 82 | 80 | 95 | 94 |
| 丰村 | 90 | 86 | 94 | 93 | 79 | 80 | 75 | 76 | 92 | 85 | 90 | 98 |

由表 5 看出：山上空气相对湿度较大，海拔 770 m 处的丰村，空气相对湿度一天中有 13 个小时高达 90％以上，观测期间，保护区内海拔升高，溪上、场部、丰村日平均空气相对湿度依次为 85％、86％、89％增大。

### 3. 风向风速

保护区内的风向变化受地形影响大。首先是溪上村，海拔低，地形闭塞，静风频率最大，达 83.3％；其次是场部，虽然海拔较高，但由于地形原因，静风频率也高达 58.3％；丰村因为地势相对较为开阔，其静风频率仅为 12.5％。自然保护区内的溪上、场部、丰村在 2003 年 8 月 3 日的日平均风速依次为 0.25 m/s、0.53 m/s、1.03 m/s。详见表 6。

**表 6　丰溪自然保护区境内风向、风速分布情况**

| 地点 | 测点 | 风向频率(％) | | | | | | | | | 日均风速 (m/s) |
|---|---|---|---|---|---|---|---|---|---|---|---|
| | | E | SE | S | SW | W | NW | N | NE | C | |
| 溪上 | 林外 | | 4.1 | 4.2 | 4.2 | | | | 4.2 | 83.3 | 0.25 |
| 场部 | 林外 | 12.5 | | 8.3 | | 16.7 | | 4.2 | | 58.3 | 0.53 |
| 丰村 | 林外 | | | | | 12.5 | | 83.3 | 4.2 | 12.5 | 1.03 |

综上所述，丰溪自然保护区具有下列山地气候变化规律：海拔升高，气温降低，气温日较差减小，空气相对湿度增大，风速增大。但地形小气候优势较为明显。

## (二)森林小气候特征

### 1. 气温

表 7 和图 2 说明，白天林外气温高于林内，正午前后差异最大；夜间林外气温低于林内，但差异较小。其原因是白天林冠阻挡了太阳辐射，到达林内的太阳辐射少于同高度的林外空地，因此林内气温低于林外。夜间林冠阻挡地面辐射，减少了林内的热量损失，因此林内气温略高于林外。

**表 7　保护区内森林内外的气温差异(℃)**

| 地段 | 测点 | 日平均气温 | 最高气温 | 最低气温 | 日较差 |
|---|---|---|---|---|---|
| 溪上 | 林外 | 27.4 | 32.3 | 22.5 | 9.8 |
| | 林内 | 27.0 | 32.0 | 22.6 | 9.4 |
| | 差值 | 0.4 | 0.3 | −0.1 | 0.4 |
| 丰村 | 林外 | 24.6 | 28.3 | 21.8 | 6.5 |
| | 林内 | 24.1 | 27.4 | 22.6 | 4.8 |
| | 差值 | 0.5 | 0.9 | −0.2 | 1.7 |

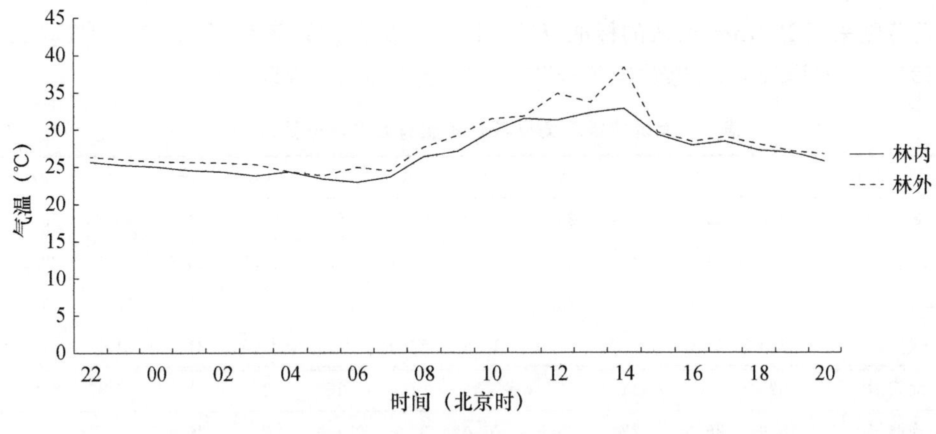


图 2　场部林内、林外气温变化曲线图

**2. 林内外空气相对湿度**

2003 年 8 月 6 日林内外空气相对湿度观测值列入表 8。表 8 说明：森林越茂密，林内空气越湿润。

**表 8　林内外的空气相对湿度一览表(%)**

| 时间(北京时) | | 02:00 | 08:00 | 14:00 | 20:00 | 日平均 |
|---|---|---|---|---|---|---|
| 溪上 | 林外 | 98 | 87 | 62 | 98 | 86 |
| | 林内 | 98 | 88 | 68 | 94 | 87 |
| | 差值 | 0 | −1 | −6 | 4 | −1 |
| 场部 | 林外 | 92 | 86 | 69 | 91 | 85 |
| | 林内 | 98 | 84 | 71 | 96 | 87 |
| | 差值 | −6 | 2 | −2 | −5 | −2 |
| 丰村 | 林外 | 97 | 86 | 90 | 89 | 90 |
| | 林内 | 92 | 91 | 86 | 98 | 92 |
| | 差值 | 5 | −5 | 4 | −9 | −2 |

## (三)有效温度持续时间

一日内的有效温度持续时间是衡量气候舒适度的指标之一。所谓舒适度是指大多数人对周围空气环境感觉舒适的程度，一个地区的舒适温度持续时间越长，表明该地区气候越宜人。本文采用 Biiltner 的有效温度公式计算舒适度。

有效温度的计算公式为：

$$ET=T_a-0.4(T_a-10)(1-RH/100)$$

式中：$ET$ 为有效温度(℃)；$T_a$为空气温度(℃)；$RH$ 为空气相对湿度(%)。其中，逐时气温与空气相对湿度采用 DHM2 型机动通风干湿表每小时测 1 次，昼夜连续观测。所得数据用于同一地区的森林旅游区与邻近城市对比、海拔高处与低处对比。

根据公式计算出大埔气象观测场与丰溪自然保护区内各测点一天中各时刻的有效温度及

持续时间，详见表 9 和表 10。

舒适感觉采用 Biiltner 确认的标准：$ET \leqslant 15$ ℃，感觉寒冷，不舒适；15 ℃$< ET \leqslant 24$ ℃，感觉舒适；24 ℃$< ET \leqslant 30$ ℃，感觉闷热；$ET > 30$℃，感觉极热，难以忍受。

**表 9　大埔气象观测场与各测点有效温度一览表(℃)**

| 时间(北京时) | 21 | 22 | 23 | 00 | 01 | 02 | 03 | 04 | 05 | 06 | 07 | 08 |
|---|---|---|---|---|---|---|---|---|---|---|---|---|
| 气象观测场 | 26.2 | 25.7 | 25.4 | 25.4 | 25.3 | 25.3 | 25.2 | 24.9 | 24.6 | 24.9 | 25.1 | 25.5 |
| 溪上 | 24.8 | 24.9 | 24.5 | 25.2 | 24.9 | 24.7 | 24.5 | 24.5 | 24.5 | 24.5 | 23.9 | 24.4 |
| 场部 | 24.5 | 23.9 | 23.3 | 23.4 | 23.9 | 24.0 | 23.8 | 23.8 | 23.7 | 23.6 | 23.6 | 24.1 |
| 丰村 | 22.4 | 23.5 | 21.9 | 23.0 | 22.9 | 22.0 | 21.7 | 21.8 | 21.7 | 21.7 | 21.9 | 22.0 |
| 时间(北京时) | 09 | 10 | 11 | 12 | 13 | 14 | 15 | 16 | 17 | 18 | 19 | 20 |
| 气象观测场 | 25.9 | 26.8 | 27 | 25.9 | 26.4 | 27.5 | 27.4 | 28 | 26.1 | 25.6 | 25.8 | 25.2 |
| 溪上 | 25.2 | 25.2 | 26.2 | 26.3 | 26.5 | 26.8 | 27.4 | 27.8 | 26.7 | 26.3 | 24.6 | 24.2 |
| 场部 | 24.4 | 24.7 | 25.9 | 28.3 | 26.2 | 26.7 | 27.5 | 26.8 | 26.3 | 25.2 | 23.8 | 23.7 |
| 丰村 | 23.1 | 23.1 | 24.1 | 23.3 | 24.6 | 24.6 | 25.1 | 24.8 | 24.5 | 23.3 | 22.4 | 21.9 |

**表 10　公园内各测点有效温度($ET$)持续时间一览表(h)**

| 标准 | 气象观测场 | 溪上 | 场部 | 丰村 |
|---|---|---|---|---|
| $ET \leqslant 24$℃，感觉舒适 | 0 | 1 | 12 | 18 |
| 24℃$< ET \leqslant 30$℃，感觉闷热 | 24 | 23 | 12 | 6 |
| 30℃$< ET$，感觉极热，难以忍受 | 0 | 0 | 0 | 0 |

由表 9 和表 10 可看出：丰溪自然保护区内各测点的有效温度持续时间均高于位于大埔县城的气象观测场；在保护区内随海拔升高，舒适时间增加，且区内各测点均未出现感觉极热、难以忍受的天气。

## 三、结论和建议

(1)丰溪自然保护区山体坡度平缓，但高度差异较大，所以气候垂直变化较为明显，海拔每升高 100 m，气温下降 0.51～0.97 ℃。随着海拔升高，日平均气温降低 2.5～4.8 ℃，气温日较差减小 0.63 ℃，空气相对湿度增大 4%～24%，风速增大 0.78 m/s，山地小气候特征较为明显。

(2)丰溪自然保护区内丰村林内比林外平均气温低 0.5 ℃，气温日较差小 1.7 ℃，空气相对湿度增大 2%，森林小气候优势较显著。

(3)丰溪自然保护区内，日有效温度持续时间以丰村一带最长，在大埔县城全天闷热的夏季，丰村一天中也有 18 h 感觉舒适；场部次之，也有 12 h 感觉舒适的时间。日有效温度持续时间长，有利于各项旅游活动的开展。

(2003 年 9 月)

# 我国亚热带森林景观地段小气候研究总结

吴章文

随着工业化的日益发展，城市人口增加，城市建筑鳞次栉比，交通繁杂，噪声污染和工业废水、废气的排放，严重污染了环境，直接或间接地危及城市居民身心健康，因此人们渴望绿色、崇尚自然，要求回归自然。我国亚热带地区山地面积大，森林景观资源丰富，夏季气候炎热，除了著名的长江流域"三大火炉"城市之外，还有南昌、长沙、株洲等许多城镇夏季酷热难忍，人们有追寻舒适气候、外出避暑消夏的强烈愿望。根据人们的这种心理需求和森林旅游业发展的需要，本着科研、教学为生产服务、为社会服务、为人民服务的宗旨，结合本人专业特长，自选了"我国亚热带森林景观地段小气候研究"课题。通过课题组全体成员的努力，取得了一些初步成果，现总结如下。

## 一、研究内容

"我国亚热带森林景观地段小气候研究"课题定性、定量研究了以下几项内容：湖南张家界、桃源洞、阳明山，四川青城山，江西三爪仑，广州流溪河等森林公园的森林小气候特征及其在旅游资源中的优势所在；森林景观地段的地形小气候及其在旅游中的利用；森林景观地段的水域小气候优势及旅游利用；各种森林环境的人体舒适有效温度持续时间。

## 二、工作情况

本课题从1984年开始研究，先后完成了中南地区的湖南、广西、广东，西南地区的四川和华东地区的江西，共三大区域五个省份的8个森林公园的森林景观地段的小气候观测工作，除了广西姑婆山森林公园因受今年特大洪水灾害干扰，未写技术报告外，这次共提交技术报告或论文9篇，定性定量分析研究了我国亚热带森林景观地段的森林小气候、山地小气候特征和人体舒适有效温度，指出了森林景观地段的气候优势和开发利用保护措施，为促进森林旅游资源的开发利用提供了科学依据，工作进程如下。

1984年7月第一次观测张家界国家森林公园小气候。

1985年4月、7月、10月观测张家界森林公园各景观地段的光照强度、空气湿度、风向、风速和天气现象。

1986年5月、10月、12月重复上述观测。

1987年1月重复上述观测。

1988年7月重复夏季小气候观测。

1990年6月四川青城山森林公园小气候考察，并搜集对照地区气象资料。

1991年1月天子山、索溪峪、太阳辐射观测。总结张家界以及上述各地的资料，撰写论文。

1992 年 1 月观测张家界、索溪峪、天子山的小气候。10 月考察流溪河国家森林公园各景观地段的森林小气候、地形小气候、水域小气候并撰写考察报告。“流溪河国家森林公园旅游气候考察报告”于当年 11 月用于广州市在香港的招商活动，并因其气候优势而招商中标。12 月该考察报告在广西桂林召开的全国林业气象学术年会上大会宣读。

1993 年 1 月完成桃源洞国家森林公园景观地段的冬季小气候外业观测，7 月完成桃源洞和阳明山国家森林公园的夏季小气候观测，并撰写有关论文 6 篇，分别被纳入公园总体规划。11 月在陕西太白全国森林旅游学会成立大会上宣读了论文《桃源洞国家森林公园的气象气候景观与障碍》。

1994 年 7 月，进行广西姑婆山森林公园景观地段小气候观测，8 月展开江西三爪仑国家森林公园、靖安县城森林公园和靖安县小湾水库景观地段森林小气候和水域小气候观测，11 月撰写有关技术总结和论文。

1985—1994 年期间本人和课题组主要研究人员 16 次带领观测组到上述地点进行小气候观测，每次观测 3～7 d。仅参加外业观测的人员达 275 人次，外业工作总计达 1312 d。其中有 910 d 是昼夜 24 h 连续观测，如按 8 h 算 1 个工日，则折合外业总工日为 3167 个，投入了众多的人力和财力，内业期间还投入了众多的智力。因此，小气候观测研究工作是一项十分艰苦繁杂而又要求十分严格的工作，小气候研究工作成果是集体智慧的结晶。

工作期间，得到湖南省林业厅、中南林学院、四川林校以及所到单位各级领导和同志们的大力支持，一并致谢！

## 三、国内外研究现状

森林景观地段小气候研究是森林小气候的研究内容之一，是森林气象学、景观生态学、森林生态学和森林旅游学之间的边缘科学。

森林气象学的发展历史约 100 余年，发表世界上第一篇森林气象学研究论文的是苏联学者。1924 年德国建立了世界上第一个森林气象观测站。1927 年德国盖格尔出版的专著《近地层气候》被视为近代森林气象学的开端。近 20 年来，由于森林旅游事业的发展，森林气象学与森林生态学、森林旅游学、景观生态学之间的联系更为紧密。20 世纪 60 年代以来，欧洲、美洲、亚洲有许多学者开始研究景观地段的气候与小气候。英国将生态因子(含气候因子)作为评价森林多种效益的一项指标。1989 年俄罗斯林学家 B. A. 弋尔基科发表了《索契国家公园景观地段的小气候》考察报告，文章就山腰和黑海岸边的空旷地段、半空旷地段、郁闭地段的气温、相对湿度、风速三个小气候指标进行了研究。将天气条件划分为舒适、次舒适炎热、凉爽和不适 4 种类型。指出郁闭型景观地段具有对人体有利的小气候条件。

国内北京林业大学的陈健、陆鼎煌先生于 1979 年研究北京城市绿地小气候时进行了北京绿地景观地带的小气候研究。在此前后南京等城市亦有同类研究。1984 年陆鼎煌先生与吴章文等人合作研究“张家界国家森林公园效益”时，进行了张家界国家森林公园的部分景观地段的森林小气候观测。

由于小气候观测仪器研究进展缓慢，小气候研究手段受到限制，加上森林小气候观测工作艰辛，以及人力财力消耗大、研究人员少等多种因素影响，使森林气候学发展速度不如其他应用学科快。

## 四、本课题研究水平

本课题提交的《流溪河国家森林公园旅游气候初步考察报告》《三爪仑国家森林公园小气候研究》《青城山景观地段小气候》三篇技术报告是在借鉴俄罗斯研究经验的基础上完成的，研究方法、研究内容、研究深度均达到了其同等水平。张家界、桃源洞、阳明山国家森林公园小气候研究的5篇论文，是在吸取国内外先进技术手段和研究方法的基础上，博采众长，更进一步，有所创新，研究方法、广度和深度都超过国内外研究现状，达到同类研究的国际先进水平。

（2003年11月）

# 广东惠州市森林生态旅游区小气候考察报告

吴章文　李　萍　范晓君

**摘　要**:2004年采用短期定位对比观测与线路考察相结合的方法,在惠州林区进行了森林小气候、地形小气候和水域小气候的对比观测,得知在林区山地海拔每升高100 m,日平均气温降低0.59～0.83 ℃,大于全球平均值;南昆山、桂峰山、莲花山、象头山等地林中空地的平均气温比市区低1.5～7.8 ℃,日平均空气相对湿度高9%～22%;同一地段林内日平均气温比林外低0.2～0.7 ℃,气温日较差小0.2～11.8 ℃,空气相对湿度大1%～4%,风速减小0.2～0.4 m/s,静风频率增大7%～29%;惠州林区60%的森林林内比林外凉爽湿润;有23%的森林,林内十分凉爽舒适;林相较差,林内外小气候无差别的林地占5%;林内气温比林外高,副作用是主导作用的占12%。综合考虑,惠州有17%的林分需要进行林相改造。

**关键词**:惠州;林区;小气候

惠州位于广东省东南部、珠江三角洲北端,南邻南海大亚湾,与深圳、香港毗邻,北连韶关市、河源市,东接汕尾市,西邻东莞市和广州市,下辖龙门、博罗、惠东3县,惠阳、惠城、大亚湾3区。其地理位置在东经113°49′～115°25′,北纬22°33′～23°57′,东西长152 km,南北宽128 km,陆地总面积11158 $km^2$,其中林区面积7139.7 $km^2$,海域4500 $km^2$,海岸线长223.6 km。

惠州属南亚热带季风气候,年平均气温22.0 ℃,7月最热,月平均气温28.3 ℃,1月最冷,月平均气温13.0 ℃,极端最高气温38.9 ℃(1953年8月12日),极端最低气温－1.9 ℃(1955年1月8日)。年降水量1652.8 mm。年平均风速2.5 m/s。年日照时数1600～2400 h,年总日照辐射为(5000～5500)×$10^6$ $J/m^2$,境内阳光充足,热量丰富,雨量充沛,气候宜人。

为了充分开发利用惠州的森林生态气候资源,2004年4月26日至6月12日,采用线路考察法,在惠州的自然保护区、森林公园、林场境内进行了林内外瞬时小气候观测,考察点50处,其中42处为林内外对比观测点、3处为水陆对比观测点、5处为林内单点观测,共获得95组局地小气候瞬时观测值。2004年8月16—22日,采用短期定位对比观测法,在惠东县白盆珠莲花山自然保护区、博罗县上庵林场、龙门县桂峰山林场、龙门县南昆山国家森林公园境内,设置6组观测点,在林内外24 h连续对比观测。以上各测点均以惠州市气象站的同步值为对照,同时还引用了象头山国家级自然保护区1999年的相关数据。现将以上观测结果整理报告如下。

## 一、2004年8月的定位观测

### (一)观测点的基本情况

对比点惠州市气象站和林区6处对比观测点的基本情况见表1。

表 1　各观测点基本情况一览表

| 序号 | 观测地段 | 海拔高度(m) | 测点性质 | 坡位及坡面状况 | 植被状况 |
|---|---|---|---|---|---|
| 1 | 惠州市区 | 21.5 | 市区对照点 | 空旷平地 | 浅草 |
| 2 | 白盆珠水库 | 79.7 | 林内外对比点 | 林内 | 针阔混交林 |
| | | | | 林外 | 林中空地 |
| 3 | 上庵林场 | 140.0 | 林内外对比点 | 林内 | 阔叶林 |
| | | | | 林外 | 浅草地 |
| 4 | 南昆山遥感场 | 433 | 林内外对比点 | 林内 | 阔叶林 |
| | | | | 林外 | 小空坪 |
| 5 | 南昆山保护站 | 480.0 | 林内外对比点 | 林内 | 杉木林 |
| | | | | 林外 | 平地 |
| 6 | 桂峰山林场 | 600.0 | 林内外对比点 | 林内 | 松杂混交林 |
| | | | | 林外 | 平地 |
| 7 | 莲花寺 | 957.0 | 山上观测点 | 林内 | 阔叶混交林 |
| | | | | 林外 | 菜地 |

## (二)观测结果

白盆珠水库、上庵林场、莲花寺 3 处于 2004 年 8 月 17—19 日每小时观测 1 次，昼夜连续观测，选取中间的一天为代表，观测结果见表 2。

表 2　不同海拔处的日平均气温(℃)与相对湿度(%)比较

| 地点 | 海拔(m) | 8月17日 | | 8月18日 | | 8月20日 | | 8月21日 | | 8月22日 | |
|---|---|---|---|---|---|---|---|---|---|---|---|
| | | 气温 | 相对湿度 | 气温 | 相对湿度 | 气温 | 相对湿度 | 气温 | 相对湿度 | 气温 | 相对湿度 |
| 市气象站 | 21.5 | 30.8 | 66 | 31.2 | 68 | 27.8 | 78 | 26.1 | 85 | 26.7 | 83 |
| 白盆珠 | 29.7 | 28.1<br>(−2.7) | 86<br>(20) | 29.4<br>(−1.8) | 84<br>(16) | | | | | | |
| 上庵 | 140.0 | 28.8<br>(−2.0) | 84<br>(18) | 29.4<br>(−1.8) | 80<br>(12) | | | | | | |
| 遥感场 | 433.0 | | | | | 24.9<br>(−2.9) | 90<br>(12) | 24.6<br>(−1.5) | 98<br>(13) | | |
| 保护站 | 480.0 | | | | | 24.8<br>(−3.0) | 90<br>(12) | 23.9<br>(−2.2) | 94<br>(9) | 23.9<br>(−2.8) | 93<br>(10) |
| 桂峰山 | 600.0 | | | | | 25.8<br>(−2.0) | 89<br>(11) | 24.6<br>(−1.5) | 97<br>(12) | | |
| 莲花寺 | 957.0 | 23.4<br>(−7.4) | 90<br>(24) | 23.4<br>(−7.8) | 90<br>(22) | | | | | | |

注:括号内数值为与市气象站差值。

由表 2 得知，8 月 17—22 日在惠州林区的小气候观测对比得出，不同海拔高度处，林外的气温比市区低 1.5～7.8 ℃，空气相对湿度比市区高 9%～24%(每天 24 次观测的平均值)。

同一地段林内与林外小气候要素有明显差异，见表 3。

表 3　2004 年 8 月 18 日的观测结果(温度:℃;相对湿度:%)

| | | 白盆珠水库 | | | | | 上庵林场 | | | | | 莲花寺 | | | | |
|---|---|---|---|---|---|---|---|---|---|---|---|---|---|---|---|---|
| | | 日均气温 | 日最高气温 | 日最低气温 | 日较差 | 相对湿度 | 日均气温 | 日最高气温 | 日最低气温 | 日较差 | 相对湿度 | 日均气温 | 日最高气温 | 日最低气温 | 日较差 | 相对湿度 |
| 离地150 cm处 | 林内 | 28.7 | 35.5 | 24.8 | 10.7 | 87 | 29.2 | 33.9 | 25.7 | 8.2 | 81 | 24.0 | 26.7 | 22.1 | 4.6 | 88 |
| | 林外 | 29.4 | 35.6 | 25.1 | 10.5 | 84 | 29.4 | 35.2 | 25.7 | 9.5 | 80 | 23.4 | 27.4 | 22.0 | 5.4 | 90 |
| | 差值 | −0.7 | −0.1 | −0.3 | −0.2 | 3 | −0.2 | −1.3 | 0.0 | −1.3 | 1 | −0.6 | −0.7 | −0.1 | −0.0 | 2 |
| 离地20 cm处 | 林内 | 28.3 | 34.8 | 24.7 | 10.1 | 92 | 29.3 | 33.6 | 26.0 | 7.0 | 85 | 24.0 | 26.8 | 22.2 | 4.6 | 90 |
| | 林外 | 29.4 | 36.0 | 36.0 | 10.9 | 84 | 30.1 | 25.9 | 25.8 | 10.1 | 80 | 25.1 | 30.2 | 21.7 | 8.5 | 94 |
| | 差值 | −1.1 | −1.2 | −1.2 | −0.8 | 8 | −0.8 | −2.9 | 0.2 | −3.1 | 5 | −1.1 | −3.4 | −0.5 | −3.9 | 4 |
| 地面10 cm处 | 林内 | 27.9 | 30.5 | 26.0 | 4.5 | | 27.8 | 31.0 | 24.8 | 26.2 | | 23.5 | 36.7 | 20.1 | 16.6 | |
| | 林外 | 30.3 | 39.5 | 25.0 | 4.5 | | 32.1 | 49.5 | 23.0 | 26.5 | | 27.6 | 41.5 | 21.5 | 20.0 | |
| | 差值 | −2.4 | −9.0 | 1.0 | 0 | | −4.3 | −18.5 | 1.8 | 0.3 | | −4.1 | −4.8 | −1.4 | −3.4 | |

由表 3 可知,2004 年 8 月 18 日,海拔 21.5 m 处的惠州市气象站的日平均气温为 31.2 ℃,空气相对湿度为 68%。海拔 957.0 m 处的莲花寺日平均气温比市区低 7.8 ℃,空气相对湿度高 22%。气温铅直梯度为−0.83 ℃/(100 m),即海拔每升高 100 m,气温下降 0.83 ℃。

2004 年 8 月 21—22 日,观测南昆山遥感场和保护站周围的林内外、龙门县桂峰山林场的林内外,选取 8 月 21 日的观测值与市区对比,观测结果见表 4。

表 4　2004 年 8 月 21 日观测结果(温度:℃;相对湿度:%)

| | | 遥感场 | | | | | 保护站 | | | | | 桂峰山 | | | | |
|---|---|---|---|---|---|---|---|---|---|---|---|---|---|---|---|---|
| | | 日均气温 | 日最高气温 | 日最低气温 | 日较差 | 相对湿度 | 日均气温 | 日最高气温 | 日最低气温 | 日较差 | 相对湿度 | 日均气温 | 日最高气温 | 日最低气温 | 日较差 | 相对湿度 |
| 离地150 cm处 | 林内 | 24.6 | 25.1 | 22.6 | 2.5 | 98 | 23.2 | 25.7 | 20.9 | 4.8 | 98 | 24.4 | 27.0 | 22.8 | 1.2 | 97 |
| | 林外 | 24.6 | 30.3 | 21.9 | 8.4 | 98 | 23.9 | 31.8 | 20.8 | 11.0 | 94 | 24.6 | 35.0 | 22.4 | 12.6 | 97 |
| | 差值 | 0.0 | −5.2 | 0.7 | −5.9 | 0 | −0.7 | −6.1 | 0.1 | −6.2 | 4 | −0.2 | −8.0 | 0.4 | −11.4 | 0 |
| 离地20 cm处 | 林内 | 23.7 | 25.1 | 22.2 | 2.9 | 98 | 23.5 | 25.6 | 21.4 | 4.2 | 98 | 24.3 | 26.6 | 22.6 | 4.0 | 96 |
| | 林外 | 24.1 | 26.9 | 21.8 | 5.1 | 98 | 24.3 | 28.7 | 22.1 | 6.6 | 94 | 24.8 | 27.8 | 22.8 | 5.0 | 93 |
| | 差值 | −0.4 | −1.8 | 0.4 | −2.2 | 0 | −0.8 | −3.1 | −0.7 | −2.4 | 4 | −0.5 | −1.2 | −0.2 | −1.0 | 3 |
| 地面10 cm处 | 林内 | 23.6 | 24.0 | 23.0 | 1.0 | | 23.5 | 25.3 | 22.5 | 2.8 | | 24.9 | 26.8 | 23.5 | 3.3 | |
| | 林外 | 25.5 | 29.3 | 24.0 | 5.3 | | 26.5 | 33.2 | 3.2 | 10.0 | | 26.8 | 34.0 | 22.0 | 12.0 | |
| | 差值 | −1.9 | −5.3 | −1.0 | −4.3 | | 3.0 | 7.9 | 0.7 | 7.2 | | −1.9 | −7.2 | 1.5 | −8.7 | |

由表 4 看出,惠州市气象站 2004 年 8 月 21 日平均气温为 26.1 ℃,日平均空气相对湿度为 85%。南昆山的遥感场林外的日平均气温比市区低 1.5 ℃,保护站比市区低 2.2 ℃,林内比市区低 2.9 ℃,桂峰山林场林外比市区低 1.5 ℃,林内比市区低 1.7 ℃。遥感场、保护站和桂

峰山3处林外空气相对湿度比市区分别高12%～13%，林内高12%～17%。采用气温铅直梯度公式计算得知，惠州市区至南昆山、惠州市区至桂峰山的气温铅直梯度均为－0.83 ℃/(100 m)。

由表3、表4的6个观测点还得知，在同一测点的不同高度上，气温均随高度增加而降低；林内的日平均气温比林外低0.1～0.7 ℃，地面温度林内比林外低1.9～4.3 ℃；气温日较差林内比林外小0.2～11.4 ℃，林内气温变化更加缓和。

## 二、1999年5月的定位观测

1999年5月4日20:00—5月7日20:00，笔者领队在象头山南坡进行了为期3 d的昼夜连续观测，每小时1次。观测地段5处，设置测点9个，以惠州市气象局的同步观测资料为对照，其分析结果如下。

### (一)观测点基本情况(表5)

表5　象头山小气候观测点基本情况一览表

| 地段名称 | 测点名称 | 海拔(m) | 坡向 | 局部环境特征 | 测点性质 |
|---|---|---|---|---|---|
| 惠州市区 | 东坪 | 21.5 | 平地 | 气象观测场，草坪 | 对照点 |
| | 南坛小学 | 21.5 | 平地 | 水磨石地面，周围均有房屋 | 城市水泥地 |
| 三堆池 | 小金河 | 311.0 | 狭窄谷地 | 溪河水边，河中水量小，多巨石 | 溪谷水域 |
| | 林中空地 | 312.0 | 南坡小盆地 | 山间空地，西侧200 m处有山体 | 对照点 |
| | 林内 | 312.0 | 南坡小盆地 | 山间盆地，面积约4 $hm^2$，青梅纯林，平均树高3 m，株行距5 m×3 m，郁闭度0.8 | 人工阔叶林 |
| 四级站 | 林中空地 | 402.0 | 南坡小盆地 | 电站厂房前空地，地面多沙砾 | 对照点 |
| | 林内 | 400.0 | 西坡 | 7年生林木，平均树高8 m，株行距1 m×2 m，郁闭度0.9 | 杉木纯林 |
| 范家田 | 林中空地 | 747.6 | 南坡盆地 | 面积约15 $hm^2$，测点设在电站住房前空地，地面多沙砾 | 对照点 |
| | 林内 | 757.6 | 南坡 | 阔叶混交林，平均树高5 m，株行距1 m×2 m，郁闭度0.9 | 常绿阔叶混交密林 |
| 鸡公田 | 林中空地 | 920.0 | 南坡盆地 | 蟹眼顶山脚，发射台房前，公路终端 | 对照点 |
| | 林内 | 920.0 | 南坡 | 沟谷地，阔叶混交林，株行距2 m×3 m，平均树高6 m，郁闭度0.9 | 常绿阔叶混交乔木林 |

### (二)观测结果

(1)海拔高度不同，小气候特征不同。海拔每升高100 m，日平均气温降低0.59 ℃，气温日较差减小0.3～0.5 ℃，日平均风速由0.3 m/s增大到1.3 m/s，静风频率减小34%～65%。

(2)地形不同，小气候特征不同。小金河河谷与附近的林中空地相比较：日平均气温高0.3 ℃，最高气温低0.8 ℃，气温日较差小3.0 ℃，静风频率增大7%。

(3)植被类型不同，小气候特征不同。在象头山南坡的青梅林、杉木林、阔叶林中，“凉伞”

效应最好的为杉木林，阔叶林次之。详见表6。

**表6　象头山不同类型森林内外的小气候观测值**

| | | 气温(℃) | | | | 相对湿度(%) | 日平均风速(m/s) | 静风频率(%) | 20 cm高处气温(℃) | 地表温度(℃) |
|---|---|---|---|---|---|---|---|---|---|---|
| | | 日平均 | 最高 | 最低 | 平均日较差 | | | | | |
| 三堆池 | 青梅林 | 19.1 | 25.5 | 13.5 | 6.3 | 90 | | 51 | 19.1 | 19.9 |
| | 林中空地 | 19.0 | 27.0 | 13.0 | 9.1 | 92 | | 44 | 19.3 | 21.1 |
| | 差值 | 0.1 | −1.5 | 0.5 | −2.8 | −2 | | 7 | −0.2 | −1.2 |
| 四级站 | 杉木林 | 18.9 | 23.0 | 14.0 | 5.3 | 89 | 0.1 | 89 | 18.9 | 18.9 |
| | 林中空地 | 19.0 | 26.6 | 13.1 | 8.6 | 87 | 0.3 | 78 | 19.3 | 20.7 |
| | 差值 | −0.1 | −3.6 | 0.9 | −3.3 | 2 | −0.2 | 11 | −0.4 | −1.8 |
| 范家田 | 阔叶混交林 | 16.6 | 21.1 | 14.3 | 4.2 | 90 | 1.0 | 26 | 17.0 | 16.9 |
| | 林中空地 | 16.1 | 29.0 | 14.8 | 7.4 | 94 | 1.2 | 13 | 17.2 | 18.2 |
| | 差值 | 0.5 | −7.9 | −0.5 | −3.2 | −4 | −0.2 | 13 | −0.2 | −1.3 |
| 鸡公田 | 阔叶林 | 15.0 | 19.8 | 11.7 | 4.7 | 93 | 1.1 | 47 | 15.2 | 15.6 |
| | 林中空地 | 15.4 | 26.0 | 11.0 | 8.8 | 92 | 1.3 | 18 | 15.5 | 17.8 |
| | 差值 | −0.4 | −6.2 | 0.7 | −4.1 | 1 | −0.2 | 29 | −0.3 | −2.3 |

由表6得知：三堆池海拔312 m处的人工青梅林平均树高3 m，属小乔木，亦可视为大灌木林，虽然林内透光良好，但由于树体矮小，通风及庇荫效果不良。所以林内的日平均气温比林中空地略高。加上林木的蒸发作用，使得林内的空气相对湿度也比林外低，显示出这两个气象要素在青梅林内林冠对温度的副作用大于正作用。由于青梅林的“凉伞”效应差，不宜在林内开展游憩活动。

(4)地表面性质不同，小气候特征不同。城市是人类文明进步的标志，现代化的城市里房屋愈盖愈密、愈盖愈高。鳞次栉比的高楼大厦大都是由钢筋混凝土堆砌而成。城市被当今环境生态学家称为“水泥沙漠”。为了解城市小气候特征，我们选择惠州市南坛小学校园内的水磨石地面进行了为期3 d的小气候观测，并与惠州市气象局东坪观测场的同步观测值进行对比，其差值详见表7。

**表7　不同地表性状的小气候特征**

| | 地表性状 | 海拔(m) | 气温(℃) | | | | 20 cm高处气温(℃) | 地面温度(℃) | 相对湿度(%) |
|---|---|---|---|---|---|---|---|---|---|
| | | | 日平均 | 最高 | 最低 | 日较差 | | | |
| 东坪气象站 | 浅草坪 | 21.5 | 20.3 | 26.5 | 15.5 | 7.6 | | 22.9 | 84 |
| 南坛小学 | 水磨石 | 21.5 | 21.6 | 29.6 | 16.0 | 6.7 | 21.7 | 23.6 | 89 |
| 差值 | | | −1.3 | −3.1 | −0.5 | −0.9 | | −0.7 | −5 |

从表7得知，1999年5月5—7日，在惠州市区南坛小学游泳池旁水磨石地面测量值与东坪气象站相比，水磨石地面比草地日平均气温高1.3 ℃，最高气温高3.1 ℃，最低气温高0.5 ℃，相对湿度高5%，地表温度高0.7 ℃。这说明居民集中区的“水泥沙漠”要比草坪上热。

晴天、盛夏这种差异则会更大。5月7日，晴，南坛小学比东坪气象站的日平均气温高1.5 ℃，5月11日，晴，白天10:00—16:00的逐时气温南坛小学比东坪气象站高1.0～2.3 ℃，最高气温高3.8 ℃。据研究，100万人口以上的城市中心，最高气温比郊区会高8.0～10.0 ℃，广州市区比郊区的日平均气温高1.3 ℃。这种市区温度比郊区高的现象称为城市的“热岛”效应，或“火炉”效应，它迫使城市居民外出避暑消夏。惠州市人口虽然不多，但居民居住集中，在居民集中区居住的居民应当逃避“沙漠”和“热岛”的困扰，外出避暑消夏、旅游度假。象头山距惠州市仅28 km，夏季气候凉爽，景色优雅，生态环境优越，应当是惠州及珠江三角洲居民回归自然、享受自然的理想去处。

(5)天气不同，小气候特征不同。观测期间，5月6日为阴天，有小雨，5月7日雨过天晴。在这相邻的两天里，林中空地晴天各测点的日平均气温相差1.7～6.0 ℃，气温日较差相差1.8～4.9 ℃，地面日平均温度相差3.5～4.9 ℃；阴天，各测点的日平均温度相差1.0～3.9 ℃，气温日较差相差2.2～4.7 ℃，地面日平均温度相差2.7～3.6 ℃。晴天差异大，阴天差异小。晴天与阴天相比，晴天日平均气温的差异要比阴天大0.2～1.6 ℃，地面日平均温度要相差0.7～1.5 ℃，最高气温相差1.8～4.9 ℃，最高地温相差4.5～7.0 ℃，详见表8。

**表8　象头山不同海拔高度处的小气候观测值(℃)**

| 地点 | | 东坪 | 三堆池 | 四级站 | 鸡公田 |
|---|---|---|---|---|---|
| 5月7日晴天 | 日平均气温 | 19.8 | 18.8 | 19.0 | 15.3 |
| | 最高气温 | 29.7 | 26.0 | 26.6 | 26.0 |
| | 气温日较差 | 11.8 | 13.9 | 9.0 | 10.8 |
| | 日平均地温 | 27.8 | 22.7 | 21.9 | 18.4 |
| | 最高地温 | 35.5 | 35.5 | 31.0 | 38.0 |
| | 地温日较差 | 21.9 | 18.5 | 15.3 | 10.8 |
| 5月6日阴天 | 日平均气温 | 19.7 | 18.6 | 18.4 | 15.8 |
| | 最高气温 | 24.9 | 22.0 | 20.5 | 21.0 |
| | 气温日较差 | 6.7 | 5.4 | 4.2 | 2.0 |
| | 日平均地温 | 21.3 | 21.3 | 20.4 | 17.7 |
| | 最高地温 | 25.2 | 28.0 | 23.5 | 22.5 |
| | 地温日较差 | 7.9 | 7.0 | 6.3 | 6.2 |

## 三、2004年4—6月的线路考察

2004年4月26日至6月12日在惠州进行旅游资源调查的同时，采用短期流动观测法，对惠州林区的森林小气候和水域小气候进行了对比观测，观测地段50处，观测点95个，其中水体3处6个点、林内单点5处5个点、林内外对比观测42处84个点。

### (一)考察地段基本情况

部分考察地段基本情况如表9所示。

**表 9　线路考察点的基本情况一览表**

| 编号 | 观测地段概况 | 观测点基本情况 | | | | | | | |
|---|---|---|---|---|---|---|---|---|---|
| | | 名称 | 海拔（m） | 林内（外） | 林型 | 树高（m） | 郁闭度（%） | 长势 | 备注 |
| 1 | 罗浮山林场：位于广东省东南部，博罗县西北部，为广东四大名山之首、中外闻名的罗浮山南坡，距博罗县城 35 km，距广州 84 km，距深圳 88 km，交通便利，路况好，区内最高处海拔 1296 m（飞云顶），森林覆盖率达 85.8% | 冲虚观 | 30 | 林内 | 阔叶杂木 | 20 | 80 | 良好 | |
| | | | 30 | 林外 | | | | | 水泥地面 |
| | | 索道站 | 610 | 林内 | 阔叶杂木 | 15 | 95 | 良好 | |
| | | | 610 | 林外 | | | | | 水泥地面 |
| | | 山腰 | 800 | 林内 | 阔叶杂木、灌木 | 13 | 85 | 良好 | |
| | | | 800 | 林外 | | | | | |
| | | 分水坳 | 1170 | 林内 | 木荷 | 3 | 50 | 良好 | |
| | | | 1160 | 林外 | | | | | |
| | | 飞云顶 | 1230 | 林外 | 茅草 | 0.5 | | | |
| | | 山腰 | | 林内 | 阔叶杂木 | 12 | 80 | 良好 | 距小溪 2 m |
| | | 白水门 | 930 | 林内 | 阔叶杂木 | | | | |
| | | | 930 | 林外 | | | | | 距小溪 1 m |
| | | 酥醪湖 | | 湖边 | | | | | |
| | | | | 陆地 | | | | | 距湖 30 m |
| 2 | 西湖：位于惠城区，水域面积 1.4 $km^2$，平均水深 1.5 m | 红棉水榭 | | 湖边 | | | | | 草地 |
| | | | | 陆地 | | | | | 水泥地面，距湖 20 m |
| 3 | 上庵生态旅游区：位于博罗县城北方 9 km 处，交通状况一般，森林覆盖率 9% | 林科所科普中心 | | 林内 | 落叶松、鱼尾葵 | 20 | 90 | 良好 | |
| | | | | 林外 | | | | | |
| | | 上庵水库 | | 林内 | 马尾松纯林 | 10 | 60 | 良好 | |
| | | | | 林外 | | | | | |
| 4 | 龙花洞景区：位于博罗县响水镇，距惠州市 35 km，交通便利，区内有响水漂流 | 龙门关 | | 林内 | 阔叶杂木（木荷） | 10 | 80 | 良好 | 距河流 8 m |
| | | | | 林外 | | | | | |
| 5 | 黄山洞自然保护区：位于博罗县北部，距县城 80 km，交通一般，森林覆盖率 98.3%，区内最高处海拔 1052.7 m（红花嶂） | 唱歌坑 | | 林内 | 阔叶杂木（木荷） | 8 | 50 | 良好 | |
| | | | | 林外 | | | | | |
| | | 山口 | | 林内 | 阔叶杂木（乌桕、木荷） | 15 | 50 | 良好 | |
| | | | | 林外 | | | | | |
| 6 | 金桔自然保护区：位于惠城区，距淡水 11 km，距深圳 40 km，交通便利但路况较差，森林覆盖率 91.3%，区内最高处海拔 728.5 m（三坑顶） | 梅园瀑布 | | 林内 | 湿地松 | 10 | 80 | 一般 | 灌木丛生 |
| | | | | 林外 | | | | | |
| | | 田心 | 100 | 林内 | 阔叶杂木 | 10 | 95 | 良好 | 距小溪 0.5 m |
| | | | 100 | 林外 | | | | | 距小溪 1 m |
| | | 东京娘娘庙 | 220 | 林内 | 阔叶杂木 | 15 | 50 | 良好 | |
| | | | 220 | 林外 | | | | | |

续表

| 编号 | 观测地段概况 | 观测点基本情况 | | | | | | | |
|---|---|---|---|---|---|---|---|---|---|
| | | 名称 | 海拔（m） | 林内（外） | 林型 | 树高（m） | 郁闭度（%） | 长势 | 备注 |
| 7 | 狮朝洞景区：位于惠东县城平山镇南侧 5 km | 悟空塑像 | | 林内 | 阔叶杂木（樟树、椎树） | 6 | 50 | 良好 | |
| | | | | 林外 | | | | | |
| 8 | 九龙峰林场：位于惠东县城山镇东侧 14 km，森林覆盖率 80.1%，最高处海拔 563 m（九龙峰） | 谭公祖庙 | | 林内 | 杉树 | 8 | 50 | 一般 | |
| | | | | 林外 | | | | | |
| 9 | 古田自然保护区：位于惠东县西北部，距惠州 40 km，路况一般，森林覆盖率 87.6%，最高处海拔 1069 m（坪天嶂） | 场部 | 250 | 林内 | 杉树、竹子 | 8 | 100 | 良好 | 密闭、不透风 |
| | | | 250 | 林外 | | | | | |
| | | 牛牯潭 | 262 | 林内 | 阔叶杂木 | 6 | 70 | 良好 | 下雨 |
| | | | 262 | 林外 | | | | | 下雨 |
| | | 庐场窝 | | 林内 | 阔叶杂木 | 20 | 90 | 良好 | 下雨 |
| | | 寨下瀑布 | | 林外 | 阔叶杂木 | 20 | 90 | 良好 | 下雨 |
| 10 | 莲花山白盆珠自然保护区：位于惠东县城东北 60 km，交通便利，森林覆盖率 86%，最高处海拔 1336.3 m（莲花山） | 夹石坳 | 345 | 林内 | 阔叶杂木 | 15 | 80 | 良好 | |
| | | | 345 | 林外 | | | | | |
| | | 莲花寺 | 900 | 林内 | 阔叶杂木（木荷） | 15 | 50 | 良好 | |
| | | | 900 | 林外 | | | | | |
| 11 | 蓝田林场：位于龙门县城龙城以北 18 km，交通便利，森林覆盖率 90%，最高处海拔 447 m | 鸡笼坑 | 200 | 林内 | 阔叶杂木（丫脚木） | 15 | 90 | 良好 | |
| | | | 200 | 林外 | | | | | |
| | | 神石果场 | 300 | 林内 | 阔叶杂木（丫脚木、椎树） | 15 | 90 | 良好 | |
| | | | 300 | 林外 | | | | | |
| 12 | 南昆山林场：位于龙门县西南部，交通便利，森林覆盖率 98.2%，最高处海拔 1228 m（天堂顶） | 天堂山脚（上岳木） | 502 | 林内 | 毛竹 | 15 | 80 | 良好 | |
| | | | 502 | 林外 | | | | | |
| | | 天堂山脚（老伯公） | 538 | 林内 | 杂木（杉树、阔叶树） | 20 | 90 | 良好 | |
| | | | 538 | 林外 | | | | | |
| | | 老橙树 | | 林内 | 阔叶杂木 | 20 | 85 | 良好 | |
| 13 | 油田林场：位于龙门县西南 41 km 处，森林覆盖率 93% | 秋枫冚 | 98 | 林内 | 杂木（南洋楹） | 25 | 60 | 良好 | 距小溪 4 m |
| | | | 98 | 林外 | | | | | |

续表

| 编号 | 观测地段概况 | 观测点基本情况 | | | | | | | |
|---|---|---|---|---|---|---|---|---|---|
| | | 名称 | 海拔(m) | 林内(外) | 林型 | 树高(m) | 郁闭度(%) | 长势 | 备注 |
| 14 | 寨头水源林自然保护区：位于龙门县西南 41 km 处，路况差，森林覆盖率 80%，最高处海拔 791.6 m(丫髻峰) | 寨头水库 | 195 | 林内 | 阔叶杂木 | 15 | 90 | 良好 | 灌木丛生 |
| | | | 195 | 林外 | | | | | |
| 15 | 桂峰山：位于龙门县西北部，区内最高处海拔 1085 m(桂峰顶)，为广州地区五座最高峰之一。山、水、奇石、瀑布、植物构成了地派桂峰山的美丽风光。这里谷岭相间，森林茂密，空气清新，山水林泉瀑合为一体，构成了一副壮丽而幽深的天然山水画 | 桂花溪桥 | 390 | 林内 | 阔叶杂木 | 13 | 60 | 良好 | |
| | | | 390 | 林外 | | | | | |
| | | 炸山石处 | 390 | 林内 | 阔叶杂木 | 15 | 70 | 良好 | 小桥上 |
| | | | 390 | 林外 | | | | | 距小溪 5 m |
| | | 桂峰山庄 | 300 | 林内 | 榕树 | 10 | 50 | 一般 | 距小溪 3 m |
| | | | 300 | 林外 | | | | | |
| | | 桂峰山庄 | 300 | 林内 | 南洋楹 | 10 | 20 | 良好 | 距小溪 2 m |
| | | | 300 | 林外 | | | | | |
| | | 鸭龙门 | | 林内 | 阔叶杂木 | 13 | 70 | 良好 | |
| | | 福禄寿三兄弟 | | 林内 | 阔叶杂木 | 20 | 50 | 良好 | |
| 16 | 密西林场：位于龙门县北部 35 km 处，路况一般，森林覆盖率 67.3%，最高处海拔 956.8 m(寒山顶) | 密西河岸边 | 250 | 林内 | 矮灌 | 5 | 30 | 一般 | 河水脏 |
| | | | 250 | 林外 | | | | | |
| | | 欧阳殿河与密西河交叉口 | 250 | 林内 | 阔叶杂木 | 10 | 60 | | |
| | | | 250 | 林外 | | | | | |
| 17 | 杨坑峒自然保护区：位于龙门县北部 16 km 处，路况一般，森林覆盖率 70% | 筹备办公室 | 190 | 林内 | 橘树 | 8 | 90 | 良好 | |
| | | | 190 | 林外 | | | | | |
| | | 企山仔 | 210 | 林内 | 杉木 | 7 | 70 | 良好 | |
| | | | 210 | 林外 | | | | | |
| | | 果场 | 210 | 林内 | 阔叶杂木 | 10 | 80 | 良好 | |
| | | | 210 | 林外 | | | | | |
| 18 | 屏风石自然保护区：位于龙门县城南部 29 km 处，路况一般，森林覆盖率 60% | 荔枝园 | 20 | 林内 | 荔枝林 | 2.5 | 10 | 良好 | |
| | | | 20 | 林外 | | | | | |
| 19 | 青年林场：位于龙门县东南部 18 km 处，路况一般，森林覆盖率 60% | 场部 | 20 | 林内 | 阔叶乔木(樟树) | 20 | 30 | 良好 | 距小溪 3 m |
| | | | 20 | 林外 | | | | | |

续表

| 编号 | 观测地段概况 | 观测点基本情况 | | | | | | | |
|---|---|---|---|---|---|---|---|---|---|
| | | 名称 | 海拔（m） | 林内（外） | 林型 | 树高（m） | 郁闭度（%） | 长势 | 备注 |
| 20 | 墩子林场：位于惠城区东北部 55 km 处，路况一般，最高处海拔 344.1 m（沙尾寨） | 场部 | | 林内 | 阔叶乔木 | 15 | 50 | 良好 | 距池塘 4 m |
| | | | | 林外 | | | | | |
| | | 新桥 | | 林内 | 毛竹 | 10 | 80 | 良好 | 密度大 |
| | | | | 林外 | | | | | |
| | | 船坑潭 | | 林内 | 阔叶杂木 | 6 | 50 | 良好 | 距小溪 0.5m |
| | | | | 林外 | | | | | |

## （二）考察结果

2004 年 4 月 26 日至 6 月 12 日的小气候线路对比考察结果详见表 10。

**表 10　线路考察结果一览表**

| 测点名称 | 观测时间（月/日，北京时） | 林内（外） | 观测结果 | | | 惠州市区同步对比值 | | |
|---|---|---|---|---|---|---|---|---|
| | | | 温度（℃） | 相对湿度（%） | 舒适度 | 温度（℃） | 相对湿度（%） | 舒适度 |
| 冲虚观 | 4/28，09:00 | 林内 | 25.2 | 77 | 舒适 | 25.9 | 50 | 舒适 |
| | | 林外 | 25.2 | 74 | 舒适 | 25.9 | 50 | 舒适 |
| 索道站 | 4/28，10:00 | 林内 | 20.2 | 75 | 舒适 | 27.5 | 43 | 舒适 |
| | | 林外 | 22.5 | 68 | 舒适 | 27.5 | 43 | 舒适 |
| 山腰 | 4/28，11:00 | 林内 | 22.1 | 74 | 舒适 | 27.8 | 47 | 感觉闷热 |
| | | 林外 | 22.8 | 67 | 舒适 | 27.8 | 47 | 感觉闷热 |
| 分水坳 | 4/28，15:00 | 林内 | 19.4 | 82 | 舒适 | 26.8 | 59 | 感觉闷热 |
| | | 林外 | 19.6 | 78 | 舒适 | 26.8 | 59 | 感觉闷热 |
| 飞云顶 | 4/28，15:20 | 林外 | 18.6 | 87 | 舒适 | 26.8 | 59 | 感觉闷热 |
| 山腰 | 4/28，16:00 | 林内 | 19.0 | 83 | 舒适 | 26.0 | 65 | 舒适 |
| 白水门 | 4/28，17:00 | 林内 | 19.6 | 83 | 舒适 | 25.4 | 65 | 舒适 |
| | | 林外 | 19.9 | 83 | 舒适 | 25.4 | 65 | 舒适 |
| 酥醪湖 | 4/28，19:00 | 林内 | 22.2 | 82 | 舒适 | 24.3 | 68 | 舒适 |
| | | 林外 | 22.7 | 80 | 舒适 | 24.3 | 68 | 舒适 |
| 红棉水榭 | 5/7，10:00 | 林内 | 24.9 | 67 | 舒适 | 24.4 | 65 | 舒适 |
| | | 林外 | 24.3 | 73 | 舒适 | 24.4 | 65 | 舒适 |
| 瑶池 | 5/9，10:00 | 林内 | 22.0 | 92 | 舒适 | 22.0 | 85 | 舒适 |
| | | 林外 | 23.2 | 92 | 舒适 | 22.0 | 85 | 舒适 |

续表

| 测点名称 | 观测时间（月/日，北京时） | 林内（外） | 观测结果 | | | 惠州市区同步对比值 | | |
|---|---|---|---|---|---|---|---|---|
| | | | 温度(℃) | 相对湿度(%) | 舒适度 | 温度(℃) | 相对湿度(%) | 舒适度 |
| 电视台 | 5/9，11:00 | 林内 | 24.7 | 84 | 舒适 | 24.9 | 77 | 舒适 |
| | | 林外 | 24.4 | 92 | 舒适 | 24.9 | 77 | 舒适 |
| 林科所科普中心 | 5/10，11:00 | 林内 | 25.4 | 88 | 感觉闷热 | 29.3 | 65 | 感觉闷热 |
| | | 林外 | 25.9 | 86 | 感觉闷热 | 29.3 | 65 | 感觉闷热 |
| 上庵水库 | 5/10，11:30 | 林内 | 25.4 | 84 | 感觉闷热 | 29.3 | 65 | 感觉闷热 |
| | | 林外 | 27.0 | 81 | 感觉闷热 | 29.3 | 65 | 感觉闷热 |
| 龙门关 | 5/11，12:20 | 林内 | 31.9 | 59 | 感觉闷热 | 31.4 | 57 | 感觉闷热 |
| | | 林外 | 28.8 | 75 | 感觉闷热 | 31.4 | 57 | 感觉闷热 |
| 唱歌坑 | 5/12，10:10 | 林内 | 26.4 | 91 | 感觉闷热 | 29.1 | 71 | 感觉闷热 |
| | | 林外 | 27.8 | 78 | 感觉闷热 | 29.1 | 71 | 感觉闷热 |
| 山口 | 5/12，10:40 | 林内 | 24.1 | 95 | 舒适 | 29.9 | 66 | 感觉闷热 |
| | | 林外 | 24.3 | 92 | 舒适 | 29.9 | 66 | 感觉闷热 |
| 梅园瀑布 | 5/15，17:20 | 林内 | 27.4 | 79 | 感觉闷热 | 30.7 | 62 | 感觉闷热 |
| | | 林外 | 26.7 | 82 | 感觉闷热 | 30.7 | 62 | 感觉闷热 |
| 田心 | 6/11，14:00 | 林内 | 27.2 | 69 | 感觉闷热 | 31.7 | 53 | 感觉闷热 |
| | | 林外 | 27.3 | 69 | 感觉闷热 | 31.7 | 53 | 感觉闷热 |
| 东京娘娘庙 | 6/11，14:10 | 林内 | 29.6 | 52 | 感觉闷热 | 31.7 | 53 | 感觉闷热 |
| | | 林外 | 29.8 | 58 | 感觉闷热 | 31.7 | 53 | 感觉闷热 |
| 悟空塑像 | 5/18，15:20 | 林内 | 24.7 | 88 | 舒适 | 26.8 | 67 | 感觉闷热 |
| | | 林外 | 26.1 | 81 | 感觉闷热 | 26.8 | 67 | 感觉闷热 |
| 谭公祖庙 | 5/12，10:40 | 林内 | 26.7 | 75 | 感觉闷热 | 27.5 | 66 | 感觉闷热 |
| | | 林外 | 25.2 | 87 | 感觉闷热 | 27.5 | 66 | 感觉闷热 |
| 场部 | 5/20，11:00 | 林内 | 24.4 | 88 | 舒适 | 24.6 | 76 | 舒适 |
| | | 林外 | 24.6 | 81 | 舒适 | 24.6 | 76 | 舒适 |
| 牛牯潭 | 5/21，08:30 | 林内 | 20.9 | 96 | 舒适 | 21.1 | 77 | 舒适 |
| | | 林外 | 20.0 | 96 | 舒适 | 21.1 | 77 | 舒适 |
| 庐场窝 | 5/21，10:10 | 林内 | 17.9 | 100 | 舒适 | 20.8 | 79 | 舒适 |
| 寨下瀑布 | 5/21，13:00 | 林内 | 18.0 | 100 | 舒适 | 22.8 | 76 | 舒适 |
| 夹石坳 | 5/25，09:00 | 林内 | 24.2 | 83 | 舒适 | 27.8 | 65 | 感觉闷热 |
| | | 林外 | 24.5 | 83 | 舒适 | 27.8 | 65 | 感觉闷热 |
| 莲花寺 | 5/25，13:20 | 林内 | 22.3 | 83 | 舒适 | 29.2 | 64 | 感觉闷热 |
| | | 林外 | 23.8 | 81 | 舒适 | 29.2 | 64 | 感觉闷热 |

续表

| 测点名称 | 观测时间（月/日，北京时） | 林内（外） | 观测结果 | | | 惠州市区同步对比值 | | |
|---|---|---|---|---|---|---|---|---|
| | | | 温度(℃) | 相对湿度(%) | 舒适度 | 温度(℃) | 相对湿度(%) | 舒适度 |
| 鸡笼坑 | 5/29，10:15 | 林内 | 26.3 | 93 | 感觉闷热 | 26.0 | 84 | 感觉闷热 |
| | | 林外 | 27.2 | 92 | 感觉闷热 | 26.0 | 84 | 感觉闷热 |
| 神石果场 | 5/29，11:00 | 林内 | 26.6 | 81 | 感觉闷热 | 27.4 | 80 | 感觉闷热 |
| | | 林外 | 27.1 | 81 | 感觉闷热 | 27.4 | 80 | 感觉闷热 |
| 天堂山脚（上岳木） | 6/1，09:00 | 林内 | 22.3 | 92 | 舒适 | 26.5 | 74 | 感觉闷热 |
| | | 林外 | 22.9 | 92 | 舒适 | 26.5 | 74 | 感觉闷热 |
| 天堂山脚（老伯公） | 6/1，09:30 | 林内 | 21.7 | 96 | 舒适 | 27.7 | 70 | 感觉闷热 |
| | | 林外 | 22.2 | 96 | 舒适 | 27.7 | 70 | 感觉闷热 |
| 老橙树 | 6/1，10:20 | 林内 | 20.9 | 100 | 舒适 | 29.1 | 65 | 感觉闷热 |
| 秋枫峃 | 6/2，11:00 | 林内 | 26.4 | 99 | 感觉闷热 | 32.0 | 66 | 感觉闷热 |
| | | 林外 | 26.2 | 96 | 感觉闷热 | 32.0 | 66 | 感觉闷热 |
| 寨头水库 | 6/2，11:00 | 林内 | 25.4 | 88 | 感觉闷热 | 30.1 | 60 | 感觉闷热 |
| | | 林外 | 26.4 | 84 | 感觉闷热 | 30.1 | 60 | 感觉闷热 |
| 桂花溪桥 | 6/2，11:00 | 林内 | 23.6 | 96 | 舒适 | 27.5 | 70 | 感觉闷热 |
| | | 林外 | 24.9 | 88 | 舒适 | 27.5 | 70 | 感觉闷热 |
| 炸山石处 | 6/2，11:00 | 林内 | 23.1 | 97 | 舒适 | 27.2 | 70 | 感觉闷热 |
| | | 林外 | 22.4 | 87 | 舒适 | 27.2 | 70 | 感觉闷热 |
| 桂峰山庄 | 6/2，11:00 | 林内 | 24.3 | 92 | 舒适 | 26.7 | 74 | 感觉闷热 |
| | | 林外 | 24.5 | 92 | 舒适 | 26.7 | 74 | 感觉闷热 |
| 桂峰山庄 | 6/2，11:00 | 林内 | 22.3 | 88 | 舒适 | 24.8 | 73 | 舒适 |
| | | 林外 | 22.7 | 84 | 舒适 | 24.8 | 73 | 舒适 |
| 鸭龙门 | 6/7，09:30 | 林内 | 21.9 | 91 | 舒适 | 25.5 | 68 | 舒适 |
| 福禄寿三兄弟 | 6/7，10:00 | 林内 | 21.3 | 91 | 舒适 | 25.5 | 68 | 舒适 |
| 密西河岸边 | 6/7，14:00 | 林内 | 26.4 | 72 | 感觉闷热 | 29.4 | 57 | 感觉闷热 |
| | | 林外 | 26.4 | 72 | 感觉闷热 | 29.4 | 57 | 感觉闷热 |
| 欧阳殿河与密西河交叉口 | 6/7，14:30 | 林内 | 25.7 | 77 | 感觉闷热 | 29.5 | 60 | 感觉闷热 |
| | | 林外 | 26.9 | 64 | 感觉闷热 | 29.5 | 60 | 感觉闷热 |
| 筹备办公室 | 6/7，16:00 | 林内 | 26.8 | 72 | 感觉闷热 | 30.2 | 57 | 感觉闷热 |
| | | 林外 | 27.3 | 68 | 感觉闷热 | 30.2 | 57 | 感觉闷热 |
| 企山仔 | 6/7，16:15 | 林内 | 26.0 | 81 | 感觉闷热 | 28.9 | 65 | 感觉闷热 |
| | | 林外 | 26.1 | 81 | 感觉闷热 | 28.9 | 65 | 感觉闷热 |

续表

| 测点名称 | 观测时间（月/日，北京时） | 林内（外） | 观测结果 | | | 惠州市区同步对比值 | | |
|---|---|---|---|---|---|---|---|---|
| | | | 温度(℃) | 相对湿度(%) | 舒适度 | 温度(℃) | 相对湿度(%) | 舒适度 |
| 果场 | 6/7，16:30 | 林内 | 26.3 | 78 | 感觉闷热 | 28.9 | 63 | 感觉闷热 |
| | | 林外 | 26.9 | 78 | 感觉闷热 | 28.9 | 63 | 感觉闷热 |
| 荔枝园 | 6/8，10:00 | 林内 | 28.1 | 65 | 感觉闷热 | 27.7 | 60 | 感觉闷热 |
| | | 林外 | 26.3 | 68 | 感觉闷热 | 27.7 | 60 | 感觉闷热 |
| 场部 | 6/8，11:00 | 林内 | 26.7 | 68 | 感觉闷热 | 28.7 | 58 | 感觉闷热 |
| | | 林外 | 28.1 | 65 | 感觉闷热 | 28.7 | 58 | 感觉闷热 |
| 场部 | 6/12，10:30 | 林内 | 29.9 | 44 | 感觉闷热 | 29.2 | 54 | 感觉闷热 |
| | | 林外 | 30.8 | 42 | 感觉闷热 | 29.2 | 54 | 感觉闷热 |
| 新桥 | 6/12，10:40 | 林内 | 31.0 | 41 | 感觉闷热 | 30.9 | 46 | 感觉闷热 |
| | | 林外 | 31.6 | 43 | 感觉闷热 | 30.9 | 46 | 感觉闷热 |
| 船坑潭 | 6/12，11:33 | 林内 | 27.8 | 63 | 感觉闷热 | 31.6 | 42 | 感觉闷热 |
| | | 林外 | 31.7 | 43 | 感觉闷热 | 31.6 | 42 | 感觉闷热 |

由表10可知：

(1)水体降温效果好。4月28日19:00博罗林场酥醪湖边的气温比邻近陆地低0.5 ℃，比惠州气象观测场低2.1 ℃。5月7日10:00惠州西湖红棉水榭湖边的气温比邻近陆地低0.6 ℃，比惠城区气象站低0.1 ℃。博罗县响水镇的龙门关5月11日12:20溪边林内气温比邻近陆地低3.1 ℃，相对湿度高16%。其原因是水的热容量大、导热率强，因此调节小气候的功能强。人们休闲游览应选择湖边、溪旁和树荫下。

(2)林冠庇荫作用强。在惠州林区2个林内外对比观测地段，出现林内外气温相等的有2处，一处是4月28日14:00罗浮山冲虚观附近杂木林内外，一处是6月17日14:00观测的龙门密西河边的灌木林内外。原因主要是林相不佳。林内比林外的瞬时气温低0.1～1.0 ℃的有25处，占总测点的60%，林内比林外气温低1.1 ℃以上的有10处，占23%；林内气温高于林外的有5处，占12%。森林对林内温度的影响主要取决于林冠对温度的正负两种作用。茂密的林冠阻挡太阳入射辐射，也阻挡林内向林外放射辐射，因此白天和夏季林内气温与地温低于林外，夜间和冬季林内温度比林外高，使林内温度变化缓和，减小其日较差和年较差，俗称“凉伞”效应，这是林冠对温度的正作用。当森林矮小、杂乱或稀疏时，林冠阻挡辐射的效果不明显，而林冠的存在又减低了林内风速和乱流交换作用，使林内外的热量交换不畅，有提高林内温度的副作用。考察结果表明：在惠州林区，“凉伞”效应明显，庇荫效果好，有利于开展旅游休闲活动的森林占83%；有副作用的森林只有12%，这12%的森林在旅游开发中需要改造。

## 四、结论

(1)惠州林区地处山丘区，具有山丘区比市区凉爽湿润的气候优势。在林区山地海拔每升高100 m，日平均气温降低0.59～0.83 ℃，大于全球平均值；南昆山、桂峰山、莲花山、象头山等地林中空地的平均气温比市区低1.5～7.8 ℃，日平均空气相对湿度高9%～22%。

(2)惠州林区林木葱茏，森林覆盖率高达57.3%，森林的“凉伞”效应明显，与同地段林外比较，气温比林外低0.2～0.7 ℃，气温日较差小0.2～11.8 ℃，空气相对湿度大1%～4%，风速减小0.2～0.4 m/s，静风频率增大7%～29%。

(3)从森林小气候角度看，惠州林区有60%的森林林内比林外凉爽湿润；有23%的森林，林内十分凉爽舒适；林相较差，林内外小气候无差别的占5%；林内气温比林外高，副作用是主导作用的占12%。也就是说，从小气候角度考虑，惠州有17%的林地需要进行林相改造。

（2004年12月）

# 重庆玉龙山国家森林公园森林小气候*

吴章文　吴楚材　柏智勇

## 一、测点设置

为进一步做好玉龙山国家森林公园的总体规划，中南林学院森林旅游研究中心于2004年4月29—30日在公园境内不同海拔高处的林内、林外设置4个小气候定位对比观测，昼夜每小时观测1次，并与公园境外县气象站的同步观测资料进行对比。

测点基本情况见表1。

**表1　小气候观测点基本情况表**

| 序号 | 观测地段 | 海拔高度(m) | 测点性质 | 坡位及坡面状况 | 植被状况 |
|---|---|---|---|---|---|
| 1 | 大足县城 | 394.7 | 对照点 | 空旷台地 | 浅草 |
| 2 | 龙水湖 | 378 | 湖边 | 湖边平地 | 浅草、柳树 |
| 3 | 桫椤园 | 457 | 林内 | 南坡下部林地 | 桫椤、瓷树、柏木 |
| 4 | 禅乐竹海林外 | 611 | 林外 | 西北坡中部路旁 | 浅草 |
| 5 | 禅乐竹海林内 | 611 | 林内 | 西坡山间台地 | 楠竹、浅草 |

## 二、观测结果

### 1. 气温

各观测点的日平均气温、最高气温、最低气温及气温日较差详见表2。

**表2　公园内外的气温比较**　　单位：℃

| 海拔高度(m) | 测点名称 | 日平均值 | 最低值 | 最高值 | 日较差 | 与县城的气温差值 |
|---|---|---|---|---|---|---|
| 394.7 | 县城 | 26.5 | 22.0 | 31.2 | 9.2 | |
| 378 | 龙水湖 | 25.1 | 21.6 | 30.6 | 9.0 | −1.4 |
| 457 | 桫椤园 | 22.4 | 20.5 | 29 | 8.5 | −4.1 |
| 611 | 禅乐竹海林外 | 23.3 | 20.5 | 26.9 | 6.4 | −3.2 |
| 611 | 禅乐竹海林内 | 22.8 | 20.8 | 26.0 | 5.2 | −3.7 |

由表2可见，公园内的日平均气温比县城低1.4～4.1℃，其中龙水湖比县城低1.4℃，禅

* 主要观测人员：柏智勇、吴新宇、黄芸菌、王丹、扶蓉、陈燕娥、刘民坤、吴秋菊、黄乐艳、何允清等。

乐寺林外比县城低 3.2 ℃，禅乐寺林内比县城低 3.7 ℃，桫椤园比县城低 4.1 ℃。这说明晴天玉龙山国家森林公园内的日平均气温低于县城，夏季比县城凉爽，是避暑纳凉的好去处。

### 2. 空气相对湿度

公园内外的日平均空气相对湿度观测值详见表 3。

**表 3　公园内外空气相对湿度比较**

| 测点名称 | 大足县城 | 龙水湖 | 桫椤园 | 禅乐寺林外 | 禅乐寺林内 |
|---|---|---|---|---|---|
| 空气相对湿度(%) | 72 | 82 | 84 | 84 | 86 |
| 海拔高度(m) | 395 | 378 | 457 | 611 | 611 |
| 空气相对湿度与县城的差值(%) | | +10 | +12 | +12 | +14 |

注：表中"+"表示比县城高。

表 3 中，龙水湖海拔虽低于县城，但由于受水体影响，空气相对湿度仍高于县城。公园内空气相对湿度的总变化趋势是随着海拔升高，空气相对湿度增大。即公园内空气相对湿度大于公园外，林内比林外更加湿润。

## 三、结论

(1)玉龙山国家森林公园具有明显的山地气候和森林小气候特征。在公园境内海拔每升高 100 m，日平均气温降低 0.99 ℃，比一般山地降温幅度大。

(2)空气相对湿度由 72%增大到 86%。

(3)禅乐竹海林内日平均气温比林外低 0.5 ℃，空气相对湿度比林外大 2%。

(2004 年 7 月)

# 湖南张家界国家森林公园森林小气候二十年后再次监测

吴章文　扶　蓉　吴秋菊

张家界国家森林公园原为张家界国有林场，是在经过20多年人工栽培和保护原有次生林的基础上建立起来的，森林覆盖率达98%，在森林植被下垫面演化过程中，逐步形成了独特的森林小气候。其主要特征分析如下。

## 1　日照

太阳辐射：2005年5月1—3日，在张家界市、金鞭溪、黄石寨3个测点进行了每小时一次的对比观测，其结果如下。

(1)太阳辐射通量密度。5月2日多云，黄石寨的太阳总辐射通量密度，早晨06:30为423.5 J/($cm^2$·min)，中午12:30最大，其值为473.5 J/($cm^2$·min)，傍晚19:00最小，其值为308.3 J/($cm^2$·min)。太阳辐射早晚小、正午大的日变化规律虽明显，但其变化值不大。阴天受云雾影响，日变化不规则。较小的太阳辐射日变化是气温日变化较小的主要原因。

根据辐射日总量计算公式，我们计算出5月2日的太阳辐射日总量，见表1。

**表1　张家界各测点的太阳辐射总量(2005年5月2日，阴)**

单位：$10^6$ J/($cm^2$·min)

| | 总辐射 | 直接辐射 | 散射辐射 | 反射辐射 | 备注 |
|---|---|---|---|---|---|
| 张家界市区 | 8.99 | | 8.99 | 2.00 | 城郊平地，海拔254 m |
| 金鞭溪 | 6.89 | 0.23 | 6.66 | 1.07 | 较窄谷地，海拔600 m |
| 黄石寨 | 8.82 | 0.79 | 8.03 | 3.84 | 山顶台地，海拔1082 m |

由表1可知，张家界国家森林公园境内的黄石寨，太阳总辐射日总量大，为张家界市的98%；谷地金鞭溪仅为张家界市的77%。

(2)日照时数。张家界国家森林公园境内，由于地形急骤变化，各景点地形遮蔽程度差异很大，我们用经纬仪在各景点的小气候观测点上测绘出地形地物遮蔽图。按所在纬度制作各月太阳轨迹，求出各测点的日出、日落时间，列入表2。

**表 2　张家界国家森林公园各测点月平均日可照时数**　单位:h

| 测点 | 时间 | 1月 | 4月 | 7月 | 10月 | 平均 | 占空旷地的百分数(%) |
|---|---|---|---|---|---|---|---|
| 黄石寨 | 日出 | 6.76 | 5.58 | 5.13 | 6.29 | 12.12 | 100 |
| | 日落 | 17.25 | 18.42 | 18.87 | 17.71 | | |
| | 可照时数 | 10.49 | 12.84 | 13.74 | 11.42 | | |
| 南天门 | 日出 | 9.10 | 7.64 | 7.80 | 8.09 | 6.68 | 55.1 |
| | 日落 | 14.92 | 14.74 | 14.50 | 15.17 | | |
| | 可照时数 | 5.82 | 7.10 | 6.70 | 7.08 | | |
| 夫妻岩 | 日出 | 7.90 | 6.36 | 6.50 | 7.30 | 8.51 | 70.2 |
| | 日落 | 14.51 | 16.00 | 16.10 | 15.70 | | |
| | 可照时数 | 6.61 | 9.64 | 9.40 | 8.40 | | |
| 杉林幽径 | 日出 | 8.38 | 8.20 | 8.38 | 7.82 | 6.27 | 51.7 |
| | 日落 | 14.80 | 14.33 | 14.14 | 14.57 | | |
| | 可照时数 | 6.42 | 6.13 | 5.76 | 6.75 | | |
| 金鞭溪 | 日出 | 10.93 | 10.20 | 9.64 | 10.64 | 3.58 | 29.5 |
| | 日落 | 13.45 | 14.44 | 14.40 | 13.44 | | |
| | 可照时数 | 2.52 | 4.24 | 4.76 | 2.79 | | |
| 锣鼓塔 | 日出 | 8.67 | 7.66 | 7.73 | 8.22 | 6.26 | 51.8 |
| | 日落 | 12.37 | 15.80 | 16.53 | 12.60 | | |
| | 可照时数 | 3.70 | 8.14 | 8.80 | 4.38 | | |

注:张家界市与黄石寨等地日出、日落时差不超过 0.03 h。

由表 2 看出,各测点可照时数差异甚大:黄石寨、腰子寨、朝天观等高海拔台地是公园可照时数最多的地方,日平均 12.12 h,这些地方日出早、日落迟,是观赏日出、日落的理想场所。夫妻岩平均日可照时数 8 h 以上,生长期内可达 10 h 以上。金鞭溪的可照时数最少,平均日可照时数 1 月为 2.52 h、10 月为 2.79 h,最大的 7 月只有 4.76 h,年平均日可照时数仅 3.58 h。

(3)日照百分率。金鞭溪 1、4、7、10 月的日照百分率分别为 42%、87%、64%、100%,年日照百分率 62%,金鞭溪的日照百分率以秋季最大、冬季最小。

(4)光照强度。2005 年 5 月 1—3 日,我们在张家界境内进行了为期 3 d 的光照强度观测,以张家界市空旷地的日平均值 19806 lux 为 100%,其余各点的相对值详见表 3。

**表 3　张家界各测点的光照强度比较**　单位:%

| 测点 | 黄石寨 | 南天门 | 夫妻岩 | 锣鼓塔 | 腰子寨 | 张家界市区 |
|---|---|---|---|---|---|---|
| 空旷地 | 96 | 42 | 93 | 92 | 57 | 100 |
| 林冠下 | 69 | 23 | 28 | 27 | 11 | 36 |

注:夫妻岩的对照观测点设在田家台。

从表 3 看出,张家界国家森林公园与张家界市的光照强度差异明显。空旷地较小,相差 4%～48%,其中黄石寨、田家台、锣鼓塔与张家界市仅相差 4%～8%;林冠下差异大,相差 31%～89%。林冠郁闭度越大,地形越闭塞,差异越大。

## 2 温度

张家界由于海拔高、地形复杂、森林茂密，气温和地温比外界低。境内由于地形遮蔽和森林覆盖程度的不同，温度差异很大。2005 年 5 月，我们进行了为期 3 d 的小气候观测，其结果列入表 4 和表 5。

**表 4　张家界各测点的平均温度**　　单位：℃

| 测点 | | 黄石寨 | 南天门 | 大岩屋 | 杉林幽径 | 金鞭溪 | 锣鼓塔 | 张家界市区 | 朝天观 | 腰子寨 |
|---|---|---|---|---|---|---|---|---|---|---|
| 海拔高度(m) | | 1082 | 950 | 800 | 730 | 600 | 600 | 245 | 1250 | 1000 |
| 阴天 | 气温 | 12.6 | 19.7 | 18.0 | 19.4 | 13.5 | 11.7 | 20.2 | 10.1 | 12.0 |
| | 地面温度 | 15.3 | 19.9 | 14.5 | 17.0 | 17.0 | 17.2 | 20.7 | 12.4 | 12.5 |
| | 最高地面温度 | 16.5 | 19.9 | 16.2 | 13.2 | 18.7 | 19.3 | 19.4 | 19.5 | 16.2 |
| | 最低地面温度 | 10.3 | 15.4 | 10.3 | 10.5 | 11.0 | 15.9 | 10.1 | 15.0 | 12.3 |
| | 地面温度振幅 | 6.2 | 4.5 | 5.9 | 2.7 | 7.7 | 3.4 | 9.3 | 4.5 | 3.9 |
| 晴天 | 气温 | 16.9 | 17.4 | 12.1 | 10.6 | 14.6 | 15.0 | 22.4 | 16.1 | 14.6 |
| | 地面温度 | 18.5 | 10.0 | 15.4 | 12.3 | 19.4 | 18.1 | 22.5 | 19.5 | 12.3 |
| | 最高地面温度 | 19.6 | 18.2 | 18.3 | 12.2 | 15.9 | 16.4 | 18.1 | 16.5 | 13.2 |
| | 最低地面温度 | 17.5 | 13.5 | 10.9 | 10.6 | 10.4 | 12.7 | 10.5 | 14.9 | 10.6 |
| | 地面温度振幅 | 2.1 | 4.7 | 7.4 | 1.6 | 5.5 | 3.7 | 7.6 | 1.6 | 2.6 |

**表 5　张家界森林公园内各测点平均温度及其与张家界市区的差值(℃)**

| 测点 | | 黄石寨 | 南天门 | 大岩屋 | 杉林幽径 | 金鞭溪 | 锣鼓塔 | 朝天观 | 腰子寨 | 张家界市区 |
|---|---|---|---|---|---|---|---|---|---|---|
| 海拔(m) | | 1082 | 950 | 800 | 790 | 600 | 600 | 1250 | 1000 | 245 |
| 阴天 | 气温 | 12.6 | 19.7 | 18.0 | 19.4 | 13.5 | 11.7 | 10.1 | 12.0 | 20.2 |
| | 差值 | 7.6 | 0.5 | 2.2 | 0.8 | 6.7 | 8.5 | 10.1 | 8.2 | — |
| 晴天 | 气温 | 16.9 | 17.4 | 12.1 | 10.6 | 14.6 | 15.0 | 16.1 | 14.6 | 22.4 |
| | 差值 | 5.5 | 5.0 | 10.3 | 11.8 | 7.8 | 7.4 | 6.3 | 7.8 | — |
| 阴天 | 地温 | 15.3 | 19.9 | 14.5 | 17.0 | 17.0 | 17.2 | 12.4 | 12.5 | 20.7 |
| | 差值 | 5.4 | 0.8 | 6.2 | 3.7 | 3.7 | 3.5 | 8.3 | 8.2 | — |
| 晴天 | 地温 | 18.5 | 10.0 | 15.4 | 12.3 | 19.4 | 18.1 | 19.5 | 12.3 | 22.5 |
| | 差值 | 4.0 | 12.5 | 7.1 | 10.2 | 3.1 | 4.4 | 3.0 | 10.2 | — |

由表 4 和表 5 得知，张家界国家森林公园与张家界市区相比，气温阴天低 0.5～10.1 ℃，晴天低 5.0～11.8 ℃；地面温度阴天低 0.8～8.3 ℃，晴天低 3.0～12.5 ℃。

夏季晴天，张家界市上午 10:00 后气温便上升到 33 ℃以上，一直到下午 19:00 才开始降温，一天的持续时间达 9 h 之久，其中 35 ℃以上的特别高温持续 5 h 以上；而张家界国家森林公园的气温终日保持在 30.0 ℃以下，比张家界市舒适宜人。

表 4 还说明，张家界国家森林公园内的锣鼓塔至黄石寨、锣鼓塔至腰子寨、锣鼓塔至朝天观的各条游览线路上的气温均随海拔增高而降低。

一般山地海拔每升高 100 m，气温平均下降 0.6 ℃，经海拔高差订正后，张家界国家森林公园各景点的日平均气温如表 6 所示。

**表 6　经海拔高差订正后张家界国家森林公园各景点的气温**　　单位：℃

| 测点 | 黄石寨 | 南天门 | 大岩屋 | 杉林幽径 | 锣鼓塔 | 张家界市区 | 夫妻岩 | 朝天观 | 腰子寨 |
| --- | --- | --- | --- | --- | --- | --- | --- | --- | --- |
| 气温 | 27.6 | 27.4 | 27.2 | 26.6 | 26.8 | 30.5 | 26.5 | 29.4 | 28.6 |
| 与张家界市差值 | −2.9 | −3.1 | −3.3 | −3.9 | −3.7 | 0 | −4.0 | −2.6 | −1.9 |

表 6 说明，良好的森林环境夏季晴天可使日平均气温降低 4 ℃，中午的气温可降低 10 ℃左右。森林像一把撑开的伞，遮挡了太阳的直接辐射。白天，夏季林内降温；森林植物的蒸散作用，即每蒸散 1 g 水，约消耗 2500 J 热量。张家界茂密的森林为旅游者创造了一个凉爽舒适的森林小气候环境。

夏季，张家界国家森林公园的森林环境中，150 cm 高度以下逆温全天存在。逆温强度一般超过 1 ℃/m，最大可达 4.4 ℃/m。逆温最大强度出现在 14:00 左右，其日变化与气温日变化相似，这种低层逆温结构使空气静稳，有益于身心健康。

夏季，我国亚热带丘陵、平原地区在副热带高压控制下，大多地区赤日炎炎，人们终日受酷暑困扰，挥汗如雨，难以很好地工作、休息和睡眠。而张家界国家森林公园内凉爽宜人，夜晚睡觉还须盖棉被，是最舒适的森林小气候环境。

## 3　空气相对湿度

张家界国家森林公园境内空气相对湿度终年较大，年平均相对湿度达 85%，夏季晴天平均相对湿度为 87%，阴天平均相对湿度为 98%，比张家界市高 11%。晴天，空气相对湿度从傍晚(18:00 左右)开始升高，整个夜间保持在 90%以上，日出后开始减小，08:00 后降至 80%左右，午后最低值可达 66%。阴天，空气相对湿度夜间可达 100%，09:00 以后可减少到 85%～90%，最小值出现在 14:00 左右。

在空气潮湿清新的张家界国家森林公园短期旅游，有利于消除疲劳，较长时间的疗养有利于多种疾病的康复。

由于夜间空气湿度特别大，旅游者又是昼游夜憩，傍晚换洗的衣服晾在室外会变得更加潮湿，应挂在室内通风之处，饭店、宾馆应当设置晾晒、衣物烘干等设施，为游客提供方便。

## 4　风向风速

张家界国家森林公园常年风速小，且多静风。夏季，在离地 150 cm 高度的贴地层内，风速更小，日平均风速仅 0.1～0.4 m/s，朝天观可达 1.8 m/s，在有天气系统影响时，最大风速可达 8 m/s，静风频率最大，达 80%以上。由于地形影响，各景点风向、风速差异很大：朝天观静风频率 60%，日平均风速 1.8 m/s；黄石寨静风频率 72%，日平均风速 0.4～0.7 m/s；腰子寨静风频率 70%，日平均风速 0.6 m/s。这三处景点海拔较高，最大风速可达 5 m/s。金鞭溪静风频率 77%，日平均风速 0.4～0.9 m/s。除静风之外，各景点的其他风向与地形关系密切。金鞭溪多东南风和西北风，黄石寨多东北风和东南风，朝天观则多东北风和西南风，腰子寨多西风和西南风。张家界风力微弱，对游客有保健作用。

## 5　结论

(1)张家界国家森林公园森林覆盖率达98%。由于地形遮蔽和森林覆盖率高，张家界国家森林公园形成了独特的森林小气候环境。与张家界市区相比，张家界国家森林公园各测点的太阳辐射减弱了23%～70%，日照时数减少30%～70%，光照强度减弱4%～89%，风速减少30%～75%，日平均气温降低5.7～6.6 ℃，气温日较差减少2.5～5.0 ℃。150 cm高度以下的气层内终日存在逆温，空气静稳。夏季凉爽优越的森林小气候环境，是人们最舒适的避暑消夏胜地。

(2)张家界国家森林公园的自然景观随季节的变换与更替，能赋予旅游者无穷的欢乐与妙趣。“世界一流的风景”与舒适宜人的优越气候环境组合在一起，使张家界国家森林公园为世界一流的旅游胜地。张家界国家森林公园一年的适合旅游期为365 d，舒适旅游期为211 d，最佳旅游期为159 d。张家界国家森林公园景观与气候对旅游者均有巨大的吸引力。

(3)由于张家界国家森林公园对森林植被的保护，境内小气候环境与20年前基本一致，优美的自然景观、优越的小气候环境得以保存。这是旅游业持续发展的重要物质基础。

(2005年5月)

# 湖北神农架林区夏季森林小气候观测报告*

吴章文

**摘　要**:神农架林区面积 3253 $km^2$,森林覆盖率 68.5%,以亚热带季风气候为基带。中南林业科技大学森林旅游研究中心于 2005 年 7 月 21—24 日在林区内进行了小气候观测。结果表明,气温随海拔升高而降低,直减率为−0.44～−0.87 ℃/(100 m);气温比松柏镇低 2.3～8.9 ℃,林内比林外低0.1～0.5 ℃,气温日较差林内比林外小 1.4～4.5 ℃;地面日平均温度林内比林外低 0.1～3.7 ℃,地温日较差林内比林外小3.2～5.5 ℃;空气相对湿度林内比林外高 1%～4%。林区内日舒适有效温度持续时间长达 16～24 h,无极热时间。林区森林环境优越,夏季小气候舒适宜人,是避暑消夏的理想之地。

**关键词**:神农架林区;森林小气候;日舒适有效温度

神农架林区地处渝鄂交界鄂西北一隅,由湖北省直辖。因华夏始祖炎帝神农氏在此架木为梯、采尝百草、救民疾病、教民稼穑而得名。1970 年 5 月 28 日,国务院批准建立神农架林区(以下简称林区或神农架),是我国唯一以林区命名的地市级行政区。区内辖有神农架国家级自然保护区、神农架国家森林公园、神农架国家地质公园、神农架大九湖湿地公园和 8 个乡镇、7 个居民委员会、71 个村民小组。

神农架的地理坐标为 31°15′～31°57′N, 109°56′～110°58′E,海拔 398.0～3105.4 m,总面积 3253 $km^2$,森林覆盖率 68.5%。神农架气候垂直变化大,气候类型多样,随着海拔的升高呈现北亚热带气候、暖温带气候、温带气候、寒温带气候,即使酷暑季节,昼夜也凉爽异常,小气候环境宜人,是避暑消夏的理想之地。

## 1　研究方法

观测时间为 2005 年 7 月 21—24 日。采取短期定位对比观测法,每小时观测一次,昼夜连续观测。以松柏气象站的同步观测值为对照。共设置观测点 8 个,其中林外对照点 3 个,测点基本情况见表 1。仪器采用鉴定有效期内的 DHM2 型机动通风干湿表、DEM6 型三杯风向风速表、套管式温度表及相关辅助器具。

**表 1　各测点及对照点基本情况一览表**

| 观测地段 | 测点海拔(m) | 测点坡向和坡位 | 测点局部环境特点 |
|---|---|---|---|
| 松柏 | 935 | 山脚平地 | 气象观测场、浅草地 |
| 塔坪村 | 1200 | 西坡、山脚平地 | 周围是玉米地,山地黄壤,青冠石 |
| 红坪 | 1700 | 南坡、平地 | 四面环山、河谷盆地 |

* 主要观测人员:徐聪荣、梅刚、陈燕娥、扶蓉、瞿学杰、张玉臣、刘卫林、李涛、刘晓境、李洵、许媛、闫静、王晓珍、陈建明、孙雅牧、刘坚、聂向宇、伍朝礼、高篁、罗艳菊、刁东良、吴锦文、苏琦、孙小虎、易长城、吕贵彦、易迎华等。

续表

| 观测地段 | 测点海拔(m) | 测点坡向和坡位 | 测点局部环境特点 |
|---|---|---|---|
| 酒壶坪 | 1750 | 南坡、中山盆地 | 山地棕壤、山间盆地 |
| 燕子垭 | 2200 | 东坡、上部 | 凤尾蕨、坡脚小台地 |
| 牛场坪 | 2300 | 北坡、上部 | 杉木、蕨类为主,山地草垫土 |
| 板壁岩 | 2950 | 南坡、上部 | 棕色针叶林土 |

观测项目有离地 20 cm、150 cm 高度的空气温湿度,地面温度,离地 200 cm 高度的风向、风速;目测云量、太阳视面状况及天气现象。

# 2 观测结果

## 2.1 温度

### 2.1.1 日平均气温

2005 年 7 月 21—25 日采用短期定位逐时对比观测法,得到酒壶坪、板壁岩、红坪镇、燕子垭、牛场坪、塔坪村的气温直减率。各测点的日平均气温和气温直减率见表 2。

**表 2 不同海拔的日平均气温一览表**

| | 松柏 | 塔坪村 | 红坪 | 酒壶坪 | 燕子垭 | 牛场坪 | 板壁岩 |
|---|---|---|---|---|---|---|---|
| 日平均气温(℃) | 22.6 | 20.3 | 18.0 | 17.6 | 16.1 | 15.7 | 13.7 |
| 气温直减率(℃/100m) | — | −0.87 | −0.6 | −0.65 | −0.51 | −0.51 | −0.44 |
| 海拔(m) | 935 | 1200 | 1700 | 1750 | 2200 | 2300 | 2950 |

由表 2 看出,各测点气温比松柏低 2.3～8.9 ℃,气温直减率为−0.44～−0.87 ℃/(100 m),这说明随着海拔升高气温降低的山地小气候特征明显。

### 2.1.2 温度日较差

一日内,温度的最高值与最低值之差称为温度日较差。日较差大小说明一日中温度变化的幅度。不同地段温度日较差不同,如表 3 所示。

**表 3 不同地段温度日较差一览表**

| 观测地点 | 空气温度(℃) | | | | 地面温度(℃) | | | |
|---|---|---|---|---|---|---|---|---|
| | 日平均 | 最高 | 最低 | 日较差 | 日平均 | 最高 | 最低 | 日较差 |
| 塔坪村 | 20.3 | 29.0 | 18.4 | 10.6 | — | | | |
| 红坪 | 18.0 | 21.6 | 17.0 | 4.6 | 21.5 | 29.4 | 15.2 | 14.2 |
| 酒壶坪 | 17.6 | 22.0 | 16.1 | 5.9 | 20.4 | 31.5 | 16.8 | 14.7 |
| 燕子垭 | 16.1 | 18.2 | 14.0 | 4.2 | 16.5 | 21.0 | 13.0 | 8.0 |
| 牛场坪 | 15.7 | 19.9 | 14.1 | 5.8 | — | | | |
| 板壁岩 | 13.7 | 14.9 | 11.5 | 3.4 | 16.2 | 21.2 | 12.3 | 8.9 |

由表 3 得知，气温日较差为 3.4～10.6 ℃；地温日较差为 8.0～8.9 ℃。各地段日较差大小不等，是海拔高度、天气条件和下垫面状况综合影响的结果。

## 2.2　空气相对湿度

空气相对湿度是一个地区大气中水汽含量的重要表征之一，观测期间虽遇雨天，但各测点的日平均空气相对湿度并未达到 100%，这说明虽然降雨时空气湿度达到 100%，但阵雨过后空气相对湿度迅速减小，因此各测点的日平均空气相对湿度小于 100%。见表 4。

**表 4　日平均空气相对湿度一览表**　　单位：%

| 地段 | 松柏镇 | 塔坪村 | 红坪 | 酒壶坪 | 燕子垭 | 牛场坪 | 板壁岩 |
|---|---|---|---|---|---|---|---|
| 空气相对湿度 | 91 | 98 | 97 | 96 | 97 | 96 | 99 |

由表 4 可见，神农架林区内各测点地段日平均空气相对湿度比松柏镇高 5%～8%，空气相对湿度随海拔升高而增大。

## 2.3　森林小气候

红坪镇、酒壶坪、燕子垭、板壁岩观测期间林内外温度、湿度差异见表 5。

**表 5　林分内外温度差异一览表**　　单位：℃

|  | 测点性质 | 空气温度(℃) |  |  |  | 地面温度(℃) |  |  |  | 空气相对湿度(%) |
|---|---|---|---|---|---|---|---|---|---|---|
|  |  | 日平均 | 最高 | 最低 | 日较差 | 日平均 | 最高 | 最低 | 日较差 |  |
| 红坪镇 | 林外 | 18.4 | 23.6 | 15.6 | 8.0 | 21.5 | 29.4 | 15.2 | 14.2 | 96 |
|  | 林内 | 18.3 | 21.2 | 14.6 | 6.6 | 17.8 | 24.2 | 14.4 | 9.8 | 99 |
|  | 差值 | 0.1 | 2.4 | 1.0 | 1.4 | 3.7 | 5.2 | 0.8 | 4.4 | −3 |
| 酒壶坪 | 林外 | 18.0 | 23.7 | 14.1 | 9.6 | 20.4 | 31.5 | 16.8 | 14.7 | 96 |
|  | 林内 | 17.9 | 22.5 | 15.1 | 7.4 | 18.8 | 27.5 | 16.0 | 11.5 | 96 |
|  | 差值 | 0.1 | 1.2 | −1.0 | 2.2 | 1.6 | 4.0 | 0.8 | 3.2 | 0 |
| 燕子垭 | 林外 | 16.9 | 20.5 | 14.8 | 5.7 | 16.6 | 21.0 | 13.0 | 8.0 | 95 |
|  | 林内 | 16.4 | 18.5 | 14.3 | 4.2 | 16.5 | 18.9 | 12.7 | 6.2 | 99 |
|  | 差值 | 0.5 | 2.0 | 0.5 | 1.5 | 0.1 | 2.1 | 0.3 | 1.8 | −4 |
| 板壁岩 | 林外 | 14.0 | 16.6 | 8.4 | 8.2 | 16.2 | 21.2 | 12.3 | 8.9 | 99 |
|  | 林内 | 14.0 | 15.8 | 12.1 | 3.7 | 14.3 | 15.3 | 11.9 | 3.4 | 98 |
|  | 差值 | 0.0 | 0.8 | −3.9 | 4.5 | 1.9 | 5.9 | 0.4 | 5.5 | 1 |

注：塔坪村和牛场坪仅有林外观测点，未列入表内。

由表 5 看出，各测点日平均气温林内比林外低 0.1～0.5 ℃，气温日较差林内比林外小 1.4～4.5 ℃；地面日平均温度林内比林外低 0.1～3.7 ℃，地温日较差林内比林外小 3.2～5.5 ℃；空气相对湿度林内比林外高 1%～4%。林内气温和地温变化均比林外缓和。

## 2.4 日舒适有效温度

日舒适有效温度是指一日内的有效温度持续时间，是衡量气候舒适度的指标之一。所谓舒适有效温度是指大多数人对周围空气环境感觉舒服的程度，一个地区的舒适有效温度持续时间越长，表明该地区气候越宜人。按照大多数人对周围空气环境的感觉标准，采用Biiltner公式①计算神农架林区燕子垭、塔坪、红坪等测点7月24日的舒适有效温度，结果列入表6。

表6 各测点昼夜有效温度一览表 单位：℃

| 时间(北京时) | 20 | 21 | 22 | 23 | 24 | 01 | 02 | 03 | 04 | 05 | 06 | 07 |
|---|---|---|---|---|---|---|---|---|---|---|---|---|
| 燕子垭 | 15.4 | 15.8 | 15.6 | 15.6 | 15.6 | 15.6 | 16.0 | 15.8 | 15.8 | 15.4 | 15.2 | 16.0 |
| 塔坪 | 20.4 | 20.0 | 20.0 | 19.9 | 19.9 | 19.6 | 19.4 | 19.4 | 19.4 | 19.4 | 19.4 | 19.9 |
| 红坪 | 18.0 | 17.8 | 17.7 | 17.7 | 17.5 | 17.5 | 17.0 | 17.4 | 17.2 | 17.2 | 17.0 | 17.9 |
| 松柏镇 | 22.4 | 22.3 | 22.1 | 21.9 | 21.9 | 21.8 | 21.7 | 21.6 | 21.6 | 21.5 | 21.5 | 21.7 |
| 时间(北京时) | 08 | 09 | 10 | 11 | 12 | 13 | 14 | 15 | 16 | 17 | 18 | 19 |
| 燕子垭 | 17.8 | 17.2 | 17.9 | 17.6 | 18.4 | 19.1 | 17.5 | 17.9 | 19.0 | 17.7 | 16.9 | 16.8 |
| 塔坪 | 21.7 | 22.4 | 22.9 | 22.8 | 23.0 | 24.8 | 23.5 | 22.4 | 22.8 | 23.2 | 22.2 | 22.0 |
| 红坪 | 18.2 | 19.0 | 19.9 | 19.4 | 21.1 | 20.9 | 20.4 | 19.9 | 20.0 | 20.1 | 19.7 | 18.8 |
| 松柏镇 | 22.4 | 23.9 | 24.4 | 25.2 | 25.2 | 25.5 | 25.9 | 25.6 | 25.4 | 23.3 | 23.9 | 24.1 |

按照大多数人对周围空气环境的感觉标准，计算各测点的有效温度持续时间，见表7。

表7 有效温度($ET$)持续时间一览表 单位：h

| 测点 | 燕子垭 | 塔坪村 | 红坪 | 松柏镇 |
|---|---|---|---|---|
| $ET \leqslant 24$ ℃，感觉舒适 | 24 | 23 | 24 | 16 |
| $ET > 24$ ℃，感觉闷热 | 0 | 1 | 0 | 8 |
| $ET \geqslant 30$ ℃，感觉极热，难以忍受 | 0 | 0 | 0 | 0 |

表7说明，2005年7月24日这天，松柏镇有8 h感觉闷热，而燕子垭和红坪令人感觉舒适的持续时间长达24 h，塔坪村有23 h感觉舒适，仅有1 h感觉闷热。这说明神农架林区整体舒适，尤其是燕子垭和红坪一带，其植被丰富，气候环境优越，森林小气候明显，是消夏避暑、休闲度假、康体健身的理想之所。

## 3 结论

(1)神农架林区内气候垂直变化明显。海拔每升高100 m，气温降低0.44～0.87 ℃，夏季日平均气温比松柏镇低2.3～8.9 ℃；空气相对湿度随海拔升高而增大。

---

① Biiltner公式：$ET=T_a-0.4(T_a-10)(1-RH/100)$，式中：$ET$为舒适有效温度，$T_a$为空气温度，$RH$为空气相对湿度。

(2)神农架林区内夏季森林小气候优势明显。林内与林外相比，日平均气温低 0.1～0.5 ℃，气温日较差小 1.4～4.5 ℃；地面日平均温度低 0.1～3.7 ℃，地温日较差小3.2～5.5 ℃。林内气温和地温变化均比林外缓和。

(3)神农架林区内日舒适有效温度持续时间长，一日有 16～24 h 使人感觉舒适，夏季凉爽舒适，是度假休闲、避暑消夏的理想之地。

(2005 年完成)

# 广东南昆山生态旅游区小气候研究*

吴章文　吴楚材　张应扬　闫　静　金　燕

**摘　要**:南昆山生态旅游区地处广东惠州市东北部,属南亚热带湿润季风气候。中南林业科技大学森林旅游研究中心于2006年7月13—21日在南昆山生态旅游区进行了小气候观测。结果显示,生态旅游区内日平均气温比龙门县低0.7～4.1 ℃,比惠州市低2.6～5.4 ℃;海拔每升高100 m,气温降低0.23～0.67 ℃,空气相对湿度增大4%～9%;林内气温比林外低0.7～1.6 ℃,空气相对湿度比林外高2%～3%;风速比林外小0.4 m/s;静风频率比林外大4%;生态旅游区内有效温度持续时间长3～15 h,是名副其实的"南国避暑天堂"。

**关键词**:生态旅游区;小气候;日舒适有效温度;南昆山

南昆山脉位于广东省东南部,属惠州市龙门县管辖,地理坐标为23°36′58″～23°55′26″N、113°48′35″～114°06′23″E。它与肇庆市鼎湖山、封开县黑石顶同在北回归线上,山脉总面积480 km², 辖南昆山国家森林公园、南昆山省级自然保护区、南昆山镇、桃源山庄、丹枫寨、十字水、云天海度假村及上坪、下坪、花竹、乌泥、炉下5个居民村23个村民小组,行政区域所辖面积129 km²,森林覆盖率74.5%,地势西高东低,平均海拔600 m,主峰天堂顶海拔1228 m,属南亚热带湿润季风气候,年平均气温为23 ℃,多年平均降水量2299.2 mm,年降水日数150 d,最大降水强度342.4 mm/d,日间与夜间温度相差较大,即使在酷暑,夜间也是凉爽异常,气候宜人。

中南林业科技大学森林旅游研究中心于2006年7月13—21日在南昆山采取短期定位对比观测法进行了9 d小气候观测。每小时观测一次,昼夜连续观测。以龙门县气象站、惠州东坪气象站的同步观测值为对照。结果分析整理如下。

## 1　测点设置及观测项目

### 1.1　观测点设置

共设置10个点,其中南昆山镇(下坪)3个、七仙湖水库(七星墩水库)2个、十字水度假村2个、丹枫寨度假村1个、云天海度假村2个,测点基本情况见表1。

---

* 主要观测人员:徐聪荣、梅刚、李洵、陈孝青、黄志亮、罗志国、蔡文芳、闫静、许媛、金燕、吕贵彦、陈志明、江宁等,以及保护区部分员工。

表 1　观测点基本情况一览表

| 序号 | 观测地点 | 海拔(m) | 测点性质 | 坡位及坡面状况 | 植被状况 |
|---|---|---|---|---|---|
| 1 | 惠州市气象站 | 21.5 | 城市对照点 | 平地 | 观测场浅草 |
| 2 | 龙门县气象站 | 70.3 | 县城对照点 | 平地 | 观测场浅草 |
| 3 | 七仙湖水库 | 311 | 水库岸边测点 | 山脚平地 | 砂石地、水泥地 |
| 4 | 七仙湖水库 | 312 | 水库岸边林内测点 | 山脚凸地 | 马尾松、荷木、楠竹等 |
| 5 | 十字水度假村 | 415 | 林中空地对照点 | 山脚平地 | 空闲菜地 |
| 6 | 十字水度假村 | 415 | 竹林内测点 | 山脚凹地 | 楠竹林 |
| 7 | 下坪小城酒店 | 420 | 庭院树荫下测点 | 溪边台地 | 鱼尾葵、大王椰、浅草 |
| 8 | 下坪小城酒店 | 420 | 庭院对照点 | 溪边台地 | 水泥地停车场 |
| 9 | 下坪花果山 | 420 | 空旷地对照点 | 山间盆地 | 裸露黄土地 |
| 10 | 丹枫寨度假村 | 585 | 度假村空地 | 山间缓坡地 | 20 cm 以下浅草 |
| 11 | 云天海度假村 | 634 | 林外对照点 | 山坡下部 | 水泥地、篮球场 |
| 12 | 云天海度假村 | 640 | 窄谷溪边林内 | 山坡中部 | 常绿阔叶林 |

## 1.2　观测项目及观测仪器

观测项目：地面温度；离地 20 cm、150 cm 高度的空气温度、湿度；离地 200 cm 高度风向、风速；云量、太阳视面状况及天气现象。观测仪器：鉴定有效期内的 DHM2 型机动通风干湿表、DEM6 型三杯风向风速表、套管式温度表及相关辅助器具。

# 2　观测结果

## 2.1　温度

### 2.1.1　日平均温度

在观测期内出现了晴天、阴天、雨天三种不同的天气状况，其中 7 月 14 日、20 日、21 日三天为晴天，7 月 19 日为阴天，7 月 15 日为雨天。不同天气的日平均温度列入表 2。

表 2　不同海拔高度温度状况一览表

| 天气 | 观测地点 | 海拔(m) | 平均温度(℃) | | | 气温直减率(℃/100 m) | 备注 |
|---|---|---|---|---|---|---|---|
| | | | 150 cm | 20 cm | 0 cm | | |
| 晴 | 惠州市气象站 | 21.5 | 30.2 | — | — | — | 水域宽阔、林木众多 |
| | 龙门县气象站 | 70.3 | 28.9 | — | — | — | 森林茂密、河流环绕 |
| | 七仙湖水库 | 311 | 27.2 | 25.2 | 31.1 | −0.46 | 水库岸边、植被茂盛 |
| | 十字水度假村 | 415 | 26.0 | 26.1 | 28.3 | −0.67 | 林中空地直径 250 m |
| | 下坪小城酒店 | 420 | 26.4 | 27.3 | 28.1 | −0.60 | 水泥地面、人员繁杂 |
| | 云天海度假村 | 634 | 24.8 | 25.1 | 26.1 | −0.62 | 清溪流淌、林木环绕 |

续表

| 天气 | 观测地点 | 海拔(m) | 平均温度(℃) | | | 气温直减率(℃/100 m) | 备注 |
|---|---|---|---|---|---|---|---|
| | | | 150 cm | 20 cm | 0 cm | | |
| 雨 | 龙门县气象站 | 70.3 | 26.2 | — | — | — | 森林茂密、河流环绕 |
| | 七仙湖水库 | 311 | 25.5 | 25.6 | 25.8 | −0.30 | 水库岸边、植被茂盛 |
| | 十字水度假村 | 415 | 25.4 | 25.1 | 25.5 | −0.23 | 林中空地直径 250 m |
| | 下坪小城酒店 | 420 | 25.5 | 25.5 | 25.2 | −0.31 | 水泥地面、人员繁杂 |
| | 云天海度假村 | 634 | 24.3 | 24.4 | 24.4 | −0.34 | 清溪流淌、林木环绕 |

由表 2 得知，生态旅游区内气温比龙门县低 0.7～4.1 ℃，比惠州市低 2.6～5.4 ℃；与龙门县相比，生态旅游区内晴天的气温直减率为−0.67～−0.46 ℃/(100 m)，雨天的气温直减率为−0.34～−0.23 ℃/(100 m)，雨天的气温直减率比晴天小。

### 2.1.2 温度日较差

一日内，气温的最高值与最低值之差称为气温日较差。日较差大小说明一日中温度变化的幅度。不同天气条件下各点温度日较差如表 3 所示。

**表 3 不同天气条件的温度日较差一览表**

| 天气 | 观测地点 | 海拔(m) | 空气温度(℃) | | | | 地面温度(℃) | | | |
|---|---|---|---|---|---|---|---|---|---|---|
| | | | 日平均 | 最高 | 最低 | 日较差 | 日平均 | 最高 | 最低 | 日较差 |
| 晴 | 龙门县 | 70.3 | 28.9 | 34.9 | 24.4 | 10.5 | | | — | |
| | 七仙湖 | 311 | 27.2 | 33.6 | 24.0 | 9.6 | 31.1 | 42.6 | 24.0 | 18.6 |
| | 十字水 | 415 | 26.0 | 33.0 | 22.4 | 10.6 | 28.3 | 40.8 | 23.0 | 17.0 |
| | 下坪 | 420 | 26.4 | 32.7 | 23.3 | 9.4 | 28.1 | 40.9 | 17.7 | 23.2 |
| | 云天海 | 634 | 24.8 | 31.4 | 22.4 | 9.0 | 26.1 | 38.4 | 13.4 | 25.0 |
| 阴 | 惠州市 | 21.5 | 29.9 | 34.5 | 27.1 | 7.4 | | | — | |
| | 龙门县 | 70.3 | 28.9 | 34.0 | 25.1 | 8.9 | | | — | |
| | 七仙湖 | 311 | 26.6 | 30.4 | 24.2 | 6.2 | 27.4 | 35.5 | 24.2 | 11.3 |
| | 下坪 | 420 | 26.2 | 29.8 | 23.6 | 6.2 | 26.6 | 33.4 | 21.6 | 11.8 |
| 雨 | 龙门县 | 70.3 | 26.2 | 27.4 | 25.0 | 2.4 | | | — | |
| | 七仙湖 | 311 | 25.5 | 28.8 | 24.1 | 4.7 | 25.8 | 42.6 | 24.5 | 18.1 |
| | 十字水 | 415 | 25.4 | 27.4 | 23.6 | 3.8 | 25.5 | 40.8 | 24.4 | 16.4 |
| | 下坪 | 420 | 25.5 | 29.0 | 23.6 | 5.4 | 25.2 | 33.4 | 21.0 | 12.4 |
| | 云天海 | 634 | 24.3 | 26.6 | 23.0 | 3.6 | 24.4 | 38.0 | 9.6 | 28.4 |

由表 3 得知，生态旅游区内晴天气温日较差为 9.0～10.6 ℃，阴天为 6.2 ℃，雨天为 3.6～4.7 ℃，雨天的气温日较差比晴天小；地温日较差比气温日较差大说明地面白天增温快，夜间降温快，地面温度变化幅度比空气大。日较差大小受海拔高度、天气条件和下垫面状况的综合影响。

## 2.2 空气相对湿度

空气相对湿度反映一个地区大气中水汽含量的多少。生态旅游区内日平均空气相对湿度晴天时比龙门县高3%～13%,雨天时比龙门县高6%～8%。降雨时空气相对湿度最大值达到100%,但降雨过后,空气相对湿度迅速减小,因此各测点日平均空气相对湿度均未达到100%。详见表4、表5。

**表4 日平均空气相对湿度一览表(%)**

| 观测高度 | 晴天 | | | | | 雨天 | | | | |
|---|---|---|---|---|---|---|---|---|---|---|
| | 龙门县 | 七仙湖 | 十字水 | 下坪 | 云天海 | 龙门县 | 七仙湖 | 十字水 | 下坪 | 云天海 |
| 150 cm | 82 | 95 | 89 | 85 | 92 | 89 | 97 | 97 | 95 | 97 |
| 20 cm | — | 96 | 93 | 91 | 92 | — | 97 | 97 | 95 | 97 |

**表5 逐时(北京时)空气相对湿度一览表**

| 测点 | 海拔(m) | 观测高度(cm) | 空气相对湿度(%) | | | | | | | | | | | |
|---|---|---|---|---|---|---|---|---|---|---|---|---|---|---|
| | | | 20 | 21 | 22 | 23 | 24 | 01 | 02 | 03 | 04 | 05 | 06 | 07 |
| 十字水 | 415 | 150 | 97 | 96 | 98 | 95 | 97 | 97 | 97 | 97 | 98 | 97 | 98 | 98 |
| | | 20 | 97 | 98 | 98 | 98 | 99 | 100 | 100 | 100 | 100 | 100 | 100 | 100 |
| 云天海 | 634 | 150 | 97 | 97 | 98 | 98 | 99 | 99 | 99 | 97 | 97 | 98 | 97 | 97 |
| | | 20 | 97 | 100 | 100 | 95 | 99 | 98 | 98 | 98 | 96 | 97 | 95 | 98 |
| 测点 | 海拔(m) | 观测高度(cm) | 08 | 09 | 10 | 11 | 12 | 13 | 14 | 15 | 16 | 17 | 18 | 19 |
| 十字水 | 415 | 150 | 96 | 95 | 69 | 78 | 64 | 68 | 68 | 73 | 80 | 100 | 95 | 94 |
| | | 20 | 97 | 97 | 87 | 84 | 81 | 67 | 74 | 80 | 84 | 98 | 98 | 97 |
| 云天海 | 634 | 150 | 94 | 93 | 78 | 76 | 76 | 63 | 74 | 77 | 98 | 98 | 98 | 98 |
| | | 20 | 97 | 97 | 86 | 71 | 70 | 66 | 80 | 79 | 100 | 95 | 98 | 97 |

## 2.3 风向风速

### 2.3.1 风速

生态旅游区内日平均风速为0.1～1.4 m/s,比龙门县小0.4～1.7 m/s;同一测点白天风速大,夜间风速小。详见表6。

**表6 逐时(北京时)及日平均风速情况一览表**

| 观测地点 | 海拔(m) | 风速(m/s) | | | | | | | | | | | | |
|---|---|---|---|---|---|---|---|---|---|---|---|---|---|---|
| | | 20 | 21 | 22 | 23 | 24 | 01 | 02 | 03 | 04 | 05 | 06 | 07 | 08 |
| 龙门县 | 70.3 | 0.7 | 1.2 | 2.2 | 1.3 | 2.1 | 0.1 | 0.4 | 0.0 | 0.4 | 0.0 | 1.2 | 0.9 | 1.2 |
| 七仙湖 | 312 | 0.8 | 0.6 | 0.6 | 0.6 | 0.5 | 0.7 | 0.7 | 0.7 | 0.4 | 0.5 | 0.6 | 0.4 | 0.4 |
| 云天海 | 634 | 1.0 | 0.0 | 0.0 | 0.0 | 0.0 | 0.0 | 0.0 | 0.0 | 0.0 | 0.0 | 0.0 | 0.0 | 0.0 |
| 下坪花果山 | 420 | 0.0 | 0.1 | 0.1 | 0.1 | 0.0 | 0.1 | 0.0 | 0.1 | 0.0 | 0.0 | 0.0 | 0.0 | 0.0 |
| 丹枫寨 | 585 | 0.0 | 0.0 | 0.5 | 0.5 | 1.0 | 0.5 | 1.0 | 0.0 | 0.0 | 0.5 | 0.5 | 0.0 | 0.0 |

续表

| 观测地点 | 海拔(m) | 风速(m/s) | | | | | | | | | | | |
|---|---|---|---|---|---|---|---|---|---|---|---|---|---|
| | | 09 | 10 | 11 | 12 | 13 | 14 | 15 | 16 | 17 | 18 | 19 | 平均 |
| 龙门县 | 70.3 | 1.4 | 1.2 | 0.3 | 3.0 | 2.6 | 4.4 | 4.6 | 3.8 | 5.4 | 3.8 | 1.3 | 1.8 |
| 七仙湖 | 312 | 0.4 | 1.8 | 2.3 | 2.3 | 2.8 | 2.9 | 3.1 | 9.3 | 0.1 | 0.0 | 0.0 | 1.4 |
| 云天海 | 634 | 0.0 | 0.0 | 0.0 | 0.0 | 0.0 | 0.5 | 1.0 | 0.0 | 0.0 | 0.0 | 1.0 | 0.1 |
| 下坪花果山 | 420 | 1.2 | 0.8 | 1.0 | 1.2 | 3.0 | 2.1 | 2.1 | 0.8 | 0.0 | 0.1 | 0.0 | 0.5 |
| 丹枫寨 | 585 | 2.0 | 1.2 | 0.8 | 0.0 | 1.4 | 0.0 | 1.2 | 1.0 | 0.5 | 0.0 | 1.0 | 0.6 |

### 2.3.2 风向(表7)

表7 不同海拔高度风向频率一览表

| 测点 | 海拔(m) | 风向频率(%) | | | | | | | | |
|---|---|---|---|---|---|---|---|---|---|---|
| | | N | NE | E | SE | S | SW | W | NW | C |
| 龙门县 | 70.3 | 4 | 6 | 3 | 10 | 10 | 13 | 19 | 10 | 25 |
| 七仙湖 | 312 | 3 | 7 | 7 | 24 | 25 | 6 | 1 | 3 | 24 |
| 下坪 | 420 | | | | | 4 | 12 | 42 | | 42 |
| 丹枫寨 | 585 | | 17 | 29 | 13 | | | 4 | 4 | 33 |
| 云天海 | 634 | | | | 25 | | | | 6 | 69 |

风速、风向玫瑰图如图1所示。

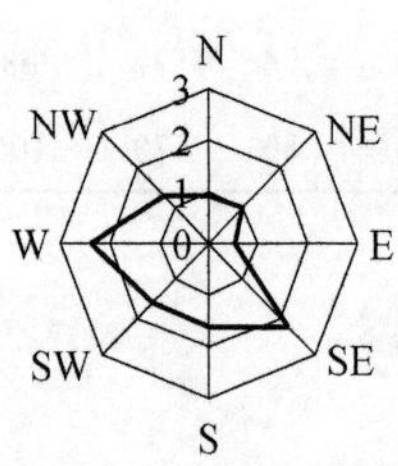


图1-A　龙门县风速玫瑰图

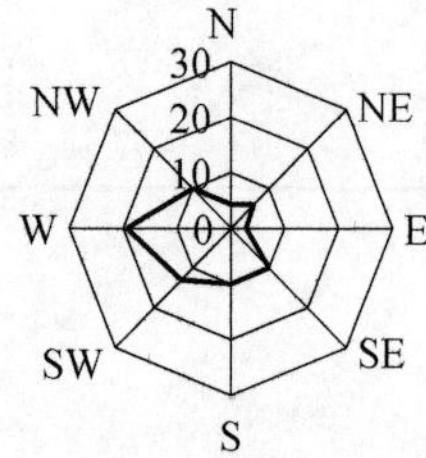


图1-B　龙门县风向玫瑰图

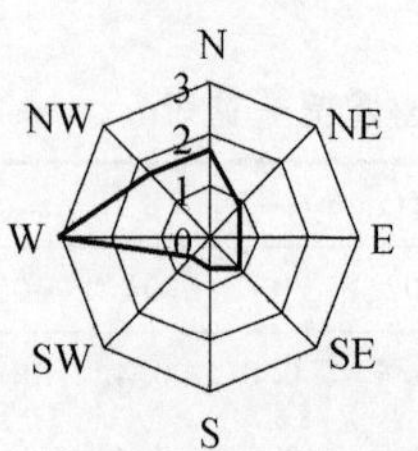


图1-C　七仙湖风速玫瑰图

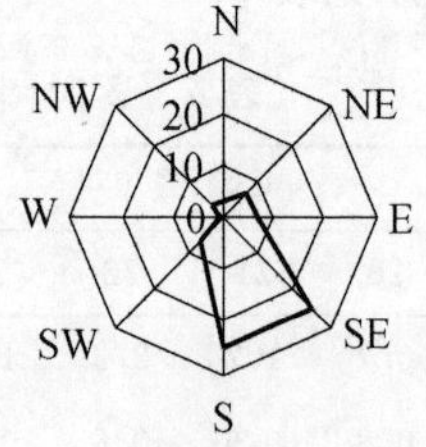


图1-D　七仙湖风向玫瑰图

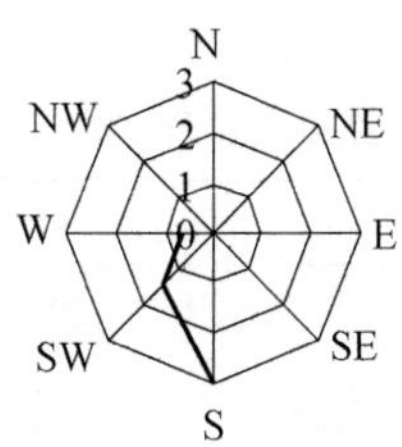


图 1-E　下坪风速玫瑰图

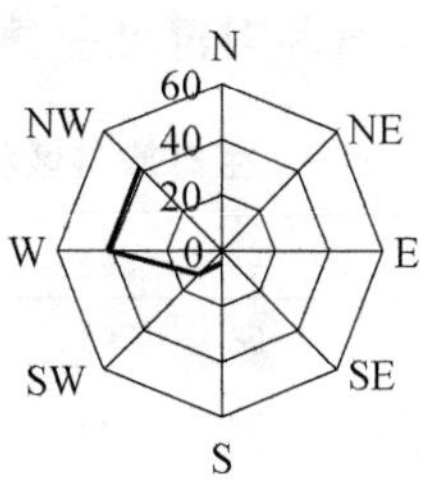


图 1-F　下坪风向玫瑰图

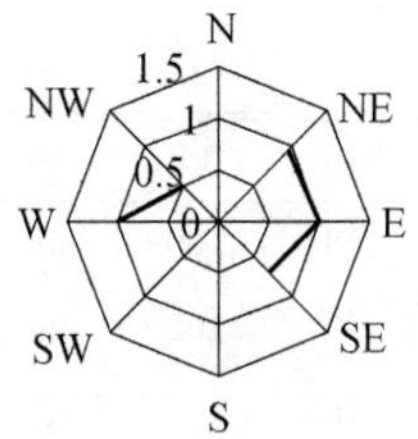


图 1-G　丹枫寨风速玫瑰图

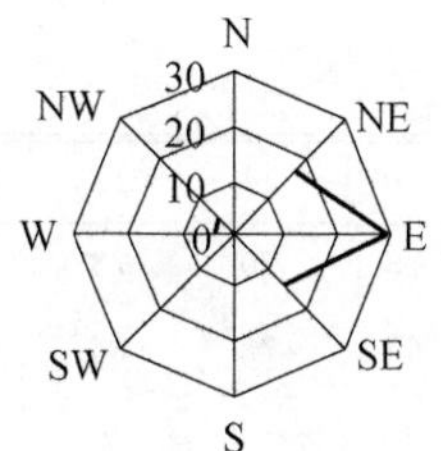


图 1-H　丹枫寨风向玫瑰图

## 2.4　森林小气候

### 2.4.1　林内外气温差异

七仙湖水库、十字水和云天海林分内外气温差异如表 8 所示。

**表 8　生态旅游区林分内外气温差异一览表(℃)**

| 测点 | 测点性质 | 日平均气温 | 最高气温 | 最低气温 | 日较差 |
|---|---|---|---|---|---|
| 七仙湖水库 | 林外 | 27.2 | 33.6 | 24.0 | 9.6 |
| | 林内 | 25.6 | 28.0 | 24.3 | 3.7 |
| | 差值 | 1.6 | 5.6 | −0.3 | 5.9 |
| 十字水 | 林外 | 26.0 | 33.0 | 22.4 | 10.6 |
| | 林内 | 25.3 | 28.0 | 23.6 | 4.4 |
| | 差值 | 0.7 | 5.0 | −1.2 | 6.2 |
| 云天海 | 林外 | 24.8 | 31.4 | 22.4 | 9.0 |
| | 林内 | 23.9 | 24.8 | 22.6 | 2.2 |
| | 差值 | 0.9 | 6.6 | −0.2 | 6.8 |

由表 8 得知，七仙湖、十字水和云天海林内气温比林外低 0.7～1.6 ℃，气温日较差林内比林外小 5.9～6.8 ℃，林内气温变化比林外缓和。

### 2.4.2 林内外空气相对湿度差异

表 9 生态旅游区林分内外空气相对湿度差异一览表(%)

| 时间(北京时) | | 20 | 21 | 22 | 23 | 24 | 01 | 02 | 03 | 04 | 05 | 06 | 07 | 08 |
|---|---|---|---|---|---|---|---|---|---|---|---|---|---|---|
| 十字水 | 林内 | 98 | 98 | 98 | 98 | 98 | 98 | 98 | 98 | 98 | 98 | 98 | 98 | 98 |
| | 林外 | 97 | 96 | 98 | 95 | 97 | 97 | 97 | 97 | 98 | 97 | 98 | 98 | 96 |
| | 差值 | 1 | 2 | 0 | 3 | 1 | 1 | 1 | 1 | 0 | 1 | 0 | 0 | 2 |
| 云天海 | 林内 | 98 | 98 | 98 | 98 | 100 | 98 | 98 | 98 | 98 | 97 | 98 | 98 | 95 |
| | 林外 | 97 | 97 | 98 | 98 | 99 | 99 | 99 | 97 | 97 | 98 | 97 | 97 | 94 |
| | 差值 | 1 | 1 | 0 | 0 | 1 | −1 | −1 | 1 | 1 | −1 | 1 | 1 | 1 |

| 时间(北京时) | | 09 | 10 | 11 | 12 | 13 | 14 | 15 | 16 | 17 | 18 | 19 | 日平均 |
|---|---|---|---|---|---|---|---|---|---|---|---|---|---|
| 十字水 | 林内 | 97 | 78 | 70 | 73 | 70 | 72 | 74 | 98 | 100 | 98 | 95 | 92 |
| | 林外 | 95 | 69 | 78 | 64 | 68 | 68 | 73 | 80 | 100 | 95 | 94 | 89 |
| | 差值 | 2 | 9 | −8 | 9 | 2 | 4 | 1 | 18 | 0 | 3 | 1 | 3 |
| 云天海 | 林内 | 97 | 76 | 73 | 75 | 74 | 84 | 77 | 98 | 98 | 98 | 98 | 93 |
| | 林外 | 93 | 78 | 76 | 76 | 63 | 74 | 77 | 98 | 98 | 98 | 98 | 91 |
| | 差值 | 4 | −2 | −3 | −1 | 11 | 10 | 0 | 0 | 0 | 0 | 0 | 2 |

由表 9 可见,十字水、云天海林内的日平均空气相对湿度比林外分别高 3%、2%,夜间林分内外空气相对湿度差异比白天小。

### 2.4.3 风向风速差异

生态旅游区内七仙湖测点日平均风速林内为 1.0 m/s,林外为 1.4 m/s,林内比林外小 0.4 m/s;静风频率林内为 28%,林外为 24%,林内比林外大 4%,林冠遮挡有减小风速的作用。林内风向、风速对比见表 10,风速、风向玫瑰图见图 2。

表 10 七仙湖林分内外逐时(北京时)风向风速一览表

| 观测项目 | 测点性质 | 20 | 21 | 22 | 23 | 24 | 01 | 02 | 03 | 04 | 05 | 06 | 07 |
|---|---|---|---|---|---|---|---|---|---|---|---|---|---|
| 风向 | 林内 | W | SW | NW | N | N | C | NE | SE | NW | NE | N | C |
| | 林外 | SE | S | S | S | SW | S | SE | SE | S | S | S | E |
| 风速(m/s) | 林内 | 0.4 | 0.6 | 0.5 | 0.7 | 0.6 | 0.0 | 0.5 | 0.4 | 0.5 | 0.5 | 0.5 | 0 |
| | 林外 | 0.8 | 0.6 | 0.6 | 0.6 | 0.5 | 0.7 | 0.7 | 0.7 | 0.4 | 0.5 | 0.6 | 0.4 |

| 观测项目 | 测点性质 | 08 | 09 | 10 | 11 | 12 | 13 | 14 | 15 | 16 | 17 | 18 | 19 |
|---|---|---|---|---|---|---|---|---|---|---|---|---|---|
| 风向 | 林内 | N | NE | S | N | NE | NE | NW | W | N | NW | NE | W |
| | 林外 | NE | NW | NW | N | NE | NE | NW | W | SE | SE | E | SE |
| 风速(m/s) | 林内 | 0.4 | 0.4 | 0.9 | 0.5 | 2.2 | 1.7 | 1.6 | 1.3 | 8.4 | 1.3 | 0.01 | 0.01 |
| | 林外 | 0.4 | 0.4 | 1.8 | 2.3 | 2.3 | 2.8 | 2.9 | 3.1 | 9.3 | 0.07 | 0.03 | 0.01 |

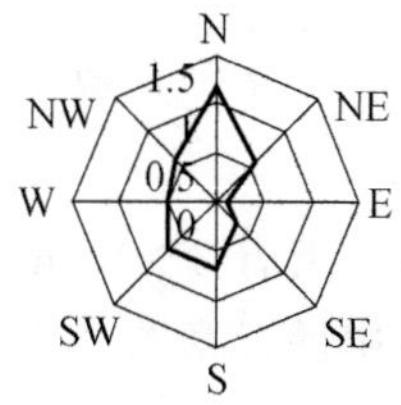


图 2-A　七仙湖林内风速玫瑰图

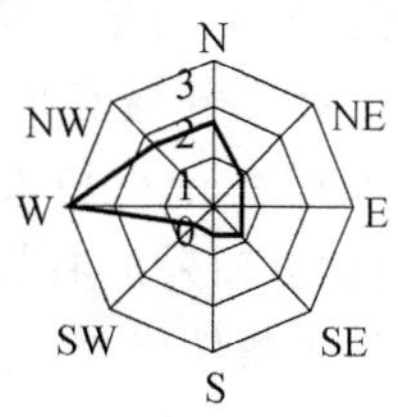


图 2-B　七仙湖林外风速玫瑰图

图 2-C　七仙湖林内风向玫瑰图

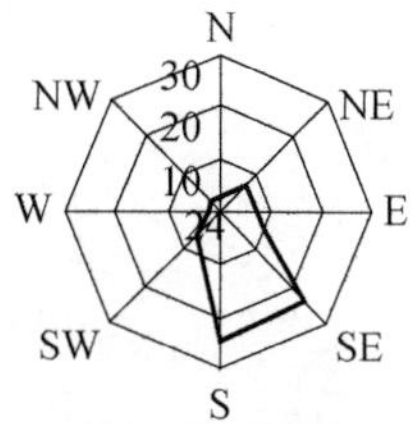


图 2-D　七仙湖林外风向玫瑰图

## 3　日舒适有效温度

一日内的有效温度持续时间是衡量气候舒适度的指标之一。所谓舒适有效温度是指大多数人对周围空气环境感觉舒适的程度。一个地区的舒适有效温度持续时间越长，表明该地区气候越宜人。按照大多数人对周围空气环境的感觉标准，采用 Biiltner 公式计算各测点的舒适有效温度持续时间，结果列入表 11。

**表 11　有效温度(*ET*)持续时间一览表(h)**

| 标准 | 惠州市 | 龙门县 | 七仙湖 | 十字水 | 上坪 | 云天海 |
|---|---|---|---|---|---|---|
| *ET*≤24 ℃，感觉舒适 | 0 | 1 | 3 | 13 | 10 | 15 |
| *ET*>24 ℃，感觉闷热 | 21 | 21 | 19 | 10 | 14 | 9 |
| *ET*≥30 ℃，感觉极热，难以忍受 | 3 | 2 | 2 | 1 | 0 | 0 |

表 11 说明，生态旅游区内一天有 3～15 h 使人感觉舒适，七仙湖、十字水虽有 1～2 h 的极热时段，但与惠州市和龙门县均无感觉舒适的时间，却有 2～3 h 极热时段相比，生态旅游区内小气候条件优越。

## 4　结论

(1)生态旅游区内日平均气温 24.4～31.1 ℃，比龙门县低 0.7～4.1 ℃，比惠州市低 2.6～5.4 ℃；气温日较差 3.6～10.6 ℃；与龙门县相比，海拔每升高 100 m，气温降低 0.23～0.67 ℃。

(2)生态旅游区内日平均空气相对湿度为 82%～97%，比龙门县大 3%～13%；海拔每升高 100 m，空气相对湿度增大 4%～9% 。生态旅游区内多东南风，日平均风速 0.1～1.4 m/s，比龙门县小 0.4～1.7 m/s。

(3)生态旅游区林内外小气候差异明显，林内气温比林外低 0.7～1.6 ℃，气温日较差林内比林外小 5.9～6.8 ℃，林内气温变化比林外缓和；日平均空气相对湿度林内比林外高 2%～3%；风速林内比林外小 0.4 m/s；静风频率比林外多 4%。

(4)生态旅游区内比公园外的有效温度持续时间长，一天有 3～15 h 使人感觉舒适。南昆山国家生态旅游区小气候条件优越，是名副其实的“南国避暑天堂”。

(2006 年 7 月)

# 广东南昆山省级自然保护区森林小气候研究*

吴章文　吴楚材　张应扬

**摘　要**：南昆山自然保护区面积4000 $hm^2$，森林覆盖率96.5%，属南亚热带湿润季风气候。中南林业科技大学森林旅游研究中心于2006年7月14—21日在保护区进行了小气候观测。结果表明，气温随海拔升高而降低，气温直减率为－0.79～－0.71 ℃/(100 m)；保护区内气温比龙门县晴天低2.8～4.5 ℃，雨天低1.3～2.4 ℃，比惠州市晴天低4.1～5.8 ℃，林内比林外低0.1～0.7 ℃，气温日较差林内比林外小0.6～3.7 ℃；空气相对湿度林内比林外高1%～33%；林内静风频率比林外高17%～46%，风速比林外小0.6～0.7 m/s。保护区内日舒适有效温度持续时间长达11～15 h，无极热时间。保护区森林环境优越，小气候舒适宜人，实验区适宜度假休闲、避暑消夏。

**关键词**：自然保护区；森林小气候；气温；空气相对湿度；日舒适有效温度

南昆山地处广州市东南部，属惠州市龙门县管辖，地理坐标为23°8′～23°39′14″N，113°38′～113°58′06″E。它与肇庆市鼎湖山、封开县黑石顶同在北回归线上。南昆山脉总面积480 $km^2$，1984年省政府批准建立南昆山省级自然保护区(以下简称保护区)，面积4000 $hm^2$，森林覆盖率96.5%。保护区地势西高东低，平均海拔600 m，主峰天堂顶海拔1210 m。南昆山属南亚热带湿润季风气候，即使酷暑季节，夜间也凉爽异常，小气候环境宜人，有"南国避暑天堂"之誉。

## 1　研究方法

观测时间2006年7月14—21日。采取短期定位对比观测法，每小时观测一次，昼夜连续观测。以龙门县气象站、惠州东坪气象站的同步观测值为对照。

### 1.1　观测点设置及观测项目

共设置观测点8个，其中林外对照点3个，测点基本情况见表1。

**表1　观测点及对照点基本情况一览表**

| 序号 | 观测地段 | 测点性质 | 海拔(m) | 坡位及坡面状况 | 植被状况 |
|---|---|---|---|---|---|
| 1 | 天堂顶 | 林外 | 1210 | 东坡顶部 | 胡秃子、杜鹃、芒草 |
| 2 | 老伯公 | 林中空地直径约80 m | 700 | 西南坡山谷部 | 茅草、蕨类 |
| | | 宽谷溪边林内 | | 西南坡下部 | 苦槠、青冈、檵木、山竹 |

* 主要观测人员：徐聪荣、梅刚、李洵、陈孝青、黄志亮、蔡文芳、闫静、许媛、金燕、吕贵彦、陈志明、江宁等，以及保护区部分员工。

续表

| 序号 | 观测地段 | 测点性质 | 海拔(m) | 坡位及坡面状况 | 植被状况 |
|---|---|---|---|---|---|
| 3 | 上坪尾 | 林中空地直径约 300 m | 512 | 山谷平地 | 茅草、蒲公英、黄栀子 |
| | | 林冠下 | | 东坡下部 | 竹柏、毛竹、蕨类 |
| 4 | 桃源度假村 | 窄谷溪边林冠下 | 473 | 山坡下部 | 木荷、蕨类、山竹 |
| | | 林中空地直径约 100 m | 470 | 山脚 盆地 | 裸露黄土地 |
| 5 | 上坪村 | 区内空旷地对照点 | 470 | 平地 | 裸露地 |
| 6 | 龙门县气象站 | 县城对照点 | 70.3 | 平地 | 观测点浅草 |
| 7 | 惠州市东坪气象站 | 城市对照点 | 21.5 | 平地 | 观测点浅草 |

观测项目有离地 20 cm、150 cm 高度的空气温湿度，地面温度，离地 200 cm 高度的风向、风速；目测云量、太阳视面状况及天气现象。

## 1.2　观测仪器

鉴定有效期内的 DHM2 型机动通风干湿表、DEM6 型三杯风向风速表、套管式温度表及相关辅助器具。

# 2　观测结果

## 2.1　温度

### 2.1.1　日平均温度

在观测期内出现了晴天、阴天、雨天三种不同的天气状况，其中 7 月 14 日、20 日、21 日三天为晴天，7 月 19 日为阴天，7 月 15 日为雨天。晴天和雨天不同高度的日平均气温与地面温度列入表 2。

**表 2　不同天气、不同高度的气温与地温一览表**

| 天气情况 | 观测地点 | 海拔(m) | 日平均温度(℃) 150cm | 20cm | 0cm | 气温直减率(℃/100m) | 备注 |
|---|---|---|---|---|---|---|---|
| 晴 | 老伯公 | 700 | 24.5 | 24.1 | 25.3 | −0.71 | 林中空地直径 80 m |
| | 上坪尾 | 512 | 25.7 | 26.3 | 29.0 | −0.75 | 林中空地直径 300 m |
| | 上坪村 | 470 | 26.2 | 26.8 | 29.0 | −0.79 | 宽谷盆地、自然村庄 |
| | 龙门县 | 70.3 | 29.0 | — | — | — | 森林茂密、河流环绕 |
| | 惠州市 | 21.5 | 30.3 | — | — | — | 西湖水域宽阔、城中林木众多 |
| 雨 | 老伯公 | 700 | 23.8 | 23.9 | 24.0 | −0.38 | 林中空地直径 80 m |
| | 上坪尾 | 512 | 24.9 | 25.2 | 26.0 | −0.29 | 林中空地直径 300 m |
| | 龙门县 | 70.3 | 26.2 | — | — | — | 宽谷盆地、自然村庄 |

由表 2 看出，保护区内气温比龙门县晴天低 2.8～4.5 ℃，雨天低 1.3～2.4 ℃，比惠州市晴天低 4.1～5.8 ℃，与龙门县相比，保护区内晴天的气温直减率为 −0.79～−0.71 ℃/(100 m)，雨天气温直减率为 −0.38～−0.29 ℃/(100 m)，雨天气温直减率比晴天小。

#### 2.1.2　逆温现象

气温随高度增加而降低是对流层的主要特征之一，高度增加气温降低称为顺温，高度增加气温升高称为逆温。保护区内老伯公测点 7 月 14 日昼夜 24 次观测值的气温日平均值 150 cm 高处为 24.6 ℃，20 cm 高处为 24.3 ℃，温差 0.3 ℃，逆温强度 0.2 ℃/m。

#### 2.1.3　温度日较差

一日内，温度的最高值与最低值之差称为温度日较差。日较差大小说明一日中温度变化的幅度。不同天气条件下各地段温度日较差不同，如表 3 所示。

**表 3　不同天气条件的温度日较差一览表**

| 天气 | 观测地点 | 海拔(m) | 空气温度(℃) | | | | 地面温度(℃) | | | |
|---|---|---|---|---|---|---|---|---|---|---|
| | | | 日平均 | 最高 | 最低 | 日较差 | 日平均 | 最高 | 最低 | 日较差 |
| 晴 | 老伯公 | 700 | 24.5 | 29.2 | 22.4 | 6.8 | 25.3 | 36.9 | 17.5 | 19.4 |
| | 上坪尾 | 512 | 25.7 | 31.3 | 21.9 | 9.4 | 29.0 | 39.6 | 22.5 | 17.1 |
| | 上坪村 | 470 | 26.2 | 32.3 | 20.6 | 11.7 | 29.0 | 41.6 | 15.3 | 26.3 |
| | 龙门县 | 70.3 | 29.0 | 35.1 | 24.9 | 10.9 | — | | | |
| | 惠州市 | 21.5 | 30.3 | 34.9 | 27.0 | 7.9 | — | | | |
| 阴 | 老伯公 | 700 | 23.2 | 25.2 | 21.6 | 3.6 | 25.4 | 34.5 | 18.7 | 15.8 |
| | 上坪尾 | 512 | 26.0 | 30.0 | 23.6 | 6.4 | 34.0 | 37.8 | 24.6 | 13.2 |
| | 上坪村 | 470 | 25.9 | 30.2 | 23.2 | 7.0 | 28.1 | 37.3 | 17.1 | 20.2 |
| | 龙门县 | 70.3 | 28.9 | 34.0 | 25.1 | 8.9 | | — | | |
| | 惠州市 | 21.5 | 29.9 | 34.5 | 27.1 | 7.4 | | — | | |
| 雨 | 老伯公 | 700 | 23.8 | 27.0 | 22.0 | 5.0 | 24.0 | 36.8 | 18.0 | 18.8 |
| | 上坪尾 | 512 | 24.9 | 28.2 | 23.2 | 5.0 | 26.0 | 38.2 | 24.1 | 14.1 |
| | 龙门县 | 70.3 | 26.2 | 27.4 | 25.0 | 2.4 | | — | | |

由表 3 得知，保护区内晴天气温日较差为 6.8～11.7 ℃，阴天 3.6～7.0 ℃，雨天5.0 ℃；地温日较差晴天为 17.1～26.3 ℃，阴天 13.2～20.2 ℃，雨天 14.1～18.8 ℃。地温日较差比气温日较差大 6.8～14.6 ℃。各地段日较差大小不等，是海拔高度、天气条件和下垫面状况综合影响的结果。

### 2.2　空气相对湿度

空气相对湿度是一个地区大气中水汽含量的重要表征之一，观测期间虽遇雨天，但各测点的日平均空气相对湿度并未达到 100%，这说明虽然降雨时空气湿度达到 100%，但阵雨过后空气相对湿度迅速减小，因此各测点的日平均空气相对湿度小于 100%。见表 4。

表 4　日平均空气相对湿度一览表(%)

| 观测 | 晴天 | | | | | 雨天 | | |
|---|---|---|---|---|---|---|---|---|
| 高度 | 老伯公 | 上坪尾 | 上坪村 | 龙门县 | 惠州市 | 老伯公 | 上坪尾 | 龙门县 |
| 150 cm | 85 | 86 | 85 | 81 | 75 | 97 | 96 | 89 |

由表 4 可见,保护区内日平均空气相对湿度比龙门县高 4%～8%,比惠州市高 10%～11%,空气相对湿度随海拔升高而增大,此间南昆山海拔每升高 100 m,空气相对湿度增大 1%～3%。

保护区 7 月 20 日上坪村逐时气温与空气相对湿度如图 1 所示。

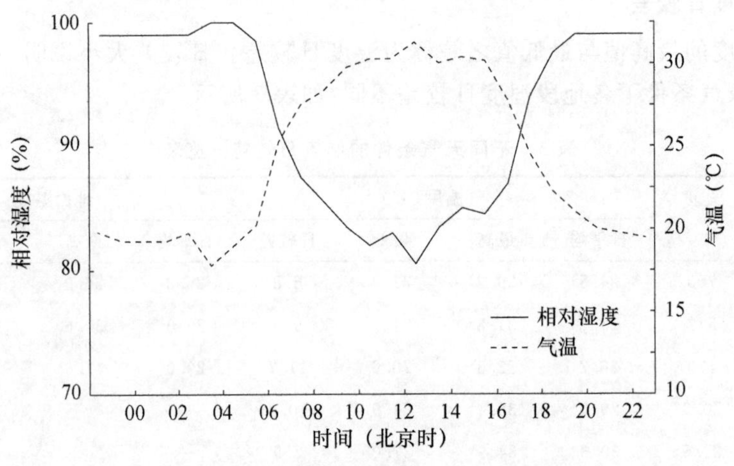


图 1　气温与空气相对湿度度日变化图

由图 1 可见,空气相对湿度的最大值出现在凌晨,最低值出现在正午前后;空气相对湿度与气温的日变化规律相反。

## 2.3　风速风向

### 2.3.1　风速

保护区 7 月 20 日各地段风速为 0.5～3.0 m/s,各地段风速见图 2。

### 2.3.2　风向

保护区内多静风,主风方向随地形改变。见图 2。

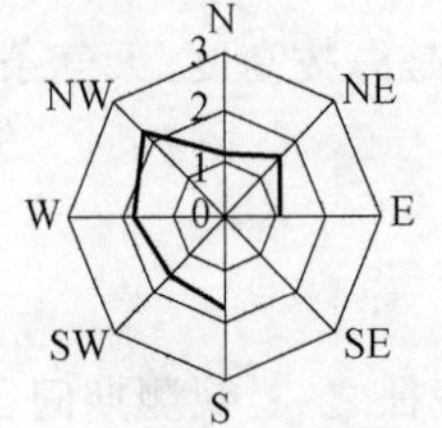


图 2-A　老伯公风速玫瑰图

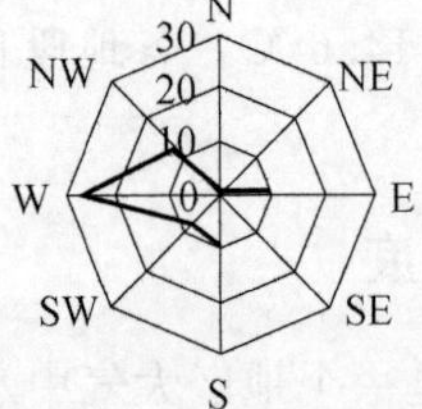


图 2-B　老伯公风向玫瑰图

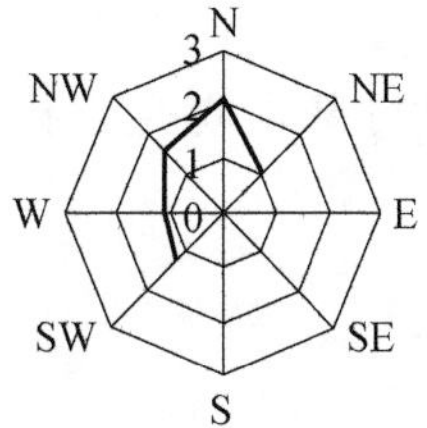


图 2-C　上坪尾风速玫瑰图

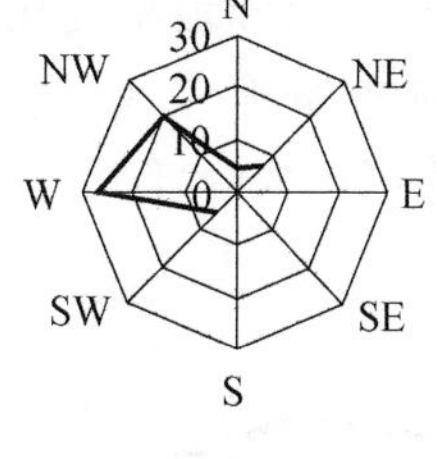


图 2-D　上坪尾风向玫瑰图

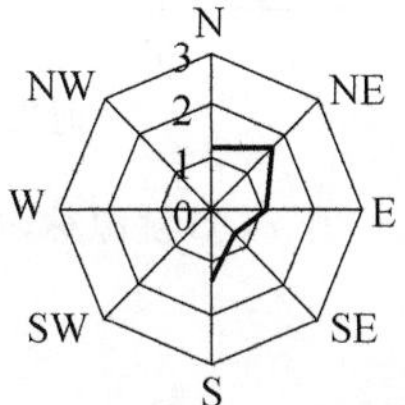


图 2-E　上坪村风速玫瑰图

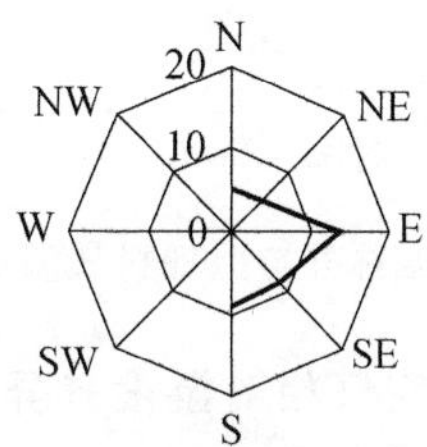


图 2-F　上坪村风向玫瑰图

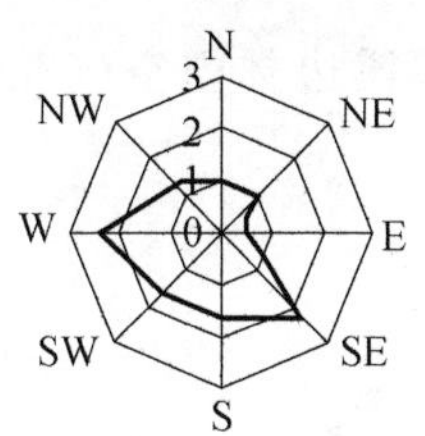


图 2-G　龙门县风速玫瑰图

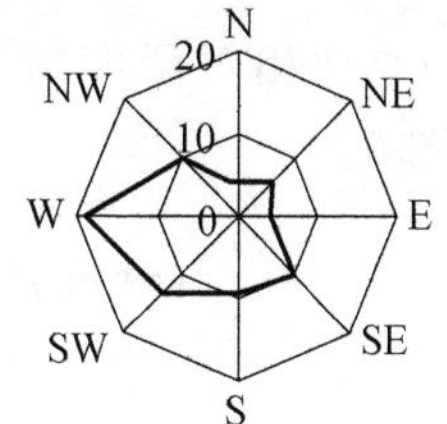


图 2-H　龙门县风向玫瑰图

由图 2 可见，老伯公静风频率为 34%，主风方向西风，上坪尾静风频率为 35%，主风方向西风，上坪村静风频率为 40%，主风风向东风，龙门县静风频率为 25%，主风方向西风。

## 2.4　森林小气候

### 2.4.1　林内外温度差异

老伯公、上坪尾 2006 年 7 月 14 日林内外温度差异列入表 5。

**表 5　林分内外温度差异一览表(℃)**

| 项目<br>测点 | 测点<br>性质 | 空气温度(℃) | | | | 地面温度(℃) | | | |
|---|---|---|---|---|---|---|---|---|---|
| | | 日平均 | 最高 | 最低 | 日较差 | 日平均 | 最高 | 最低 | 日较差 |
| 老伯公 | 林外 | 24.5 | 29.2 | 22.4 | 6.8 | 25.3 | 36.9 | 17.5 | 19.4 |
| | 林内 | 24.4 | 28.8 | 22.6 | 6.2 | 24.9 | 29.9 | 22.4 | 7.5 |
| | 差值 | 0.1 | 0.4 | −0.2 | 0.6 | 0.4 | 7.0 | −4.9 | 11.9 |
| 上坪尾 | 林外 | 25.6 | 31.5 | 21.5 | 10.0 | 27.7 | 38.4 | 22.1 | 16.3 |
| | 林内 | 24.9 | 28.9 | 22.6 | 6.3 | 24.8 | 28.8 | 24.5 | 4.3 |
| | 差值 | 0.7 | 2.6 | −1.1 | 3.7 | 2.9 | 4.9 | −8.7 | 12.0 |

由表 5 看出，老伯公、上坪尾日平均气温林内比林外低 0.1～0.7 ℃，气温日较差林内比林外小 0.6～3.7 ℃；地面日平均温度林内比林外低 0.4～2.9 ℃，地温日较差林内比林外小

11.9～12.0 ℃。林内气温和地温变化均比林外缓和。

桃源度假村的林中空地白天气温变化曲线与上坪村基本吻合。林内气温比上坪村低0.3～5.8 ℃,午后差值最大。详见图 3、图 4。

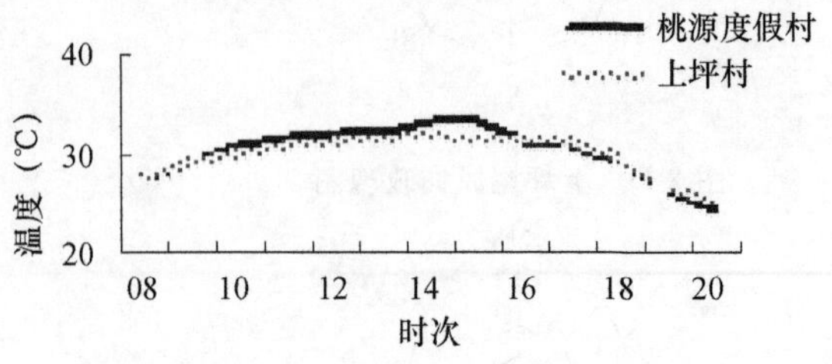


图 3　7 月 20 日桃源林外与上坪村气温比较

图 4　7 月 21 日桃源林内与上坪村气温比较

### 2.4.2　林内外空气相对湿度差异

上坪尾林中空地、林冠下空气相对湿度分别为 86%、92%,林冠下空气相对湿度比林中空地高 6%。

桃源度假村林中空地相对湿度与上坪村近似,窄谷溪边林内空气相对湿度比上坪村高1%～33%,见图 5、图 6。

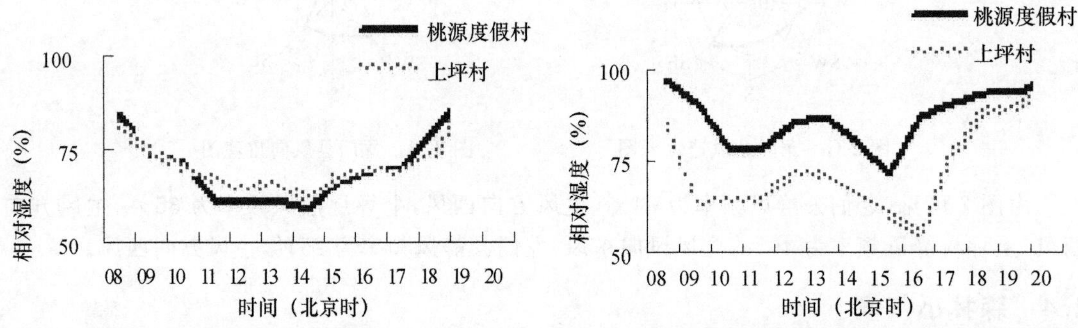


图 5　7 月 20 日桃源林外与上坪村空气相对湿度比较　图 6　7 月 21 日桃源林内与上坪村空气相对湿度比较

### 2.4.3　风速风向

老伯公静风频率林内 51%,林外 34%,林内比林外大 17%;日平均风速林内 0.6 m/s,林外 1.2 m/s,林内比林外小 0.6 m/s;上坪尾静风频率林内 81%,林外 35%,林内比林外大46%;日平均风速林内 0.1 m/s,林外 0.8 m/s,林内比林外小 0.7 m/s。森林的阻挡减小了风速。风速、风向玫瑰图见图 7。

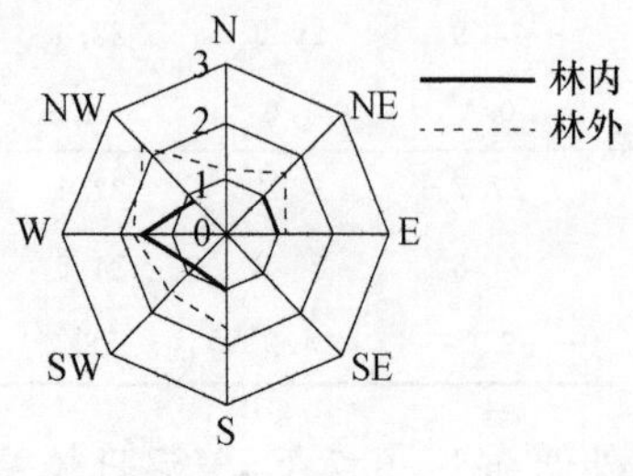


图 7-A　老伯公林内外风速对比图

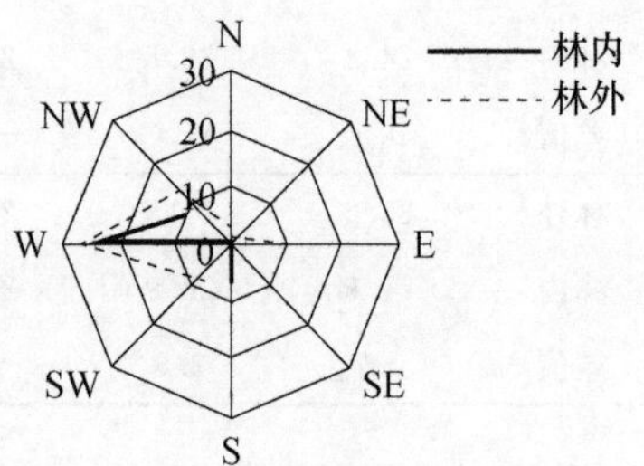


图 7-B　老伯公林内外风向对比图

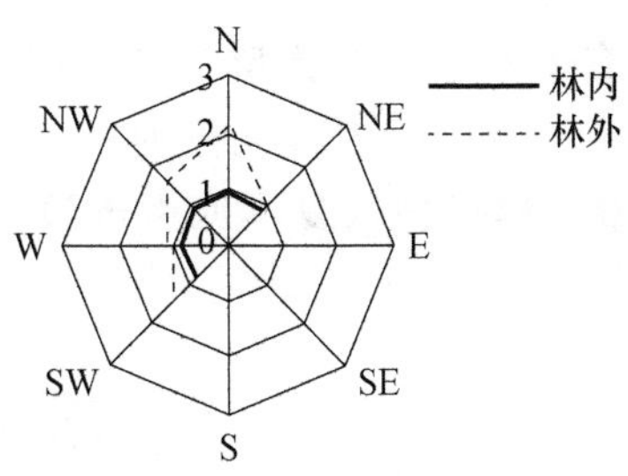


图 7-C　上坪村林内外风速对比图

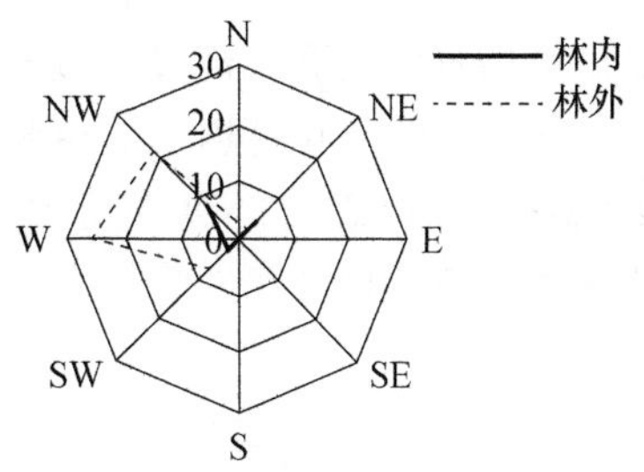


图 7-D　上坪村林内外风向对比图

## 3　日舒适有效温度

日舒适有效温度是指一日内的有效温度持续时间，是衡量气候舒适度的指标之一。所谓舒适有效温度是指大多数人对周围空气环境感觉舒服的程度，一个地区的舒适有效温度持续时间越长，表明该地区气候越宜人。按照大多数人对周围空气环境的感觉标准，采用 Biiltner 公式计算各测点的舒适有效温度持续时间，结果列入表 6。

$$\text{Biiltner 公式：} ET = T_a - 0.4(T_a - 10)(1 - RH/100)$$

式中：$ET$ 为舒适有效温度；$T_a$ 为空气温度；$RH$ 为空气相对湿度。

计算可知，保护区内老伯公测点 7 月 14 日的舒适有效温度持续时间为 15 h，感觉闷热时间为 9 h。

**表 6　保护区内外日舒适有效温度持续时间一览表(h)**

| 标准 | 上坪尾<br>7 月 20 日 | 上坪村<br>7 月 20 日 | 龙门县<br>7 月 20 日 | 惠州市<br>7 月 20 日 |
|---|---|---|---|---|
| $ET \leq 24$ ℃，感觉舒适 | 11 | 11 | 1 | 0 |
| $ET > 24$ ℃，感觉闷热 | 13 | 13 | 21 | 21 |
| $ET \geq 30$ ℃，感觉极热，难以忍受 | 0 | 0 | 2 | 3 |

表 6 说明，7 月 20 日这天，上坪尾与上坪村均有 11 h 使人感觉舒适，无极热时段，舒适有效温度持续时间较长；龙门县仅有 1 h 让人感觉舒适，21 h 闷热，2 h 感觉极热，难以忍受；惠州市 21 h 感觉闷热，3 h 感觉极热，难以忍受。保护区内小气候环境比龙门县和惠州市舒适。

## 4　结论

(1)保护区内气候垂直变化明显，海拔每升高 100 m，气温降低 0.71～0.79 ℃，空气相对湿度增大 1%～3%。海拔 700 m 处的老伯公测点夜间地形逆温强度为 0.2 ℃/m。

(2)保护区内气温比龙门县晴天低 2.8～4.5 ℃，雨天低 1.3～2.4 ℃，比惠州市晴天低 4.1～5.8 ℃；保护区内比龙门县风速小 0.3～0.7 m/s，静风频率高 6%～15%。

(3)保护区内森林小气候优势明显。林内与林外相比，日平均气温低 0.1～0.7 ℃，气温日较差小 0.6～3.7 ℃；空气相对湿度高 1%～33%，风速小 0.6～0.7 m/s，静风频率高 17%～

46％。

(4)保护区内日舒适有效温度持续时间较长，一日有11～15 h使人感觉舒适；龙门县一天仅1 h令人感觉舒适，21 h闷热，2 h感觉极热，难以忍受；惠州市无感觉舒适时间，21 h感觉闷热，3 h感觉极热，难以忍受。南方夏季闷热，而南昆山自然保护区夏季凉爽舒适，是度假休闲、避暑消夏的理想之地。

(2006年7月)

# 湖南水府旅游区小气候观测报告*

吴章文　钟家雨　方世敏

我国是世界上水库分布较多的国家之一，全国共有近10万座各类型水库，其中大中型水库3057座。随着旅游业的发展和水利部门对水库旅游开发的支持与鼓励，水库旅游开发的热潮即将到来。由浙江新安江水库被林业部批建为"千岛湖国家森林公园"、湖南东江水库被批建为"湖南东江风景区"、湖南水府庙水库被批建为"湖南水府旅游区"可见水库旅游开发的端倪。

## 一、湖南水府旅游区概况

湖南水府旅游区以湖南水府庙水库为主要载体(以下简称库区)，位于湖南湘乡市西南部，距湘乡市区33 km，距湘潭市80 km，距长沙市和株洲市各110 km，车程均在0.5～2 h。地理坐标为东经112°05′04″～112°14′52″，北纬27°33′57″～27°47′23″，以水府庙水库及周边一定范围山地为主要景区。水府庙水库横截涟水，以大坝居湘乡、双峰、娄底三县市交界处的水府庙而得名，水域面积44.3 $km^2$，正常高水位94.0 m，库容量5.6亿 $m^3$，库面最窄处10 m，最宽处3.5 km。主干线长46.7 km。库区内有四面环水的岛屿34个，最大岛面积70 $hm^2$；白鹭岛是库区内最著名的岛屿，面积50 $hm^2$，常有白鹭栖息于岛上林中。

库区四面环山，山体不高(海拔100～473 m)，但层次分明，骨架完整，脉络清晰，植被覆盖率高达85%左右，库区内生态环境良好，环湖皆山，凡岛皆林，山水交融，森林茂密，水域宽广，碧波荡漾，烟雾缥缈，山峦倒影，水中有岛，岛上有景，自然山水与人文景点交相辉映，是一处城郊休闲度假胜地，已被政府批建为"湖南水府旅游区"，是"百姓喜爱的湖南百景"之一，其中"水府醉月"景点被入选为"新潇湘休闲八景"之一。

## 二、观测方法

### (一)测点设置

采用短期定位对比观测法，在景区的白鹭岛林内、林外，神龙半岛林内、林外，以及新码头湖边设置观测点5个，在长沙市三湘居民小区绿地(代表城市居民住宅区绿地，简称三湘绿地)和中南林业科技大学操场(代表城市空旷裸露地，简称林大裸地)设置对照点2个，共7个测点。观测点的基本情况见表1。

---

* 主要观测人员：方世敏、钟家雨、李洵、田雪昀、吕贵彦、周畅书、梅刚、李涛等。

表 1 各观测点基本情况一览表

| 序号 | 测点名称 | 代表环境 | 测点特征 |
|---|---|---|---|
| 1 | 白鹭岛林外 | 岛屿小气候环境 | 白鹭岛外湖岸边 |
| 2 | 白鹭岛林内 | 岛屿森林小气候环境 | 堤上杨树林内,平均树高 20 m,胸径 30～32 cm |
| 3 | 神龙半岛林外 | 半岛小气候环境 | 表演厅附近的林中空地 |
| 4 | 神龙半岛林内 | 半岛森林小气候环境 | 望湖亭松林,树高 18～20 m,胸径 20～30 cm |
| 5 | 新码头湖边 | 水域小气候环境 | 新码头北岸湖边,南面约 30 m 处有石墙 |
| 6 | 长沙三湘绿地 | 城市居民区绿地 | 三湘小区天鹅绒草铺地,有稀疏小乔木 |
| 7 | 林大操场裸地 | 未建成的操场裸露地 | 中南林业科技大学内,远处有道路、球场 |

观测梯度:地表 0 cm、离地 20 cm、离地 150 cm 高度的温度,空气相对湿度和离地约 200 cm 高度处的风向、风速。

### (二)观测方法

采用 DHM2 型机动通风干湿表、DEM6 型轻便三杯风向风速仪。套管式水银温度表、套管式酒精温度表,按小气候观测程序每小时观测 1 次,订正后计算各要素日平均值和三日平均值。挑选观测时段(2007 年 7 月 3 日 13:00 至 7 月 6 日 20:00)的极值。林外空气最高温度表采用白纸叠成喇叭形遮挡球部。

## 三、观测结果

### (一)水府旅游区与长沙市区小气候要素比较

7 月 5 日 21:00 至 7 月 6 日 20:00 库区白鹭岛林外、神龙半岛林外、三湘绿地、林大裸地的观测结果见表 2。

表 2 水府旅游区与长沙市小气候观测值一览表

| 观测项目 | 白鹭岛 | 神龙半岛 | 三湘绿地 | 林大裸地 |
|---|---|---|---|---|
| 日平均气温(℃) | 31.9 | 31.9 | 32.6 | 33.8 |
| 最高气温(℃) | 40.3 | 41.5 | 40.5 | 41.5 |
| 最低气温(℃) | 23.2 | 28.7 | 33.0 | 33.5 |
| 气温日较差(℃) | 17.6 | 12.8 | 7.5 | 8.0 |
| 空气相对湿度(%) | 69 | 67 | 63 | 61 |
| 日平均地温(%) | 33.7 | 37.7 | 51.0 | 51.2 |
| 最高地温(℃) | 50.6 | — | 54.5 | 55.9 |
| 最低地温(℃) | 20.0 | 28.6 | 26.6 | 28.0 |
| 地温日较差(℃) | 30.6 | 30.4 | 27.9 | 27.9 |

由表 2 看出以下几点:

(1)日平均温度。水府庙水库的岛屿、半岛与长沙市绿地和裸地的比较结果是,7 月 6 日白鹭岛林外和神龙半岛林外的日平均气温均为 31.9 ℃，比长沙市区绿地低 0.7 ℃，比裸地低 1.9 ℃。日平均气温以水府庙水库最低。白鹭岛位于水府庙水库东南部，北纬 27°39′，长沙市为北纬 28°12′，按照气候学原理，北半球夏季纬度北移 1°，气温降低 0.2 ℃。水府庙白鹭岛比长沙市纬度低 39′，气温应比长沙市高 0.1 ℃；而观测结果是水府庙水库白鹭岛林外和神龙半岛林外的日平均气温均为 31.9 ℃，比长沙市林大裸地（33.8 ℃）低 1.9 ℃，这说明在湖水调节下，水府庙水库中岛屿的实际气温比长沙市降低了 2.0 ℃。地面日平均温度白鹭岛最低，林大裸地最高。

（2）日最高温度。白鹭岛日最高气温为 40.3 ℃，比林大裸地低 1.2 ℃。地面最高温度白鹭岛为 50.6 ℃，三湘绿地为 54.5 ℃，林大裸地为 55.9 ℃，地面最高温度白鹭岛最低，比林大裸地低 5.3 ℃；库区四面环水岛屿的气温和地温又比三面环水的神龙半岛低 1.2～8.7 ℃。

（3）空气相对湿度。白鹭岛 69%，神龙半岛 67%，三湘绿地 63%，林大裸地 61%，湖中岛屿的空气相对湿度比林大裸地高 8%，可以看出水域可增大空气相对湿度、调节小气候的显著效果。

（4）三湘绿地比林大裸地的日平均气温低 1.2 ℃，日平均地温低 0.2 ℃，地面最高温度低 1.4 ℃，空气相对湿度大 2%，这说明绿地改善城市居民区小气候的效果亦明显。

### （二）旅游区内不同地段的比较

从 7 月 4 日的小气候观测值（表 3）可看出，库区岛屿、半岛的小气候亦有明显差异。

**表 3　水府旅游区不同地段的小气候观测值一览表**

| 观测项目 | 白鹭岛林外 | 神龙半岛林外 | 新码头湖边 |
|---|---|---|---|
| 日平均气温（℃） | 31.1 | 31.3 | 30.9 |
| 最高气温（℃） | 42.8 | 41.6 | 38.0 |
| 最低气温（℃） | 24.4 | 27.1 | 27.1 |
| 气温日较差（℃） | 18.4 | 14.5 | 10.9 |
| 日平均地温（%） | 33.6 | 37.0 | 34.9 |
| 最高地温（℃） | 52.6 | 61.3 | 61.0 |
| 最低地温（℃） | 26.5 | 27.1 | 26.3 |
| 地温日较差（℃） | 26.1 | 34.2 | 33.9 |
| 空气相对湿度（%） | 72 | 72 | 64 |
| 风速（m/s） | 1.3 | 2.0 | 3.1 |

由表 3 看出，库区内 7 月 4 日的日平均气温差异不大，新码头湖边比白鹭岛和神龙半岛仅低 0.4 ℃。因为码头湖边地形开阔、气流通畅，受水域调节效果更明显。

### （三）林内、林外的小气候比较

7 月 3 日 13:00 至 7 月 6 日 20:00，在白鹭岛的杨树林内外、神龙半岛的松树林内外进行了 80 个小时的对比观测，其 3 日平均值列入表 4。

**表 4　林内外的小气候观测值比较一览表**

(7 月 3 日 13:00 至 7 月 6 日 20:00)

| | 白鹭岛 | | | 神龙半岛 | | | 备注 |
|---|---|---|---|---|---|---|---|
| | 林外 | 林内 | 差值 | 林外 | 林内 | 差值 | |
| 日平均气温(℃) | 31.6 | 30.9 | 0.7 | 31.2 | 30.9 | 0.3 | |
| 日最高气温(℃) | 42.8 | 37.1 | 5.7 | 41.6 | 34.8 | 6.8 | |
| 日最低气温(℃) | 23.2 | 22.5 | 0.7 | 27.1 | 29.3 | 3.2 | |
| 平均日较差(℃) | 16.6 | 13.5 | 3.1 | 13.8 | 9.4 | 4.4 | 白鹭岛林外测点在湖边神龙半岛林外测点设在林中空地 |
| 相对湿度(%) | 68 | 68 | 0 | 70 | 76 | −6 | |
| 日平均地温(℃) | 35.5 | 30.6 | 4.9 | 37.5 | 28.7 | 8.8 | |
| 日最高地温(℃) | 52.6 | 41.2 | 11.4 | 61.3 | 36.5 | 24.8 | |
| 日最低地温(℃) | 20.0 | 21.5 | −1.5 | 27.1 | 26.5 | 0.6 | |
| 平均日较差(℃) | 29.2 | 16.1 | 13.1 | 31.3 | 8.0 | 23.3 | |

由表 4 得知,在水府旅游区的岛屿和半岛上,林外日平均气温比林内高 0.3～0.7 ℃,日最高气温林外比林内高 5.7～6.8 ℃,日最低气温林外比林内高 0.7～3.2 ℃,气温平均日较差林外比林内大 3.1～4.4 ℃。地面日平均温度林外比林内高 4.9～8.8 ℃,地温日较差林外比林内大 13.1～23.3 ℃。空气相对湿度林内比林外高 6%,这说明湖区岛屿上的杨树林与松树林都产生了降温增湿、减小温度日较差的森林小气候效应。二者比较,神龙半岛上松树林的小气候效应比白鹭岛上杨树林的小气候效应更明显。究其原因,白鹭岛上杨树林面积比神龙半岛松林面积小,森林的群体效应不如神龙半岛。

## (四)风速风向

**表 5　2007 年 7 月 3—6 日各测点风速和风向频率一览表**

| 测点 | 日平均风速(m/s) | 风向频率(%) | | | | | | | | |
|---|---|---|---|---|---|---|---|---|---|---|
| | | N | NE | E | SE | S | SW | W | NW | C |
| 白鹭岛林外 | 1.2 | | | | | 63 | 29 | | | 8 |
| 白鹭岛树荫下 | 0.9 | | | | 1 | 66 | 17 | 8 | | 8 |
| 神龙半岛林外 | 1.0 | | | | 9 | 6 | 1 | | | 84 |
| 神龙半岛林内 | 0.6 | | | | | 3 | | | | 97 |
| 长沙小区绿地 | 1.1 | 38 | 4 | 9 | 2 | 9 | | 5 | 4 | 29 |
| 长沙裸地 | 0.9 | | | | 12 | 47 | 25 | | | 16 |

由表 5 可见神龙半岛静风频率最大,林内达 97%,林外亦达 84%,林内比林外大 13%。林外静风频率大是因为湖南夏季受东南季风控制,盛行偏南风,而神龙半岛东南西三面环山,仅北面邻水,背离主风方向所致;林内由于灌木杂草丛生,密不透风,故静风频率比林外更大。白鹭岛树荫下由于杨树高大,树下无杂灌木,通风透光良好,故林内外静风频率相等。其余各测点由于地形地物存在差异,故各风向频率不同。

## 四、日舒适有效温度

日舒适有效温度是指一日内的有效温度持续时间，是衡量气候舒适度的指标之一。所谓舒适有效温度是指大多数人对周围空气环境感觉舒服的温度，一个地区的舒适有效温度持续时间越长，表明该地区气候越宜人。按照大多数人对周围空气环境的感觉标准，采用 Biiltner 公式计算各测点的舒适有效温度持续时间，结果列入表 6。

$$\text{Biiltner 公式：} ET = T_a - 0.4(T_a - 10)(1 - RH/100)$$

式中：$ET$——舒适有效温度；

$T_a$——空气温度；

$RH$——空气相对湿度。

**表 6　库区内外日舒适有效温度持续时间一览表**　（单位：h）

| | 7月4日 | | | | | 7月5日 | | | | 7月6日 | | | | | |
|---|---|---|---|---|---|---|---|---|---|---|---|---|---|---|---|
| | 白鹭岛林外 | 白鹭岛林内 | 神龙半岛林外 | 神龙半岛林内 | 新码头湖边 | 白鹭岛林外 | 白鹭岛林内 | 神龙半岛林外 | 神龙半岛林内 | 白鹭岛林外 | 白鹭岛林内 | 神龙半岛林外 | 神龙半岛林内 | 长沙小区绿地 | 长沙裸地 |
| $ET \leqslant 24$ ℃，感觉舒适 | 0 | 0 | 0 | 0 | 0 | 0 | 0 | 0 | 0 | 0 | 0 | 0 | 0 | 0 | 0 |
| $ET > 24$ ℃，感觉闷热 | 17 | 21 | 16 | 15 | 22 | 19 | 23 | 18 | 15 | 18 | 22 | 17 | 14 | 17 | 14 |
| $ET \geqslant 30$ ℃，极不舒适 | 7 | 3 | 8 | 9 | 2 | 5 | 1 | 6 | 9 | 6 | 2 | 7 | 10 | 7 | 10 |

由表 6 看出，各测点均无感觉舒适的时间，水府旅游区内大多数时间感觉闷热，从 14 h 到 23 h 不等，感觉极不舒适的时间为 1～10 h，昼夜 24 h 令人感觉闷热和极不舒适。旅游区内小气候环境比长沙市略好；但从观测结果看，目前水府旅游区不宜避暑消夏。由于目前一些森林良好的地段植被保护较好，多年未进行间伐、抚育伐和卫生伐，林木植株密度过大，枝下高太低，森林通风性差，森林小气候的优势未表现出来，在建设过程中，通过森林改造和间伐等措施，旅游区具有营造良好度假气候环境的条件。

## 五、结论和建议

（1）湖南水府旅游区位于长沙市西南约 110 km 处，比长沙纬度低，盛夏理应比长沙更热；但由于水府旅游区受宽阔湖水和青山绿树的双重调节，湖中岛屿的小气候日平均气温为 31.9 ℃，比长沙绿地低 0.7 ℃，比裸地低 1.9 ℃；空气相对湿度比长沙市区高 4%～6%，湖陆效应明显。

（2）水府旅游区内由于植被类型和局部地形不同，各地段日平均气温、空气相对湿度等小气候要素亦有差异，白鹭岛 7 月 4 日的日平均气温为 31.1 ℃，神龙半岛为 31.3 ℃，新码头为 30.9 ℃，其原因是新码头地形最开阔。地形影响明显。

（3）林外与林内比较，白鹭岛林内外小气候要素差值大于神龙半岛。7 月 4—6 日，白鹭岛林外日平均气温比林内高 0.7 ℃，神龙半岛林外仅比林内高 0.3 ℃；林内外地面日平均温度差值比气温大，分别为 4.9 ℃和 8.8 ℃。不同林分，影响程度不同。

(4)据 7 月 4—6 日的空气温湿度观测值，采用日舒适有效温度公式计算得知，目前盛夏时节水府旅游区昼夜 24 h 令人感觉闷热和极不舒适，不宜避暑消夏。

(5)水府旅游区岛屿上植被覆盖率高，封山育林后林内下灌木丛生，密不透风，不宜进行森林旅游活动，建议在拟旅游开发建设的区域，适当进行间伐和抚育伐，使之成林、成景、成气候，以更好地改善旅游区小气候环境和森林景观。

(6)水库除了蓄水发电、防洪灌溉、水产养殖、城市供水外，还有调节气候、改善环境、水上娱乐、观光游览等多种功能，是一种综合开发利用价值很大的水体资源，水府旅游区应当科学规划、合理开发利用水库的旅游功能，以促进地方经济快速发展。

(2007 年 7 月)

# 湖南汝城县小气候特征*

吴章文　吴楚材　曹边江　陈祖纯　袁卫春

**摘　要**:采用短期定位对比观测法,于2009年7月13—18日,在汝城县内不同海拔处的汝城温泉、罗泉温泉、飞水寨、予乐湾、小垣镇等地设置10个观测点,进行昼夜24 h、每小时1次的连续观测。结果得知:盛夏7月汝城境内日平均气温为24.4～28.6 ℃,比郴州市低3.0～7.2 ℃,比长沙市低4.7～8.9 ℃;汝城县境内海拔每升高100 m,日平均气温降低0.71 ℃;空气相对湿度为79%～90%,随高度变化不明显,受地形、植被和水体影响大。

**关键词**:汝城;小气候;空气温度;空气相对湿度

受汝城县政府委托,于2009年7月13—18日,在汝城县境内设置10个观测点,进行连续4昼夜的逐时气温、空气相对湿度观测。结果报告如下。

## 1　观测目的

了解汝城县域内不同地段的小气候特征,为宜居环境选择和景区开发提供科学依据。

## 2　观测方法

采用短期定位对比观测法,选择中部盆地城郊乡的予乐湾、新区(政府办新址)、杨家冲,丘陵山地的小垣镇、岭秀乡,温泉地热开发区的福泉温泉、罗泉温泉,正在旅游开发的飞水寨景区等9个观测点进行连续4昼夜气温、湿度逐时观测,并与设在城关镇的县气象站资料对比,共计10个测点。仪器采用DHM2型机动通风干湿表、DEM6型三杯轻便风向风速表、套管式最高温度表和最低温度表。观测员系中南林业科技大学2007级、2008级生态旅游专业硕士研究生和2007级森林游憩专业本科学生。每个观测点安排4～6人观测。

## 3　观测结果

### 3.1　汝城县基本情况

汝城县位于湖南省东南部,与广东省、江西省接壤。"汝城"之名始于东晋(公元358年),历史悠久,面积2401 km$^2$,人口约37.47万人。境内"八山半水一分田,半分道路和庄园",

---

*　主要观测人员:中南林业科技大学旅游学院森林旅游专业97级全体同学及旅游管理专业97级曾映飞同学。

海拔 160～1726.6 m,最高峰在小垣镇境内,最低点在三江口开发区。森林覆盖率为 73.69%,是湖南重点林区县,境内有大小河流 696 条。地形以山地为主,四面环山,丘岗盆地相间,中部盆地长约 50 km,宽约 20 km,南部还有文明小盆地等。中部盆地四面环山,盆地面积大,丘岗间小盆地多,是汝城的地貌特征之一;汝城县资源丰富,生物多样,有乔木 85 科 667 种、灌木 83 科 677 种、野生药用植物 700 多种,还有水鹿、刺猬、獐、水獭、穿山甲、野鸡、鹰等多种野生动物栖息于林内、水中,2002 年曾在与广东交界的杨东山上发现过华南虎踪迹,物种资源丰富是汝城县的又一特征;矿产资源分布广,矿种多,有色金属矿十分丰富,地热资源丰富,储量大是汝城的第三大特征;汝城县年平均气温 16.7 ℃,年降水量 1546.4 mm,气候温和湿润,四季分明,夏无酷暑,冬少严寒,气候舒适期长,是汝城的第四大特征。

## 3.2 测点设置原则

测点设在已开发或拟开发旅游的景区、景点或乡镇所在地。热水镇的测点设在福泉山庄内。各测点基本情况列入表 1。

**表 1 测点基本情况一览表**

| 序号 | 测点 | 纬度(N) | 经度(E) | 海拔(m) | 地形 | 植被 | 备注 |
|---|---|---|---|---|---|---|---|
| 1 | 福泉山庄 | 25°31′ | 113°54′ | 362 | 开阔平地 | 庭院草地 | 温泉山庄 |
| 2 | 福泉山庄 | 25°31′ | 113°54′ | 362 | 开阔平地 | 庭院小竹林 | 温泉山庄 |
| 3 | 罗泉温泉 | 25°34′ | 113°41′ | 385 | 丘陵小盆地 | 撂荒菜地,旁种矮辣椒 | 附近有温泉山庄 |
| 4 | 飞水寨 | 25°27′ | 113°54′ | 490 | 山间沟谷地 | 沟边矮草,附近有高大乔木丛 | 溪流边 |
| 5 | 予乐湾 | 25°34′ | 113°41′ | 585 | 开阔平地 | 大片水稻与菜地之间,有杂草 | 溪流边,有 2 行小树 |
| 6 | 新区 | 25°34′ | 113°41′ | 595 | 丘陵谷地 | 红薯种植地,附近种有豆角 | 杨家冲山脚 |
| 7 | 城关镇 | 25°34′ | 113°41′ | 610 | 小台地 | 20 cm 高浅草 | 县气象观测站 |
| 8 | 杨家冲 | 25°34′ | 113°41′ | 615 | 丘陵岗地 | 茂密杂草、灌木 | 杨家冲山坡上 |
| 9 | 岭秀乡 | 25°31′ | 113°27′ | 719 | 山间谷地 | 撂荒菜地 | |
| 10 | 小垣镇 | 25°22′ | 113°31′ | 942 | 宽谷台地 | 浅草 | 小镇街尽头,自动气象站旁 |

## 3.3 不同海拔高处的小气候特征

### 3.3.1 日平均气温

汝城县内 2009 年 7 月 14—17 日 4 d 的日平均气温的铅直递减率为－0.71 ℃/(100 m),比全球年平均值－0.65 ℃/(100 m)略大。各测点 4 d 的气温观测值见表 2。

表 2　汝城县不同海拔高处各测点的气温观测值

| 序号 | 测点 | 海拔(m) | 气温平均值(℃) | | | | 绝对最高气温(℃) | 绝对最低气温(℃) |
|---|---|---|---|---|---|---|---|---|
| | | | 日平均 | 最高 | 最低 | 日较差 | | |
| 1 | 热水镇 | 354 | 28.6 | 35.8 | 23.0 | 12.8 | 40.2 | 18.3 |
| 3 | 罗泉 | 380 | 27.4 | 36.5 | 14.8 | 21.7 | 40.4 | 12.5 |
| 4 | 飞水寨 | 490 | 25.5 | 33.0 | 16.6 | 16.4 | 35.0 | 16.0 |
| 5 | 予乐湾 | 585 | 26.4 | 33.4 | 13.1 | 20.3 | 35.5 | 10.7 |
| 6 | 新区 | 593 | 27.0 | 32.0 | 17.5 | 15.9 | 36.0 | 16.0 |
| 7 | 城关镇 | 610 | 27.2 | 32.9 | 22.8 | 10.1 | 35.1 | 21.6 |
| 8 | 杨家冲 | 615 | 27.8 | 36.4 | 17.3 | 19.1 | 36.4 | 17.3 |
| 9 | 岭秀 | 719 | 24.8 | 32.3 | 20.1 | 12.3 | 34.3 | 19.0 |
| 10 | 小垣 | 942 | 24.4 | 32.6 | 15.8 | 16.8 | 37.2 | 12.4 |
| 11 | 郴州 | 185 | 31.6 | — | — | — | — | — |
| 12 | 长沙 | 45 | 33.3 | 39.1 | 28.7 | 10.4 | 40.4 | 28.3 |

由表 2 可见，海拔 354 m 的热水镇日平均气温为 28.6 ℃，海拔 610 m 的城关镇日平均气温为 27.2 ℃，海拔 942 m 的小垣镇日平均气温为 24.4 ℃。热水镇海拔低气温高，小垣镇海拔高气温低，盛夏时节，小垣镇比城关镇和热水镇凉爽。汝城县城关镇气温比郴州市低 4.4 ℃，比长沙市低 6.1 ℃。汝城比长沙和郴州凉爽舒适。

### 3.3.2　气温日较差

一日内，最高气温与最低气温之差称气温日较差，又称气温日振幅。

由表 2 看出，在县内的 9 个乡镇观测点中，城关镇和热水镇的气温日较差最小，为 10.1 ℃和 12.8 ℃。城关镇是因为现在鳞次栉比的房屋已将过去设在郊区的汝城县气象观测场环抱在城中央，导致观测场散热不良，夜间最低气温偏高，故日较差小，仅为 10.1 ℃；热水镇的气温日较差小是因为地下热田面积大，泉水温度高达 98 ℃，夜间地面向上的热辐射使近地层气温偏高而导致日较差偏小。罗泉虽然也是温泉所在地，但热田面积和水温(49～53 ℃)不及热水温泉，夜间地面向上的热辐射亦不及热水温泉，加上罗泉盆地小，地形闭塞，周围白天散热不良，气温高；夜间冷空气沿山坡下滑，聚集成冷穴，气温低，日较差达 21.7 ℃。予乐湾地形平坦开阔，无遮挡，日射强烈，气流通畅，故昼夜温差大，日较差达 20.3 ℃。

### 3.3.3　空气相对湿度

2009 年 7 月 14—17 日的日平均空气相对湿度见表 3。

表 3　汝城县各测点的日平均空气相对湿度(%)

| 热水镇 | 罗泉 | 飞水寨 | 予乐湾 | 新区 | 城关镇 | 杨家冲 | 岭秀 | 小垣镇 |
|---|---|---|---|---|---|---|---|---|
| 84 | 85 | 90 | 80 | 79 | 73 | 84 | 87 | 86 |

表 3 说明，汝城县各测点的空气相对湿度空间分布比较均匀，大部分地区的空气相对湿度在 80%以上，说明空气比较湿润，飞水寨的空气相对湿度达 90%，是因为东江水的水量充足，水流湍急，测点距流溪不足 5 m。城关镇的空气相对湿度小是因为地面硬化，城镇排水良好，

气温相对较高,导致饱和水气压大,与同温度下的实际水气压的百分比偏小,因此相对湿度低。

### 3.4 森林小气候特征

在热水镇福泉山庄竹林内和林外 20 m 处的绿地上各设置 1 个测点,同步观测,其结果列入表 4。

**表 4 竹林内外的小气候差异**

| 地点 | 测点 | 海拔(m) | 平均气温(℃) | | | | 绝对最高气温(℃) | 绝对最低气温(℃) | 相对湿度(%) |
|---|---|---|---|---|---|---|---|---|---|
| | | | 日平均 | 最高 | 最低 | 日较差 | | | |
| 福泉山庄 | 林外 | 354 | 28.6 | 35.8 | 23.0 | 12.8 | 40.2 | 18.3 | 84 |
| 福泉山庄 | 林内 | 354 | 27.3 | 33.4 | 22.9 | 10.5 | 35.1 | 22.2 | 87 |
| 差值 | | 0 | 1.3 | 2.4 | 0.1 | 2.3 | 5.1 | −3.9 | −3 |

表 4 说明,福泉山庄内郁闭度 0.6,高约 3 m 的竹林内比林外绿地的日平均气温低 1.3 ℃,气温日较差小 2.3 ℃;7 月 14—17 日这 4 d 的绝对最高气温林内比林外低 5.1 ℃,绝对最低气温林内比林外高 3.9 ℃。究其原因,白天竹林枝叶阻挡了太阳辐射,林内气温比林外低,夜间竹林枝叶阻挡地面向上放射辐射,致使林内气温比林外高,气温日较差比林外小。林内的空气相对湿度比林外大 3%,是因为林内气温低,导致空气中实际水汽压与同温度下饱和水气压的百分比小于林外,因此竹林内空气相对湿度比林外大。

## 4 结论与建议

### 4.1 汝城县夏季清凉,适宜度假休闲

汝城县域内,气温随高度增加而降低,气温铅直梯度为−0.71 ℃/100 m;盛夏 7 月,日平均气温在 24.4～28.6 ℃,比郴州市低 7.2～3.0 ℃,比长沙低 8.9～4.7 ℃;汝城县夏季凉爽宜人,是避暑消夏的理想地域,特别是县域周围的中部盆地,面积大,地势开阔平坦,海拔高度适中,水资源充足,物产丰富,是城市居民开辟第二住宅的理想地域。

### 4.2 汝城县中部盆地亟须提高森林覆盖率

汝城县境内森林小气候效应明显,可惜城关镇绿地太少,绿化不尽如人意,坟墓多而显眼,形成一种视觉污染,须营造森林予以遮挡,改善视觉效果;中部盆地中的丘陵岗地多残林灌丛,缺少真正意义上的森林,须进行林相改造,以求森林小气候效应更加显著。

### 4.3 汝城县应重视气候和小气候资源的开发利用与保护

建议汝城县政府及相关部门充分认识汝城县的气候资源价值和中部盆地的小气候优势,加速绿化造林,开发利用这花钱都买不来的财富——优越的气候资源。积极开辟度假休闲、生态养生旅游市场,使气候资源变成财富。

(2009 年 9 月)

# 第三部分 森林景观地段的气候舒适度

由于部分地段的气候舒适度内容已包含在气候或小气候文章中，此部分仅收录了 13 篇关于气候舒适度、舒适有效温度持续时间、舒适旅游期方面的文章，为旅游景区开发建设以及旅游者选择休闲度假目的地和出游时间提供了科学依据。

# 湖南桃源洞国家森林公园的舒适旅游期*

吴章文

**摘　要**:桃源洞国家森林公园是一个自然景观优美、生态环境优越、气候舒适宜人的生态型公园。根据大多数人对周围环境感觉舒适的程度,桃源洞国家森林公园境内中低山地的年舒适旅游期为196 d,中山山地的舒适旅游期为166 d,比酃县城多23～53 d,比著名风景名胜区南岳山多11～41 d。使人感觉舒适的日有效温度持续时间长达22 h。气候舒适宜人,旅游季节长,对旅游业有利。

**关键词**:森林公园;旅游期;舒适度;有效温度

## 一、研究目的

为确定桃源洞国家森林公园的旅游发展方向和经营规模提供科学依据。

## 二、研究方法

根据人体皮肤的温度、出汗量、热感和人体热量调节系统所承受的负担,用空气温度、相对湿度和风速大小确定人对周围环境感觉舒适的程度。考虑桃源洞境内多静风、风速小,因此根据空气温度和相对湿度的组合,用舒适度列线图法确定年舒适旅游期,用舒适度有效温度公式计算日舒适有效温度持续时间。

## 三、资料来源

酃县县城及公园境外各站的逐日平均气温和空气相对湿度引自湖南省气象局资料室汇编的1980年(闰年)《湖南气候月报表》;桃源洞村和大院的空气日平均温度采用1990—1992年各月的月平均气温梯度,订正计算。

## 四、研究结果

### (一)舒适旅游期长

大多数人对周围环境感觉舒适的程度称舒适度。通过心理感觉和生活测试,大多数人对周围环境的感觉可分为11类:极冷、非常冷、很冷、冷、稍冷、凉、舒适、暖、热、闷热、极热。极热

---

* 本文原载于《桃源洞国家森林公园总体规划》(1993年)专题调查报告。

是人类健康的极限,极热时对人在室外裸地活动可能中暑;气温高、相对湿度大、人感觉闷热;稍冷时须穿3件衣服维持人体自身新陈代谢;感觉凉时,须穿1件衣服维持热量平衡;气温降至1.6 ℃以下时,人体感觉冷;−10 ℃以下为很冷。

一年内,感觉凉、舒适、暖的日数之和为舒适旅游期。

根据上述标准,桃源洞村、大院、酃县县城、株洲等地的舒适旅游期分别为196、166、143 d,详见表1。

**表1 森林公园及其附近地区的各类体感时长及舒适旅游期(d)**

| | 冷 | 稍冷 | 凉 | 舒适 | 暖 | 闷热 | 舒适旅游期 |
|---|---|---|---|---|---|---|---|
| 桃源洞村 | 8 | 160 | 38 | 68 | 90 | 2 | 196 |
| 大院 | 22 | 178 | 44 | 114 | 8 | | 166 |
| 酃县 | 10 | 127 | 37 | 72 | 34 | 86 | 143 |
| 株洲市 | 12 | 140 | 26 | 71 | 46 | 71 | 143 |
| 长沙市 | 11 | 143 | 24 | 66 | 43 | 79 | 133 |
| 南岳山 | 55 | 156 | 39 | 85 | 31 | 2 | 155 |
| 张家界 | 10 | 185 | 28 | 77 | 54 | 11 | 159 |

表1说明。使人感觉舒适天数最多的地点是大院,有114 d,比长沙市多48 d,比南岳多29 d,舒适旅游期最长的地点是桃源洞村,有196 d,比公园外的县城和株洲市多53 d,比长沙市多63 d。公园外的酃县县城和株洲市的舒适天数只有72 d和71 d,舒适旅游期均为143 d,长沙市的舒适天数最少,为66 d,舒适旅游期最短为133 d。可见桃源洞国家森林公园是湘中地区舒适旅游期最长的地点。舒适旅游期长,旅游季节长,对发展森林旅游业有利。

为方便旅游者选择旅游季节,将桃源洞和大院的舒适度逐月分布列入表2和表3。

**表2 桃源洞村舒适度的逐月分布(d)**

| 舒适度 | 1月 | 2月 | 3月 | 4月 | 5月 | 6月 | 7月 | 8月 | 9月 | 10月 | 11月 | 12月 |
|---|---|---|---|---|---|---|---|---|---|---|---|---|
| 冷 | 4 | 4 | | | | | | | | | | |
| 稍冷 | 27 | 25 | 30 | 19 | 2 | | | | | | 27 | 30 |
| 凉 | | | | 4 | 12 | | | | 9 | 9 | 3 | 1 |
| 舒适 | | | 1 | 7 | 13 | 9 | 2 | 10 | 15 | 11 | | |
| 暖 | | | | | 4 | 21 | 27 | 21 | 6 | 11 | | |
| 闷热 | | | | | | | 2 | | | | | |

由表2看出,桃源洞村的舒适旅游期主要集中在4—11月,其中4月有11 d舒适旅游期,5月有29 d舒适旅游期,6—10月全月都为舒适旅游期,全年的舒适旅游期合计为196 d,占全年总天数的54%,即一年有一半以上时间是气候上的舒适旅游期,旅游季节长,舒适天数多。

**表 3　大院舒适度的逐月分布(d)**

| 舒适度 | 1 月 | 2 月 | 3 月 | 4 月 | 5 月 | 6 月 | 7 月 | 8 月 | 9 月 | 10 月 | 11 月 | 12 月 |
|---|---|---|---|---|---|---|---|---|---|---|---|---|
| 冷 | 10 | 11 | | | | | | | | | | 1 |
| 稍冷 | 21 | 17 | 30 | 22 | 4 | | | | | 24 | 30 | 30 |
| 凉 | | 1 | 1 | 7 | 14 | 3 | | | 13 | 5 | | |
| 舒适 | | | | 1 | 3 | 26 | 31 | 31 | 10 | 2 | | |
| 暖 | | | | | | 1 | | | 7 | | | |
| 闷热 | | | | | | | | | | | | |

由表 3 可知，大院的舒适旅游期主要集中在 5—9 月，比桃源洞村少 30 d。大院的舒适旅游期虽比桃源洞村少 30 d，但仍比南岳山长 11 d。实际舒适天数大院长达 114 d，可谓湘中之最，尤其是 6、7、8 月的 92 d 中，仅 6 月份有 1 d 感觉暖，3 d 感觉凉，其余 88 d 的空气温度与相对湿度组合良好，天天感觉舒适。因此，桃源洞的中山山地是十分理想的避暑消夏胜地。

表 1～3 综合说明了桃源洞国家森林公园的气候舒适宜人，旅游季节长。气候对发展旅游业有利。

## (二)有效温度持续时间

一昼夜内各时刻的舒适度是采用有效温度计算公式(省略)，通过逐时温、湿度值计算确定。将 1992 年 7 月 31 日及 1993 年 7 月 17 日的逐时观测结果代入计算公式，所得结果列入表 4。

**表 4　桃源洞国家森林公园内外的有效温度等级持续时间(h)**

| | 1992 年 7 月 31 日 | | | 1993 年 7 月 17 日 | | | | |
|---|---|---|---|---|---|---|---|---|
| | 酃县城 | 桃源洞村 | 大院 | 炎陵县城 | 楠木坝 | 石板滩 | 焦石 | 平坑 |
| 有效温度≤24℃，感觉舒适 | 0 | 18 | 22 | 5 | 12 | 15 | 14 | 20 |
| 24 ℃<有效温度≤30 ℃，感觉闷热 | 20 | 6 | 2 | 16 | 12 | 9 | 10 | 4 |
| 有效温度>30℃，极不舒适，无法忍受 | 4 | 0 | 0 | 3 | 0 | 0 | 0 | 0 |

表 4 说明，在桃源洞境内，海拔越高，盛夏季节，1 昼夜内感觉舒适的时间越长，感觉闷热的时间越短。海拔 1350 m 的平坑，1992 年 7 月 31 日和 1993 年 7 月 17 日感觉舒适的时间长达 22 h，仅 13:00—14:00 有闷热感觉。1993 年 7 月 17 日海拔 620 m 的楠木坝 1 昼夜有 12 h 感觉舒适，石板滩、焦石 1 昼夜的舒适时间长达 15 h；同一天，公园外的酃县县城只有 5 h 感觉舒适，感觉闷热的时间长达 16 h，还有 3 h 使人感觉极不舒适，无法忍受。1992 年 7 月 31 日，酃县县城有 20 h 闷热，4 h 极不舒适，无法忍受。这些事实都进一步证明了桃源洞国家森林公园夏季凉爽舒适，是避暑消夏的好去处，气候及小气候环境的旅游利用价值高。

# 五、结论和建议

桃源洞国家森林公园内人体感觉舒适的天数多达 114 d，舒适旅游期长达 196 d，主要集中在 5—10 月，是湘中地区旅游季节最长的地方；森林公园境内，盛夏季节 1 昼夜内人体感觉舒适的有效温度等级持续时间长达 22 h，小气候环境比鄌县城及公园外的许多地区优越；桃源洞境内中山山地的舒适旅游期最长，是开展会议、度假、疗养、避暑旅游及夏季体育训练的理想去处。气候资源的旅游利用价值高，应当积极开发、充分利用，妥善保护。

(1993 年 10 月)

# 湖南阳明山国家森林公园的旅游舒适度*

吴章文

**摘　要**:夏季凉爽宜人是阳明山国家森林公园的旅游气候优势。阳明山的舒适旅游期长达 193 d,主要集中在 5—10 月。盛夏 7 月阳明山的日舒适有效温度长达 24 h,昼夜使人感觉舒适,陈家和双江口的舒适有效温度持续时间可达 14～17 h,而境外感觉闷热的有效温度持续时间达 24 h。

**关键词**:阳明山;旅游舒适度;有效温度

本文研究目的、研究方法与《湖南桃源洞国家森林公园的舒适旅游期》一文相同。

## 一、资料来源

阳明山和双牌县气温、空气相对湿度逐日平均值由双牌县气象局提供;永州市境外其他台站资料由有关台站提供;逐时温度、湿度值系实测值。

## 二、研究结果

### (一)舒适旅游期

根据前文标准,计算得知阳明山、双牌县、永州市等地 1980 年的舒适旅游期列入表 1。

**表 1　阳明山及邻近地区的各类体感时长及舒适旅游期(d)**

| 地点 | 冷 | 稍冷 | 凉 | 舒适 | 暖 | 闷热 | 舒适旅游期 |
|---|---|---|---|---|---|---|---|
| 阳明山 | 30 | 139 | 35 | 97 | 61 | 4 | 193 |
| 双牌县 | 9 | 135 | 25 | 81 | 34 | 82 | 140 |
| 永州市 | 10 | 135 | 28 | 74 | 35 | 84 | 137 |
| 南岳 | 55 | 156 | 39 | 85 | 31 | | 155 |
| 长沙市 | 11 | 143 | 24 | 66 | 43 | 79 | 133 |
| 张家界 | 10 | 185 | 28 | 77 | 54 | 11 | 159 |
| 桃源洞 | 8 | 160 | 38 | 68 | 90 | 2 | 196 |

由表 1 看出,阳明山的年舒适旅游期长达 193 d,仅比桃源洞国家森林公园少 3 d,一年中有 53%的时间使人感觉舒适;比张家界国家森林公园的舒适旅游期长 34 d,感觉冷或稍冷的时间为 169 d,比张家界少 26 d,在干热易旱的零陵盆地和道县盆地之间有这样一座清凉宜人

---

* 本文原载于《阳明山国家森林公园总体规划》(1994 年)专题调查报告。

的“凉岛”,的确是人们避暑消夏的绝妙去处。

阳明山舒适度的逐月分布见表 2。

**表 2　阳明山舒适旅游期的逐月分布(d)**

| 月份 | 1 | 2 | 3 | 4 | 5 | 6 | 7 | 8 | 9 | 10 | 11 | 12 |
|---|---|---|---|---|---|---|---|---|---|---|---|---|
| 冷 | 14 | 15 | | | | | | | | | | 1 |
| 稍冷 | 17 | 14 | 27 | 17 | 3 | 1 | | | | | 30 | 30 |
| 凉 | | | 4 | 8 | 7 | 3 | | | 6 | 7 | | |
| 舒适 | | | | 5 | 19 | 20 | 6 | 8 | 20 | 19 | | |
| 暖 | | | | | 2 | 6 | 25 | 20 | 4 | 4 | | |
| 闷热 | | | | | | | | 3 | | 1 | | |

由表 2 得知,阳明山 5 月有 3 d 使人感觉稍冷、28 d 舒适,6 月 1 d 稍冷、29 d 舒适,7 月 31 d 舒适,8 月 28 d 舒适、3 d 略感闷热,9 月全月舒适,10 月 30 d 舒适、1 d 稍觉闷热,即阳明山 5—10 月的半年内符合旅游舒适期的日数多达 176 d,占总天数的 96%。此期间到阳明山旅游,使人感觉舒适的保证率高达 96%。

从表 2 还可看出,在 12 月至翌年 2 月冬季,使人感觉冷的天数为 30 d,感觉稍冷的天数为 61 d,没有出现非常冷、很冷和极冷的情况。这说明阳明山寒冷期虽长,但寒冷程度不甚,极少出现严寒。夏无酷热、冬少严寒是阳明山的旅游气候优势所在。

## (二)有效温度持续时间

据研究,人体内部基本保持 37 ℃的常温,皮肤温度约 33 ℃。这个温差可以使体内热量散发到外界环境中。如果体内温度低于 32 ℃,或高于 41 ℃就会失去知觉或循环系统崩溃。体内温度低于 28 ℃或高于 43 ℃就会引起死亡。但环境温度的变化范围则远远超出上述范围。这是因为人体具有某些生理适应能力,加上人为的防寒防暑措施,使人能在恶劣气候条件下生存。使人感觉最舒适的环境温度是 20～24 ℃,湿度 40%～60%。有人把温湿度对人的综合影响称为有效温度。有效温度在 24 ℃以下,人体感觉舒适;有效温度高于 24 ℃感觉闷热;有效温度高于 30 ℃人体感觉极不舒适而无法忍受。

一日内有效温度的计算方法很多,这里采用 Biiltner 提出的计算式,计算了阳明山境内外的有效温度及其持续时间,计算结果列入表 3。

**表 3　阳明山的有效温度(*ET*)持续时间(h)**

| 标准 | 阳明山国家森林公园 | | | 双牌县 | 永州市 |
|---|---|---|---|---|---|
| | 万寿寺 | 陈家 | 双江口 | | |
| $ET \leqslant 24.0$ ℃,感觉舒适 | 24 | 17 | 14 | | |
| 24 ℃$< ET \leqslant 30$ ℃,感觉闷热 | | 7 | 10 | 24 | 24 |
| $ET > 30.0$ ℃,极不舒适,无法忍受 | | | | | |

由表 3 看出,1993 年 7 月 11 日阳明山上的万寿寺昼夜 24 h 的有效温度低于 24.0 ℃,使人感觉舒适;海拔 950 m 处的陈家,有 17 h 感觉舒适,有 7 h 使人感觉闷热;海拔 750 m 处的双江口,有 14 h 感觉舒适,10 h 感觉闷热;阳明山下的双牌县和永州市昼夜 24 h 感觉闷热。

以上事实进一步证明阳明山国家森林公园夏季的舒适凉爽。阳明山既有凉爽、适宜而漫长的舒适旅游期，又有持续的有效温度时间。夏到阳明山旅游有96%的时间使人昼夜24 h感觉舒适。

## 三、结论与建议

(1)阳明山国家森林公园的舒适旅游期长达193 d，主要集中于5—10月；盛夏7月每天使人感觉舒适的时间长达24 h。优越的气候、丰富的旅游气候资源是阳明山的福源。

(2)阳明山是湘南及湘、桂、粤边境地区开展会议、度假、避暑、疗养、探险、猎奇的胜地。

(3)阳明山丰富的旅游气候资源需要有胆识的开发建设者勇敢地开拓创新，更需要在开发建设中积极保护旅游资源，维护生态平衡，使优越的旅游气候资源得以永续利用。

(1994年12月)

# 江西三爪仑国家森林公园气候舒适度*

吴章文

**摘　要**:三爪仑国家森林公园位于江西省宜春地区靖安县北部,境内群山起伏,溪流纵横,森林茂密,景观丰富,气候温和。采用舒适度列线图方法,计算出该公园的年舒适旅游期长达 130 d,采用有效温度计算公式,求得日舒适持续时间长达 17 h,是观光、度假、避暑、疗养的理想去处。

**关键词**:森林公园;舒适度;旅游期;有效温度

本文研究目的、研究方法、等级划分标准与《湖南桃源洞国家森林公园的舒适旅游期》一文相同。

## 一、资料来源

县城逐年气温、空气相对湿度值由县政府提供,三爪仑公园境内逐日气温、空气相对湿度值取自气候考查资料。县城 1994 年 8 月 29 日至 9 月 2 日的逐时气温、空气相对湿度值由县气象站提供,公园境内各测点资料为实测值。

## 二、研究结果

### (一)舒适旅游期

根据前文标准,计算出三爪仑国家森林公园内外的舒适旅游期如表 1 所示。

**表 1　三爪仑国家森林公园内外的各类体感时长及舒适旅游期(d)**

| | 冷 | 稍冷 | 凉 | 舒适 | 暖 | 闷热 | 舒适旅游期 |
|---|---|---|---|---|---|---|---|
| 洪屏村 | 7.3 | 193.0 | 24.6 | 79.4 | 59.4 | 1.6 | 163.4 |
| 骆家坪 | 7.3 | 191.0 | 25.0 | 73.3 | 55.6 | 12.8 | 153.9 |
| 三爪仑 | 2.4 | 164.6 | 25.6 | 57.4 | 59.9 | 55.4 | 142.9 |
| 靖安县城 | 0.3 | 159.4 | 28.0 | 51.5 | 51.2 | 74.9 | 130.7 |
| 南岳山 | 55.0 | 156.0 | 39.0 | 85.0 | 31.0 | 2.0 | 155.0 |
| 长沙市 | 11.0 | 143.0 | 24.0 | 66.0 | 43.0 | 79.0 | 133.0 |

---

* 本文原载于《三爪仑国家森林公园总体规划设计》(2000 年)专题调查报告,中国林业出版社出版。

由表 1 可见。三爪仑国家森林公园的舒适旅游期为 143～163 d，比靖安县城长 10～30 d 以上。骆家坪景区的舒适旅游期与湖南南岳山的接近，比湖南长沙多 21 d，洪屏山的年舒适旅游期比南岳山长 8 d，比靖安县城长 32 d，比长沙市长 30 d。这说明三爪仑境内比森林公园外的气候舒适。江西南昌夏季炎热程度与湖南长沙相似。盛夏季节，湖南、湖北、江西、浙江等地区的居民选择三爪仑这种森林景观美丽、生态环境优越、气候舒适宜人的森林公园避暑消夏，可取得与庐山同样的享受。

为方便旅游经营者安排旅游活动，方便旅游者选择旅游地点和旅游季节，特将三爪仑国家森林公园主要景观地段的年舒适旅游期的逐月分布列入表 2～4。

**表 2　三爪仑境内洪屏村气候舒适度逐月分布(1991—1992 年平均值)(d)**

| 人体感觉 | 1 月 | 2 月 | 3 月 | 4 月 | 5 月 | 6 月 | 7 月 | 8 月 | 9 月 | 10 月 | 11 月 | 12 月 | 全年 |
|---|---|---|---|---|---|---|---|---|---|---|---|---|---|
| 冷 | 4.0 | 0.3 | 0.7 | | | | | | | | 0.3 | 2.0 | 7.3 |
| 稍冷 | 27.0 | 28.0 | 29.0 | 16.0 | 8.3 | | | | 1.7 | 25.3 | 28.7 | 29.0 | 193.0 |
| 凉 | | | 1.0 | 7.3 | 7.7 | | | | 4.3 | 4.0 | 0.3 | | 24.6 |
| 舒适 | | | 0.3 | 6.7 | 13.3 | 18.7 | 7.0 | 12.7 | 18.3 | 1.7 | 0.7 | | 79.4 |
| 暖 | | | | | 1.7 | 11.0 | 23.0 | 18.0 | 5.7 | | | | 59.4 |
| 闷热 | | | | | | 0.3 | 1.0 | 0.3 | | | | | 1.6 |
| 各月舒适期 | 0.0 | 0.0 | 1.3 | 14.0 | 22.7 | 29.7 | 30.0 | 30.7 | 28.3 | 5.7 | 1.0 | 0.0 | 163.4 |

由表 2 看出，洪屏村的舒适旅游期主要集中在 5—9 月，其中 6—8 月最为集中，有 90.4 d 舒适、1.6 d 闷热。这段时间来洪屏避暑最为舒适。3 月仅 1.3 d 舒适，11 月仅 1 d 舒适，其余时间偏冷，12、1、2 月无舒适日，冬季长而且偏冷或稍冷。

**表 3　三爪仑境内骆家坪气候舒适度逐月分布(1991—1993 年平均)(d)**

| 人体感觉 | 1 月 | 2 月 | 3 月 | 4 月 | 5 月 | 6 月 | 7 月 | 8 月 | 9 月 | 10 月 | 11 月 | 12 月 | 全年 |
|---|---|---|---|---|---|---|---|---|---|---|---|---|---|
| 冷 | 3.7 | 0.3 | 0.3 | | | | | | | | | 3.0 | 7.3 |
| 稍冷 | 27.3 | 27.4 | 29.3 | 18.3 | 7.3 | | | | 1.3 | 24.4 | 28.0 | 28.0 | 191.3 |
| 凉 | | | 1.0 | 7.7 | 7.7 | 0.3 | | | 1.7 | 5.3 | 0.7 | | 25.0 |
| 舒适 | | | 0.4 | 4.0 | 14.3 | 16.0 | 7.3 | 8.0 | 20.7 | 1.3 | 1.3 | | 73.3 |
| 暖 | | | | | 1.7 | 12.0 | 16.3 | 19.3 | 6.3 | | | | 55.6 |
| 闷热 | | | | | | 1.7 | 7.4 | 3.7 | | | | | 12.8 |
| 各月舒适期 | 0.0 | 0.6 | 1.4 | 11.7 | 23.7 | 28.3 | 23.6 | 27.3 | 28.3 | 6.6 | 2.0 | 0.0 | 153.5 |

表 3 说明，骆家坪的舒适旅游期从 3 月开始，到 11 月结束。其中 5—9 月最为集中，各月均有 20 d 以上的舒适日。全年有 150 多天舒适日，12 月和 1 月无舒适日，全年偏冷的时间比洪屏少。

**表 4　三爪仑场部气候适度的逐月分布(1991—1992 年平均)(d)**

| 人体感觉 | 1月 | 2月 | 3月 | 4月 | 5月 | 6月 | 7月 | 8月 | 9月 | 10月 | 11月 | 12月 | 全年 |
|---|---|---|---|---|---|---|---|---|---|---|---|---|---|
| 冷 | 0.7 | | | | | | | | | | | 1.7 | 2.4 |
| 稍冷 | 30.3 | 27.7 | 27.3 | 11.7 | 1.7 | | | | 0.3 | 12.3 | 24.0 | 29.3 | 164.6 |
| 凉 | | 0.6 | 2.3 | 4.7 | 5.7 | | | | 1.3 | 11.0 | 1.7 | | 25.6 |
| 舒适 | | | 1.4 | 11.3 | 16.0 | 6.3 | 1.3 | 0.7 | 12.0 | 6.7 | 4.3 | | 57.4 |
| 暖 | | | | 2.3 | 6.3 | 13.3 | 6.0 | 15.0 | 11.7 | 1.0 | | | 59.9 |
| 闷热 | | | | | 1.3 | 10.4 | 23.7 | 15.3 | 4.7 | | | | 55.4 |
| 各月舒适期 | 0.0 | 0.6 | 3.7 | 18.3 | 28.0 | 19.6 | 7.3 | 15.7 | 25.0 | 18.7 | 6.3 | 0.0 | 142.9 |

由表 4 看出,三爪仑场部的气候舒适日数 5 月最多,达 28 d,9 月其次,为 25 d,7 月舒适天数不足 10 d,气候偏热。12、1、2 月偏冷。春、夏、秋三季适宜旅游。

## (二)有效温度持续时间

空气温度具有白天高、夜间低,日出前最低、午后最高的日变化规律,在舒适的日子里并不是 24 h 都舒适,在冷或热的日子里也不是昼夜 24 h 都不舒适。一天中,大多数人感觉舒适的时间称为有效温度持续时间。为了解盛夏季节一天中舒适时间的长短,根据小气候观测资料,我们选用有效温度计算公式,求得 1994 年 8 月 29 日至 9 月 2 日,三爪仑森林公园内主要景观地段的日舒适有效温度持续时间,计算结果列入表 5。

**表 5　三爪仑森林公园的有效温度(*ET*)持续时间(h)**

| 标准 | 1994 年 8 月 29 日至 9 月 2 日 | | | | | | 1994 年 8 月 2 日 |
|---|---|---|---|---|---|---|---|
| | 洪屏 | 骆家坪 | 三爪仑 | 毗炉 | 况钟公园 | 县城 | 县城 |
| *ET*≤24 ℃,感觉舒适 | 17 | 14 | 15 | 2 | 1 | 8 | 0 |
| 24 ℃<*ET*≤30 ℃,感觉闷热 | 7 | 10 | 9 | 19 | 19 | 16 | 15 |
| *ET*>30 ℃,极不舒适,无法忍受 | 0 | 0 | 0 | 3 | 4 | 0 | 9 |

从表 5 看出,在靖安县境内,从海拔 730 m 的洪屏至海拔 84 m 的况钟公园,日舒适有效温度持续时间由 17 h 依次减少至 1 h,闷热时间由 7 h 增至 19 h,极不舒适时间由 0 增加到 4 h。这说明海拔越高,日舒适有效温度持续时间越长,感觉闷热或极不舒适时间越短;海拔越低则舒适时间越短,闷热和极不舒适时间越长。海拔高度相似的况钟公园和县气象站相比,由于况钟公园空坪多为水泥或砂石地,地面热属性比县气象观测场差。因此日舒适持续时间比县气象站短,闷热时间长。由于毗炉村委会的地形较闭塞,所以出现 3～4 h 的极不舒适时间。8 月 2 日是靖安县 1994 年最热的一天。这天空气最高温度为 36.8 ℃,全天无感觉舒适时刻,晚上 20:00 至次日上午 10:00 的 15 h,使人感觉闷热,11:00—19:00 的有效温度高于30.0 ℃。有 9 h 使人极不舒适,无法忍耐。而洪屏、骆家坪等海拔较高的森林景观地段根据小气候观测分析,不会出现这种状况。

## 三、结论和建议

(1)江西靖安地处亚热带气候带,夏季酷热,冬季寒冷,但三爪仑国家森林公园内由于海拔较高,森林覆盖多,气候优越,夏无酷热,冬少严寒,一年内人体感觉舒适的日数有 51.5～79.4 d,舒适旅游期为 131～163 d,主要集中在 5—9 月,且以 5 月和 9 月最舒适宜人。年舒适旅游期长,有利于人们避暑消夏。

(2)三爪仑国家森林公园境内随海拔升高,日舒适有效温度持续时间增长,最长达 17 h,闷热时间减短,未出现极不舒适的时间。年舒适旅游期比县城长,日舒适有效温度持续时间比县城长,对发展旅游业有利。

(1994 年 9 月)

# 广西贺州森林景观地段旅游气候舒适度研究*

吴章文

**摘　要**:采用舒适度列线图方法,计算出贺州市区八步镇、林业科学研究所(步头镇)、杉木林内外、大桂山国家森林公园1986—1988年的旅游气候舒适期长达130 d以上;采用有效温度计算公式,求得日舒适持续时间为14～24 h;贺州是观光、度假、旅游、疗养等的理想去处。

**关键词**:贺州;森林景观;舒适度;旅游期;有效温度

贺州地处广西东部,是湘、粤、桂三省(区)交界地,介于东经111°12′～112°03′,北纬23°49′～24°48′,东邻广东省连山县、怀集县,南连广东封开县及梧州市苍梧县,西接昭平县、钟山县,北靠湖南省江华县。境内属南岭山地丘陵地区,地势由北向南倾斜,东北高、西南低,东西宽74 km,南北长108 km,面积5147.20 $km^2$。

贺州位于亚热带湿润季风气候区,气候温和,雨量充沛。境内由于地形复杂,重峦叠嶂,东西走向的山脉成为气候分界线,山北属中亚热带气候,小气候类型多样。县城位于山北八步盆地,年平均气温19.9 ℃,1月最冷,月平均气温9.4 ℃,7月最热,月平均气温38.9 ℃,年较差29.5 ℃;年内4—10月,平均气温高于20.0 ℃,11月至翌年3月的平均气温多低于18 ℃;极端最高气温高38.8 ℃(1957年8月14日),极端最低气温－4.0 ℃(1963年5月15日)。全县各地年降水量在1500～1900 mm,县城年平均降水量1535.6 mm,最多达2327.0 mm(1973年),最少为1053.7 mm(1958年),年降雨变率15%;年平均雨日171 d,季节分配不均匀,春季占全年的36.4%,夏季占37.5%,秋季为12.3%,冬季为11.9%。6月份最多,月降雨量为256.5 mm。其次是5月和8月,分别为231.4 mm和179.6 mm;多暴雨和雷暴,暴雨最大强度为125.5 mm/d,年雷暴日数为88.1 d,各月均有出现。平均年雾日为3.9 d,最多为10 d,最少为1 d;阴雨天气频率为61.5%。

## 一、研究目的

了解广西贺州森林景观地段的旅游气候资源和小气候特征,为确定广西贺州的旅游发展方向、经营规模提供科学依据,为旅游者选择旅游目的地和旅游季节提供参考资料。

## 二、资料来源

县城逐年气温、空气相对湿度值由县政府提供,广西贺州逐日温湿度值取自气候考查资

---

* 本文原载于《广西贺州森林旅游总体规划》(1994年)。

料。县城、林科所及姑婆山森林公园各测点逐时资料为实测值。

## 三、研究结果

### (一)舒适旅游期

大多数人对周围环境感觉舒适的程度称舒适度。通过心理测试，大多数人对周围环境的感觉可分为 11 类，即极冷、非常冷、很冷、冷、稍冷、凉、舒适、暖、热、闷热、极热。极热时人在室外裸地活动可能中暑；气温高，相对湿度大，人感觉闷热；稍冷时须穿 3 件衣服维持人体自身新陈代谢；感觉凉时，须穿 1 件衣服维持热量平衡；气温降至 1.6 ℃以下时，人体感觉冷，－10 ℃以下为很冷。广西贺州森林景观地段仅出现其中的 5 类。

一年内，感觉凉、舒适、暖的日数之和为舒适旅游期。

按照上述标准，根据 1986—1988 年气象资料，计算出广西贺州林科所杉木林内和林外、大桂山森林景观地段的舒适度旅游期如表 1 所示。

**表 1　1986—1988 年广西贺州森林景观地段的人体舒适度**　　单位：d

| 大多数人的感觉 | | 冷 | 稍冷 | 凉 | 舒适 | 暖 | 闷热 | 舒适旅游期 |
|---|---|---|---|---|---|---|---|---|
| 舒适度符号 | | －3 | －2 | －1 | 0 | ＋1 | ＋2b | |
| 1986 年 | 贺县林科所林外 | | 119 | 24 | 68 | 38 | 116 | 130 |
| | 贺县林科所林内 | | 124 | 30 | 63 | 39 | 109 | 132 |
| | 大桂山 | | 118 | 23 | 64 | 45 | 115 | 132 |
| 1987 年 | 贺县林科所林外 | | 97 | 28 | 65 | 73 | 102 | 166 |
| | 贺县林科所林内 | | 104 | 25 | 62 | 65 | 109 | 152 |
| | 大桂山 | | 101 | 25 | 68 | 71 | 100 | 164 |
| 1988 年 | 贺县林科所林外 | | 123 | 34 | 57 | 42 | 110 | 133 |
| | 贺县林科所林内 | | 127 | 29 | 61 | 35 | 114 | 125 |
| | 大桂山 | | 132 | 31 | 53 | 44 | 106 | 128 |
| 三年平均值 | 贺县林科所林外 | | 113 | 29 | 63 | 51 | 109 | 143 |
| | 贺县林科所林内 | | 118 | 28 | 62 | 46 | 111 | 136 |
| | 大桂山 | | 117 | 26 | 62 | 53 | 107 | 141 |
| 长沙市 | | 11 | 143 | 24 | 66 | 43 | 79 | 133 |

由表 1 可见，广西贺州森林景观地段的舒适旅游期为 136～143 d，比长沙市的舒适旅游期长 3～10 d，其中林科所林内的舒适旅游期为 136 d，比长沙市长 3 d；大桂山的舒适旅游期为 141 d，比长沙市长 7 d；林科所林外的舒适旅游期为 143 d，比长沙市长 10 d。这说明广西贺州森林景观地段比城市气候舒适。

为方便旅游经营者安排旅游活动，方便旅游者选择旅游地点和旅游季节，特将广西贺州主要森林景观地段的年舒适旅游期的逐月分布列入表 2～表 10。

**表 2 1986 年广西贺县林科所林外人体舒适度的逐月分布** 单位:d

| 人体感觉 | 1月 | 2月 | 3月 | 4月 | 5月 | 6月 | 7月 | 8月 | 9月 | 10月 | 11月 | 12月 | 全年 |
|---|---|---|---|---|---|---|---|---|---|---|---|---|---|
| 稍冷 | 30 | 26 | 17 | | | | | | | 3 | 20 | 23 | 119 |
| 凉 | 1 | 1 | 6 | 2 | 1 | | | | | 1 | 6 | 6 | 24 |
| 舒适 | | 1 | 8 | 15 | 8 | | | | 8 | 22 | 4 | 2 | 68 |
| 暖 | | | | 13 | 9 | 1 | | 3 | 7 | 5 | | | 38 |
| 闷热 | | | | | 13 | 29 | 31 | 28 | 15 | | | | 117 |
| 各月舒适期 | | 2 | 14 | 30 | 18 | 1 | | 3 | 15 | 23 | 10 | 8 | 124 |

由表 2 看出,1986 年贺县林科所林外的舒适旅游期主要集中在 3、4、5、9、10 月,有 100 d 舒适,春季和夏季最适合来此地旅游。2 月仅有 2 d 舒适,6 月仅有 1 d 舒适,1 月和 7 月无舒适日,但冬季不太冷。

**表 3 1987 年广西贺县林科所林外人体舒适度的逐月分布** 单位:d

| 人体感觉 | 1月 | 2月 | 3月 | 4月 | 5月 | 6月 | 7月 | 8月 | 9月 | 10月 | 11月 | 12月 | 全年 |
|---|---|---|---|---|---|---|---|---|---|---|---|---|---|
| 稍冷 | 25 | 18 | 12 | 4 | | | | | | 2 | 9 | 27 | 97 |
| 凉 | 4 | 2 | 3 | 3 | | | | | | 5 | 9 | 2 | 28 |
| 舒适 | 2 | 8 | 12 | 12 | 7 | 4 | | | 3 | 6 | 9 | 2 | 65 |
| 暖 | | | 4 | 9 | 14 | 8 | 2 | 3 | 17 | 14 | 2 | | 73 |
| 闷热 | | | | 2 | 10 | 18 | 29 | 28 | 10 | 4 | 1 | | 102 |
| 各月舒适期 | 6 | 10 | 19 | 24 | 21 | 12 | 2 | 3 | 20 | 25 | 20 | 4 | 166 |

由表 3 可以看出,1987 年广西贺县林科所林外的舒适旅游期主要分布在 4、5、9、10、11 月,各月均有 20 d 以上的舒适日。全年有 166 d 舒适日,1、2、3 月和 12 月没有舒适日。

**表 4 1988 年广西贺县林科所林外人体舒适度的逐月分布** 单位:d

| 人体感觉 | 1月 | 2月 | 3月 | 4月 | 5月 | 6月 | 7月 | 8月 | 9月 | 10月 | 11月 | 12月 | 全年 |
|---|---|---|---|---|---|---|---|---|---|---|---|---|---|
| 稍冷 | 23 | 27 | 26 | 4 | | | | | | 2 | 15 | 26 | 123 |
| 凉 | 5 | 2 | 2 | 10 | | | | | | 1 | 9 | 5 | 34 |
| 舒适 | 3 | | 3 | 12 | 5 | 1 | | | 7 | 20 | 6 | | 57 |
| 暖 | | | | 4 | 17 | 5 | | | 9 | 7 | | | 42 |
| 闷热 | | | | | 9 | 24 | 31 | 31 | 14 | 1 | | | 110 |
| 各月舒适期 | 8 | 2 | 5 | 26 | 22 | 6 | | | 16 | 28 | 15 | 5 | 133 |

由表 4 看出,1988 年广西贺县林科所林外的气候舒适日数 10 月最多,达 28 d,其次 3 月为 26 d,7、8 月天气很热,12、1、2 月偏冷。春、秋季适宜旅游。

**表 5 1986 年广西贺县林科所林内人体舒适度的逐月分布** 单位:d

| 人体感觉 | 1月 | 2月 | 3月 | 4月 | 5月 | 6月 | 7月 | 8月 | 9月 | 10月 | 11月 | 12月 | 全年 |
|---|---|---|---|---|---|---|---|---|---|---|---|---|---|
| 稍冷 | 30 | 27 | 19 | 1 | | | | | | 3 | 20 | 24 | 124 |
| 凉 | 1 | 1 | 8 | 4 | 1 | | | | | 3 | 7 | 5 | 30 |

续表

| 人体感觉 | 1月 | 2月 | 3月 | 4月 | 5月 | 6月 | 7月 | 8月 | 9月 | 10月 | 11月 | 12月 | 全年 |
|---|---|---|---|---|---|---|---|---|---|---|---|---|---|
| 舒适 | | | 4 | 13 | 7 | | | | 10 | 24 | 3 | 2 | 63 |
| 暖 | | | | 11 | 13 | 4 | | 5 | 5 | 1 | | | 39 |
| 闷热 | | | | 1 | 10 | 26 | 31 | 26 | 15 | | | | 109 |
| 各月舒适期 | 1 | 1 | 12 | 28 | 21 | 4 | | 5 | 15 | 28 | 10 | 7 | 132 |

由表 5 得知，1986 年广西贺县林科所林内的舒适旅游期主要分布在 4、5、10 月，各月均有 20 d 以上的舒适日。全年有 132 d 舒适日。7 月无舒适日。春、秋季适宜旅游。

**表 6　1987 年广西贺县林科所林内的人体舒适度的逐月分布**　　单位：d

| 人体感觉 | 1月 | 2月 | 3月 | 4月 | 5月 | 6月 | 7月 | 8月 | 9月 | 10月 | 11月 | 12月 | 全年 |
|---|---|---|---|---|---|---|---|---|---|---|---|---|---|
| 稍冷 | 25 | 17 | 13 | 6 | | | | | | 3 | 13 | 27 | 104 |
| 凉 | 6 | 3 | 2 | 4 | | | | | | 3 | 6 | 1 | 25 |
| 舒适 | | 8 | 12 | 10 | 7 | 4 | | | 2 | 9 | 7 | 3 | 62 |
| 暖 | | | 4 | 6 | 11 | 8 | 1 | 4 | 17 | 10 | 4 | | 65 |
| 闷热 | | | | 4 | 13 | 18 | 30 | 27 | 11 | 6 | | | 109 |
| 各月舒适期 | 6 | 11 | 18 | 20 | 18 | 12 | 1 | 4 | 19 | 22 | 17 | 4 | 152 |

由表 6 可知，1987 年广西贺县林科所林内的舒适旅游期主要分布在 3、4、5、9、10、11 月，全年共有 109 d 舒适日。7 月最热，仅有 1 d 舒适日；1、12 月最冷。

**表 7　1988 年广西贺县林科所林内人体舒适度的逐月分布**　　单位：d

| 人体感觉 | 1月 | 2月 | 3月 | 4月 | 5月 | 6月 | 7月 | 8月 | 9月 | 10月 | 11月 | 12月 | 全年 |
|---|---|---|---|---|---|---|---|---|---|---|---|---|---|
| 稍冷 | 26 | 27 | 26 | 7 | | | | | | 2 | 12 | 27 | 127 |
| 凉 | 4 | 2 | 1 | 8 | | | | | | 1 | 9 | 4 | 29 |
| 舒适 | 1 | | 1 | 10 | 5 | 5 | | | 10 | 20 | 9 | | 61 |
| 暖 | | | 3 | 5 | 12 | 1 | | | 6 | 8 | | | 35 |
| 闷热 | | | | | 14 | 24 | 31 | 31 | 14 | | | | 114 |
| 各月舒适期 | 5 | 2 | 5 | 23 | 17 | 6 | | | 16 | 29 | 18 | 4 | 125 |

由表 7 看出，1988 年广西贺县林科所林内的舒适旅游期主要分布在 4、5、9、10、11 月，7、8 月无舒适日，全月闷热，故春、秋季是旅游度假的好时机。全年有 125 d 舒适日。

**表 8　1986 年广西大桂山人体舒适度的逐月分布**　　单位：d

| 人体感觉 | 1月 | 2月 | 3月 | 4月 | 5月 | 6月 | 7月 | 8月 | 9月 | 10月 | 11月 | 12月 | 全年 |
|---|---|---|---|---|---|---|---|---|---|---|---|---|---|
| 稍冷 | 31 | 25 | 17 | | | | | | | 2 | 19 | 24 | 118 |
| 凉 | | 3 | 6 | 1 | 1 | | | | | 1 | 7 | 4 | 23 |
| 舒适 | | | 8 | 13 | 5 | | | | 8 | 23 | 4 | 3 | 64 |
| 暖 | | | | 12 | 9 | 5 | 1 | 5 | 8 | 5 | | | 45 |
| 闷热 | | | | 4 | 16 | 25 | 30 | 26 | 14 | | | | 115 |
| 各月舒适期 | | 3 | 14 | 26 | 15 | 5 | 1 | 5 | 16 | 29 | 11 | 7 | 132 |

由表 8 可知，1986 年广西大桂山全年的舒适日为 132 d，其中 4、10 月最为舒适，而 7 月仅有 1 d 舒适，1 月无舒适日。春、秋季为旅游的最佳季节。

**表 9　1987 年广西大桂山人体舒适度的逐月分布**　　单位：d

| 人体感觉 | 1月 | 2月 | 3月 | 4月 | 5月 | 6月 | 7月 | 8月 | 9月 | 10月 | 11月 | 12月 | 全年 |
|---|---|---|---|---|---|---|---|---|---|---|---|---|---|
| 稍冷 | 25 | 17 | 12 | 5 | | | | | | 3 | 12 | 27 | 101 |
| 凉 | 4 | 4 | 3 | 4 | | | | | | 3 | 6 | 1 | 25 |
| 舒适 | 2 | 7 | 12 | 11 | 7 | 4 | | | 4 | 8 | 10 | 3 | 68 |
| 暖 | | | 4 | 9 | 13 | 9 | | 3 | 17 | 14 | 2 | | 71 |
| 闷热 | | | | 1 | 11 | 17 | 31 | 28 | 9 | 3 | | | 100 |
| 各月舒适期 | 6 | 11 | 19 | 24 | 20 | 13 | | 3 | 21 | 25 | 18 | 4 | 164 |

由表 9 可以看出，1987 年广西大桂山的舒适旅游期主要分布在 4、5、9、10 月，全年的舒适日高达 164 d，而 7 月最热，无舒适日。春、秋季适宜旅游。

**表 10　1988 年广西大桂山人体舒适度的逐月分布**　　单位：d

| 人体感觉 | 1月 | 2月 | 3月 | 4月 | 5月 | 6月 | 7月 | 8月 | 9月 | 10月 | 11月 | 12月 | 全年 |
|---|---|---|---|---|---|---|---|---|---|---|---|---|---|
| 稍冷 | 26 | 26 | 26 | 6 | | | | | | 1 | 20 | 27 | 132 |
| 凉 | 4 | 3 | 1 | 8 | 1 | | | | | 3 | 7 | 4 | 31 |
| 舒适 | 1 | | 1 | 11 | 5 | 3 | | | 9 | 20 | 3 | | 53 |
| 暖 | | | 3 | 5 | 16 | 6 | | | 7 | 7 | | | 44 |
| 闷热 | | | | | 7 | 21 | 31 | 31 | 14 | | | | 106 |
| 各月舒适期 | 5 | 3 | 5 | 24 | 22 | 9 | | | 16 | 30 | 10 | 4 | 128 |

由表 10 得知，1988 年广西大桂山的气候舒适日数 10 月最多，达 30 d，其中 4 月达 24 d，5 月达 22 d，而 7、8 月无舒适日，气候偏热。春、秋季适宜旅游。

## (二)有效温度持续时间

空气温度具有白天高、夜间低，日出前最低、午后最高的日变化规律，在舒适的日子里并不是昼夜 24 h 都舒适，在冷或热的日子里也不是昼夜 24 h 都不舒适。一天中，大多数人感觉舒适的时间称为有效温度持续时间。

为了解盛夏季节一天中舒适时间长短，我们在 1994 年 8 月 14—17 日对广西贺州县城、林科所以及姑婆山森林公园进行小气候观测，观测项目有太阳辐射、日照时数、日照强度、空气温度、空气相对湿度、地面温度，地下 5、10、15、20 cm 土壤温度，离地 150 cm 高度处的风向、风速和有关天气现象。采用短期对比定位观测法，每小时观测一次。观测仪器全部采用国家定型产品。资料按中国气象局的《地面气象观测规范》要求整理。

### 1. 观测点设置

在一些具有代表性的地段设置过 10 个小气候观测点，其中林内对照点有 5 个。测点情况见表 11。

表 11　测点基本情况一览表

| 测点 | | 海拔(m) | 坡度(°) | 坡面 | 局部环境特点及测点代表性 |
|---|---|---|---|---|---|
| 县城 | | 108 | | 平 | |
| 林科所 | | 168 | | 平 | |
| 场部 | 林内 | 460 | | 平 | |
| | 林外 | 460 | | 平 | |
| 场部对面山林 | 林内 | 470 | 35 | 平 | 黄壤,花岗岩,阔叶林(水青冈、鹅耳枥、苦竹、假吊钟) |
| | 林外 | 465 | | 平 | 黄红壤,花岗岩,测点设在菜园内,无杂草,土裸露 |
| 瞭望台 | 林内 | 922 | 25 | 平 | 15 年杉树林,长势中等,黄红壤,花岗岩 |
| | 林外 | 900 | | 平 | 菜地,夹在两山中间,黄壤,花岗岩 |
| 山猪坳 | 林内 | 1025 | 30 | 平 | 黄壤,花岗岩 |
| | 林外 | 1030 | 20 | 台地 | 黄壤,花岗岩,新中国成立前有少数民族在此垦荒 |
| 仙姑顶 | 林内 | 1605 | 48 | 平 | 黄壤,花岗岩,阔叶林(水青冈、鹅耳枥、苦竹、假吊钟) |
| | 林外 | 1610 | 20 | 平 | 黄壤,花岗岩,茅草丛生,靠近防火线 |

### 2. 研究结果

根据小气候观测资料,我们选用有效温暖度计算公式:

$$ET=T_a-0.4(T_a-10)(1-RH/100)$$

式中:$ET$——有效温度(℃);

$T_a$——空气温度(℃);

$RH$——空气相对湿度(%)。

求得 1994 年 8 月 14—17 日广西贺州主要景观地段的日舒适有效温度持续时间计算结果,见表 12。

表 12　广西贺州的有效温度持续时间　单位:h

| 地点 | | $ET\leqslant 24$ ℃,感觉舒适 | 24 ℃$<ET\leqslant 30$ ℃,感觉闷热 | $ET>30$ ℃,感觉极热,难以忍受 |
|---|---|---|---|---|
| 县城 | | 4 | 20 | 0 |
| 林科所 | | 4 | 20 | 0 |
| 姑婆山森林公园 | 场部对面山林 | 14 | 10 | 0 |
| | 瞭望台 | 15 | 9 | 0 |
| | 山猪坳 | 17 | 7 | 0 |
| | 仙姑顶 | 24 | 0 | 0 |

从表 12 看出,在广西贺州,县城和林科所 1 昼夜内令人感觉舒适的时间为 4 h,令人感觉闷热的时间为 20 h,姑婆山森林公园场部对面山林令人感觉舒适的时间为 14 h,令人感觉闷热的时间为 10 h,瞭望台令人感觉舒适的时间为 15 h,令人感觉闷热的时间为 9 h,山猪坳有 17 h 让人感觉舒适,7 h 令人感觉闷热,而仙姑顶全天令人感觉舒适。由上可以明显看出,从海拔 1610 m 的仙姑顶到海拔 106 m 的县城,日舒适有效温度时间由 24 h 依次减少至 4 h,闷热时间由 0 增至 20 h。这说明海拔越高,日舒适有效温度持续时间越长,感觉闷热或极不舒适

的时间越短;海拔越低则舒适时间越短,闷热或极不舒适时间越长。

## 四、结论和建议

(1)贺县位于亚热带湿润季风气候区,气候温和,雨量充沛。贺县林科所林内、林外及大桂山海拔均高于 100 m,森林覆盖率较高,气候优越,一年内人体感觉舒适的日数有 62～63 d,舒适旅游期为 136～143 d,主要集中在 3、4、5、9、10 月,以 4 月和 10 月最舒适宜人,且全年没有很冷的时候。年舒适旅游期长,有利于人们旅游。

(2)广西贺州景观地段随海拔升高,日舒适有效温度持续时间增长,姑婆山森林公园内的仙姑顶全天舒适,山猪坳、瞭望台及场部对面山林的日舒适时间均有 14 h 以上,且未出现极不舒适时间。森林景观地段日舒适有效温度持续时间长,对发展旅游业有利。

(1994 年 8 月)

# 广东丰溪省级自然保护区有效温度持续时间*

吴章文

## 1 资料来源

丰溪自然保护区的逐时气温、逐时空气相对湿度由中南林学院森林旅游研究中心于2003年8月3—6日实际测得。

## 2 有效温度持续时间

一日内的有效温度持续时间是衡量气候舒适度的指标之一。所谓舒适度是指大多数人对周围空气环境感觉舒适的程度，一个地区的舒适温度持续时间越长，表明该地区气候越宜人。

根据Biiltner有效温度公式计算出大埔气象观测场与丰溪自然保护区内各测点一天中各时刻的有效温度，列入表1和表2。

表1 丰溪自然保护区各测点与大埔县的有效温度比较(℃)

| 时间(北京时) | 21 | 22 | 23 | 00 | 01 | 02 | 03 | 04 | 05 | 06 | 07 | 08 |
|---|---|---|---|---|---|---|---|---|---|---|---|---|
| 溪上村 | 24.8 | 24.9 | 24.5 | 25.2 | 24.9 | 24.7 | 24.5 | 24.5 | 24.5 | 24.5 | 23.9 | 24.4 |
| 丰溪苑 | 24.5 | 23.9 | 23.3 | 23.4 | 23.9 | 23.8 |  | 23.8 | 23.7 | 23.6 | 23.6 | 24.1 |
| 丰村 | 22.4 | 23.5 | 21.9 | 23.0 | 22.9 | 22.0 | 21.7 | 21.8 | 21.7 | 21.7 | 21.9 | 22.0 |
| 县气象站 | 26.2 | 25.7 | 25.4 | 25.4 | 25.3 | 25.3 | 25.2 | 24.9 | 24.6 | 24.9 | 25.1 | 25.5 |
| 时间(北京时) | 09 | 10 | 11 | 12 | 13 | 14 | 15 | 16 | 17 | 18 | 19 | 20 |
| 溪上村 | 25.2 | 25.2 | 26.2 | 26.3 | 26.5 | 26.8 | 27.4 | 27.8 | 26.7 | 26.3 | 24.6 | 24.2 |
| 丰溪苑 | 24.4 | 24.7 | 25.9 | 28.3 | 26.2 | 26.7 | 27.5 | 26.8 | 26.3 | 25.2 | 23.8 | 23.7 |
| 丰村 | 23.1 | 23.1 | 24.1 | 23.3 | 24.6 | 24.6 | 25.1 | 24.8 | 24.5 | 23.3 | 22.4 | 21.9 |
| 县气象站 | 25.9 | 26.8 | 27.0 | 25.9 | 26.4 | 27.5 | 27.4 | 28.0 | 26.1 | 25.6 | 25.8 | 25.2 |

注：溪上村、丰溪苑、丰村为丰溪自然保护区内的观测点，县气象站为境外对照点。

* 本文原载于《广东丰溪自然保护区总体规划》。

**表 2　各测点有效温度(*ET*)持续时间与大埔县城比较(h)**

| 标准 | 县气象站（海拔 80 m） | 溪上村（海拔 245 m） | 丰溪苑（海拔 477 m） | 丰村（海拔 740 m） |
|---|---|---|---|---|
| *ET*≤24℃,感觉舒适 | 0 | 1 | 12 | 18 |
| 24℃＜*ET*≤30℃,感觉闷热 | 24 | 23 | 12 | 6 |
| 30℃＜*ET*,感觉极热,难以忍受 | 0 | 0 | 0 | 0 |

由表 1 和表 2 可看出:丰溪自然保护区内各测点的有效温度持续时间均高于位于大埔县城的县气象站;盛夏时节,在保护区内随海拔升高,舒适时间增加,海拔 740 m 的丰村日舒适有效温度持续时间长达 18 h。区内各测点均未出现感觉极热、难以忍受的天气。

(2003 年 8 月)

# 亚热带森林旅游区夏季舒适温度的持续时间研究*

吴章文

**摘　要**:1984—2000 年间,在亚热带地区选择 8 处森林旅游区进行了小气候对比观测。根据逐时气温和空气相对湿度观测值,比较了森林旅游区内外、林分内外及不同海拔高度的舒适温度持续时间。结果表明:由于地形和森林的共同作用,森林旅游区令人感觉舒适的时间为 14～24 h,感觉闷热的时间为 0～10 h,感觉极不舒适无法忍受的时间为 0;而邻近乡镇、中小城市同期感觉舒适的时间仅 0～11 h,感觉闷热的时间为 10～24 h,感觉极不舒适、无法忍受的时间长达 5～9 h;在一定高度内,由于海拔的升高,令人感觉舒适的时间由 12 h 增加到 24 h,令人感觉闷热的时间则从 12 h 减少到 0。这一结果说明夏季酷热难熬的亚热带地区,林区和山区是避暑消夏、休闲度假的好去处。

**关键词**:亚热带;森林旅游区;舒适温度;持续时间

## 1　研究目的

亚热带地区夏季长、暑热天多,酷热难熬;而亚热带森林地区在山地和森林的共同作用下,小气候舒适宜人。在日平均气温与日平均空气相对湿度组合令人感觉舒适的日子里,不一定昼夜 24 h 都舒适。一天中令人感觉舒适的持续时间,用有效温度持续时间表示。为区别农业气象与林业气象中的有效温度,这里暂且将其称为舒适温度。本文旨在研究盛夏季节一日之内令人感觉舒适的温度持续时间,为人们寻求舒适的休闲度假去处。

## 2　研究方法

逐时气温与空气相对湿度采用 DHM2 型机动通风干湿表每小时测 1 次,昼夜连续观测。同一地区的森林旅游区与邻近城市对比,同一地段的林内与林外对比,海拔高处与低处对比,或林内、林外与水域对比。

舒适温度以 Biiltner 确认的标准评判。根据 Biiltner 的标准,舒适温度可分为 4 级:$ET \leqslant 15$ ℃,感觉寒冷不舒适;15 ℃$<ET\leqslant$24 ℃,感觉舒适;24 ℃$<ET\leqslant$30 ℃,感觉闷热;$ET>30$ ℃,感觉极不舒适而无法忍受。其中以 15 ℃$<ET\leqslant$24 ℃为舒适温度。$ET$ 采用公式 $ET=T_a-0.4(T_a-10)(1-RH/100)$计算。式中:$ET$ 为舒适温度(℃);$T_a$为空气温度(℃);$RH$ 为空气相对湿度(%)。

---

* 本文是国家林业局重点研究项目"森林旅游区生态环境资源评价研究"报告中的部分内容(项目编号 96-24),原载于《浙江林学院学报》,2003(4):380-384.

# 3 研究结果

本文所研究的 8 处森林旅游区所在的行政区域、地理位置及海拔高度见表 1。

**表 1 8 处森林旅游区所在的行政区域、地理位置及海拔高度**

| 旅游区名称 | 行政区域 | 地理位置 | | 海拔高度(m) |
|---|---|---|---|---|
| | | 东经 | 北纬 | |
| 张家界国家森林公园 | 湖南张家界市 | 110°24′～110°28′ | 29°17′～29°21′ | 300.0～1334.0 |
| 三爪仑国家森林公园 | 江西靖安县 | 115°00′～115°35′ | 28°50′～29°31′ | 55.0～1400.0 |
| 大熊山国家森林公园 | 湖南新化县 | 110°14′～110°22′ | 28°4′～28°30′ | 270.0～1606.0 |
| 金秀主要森林旅游区 | 广西金秀县 | 110°15′110°31′ | 23°00′～24°11′ | 640.0～1100.0 |
| 姑婆山国家森林公园 | 广西贺州市 | 110°33′ | 24°11′ | 365.0～1610.0 |
| 象头山国家级自然保护区 | 广东惠州市 | 114°19′～114°27′ | 23°18′～23°23′ | 50.0～1024.0 |
| 阳明山国家森林公园 | 湖南双牌县 | 111°51′～111°57′ | 26°02′～26°06′ | 610.0～1624.6 |
| 桃源洞国家森林公园 | 湖南炎陵县 | 114°03′～114°07′ | 26°32′～26°36′ | 420.0～1834.0 |

## 3.1 森林公园内外的舒适温度持续时间比较

### 3.1.1 张家界国家森林公园内外的舒适温度持续时间比较

据 1984 年 7 月 8 日，用张家界国家森林公园内各主要景点及公园外的张家界市、长沙市、株洲市的同步观测资料，计算的舒适温度持续时间见表 2。

**表 2 张家界与外界的舒适温度($ET$)等级持续时数比较(h)**

| 地点 | | 海拔高度(m) | $ET \leqslant 24$ ℃，感觉舒适 | 24 ℃ $< ET \leqslant 30$ ℃，感觉闷热 | $ET > 30$ ℃，极不舒适，无法忍受 |
|---|---|---|---|---|---|
| 森林公园内 | 黄石寨 | 1082 | 24 | 0 | 0 |
| | 南天门 | 950 | 24 | 0 | 0 |
| | 大岩屋 | 800 | 24 | 0 | 0 |
| | 杉林幽径 | 730 | 24 | 0 | 0 |
| | 夫妻岩 | 770 | 24 | 0 | 0 |
| | 花溪峪 | 870 | 24 | 0 | 0 |
| | 锣鼓塔 | 600 | 22 | 2 | 0 |
| 市区 | 张家界市 | 183 | 11 | 12 | 1 |
| | 长沙市 | 45 | 0 | 24 | 0 |
| | 株洲市 | 58 | 0 | 23 | 1 |

表 2 说明，1984 年 7 月 8 日湖南张家界国家森林公园境内的 7 个主要景点中，花溪峪、夫妻岩、杉林幽径、大岩屋、南天门、黄石寨 6 个景点均昼夜 24 h 感觉舒适，仅海拔 600 m 处的罗鼓塔 1 昼夜内有 2 h 感觉闷热，有 22 h 感觉舒适；而距森林公园 32 km 的张家界市 1 昼夜只有 11 h 感觉舒适、12 h 感觉闷热、1 h 感觉极不舒适，也就是说在张家界市区白天闷热，晚上尚可入睡，早晚感觉舒适；在省会长沙市昼夜 24 h 感觉闷热，工业城市株洲市 1 昼夜里有 23 h 感觉闷热，1 h 感觉极不舒适，无法忍受。

### 3.1.2　三爪仑国家森林公园内外的舒适温度持续时间比较

1994 年 8 月 29 日至 9 月 2 日在江西三爪仑国家森林公园的主要景点与公园外的靖安县城进行了小气候同步观测，并计算了其舒适温度持续时间，结果见表 3。

**表 3　三爪仑与外界舒适温度持续时间比较(h)**

| 地点 | 海拔高度(m) | $ET \leqslant 24$ ℃，感觉舒适 | 24 ℃ $< ET \leqslant 30$ ℃，感觉闷热 | $ET > 30$ ℃，极不舒适，无法忍受 |
|---|---|---|---|---|
| 洪屏村 | 730 | 17 | 7 | 0 |
| 骆家坪 | 66 | 14 | 10 | 0 |
| 三爪仑 | 240 | 15 | 9 | 0 |
| 毗炉 | 约 180 | 2 | 19 | 3 |
| 况钟园林 | 84 | 1 | 19 | 4 |
| 靖安县城 | 79 | 0 | 15 | 9 |

由表 3 看出，江西三爪仑国家森林公园境内从海拔 730 m 的洪坪村至海拔 84 m 的况钟园林，令人感觉舒适的舒适温度持续时间由 17 h 依次减少至 1 h，到靖安县城没有令人感觉舒适的时间；而令人感觉闷热和极不舒适，无法忍受的舒适温度持续时间则随海拔高度降低而增加，极不舒适时间由 3 h 增加到 9 h。

### 3.1.3　大熊山国家森林公园内外的舒适温度持续时间比较

采用 2000 年 8 月 10 日的小气候观测资料，计算位于湖南新化县境内的大熊山森林公园的舒适温度持续时间，结果见表 4。

**表 4　大熊山国家森林公园与外界的舒适温度持续时间比较(h)**

| 地点 | | 海拔高度(m) | $ET \leqslant 24$ ℃，感觉舒适 | 24 ℃ $< ET \leqslant 30$ ℃，感觉闷热 | $ET > 30$ ℃，极不舒适，无法忍受 |
|---|---|---|---|---|---|
| 森林公园外 | 新化县城 | 212 | 9 | 15 | 0 |
| | 春姬坳 | 270 | 6 | 16 | 2 |
| 森林公园内 | 长基坪 | 570 | 11 | 13 | 0 |
| | 熊山古寺 | 1006 | 16 | 8 | 0 |

2000 年 8 月 10 日这天，森林公园内的长基坪、熊山古寺由于海拔高，周围有森林环绕，因此感觉舒适的时间为 11～16 h。森林公园管理处所在地春姬坳由于地形闭塞、人烟稠密，观测当天感觉舒适的时间只有 6 h，有 16 h 感觉闷热，有 2 h 极不舒适，简直无法忍受。

#### 3.1.4 金秀县森林旅游区与外界的舒适温度持续时间比较

1996 年 7 月 30 日至 8 月 1 日，在广西金秀县的花王山庄、圣堂山自然保护区、原始林度假村等地进行了小气候观测，并计算了各景区的舒适温度持续时间，结果见表 5。

表 5 金秀县主要景区的舒适温度持续时间(h)

| 地点 | $ET \leqslant 24$ ℃，感觉舒适 | 24 ℃ $< ET \leqslant 30$ ℃，感觉闷热 | $ET > 30$ ℃，极不舒适，无法忍受 |
|---|---|---|---|
| 县城 | 14 | 10 | 0 |
| 花王山庄 | 13 | 10 | 1 |
| 原始林度假村 | 21 | 3 | 0 |
| 圣堂山核心区 | 22 | 2 | 0 |
| 县城 | 8 | 14 | 2 |
| 柳州 | 0 | 4 | 20 |

由表 5 可以看出，由于金秀县各主要景区的海拔较高，因此日舒适温度持续时间较长，为 13～22 h，且随海拔升高而增加。这说明海拔越高，舒适时间越长，海拔越低，感觉闷热时间越长。县城、原始林度假村、圣堂山核心区没有极不舒适、无法忍受的时间；花王山庄在午后仅有 1 h 左右极不舒适。7 月 24 日是柳州和金秀县最热的一天，金秀最高气温为 33.4 ℃，金秀县城有 8 h 舒适时间，极不舒适时间仅有午后 2 h 左右。柳州最高气温为 37 ℃，全天没有舒适时间，有长达 20 h 的极不舒适无法忍受时间、4 h 的闷热时间。这说明盛夏林区比县城舒适，县城比地区级城市舒适。

### 3.2 森林旅游区林内外的舒适温度持续时间比较

#### 3.2.1 姑婆山国家森林公园林内外的舒适温度持续时间比较

1994 年 8 月 15 日，对广西姑婆山国家森林公园主要景点同海拔高处林内、林外的逐时气温与空气相对湿度进行了同步对比观测，计算了各观测点的舒适温度持续时间，结果列入表 6。

表 6 姑婆山林内外舒适温度持续时间比较(h)

| 观测地点 | 海拔高度(m) | 地段 | $ET \leqslant 24$ ℃，感觉舒适 | 24 ℃ $< ET \leqslant 30$ ℃，感觉闷热 | $ET > 30$ ℃，极不舒适，无法忍受 |
|---|---|---|---|---|---|
| 场部 | 460 | 林外 | 24 | 0 | 0 |
| | | 林内 | 24 | 0 | 0 |
| 场部对面山坡 | 470 | 林外 | 15 | 9 | 0 |
| | | 林内 | 17 | 7 | 0 |
| 瞭望台 | 920 | 林外 | 23 | 1 | 0 |
| | | 林内 | 23 | 1 | 0 |

续表

| 观测地点 | 海拔高度(m) | 地段 | ET≤24 ℃，感觉舒适 | 24 ℃<ET≤30 ℃，感觉闷热 | ET>30 ℃，极不舒适，无法忍受 |
|---|---|---|---|---|---|
| 山猪坳 | 1030 | 林外 | 24 | 0 | 0 |
| | | 林内 | 24 | 0 | 0 |
| 仙姑顶 | 1610 | 林外 | 24 | 0 | 0 |
| | | 林内 | 24 | 0 | 0 |

由表 6 看出 3 点：①姑婆山国家森林公园内由场部对面至仙姑顶，海拔越高，夏季令人感觉舒适的时间越长，由 15 h 增加到 24 h；②同一海拔高度，林内令人感觉舒适的时间比林外长 2 h；③场部海拔比场部对面山坡海拔低 10 m，场部 24 h 令人感觉舒适，而场部对面只有 15～17 h 令人感觉舒适。原因是场部附近森林茂密，为树体高大的阔叶林，场部对面是杉木林。这说明阔叶林夏季庇荫的“凉伞”效应胜过针叶林。这也是人们说的“大树底下好乘凉”的原因之一。

### 3.2.2　象头山林内外的舒适温度持续时间

根据 1999 年 5 月 5 日广东象头山国家级自然保护区实验区的小气候观测资料，计算了舒适温度持续时间，结果如表 7 所示。

**表 7　象头山林外舒适温度持续时间比较(h)**

| 地点 | 海拔高度(m) | 观测地段 | ET≤24 ℃，感觉舒适 | 24 ℃<ET≤30 ℃，感觉闷热 | ET>30 ℃，极不舒适，无法忍受 |
|---|---|---|---|---|---|
| 三堆池 | 312 | 林外 | 24 | 0 | 0 |
| | | 林内 | 24 | 0 | 0 |
| | | 小溪旁 | 23 | 1 | 0 |
| 鸡公田 | 920 | 林外 | 24 | 0 | 0 |
| | | 林内 | 24 | 0 | 0 |

广东象头山国家级自然保护区位于珠江三角洲的惠州市郊区，属南亚热带湿润季风气候区，夏季长、冬季短，按候平均气温划分季节，5 月已是夏季。从 1999 年 5 月 5 日的舒适温度持续时间(表 7)可以看出，广东象头山国家级自然保护区的实验区是个夏季凉爽宜人、适宜度假休闲的好地方。

## 3.3　森林旅游区内不同海拔高度的舒适温度持续时间比较

由于森林旅游区多数地处山区，海拔高度差异大，为此我们做了不同海拔高度的观测。根据 1993 年 7 月 11 日阳明山国家森林公园以及 1992 年 7 月 31 日和 1993 年 7 月 17 日桃源洞国家森林公园内不同海拔高度主要景点的小气候观测资料，计算了舒适温度持续时间，结果列入表 8。

**表 8　森林旅游区内不同海拔高度的舒适温度持续时间比较(h)**

| 观测地点 | | 海拔高度(m) | ET≤24 ℃，感觉舒适 | 24 ℃<ET≤30 ℃，感觉闷热 | ET>30 ℃，极不舒适，无法忍受 |
|---|---|---|---|---|---|
| 阳明山国家森林公园 | 双江口 | 747 | 14 | 10 | 0 |
| | 陈家村 | 950 | 17 | 7 | 0 |
| | 万寿寺 | 1350 | 24 | 0 | 0 |
| 桃源洞国家森林公园 | 桃源洞村 | 815 | 18 | 6 | 0 |
| | 大院农场 | 1325 | 22 | 2 | 0 |
| | 楠木坝 | 620 | 12 | 12 | 0 |
| | 石板滩 | 680 | 15 | 9 | 0 |
| | 焦石 | 935 | 14 | 10 | 0 |
| | 平坑 | 1350 | 20 | 4 | 0 |

注：阳明山国家森林公园于 1993 年 7 月 11 日观测，桃源洞村及大院农场于 1992 年 7 月 31 日观测，楠木坝、石板滩、焦石、平坑的观测时间为 1993 年 7 月 17 日。

表 8 说明，1993 年 7 月 11 日湖南阳明山国家森林公园内海拔 747 m 的双江口仅 12 h 使人感觉舒适，感觉闷热的时间长达 10 h；在海拔 920 m 的陈家村，令人感觉舒适的时间增加到 17 h，令人感觉闷热的时间减少到 7 h；在海拔 1350 m 的万寿寺，昼夜 24 h 令人感觉舒适。1992 年 7 月 31 日和 1993 年 7 月 17 日，在桃源洞国家森林公园境内的观测计算结果亦说明，在一定海拔高度内，令人感觉舒适的时间随着海拔升高而增加，令人感觉闷热的时间随海拔升高而减少。以上说明亚热带山区和林区因海拔升高和森林覆盖等原因改善了生态环境，创造了舒适宜人的山区地形小气候和森林小气候环境。因此，亚热带山区和林区是人们避暑消夏、休闲度假的理想去处。

## 4　结论

通过上述 8 处山地和森林旅游区与城市的舒适温度比较，得到如下结论。

(1)湖南长沙市、株洲市、张家界市、永州市、双牌县、炎陵县，江西靖安县，广西金秀县，在同一天里与邻近的森林旅游区比较：感觉舒适的时间少 7～24 h，感觉闷热的时间多 4～24 h，感觉极不舒适无法忍受的时间多 1～20 h。

(2)通过对亚热带森林旅游区夏季舒适温度持续时间的研究，从正反两个方面证明森林旅游区小气候环境优越，令人感觉舒适的舒适温度持续时间长。当亚热带地区的城里人挥汗如雨，感觉极不舒适，无法忍受时，大多数山区和森林旅游区 1 d 中有 24 h 令人感觉舒适。因此，亚热带的城镇居民应当到邻近的山区、森林地区去避暑消夏、休闲度假。

(3)在一定高度内，随着高度升高，夏季 1 昼夜内令人感觉舒适的舒适温度持续时间增加，令人感觉闷热或极不舒适的时间缩短。即高处凉过低处，更为舒适。

(4)在同一地段，林内令人感觉舒适的舒适温度持续时间比林外长 2 h 以上。即林内比林外更舒适。

(5)森林类型不同，令人感觉舒适的舒适温度持续时间不同。即树体高大的阔叶林内比针叶林内更舒适。

(2003 年 12 月)

# 森林旅游区气候舒适度的研究

吴章文

**摘　要**:以湖南阳明山国家森林公园、桃源洞国家森林公园,广西大桂山,江西三爪仑国家森林公园为森林旅游区典型代表测点,用舒适度列线图法确定年舒适旅游期。得出结论:森林旅游区景观丰富,舒适旅游期长,舒适天数多,旅游季节长,气候资源的利用价值高。

**关键词**:森林旅游区;气候舒适度

## 一、研究目的

为确定森林旅游区的旅游发展方向和经营规模,为旅游者选择旅游季节和旅游方式提供科学依据。

## 二、研究方法

根据人体皮肤的温度、出汗量、热感和人体热量调节系统所承受的负担,用空气温度、相对湿度和风速大小确定人对周围环境感觉舒适的程度。本文以湖南阳明山国家森林公园、桃源洞国家森林公园,广东大桂山,江西三爪仑国家森林公园为森林旅游区典型代表测点,用舒适度列线图法确定年舒适旅游期。

## 三、资料来源

阳明山和双牌县气温、空气相对湿度逐日平均值由双牌县气象局提供,永州市以外其他台站资料由有关台站提供,逐时温、湿度值系实测值。

桃源洞国家森林公园境外各站及炎陵县城的逐日平均气温和空气相对湿度引自湖南省气象局资料室汇编的 1980 年(闰年)《湖南气候月报表》;桃源洞村和大院的空气日平均温度采用 1990—1992 年各月的月平均气温梯度,订正计算。

三爪仑国家森林公园境内逐日温、湿度值取自 1991—1993 年气候考查资料,县城逐年空气温、湿度值由县政府提供。

广西大桂山森林公园 1986—1988 年逐日温、湿度平均值由大桂山国家森林公园提供,林内外的观测值由广西贺县林科所提供。

## 四、研究结果

大多数人对周围环境感觉舒适的程度称为舒适度。通过对心理感觉和生活的测试,大多数人对周围环境的感觉可分为 11 类：极冷、非常冷、很冷、冷、稍冷、凉、舒适、暖、热、闷热、极热。极热是人类健康的极限，极热时人在室外裸地活动可能中暑；气温高、相对湿度大，人感觉闷热；稍冷时须穿 3 件衣服维持人体自身新陈代谢；感觉凉时，须穿 1 件衣服维持热量平衡；气温降至 1.6 ℃以下时，人体感觉冷；－10 ℃以下为很冷。

一年之内，感觉凉、舒适、暖的日数之和为舒适旅游期。

根据上述标准，计算各森林旅游区的舒适旅游期，结果列入表 1。

**表 1　各森林旅游区内外的各类体感时长及舒适旅游期(d)**

| 地点 | 冷 | 稍冷 | 凉 | 舒适 | 暖 | 闷热 | 舒适旅游期 |
|---|---|---|---|---|---|---|---|
| 阳明山 | 30 | 139 | 35 | 97 | 61 | 4 | 193 |
| 双牌县 | 9 | 135 | 25 | 81 | 34 | 82 | 140 |
| 永州市 | 10 | 135 | 28 | 74 | 35 | 84 | 137 |
| 南岳衡山 | 55 | 156 | 39 | 85 | 31 | 0 | 155 |
| 长沙市 | 11 | 143 | 24 | 66 | 43 | 79 | 133 |
| 张家界 | 10 | 185 | 28 | 77 | 54 | 11 | 159 |
| 桃源洞村 | 8 | 160 | 38 | 68 | 90 | 2 | 196 |
| 大院 | 22 | 178 | 44 | 114 | 8 | | 166 |
| 炎陵县 | 10 | 127 | 37 | 72 | 34 | 86 | 143 |
| 株洲市 | 12 | 140 | 26 | 71 | 46 | 71 | 143 |
| 大桂山 | 0 | 108 | 35 | 71 | 63 | 88 | 169 |
| 三爪仑 | 2.4 | 164.6 | 25.6 | 57.4 | 59.9 | 55.4 | 142.9 |
| 洪屏村 | 7.3 | 193.0 | 24.6 | 79.4 | 59.4 | 1.6 | 163.4 |
| 骆家坪 | 7.3 | 191.0 | 25.0 | 73.3 | 55.6 | 12.8 | 153.9 |
| 靖安县城 | 0.3 | 159.4 | 28.0 | 51.5 | 51.2 | 74.9 | 130.7 |

由表 1 可以看出，阳明山的舒适旅游期长达 193 d，一年有 53%的时间使人感觉舒适，比张家界国家森林公园的舒适旅游期长 34 d，感觉冷或稍冷的时间为 169 d，比张家界少 26 d，在干热易旱的零陵盆地和道县盆地之间有这样一座清凉宜人的"凉岛"，的确是人们避暑消夏的绝好去处。

桃源洞国家森林公园中使人感觉舒适天数最多的地点是大院，比长沙市多 48 d，比南岳衡山多 29 d，舒适旅游期最长的地点是桃源洞村，有 196 d，比公园外的县城和株洲市多 53 d，长沙市的舒适天数最少，为 66 d，舒适旅游期最短，为 133 d。可见桃源洞国家森林公园是湘中地区舒适旅游期最长的地点，舒适旅游期长、旅游季节长，对发展森林旅游业有利。

三爪仑国家森林公园的舒适旅游期为 143～163 d，比靖安县城长 10～30 d。骆家坪景区的舒适旅游期与湖南南岳衡山的接近，比湖南长沙多 21 d；洪屏山的年舒适旅游期比南岳衡山长 8 d，比靖安县城长 32 d，比长沙市长 30 d。这说明三爪仑境内比森林公园外的气候舒适。江西南昌夏季炎热程度与湖南长沙相似。盛夏季节，湖南、湖北、江西、浙江等地区的居民选择三爪仑这种森林景观美丽、生态环境优越、气候舒适宜人的森林公园避暑消夏，可取得与庐山同样的舒适气候享受。

大桂山森林公园的全年舒适旅游期合计为 169 d，一年有近一半的时间是气候上的舒适旅游期，旅游季节长，舒适天数多。

各测点舒适度的逐月分布情况分别见表 2～7。

**表 2　湖南阳明山国家森林公园舒适度的逐月分布(d)**

| 月份 | 1 | 2 | 3 | 4 | 5 | 6 | 7 | 8 | 9 | 10 | 11 | 12 | 合计 |
|---|---|---|---|---|---|---|---|---|---|---|---|---|---|
| 冷 | 14 | 15 | | | | | | | | | | 1 | 30 |
| 稍冷 | 17 | 14 | 27 | 17 | 3 | 1 | | | | | 30 | 30 | 139 |
| 凉 | | | 4 | 8 | 7 | 3 | | | 6 | 7 | | | 35 |
| 舒适 | | | | 5 | 19 | 20 | 6 | 8 | 20 | 19 | | | 97 |
| 暖 | | | | | 2 | 6 | 25 | 20 | 4 | 4 | | | 61 |
| 闷热 | | | | | | | | 3 | | 1 | | | 4 |
| 各月舒适期 | | | 4 | 13 | 28 | 29 | 31 | 28 | 30 | 30 | | | 193 |

由表 2 得知，阳明山 5 月有 3 d 使人感觉稍冷，28 d 舒适；2 月 1 d 稍冷，29 d 舒适；7 月有 31 d 舒适；8 月 28 d 舒适，3 d 略感闷热；9 月全月舒适；10 月有 30 d 舒适、1 d 稍觉闷热。即阳明山 5—10 月的半年内符合旅游舒适期的日数多达 176 d，占总天数的 96%。此期间到阳明山旅游，使人感觉舒适的保证率高达 96%。12 月至翌年 2 月的冬季，使人感觉冷的天数为 30 d，感觉稍冷的天数为 61 d，没有出现非常冷、很冷和极冷的情况。这说明阳明山寒冷期虽长，但寒冷程度不甚，极少出现严寒。夏无酷热、冬少严寒是阳明山的旅游气候优势所在。

**表 3　湖南桃源洞国家森林公园桃源洞村舒适度的逐月分布(d)**

| 月份 | 1 | 2 | 3 | 4 | 5 | 6 | 7 | 8 | 9 | 10 | 11 | 12 | 合计 |
|---|---|---|---|---|---|---|---|---|---|---|---|---|---|
| 冷 | 4 | 4 | | | | | | | | | | | 8 |
| 稍冷 | 27 | 25 | 30 | 19 | 2 | | | | | | 27 | 30 | 160 |
| 凉 | | | | 4 | 12 | | | | 9 | 9 | 3 | 1 | 38 |
| 舒适 | | | 1 | 7 | 13 | 9 | 2 | 10 | 15 | 11 | | | 68 |
| 暖 | | | | | 4 | 21 | 27 | 21 | 6 | 11 | | | 90 |
| 闷热 | | | | | | | 2 | | | | | | 2 |
| 各月舒适期 | | | 1 | 11 | 29 | 30 | 29 | 31 | 30 | 31 | 3 | 1 | 196 |

由表 3 可以看出，桃源洞村的舒适旅游期主要集中在 4—11 月，其中 4 月有 11 d 舒适旅游期，5 月有 29 d 舒适旅游期，6—10 月全月皆为舒适旅游期，全年的舒适旅游期合计为 196 d，占全年总天数的 54%，即一年有一半以上的时间是舒适旅游期，旅游季节长，舒适天数多。

**表 4 湖南桃源洞国家森林公园大院舒适度的逐月分布(d)**

| 月份 | 1 | 2 | 3 | 4 | 5 | 6 | 7 | 8 | 9 | 10 | 11 | 12 | 合计 |
|---|---|---|---|---|---|---|---|---|---|---|---|---|---|
| 冷 | 10 | 11 | | | | | | | | | | 1 | 22 |
| 稍冷 | 21 | 17 | 30 | 22 | 4 | | | | | 24 | 30 | 30 | 178 |
| 凉 | | 1 | 1 | 7 | 14 | 3 | | | 13 | 5 | | | 44 |
| 舒适 | | | | 1 | 13 | 26 | 31 | 31 | 10 | 2 | | | 114 |
| 暖 | | | | | | 1 | | | 7 | | | | 8 |
| 闷热 | | | | | | | | | | | | | 0 |
| 各月舒适期 | | 1 | 1 | 8 | 27 | 30 | 31 | 31 | 30 | 7 | | | 166 |

由表 4 可知,大院的舒适旅游期主要集中在 5—9 月,比桃源洞村短 30 d,但比南岳长 11 d。实际舒适天数长达 114 d,可谓湘中之最,尤其是 6、7、8 月的 92 d 中,仅 6 月份有 1 d 感觉暖、3 d 感觉凉,其余 88 d 的空气温度与相对湿度组合良好,天天都感觉舒适。因此,桃源洞的中山山地是十分理想的避暑消夏胜地。

**表 5 广西大桂山森林公园的舒适度的逐月分布(1986—1988 年平均)(d)**

| 月份 | 1 | 2 | 3 | 4 | 5 | 6 | 7 | 8 | 9 | 10 | 11 | 12 | 合计 |
|---|---|---|---|---|---|---|---|---|---|---|---|---|---|
| 稍冷 | 28 | 19 | 17 | 4 | | | | | | 1 | 15 | 24 | 108 |
| 凉 | 3 | 5 | 3 | 5 | 2 | | | | | 4 | 8 | 5 | 35 |
| 舒适 | | 4 | 8 | 17 | 6 | 5 | | | 7 | 17 | 5 | 2 | 71 |
| 暖 | | | 3 | 3 | 12 | 7 | 7 | 11 | 10 | 8 | 2 | | 63 |
| 闷热 | | | | 1 | 11 | 18 | 24 | 20 | 13 | 1 | | | 88 |
| 各月舒适期 | 3 | 9 | 14 | 25 | 20 | 12 | 7 | 11 | 17 | 29 | 15 | 7 | 169 |

表 5 说明,广西大桂山森林公园的舒适旅游期主要集中在 3—11 月,其中 4 月有 25 d 舒适旅游期,5 月有 20 d 舒适旅游期,9 月有 17 d 舒适旅游期,10 月有 29 d 舒适旅游期,全年舒适旅游期合计为 169 d,即一年有近一半的时间是舒适旅游期,旅游季节长,舒适天数多。

**表 6 江西三爪仑森林公园洪屏村舒适度的逐月分布(1991—1993 年平均)(d)**

| 月份 | 1 | 2 | 3 | 4 | 5 | 6 | 7 | 8 | 9 | 10 | 11 | 12 | 合计 |
|---|---|---|---|---|---|---|---|---|---|---|---|---|---|
| 冷 | 4.0 | 0.3 | 0.7 | | | | | | | | 0.3 | 2.0 | 7.3 |
| 稍冷 | 27.0 | 28.0 | 29.0 | 16.0 | 8.3 | | | | 1.7 | 25.3 | 28.7 | 29.0 | 193 |
| 凉 | | | 1.0 | 7.3 | 7.7 | | | | 4.3 | 4.0 | 0.3 | | 24.6 |
| 舒适 | | | 0.3 | 6.7 | 13.3 | 18.7 | 7.0 | 12.7 | 18.3 | 1.7 | 0.7 | | 79.4 |
| 暖 | | | | | 1.7 | 11.0 | 23.0 | 18.0 | 5.7 | | | | 59.4 |
| 闷热 | | | | | | 0.3 | 1.0 | 0.3 | | | | | 1.6 |
| 各月舒适期 | | | 1.3 | 14.0 | 22.7 | 29.7 | 30.0 | 30.7 | 28.3 | 5.7 | 1.0 | | 163.4 |

由表 6 看出,洪屏村的舒适旅游期主要集中在 5—9 月,其中 6—8 月最为集中,有 91 d 舒适、1 d 闷热。这段时间来洪屏避暑最适宜。

**表 7　江西三爪仑森林公园骆家坪舒适度的逐月分布(1991—1993 年平均)(d)**

| 月份 | 1 | 2 | 3 | 4 | 5 | 6 | 7 | 8 | 9 | 10 | 11 | 12 | 合计 |
|---|---|---|---|---|---|---|---|---|---|---|---|---|---|
| 冷 | 3.7 | 0.3 | 0.3 | | | | | | | | | 3.0 | 7.3 |
| 稍冷 | 27.3 | 27.4 | 29.3 | 18.3 | 7.3 | | | | 1.3 | 24.4 | 28.0 | 28.0 | 191.3 |
| 凉 | | 0.6 | 1.0 | 7.7 | 7.7 | 0.3 | | | 1.7 | 5.3 | 0.7 | | 25.0 |
| 舒适 | | | 0.4 | 4.0 | 14.3 | 16.0 | 7.3 | 8.0 | 20.7 | 1.3 | 1.3 | | 73.3 |
| 暖 | | | | | 1.7 | 12.0 | 16.3 | 19.3 | 6.3 | | | | 55.6 |
| 闷热 | | | | | | 1.7 | 7.4 | 3.7 | | | | | 12.8 |
| 各月舒适期 | | 0.6 | 1.4 | 11.7 | 23.7 | 28.3 | 23.6 | 27.3 | 28.3 | 6.6 | 2.0 | | 153.5 |

表 7 说明，骆家坪的舒适旅游期从 3 月开始，到 11 月结束。其中 5—9 月最为集中，各月均有 20 d 以上的舒适日。全年有 150 多天舒适日，12 月和 1 月无舒适日，全年偏冷的时间比洪屏村少。

**表 8　江西三爪仑森林公园场部茗冈小区舒适度的逐月分布(1991—1993 年平均)(d)**

| 月份 | 1 | 2 | 3 | 4 | 5 | 6 | 7 | 8 | 9 | 10 | 11 | 12 | 合计 |
|---|---|---|---|---|---|---|---|---|---|---|---|---|---|
| 冷 | 0.7 | | | | | | | | | | | 1.7 | 2.4 |
| 稍冷 | 30.3 | 27.7 | 27.3 | 11.7 | 1.7 | | | | 0.3 | 12.3 | 24.0 | 29.3 | 164.6 |
| 凉 | | 0.6 | 2.3 | 4.7 | 5.7 | | | | 1.3 | 11.0 | 1.7 | | 25.6 |
| 舒适 | | | 1.4 | 11.3 | 16.0 | 6.3 | 1.3 | 0.7 | 12.0 | 6.7 | 4.3 | | 57.4 |
| 暖 | | | | 2.3 | 6.3 | 13.3 | 6.0 | 15.0 | 11.7 | 1.0 | | | 59.9 |
| 闷热 | | | | | 1.3 | 10.4 | 23.7 | 15.3 | 4.7 | | | | 55.4 |
| 各月舒适期 | | 0.6 | 3.7 | 18.3 | 28.0 | 19.6 | 7.3 | 15.7 | 25.0 | 18.7 | 6.0 | | 142.9 |

由表 8 可以看出，三爪仑场部的气候舒适日数 5 月最多，达 28 d，其次 9 月为 25 d，7 月舒适日数不足 10 d，气候偏热。12、1、2 月偏冷。春、夏、秋三季适宜旅游。

## 五、结论与建议

森林旅游区小气候条件优越，舒适旅游期长，旅游气候资源丰富，是开展会议、度假、疗养、避暑旅游及夏季体育训练的理想去处。气候资源的旅游利用价值高，应当积极开发、充分利用、妥善保护。

（2003 年 9 月）

# 重庆大足玉龙山国家森林公园的舒适有效温度持续时间*

吴章文

在旅游舒适期内不一定一天 24 h 都感觉舒适，有时日平均气温和日平均空气相对湿度的组合令人感觉舒适，但这只说明一天的平均状态，在一天内是否每小时都令人感觉舒适，这就不一定了。例如一天的平均状态舒适，但午后或一天最高气温出现时，也许令人感觉不舒适，因此有必要进一步讨论旅游季节一天内各时段的舒适有效温度持续时间。

所谓舒适有效温度持续时间是指一昼夜里令人感觉舒适的持续时间。

## 一、舒适有效温度的计算方法

$$ET = T_a - 0.4(T_a - 10)(1 - RH/100)$$

式中：$ET$——有效温度(℃)；

$T_a$——空气温度(℃)；

$RH$——空气相对湿度(%)。

## 二、舒适有效温度评价标准

$ET \leqslant 24$ ℃，感觉舒适；

24 ℃ $< ET \leqslant 30$ ℃，感觉闷热；

$ET \geqslant 30$ ℃，极不舒适，无法忍受。

## 三、评价结果

根据小气候观测点，计算得到各测点的舒适有效温度持续时间列入表 1。

表 1　公园内外舒适有效温度比较　　单位：℃

| 标准 | 县城 | 龙水湖 | 桫椤园 | 禅乐竹海林外 | 禅乐竹海林内 |
|---|---|---|---|---|---|
| $ET \leqslant 24$ ℃，感觉舒适 | 11 | 14 | 13 | 22 | 22 |
| 24 ℃ $< ET \leqslant 30$ ℃，感觉闷热 | 13 | 10 | 11 | 2 | 2 |
| $ET \geqslant 30$ ℃，极不舒适，无法忍受 | 0 | 0 | 0 | 0 | 0 |

由表 1 得知：4 月 29—30 日县城感觉舒适的有效温度持续时间最短，为 11 h，禅乐竹海舒适有效温度持续时间最长，为 22 h。从气候角度看，在玉龙山国家森林公园内禅乐竹海适宜建避暑度假区。

（2004 年 7 月）

* 本文原载于《重庆大足玉龙山国家森林公园总体规划》。

# 广东惠州市森林生态旅游区舒适有效温度持续时间测算报告*

吴章文

**摘　要**:2004年8月17—22日在惠州进行了城区与林区、林内与林外短期定位对比小气候逐时观测，采用Biiltner公式计算确定各地段的日舒适有效温度持续时间。结果得知:惠城区昼夜24 h感觉闷热，甚至有4～6 h令人感觉极不舒适而无法忍受;海拔400 m以上的林区昼夜24 h令人感觉舒适的有效温度持续时间长达13～18 h,没有令人极不舒适无法忍受的现象;在同一地段林内的舒适有效温度持续时间比林外长1～2 h。这说明林区比城区舒适，海拔400 m以上的林区比低海拔的林区舒适，林内比林外舒适。

**关键词**:惠州;有效温度;持续时间

惠州位于广东省东南部、珠江三角洲北端，陆地总面积11158 $km^2$,其中林区面积7139.7 $km^2$,海域4500 $km^2$,森林茂密，经济繁荣，交通便捷，环境优越，是人们休闲度假的理想去处。为进一步了解惠州林区的气候优势，根据2004年8月惠州林区林内外小气候观测资料，计算分析了6处森林游憩地段的日舒适有效温度持续时间。

## 一、研究方法

### (一)气象要素观测

林内外逐时气温采用DHM2型机动通风干湿表昼夜连续观测，每小时观测一次;2004年8月17—18日观测白盆珠水库附近森林内外、上庵林场科教中心附近森林内外、莲花寺附近的森林内外的空气温、湿度，2004年8月20—21日观测南昆山遥感场、保护站，桂峰山林场中部森林内外的空气温、湿度，惠城区的同步观测值由惠州市气象局提供。各观测点基本情况列入表1。

**表1　各观测点基本情况一览表**

| 序号 | 观测地段 | 海拔高度(m) | 测点性质 | 坡位及坡面状况 | 植被状况 |
|---|---|---|---|---|---|
| 1 | 惠州市区 | 21.5 | 市区对照点 | 空旷平地 | 浅草 |
| 2 | 白盆珠水库 | 79.7 | 林内外对比点 | 林内 | 针阔混交林 |
| | | | | 林外 | 林中空地 |
| 3 | 上庵林场 | 140.0 | 林内外对比点 | 林内 | 阔叶林 |
| | | | | 林外 | 浅草地 |
| 4 | 南昆山遥感场 | 433 | 林内外对比点 | 林内 | 阔叶林 |
| | | | | 林外 | 小空坪 |

* 本文原载于《广东惠州森林生态旅游区总体规划》。

续表

| 序号 | 观测地段 | 海拔高度(m) | 测点性质 | 坡位及坡面状况 | 植被状况 |
|---|---|---|---|---|---|
| 5 | 南昆山保护站 | 480.0 | 林内外对比点 | 林内 | 杉木林 |
| | | | | 林外 | 平地 |
| 6 | 桂峰山林场 | 600.0 | 林内外对比点 | 林内 | 松杂混交林 |
| | | | | 林外 | 平地 |
| 7 | 莲花寺 | 957.0 | 山上观测点 | 林内 | 阔叶混交林 |
| | | | | 林外 | 菜地 |

## (二)舒适有效温度计算

采用 Biiltner 公式计算。其算公式如下：

$$ET = T_a - 0.4(T_a - 10)(1 - RH/100)$$

式中:$ET$ 为舒适有效温度(℃);$T_a$ 为瞬时气温(℃);$RH$ 为瞬时空气相对湿度(%)。

# 二、研究结果

## (一)舒适有效温度的确定

根据小气候观测值,采用 Biiltner 公式,计算出惠州各个林区林内外的舒适有效温度,结果列入表 2、表 3。

**表 2　2004 年 8 月 17、18 日城区与林区有效温度一览表(℃)**

| 时间(北京时) | 惠城区 | | 白盆珠 | | | | 上庵 | | | | 莲花寺 | | | |
|---|---|---|---|---|---|---|---|---|---|---|---|---|---|---|
| | | | 林内 | | 林外 | | 林内 | | 林外 | | 林内 | | 林外 | |
| | 17 日 | 18 日 | 17 日 | 18 日 | 17 日 | 18 日 | 17 日 | 18 日 | 17 日 | 18 日 | 17 日 | 18 日 | 17 日 | 18 日 |
| 21 | 28.0 | 26.9 | 26.3 | 25.9 | 26.0 | 26.6 | 25.9 | 27.1 | 25.9 | 27.3 | 22.3 | 23.4 | 22.3 | 24.4 |
| 22 | 27.1 | 27.0 | 25.9 | 25.4 | 25.7 | 26.5 | 25.0 | 26.9 | 24.9 | 26.6 | 21.4 | 23.0 | 22.6 | 23.1 |
| 23 | 27.2 | 27.4 | 26.2 | 25.0 | 25.4 | 26.3 | 24.3 | 26.0 | 24.0 | 26.3 | 21.6 | 22.8 | 22.5 | 23.2 |
| 24 | 26.6 | 27.1 | 25.8 | 24.8 | 25.1 | 25.9 | 24.4 | 26.3 | 23.8 | 26.2 | 21.6 | 22.6 | 21.3 | 22.7 |
| 01 | 26.2 | 27.2 | 25.6 | 24.3 | 24.3 | 25.8 | 24.3 | 26.4 | 24.8 | 26.3 | 21.4 | 22.6 | 21.4 | 22.7 |
| 02 | 26.3 | 27.1 | 25.6 | 24.3 | 24.7 | 25.5 | 25.0 | 26.4 | 24.8 | 26.2 | 21.7 | 22.4 | 20.8 | 23.0 |
| 03 | 26.2 | 26.9 | 25.6 | 24.1 | 24.3 | 25.6 | 25.5 | 26.1 | 25.0 | 25.9 | 21.2 | 22.6 | 21.3 | 22.7 |
| 04 | 26.0 | 26.9 | 24.8 | 23.9 | 23.9 | 25.4 | 25.3 | 25.8 | 25.0 | 25.6 | 20.9 | 22.4 | 21.3 | 22.4 |
| 05 | 26.0 | 26.9 | 25.1 | 23.9 | 24.1 | 25.6 | 25.2 | 25.6 | 25.0 | 26.6 | 20.9 | 22.2 | 21.1 | 21.9 |
| 06 | 26.2 | 26.6 | 24.7 | 23.9 | 24.3 | 25.0 | 25.3 | 25.3 | 25.2 | 25.3 | 21.1 | 22.0 | 20.8 | 21.9 |
| 07 | 26.2 | 27.0 | 25.3 | 25.3 | 25.6 | 25.4 | 25.4 | 26.5 | 25.4 | 26.6 | 22.3 | 22.0 | 21.3 | 22.2 |
| 08 | 26.4 | 27.4 | 26.1 | 26.4 | 27.0 | 27.9 | 27.0 | 29.3 | 27.5 | 27.4 | 22.6 | 23.0 | 22.5 | 23.0 |
| 09 | 27.5 | 28.2 | 27.5 | 28.0 | 27.8 | 27.1 | 26.6 | 27.6 | 26.8 | 28.1 | 23.5 | 24.1 | 24.1 | 24.4 |
| 10 | 27.3 | 28.9 | 28.3 | 28.0 | 29.1 | 29.2 | 26.9 | 28.6 | 28.3 | 29.7 | 24.3 | 24.0 | 24.4 | 24.2 |
| 11 | 28.4 | 29.5 | 29.0 | 29.2 | 29.1 | 29.5 | 28.0 | 28.7 | 28.7 | 30.0 | 24.3 | 24.6 | 25.1 | 25.2 |

续表

| 时间（北京时） | 惠城区 | | 白盆珠 | | | | 上庵 | | | | 莲花寺 | | | |
|---|---|---|---|---|---|---|---|---|---|---|---|---|---|---|
| | | | 林内 | | 林外 | | 林内 | | 林外 | | 林内 | | 林外 | |
| | 17 日 | 18 日 | 17 日 | 18 日 | 17 日 | 18 日 | 17 日 | 18 日 | 17 日 | 18 日 | 17 日 | 18 日 | 17 日 | 18 日 |
| 12 | 27.2 | 28.9 | 31.3 | 29.5 | 30.5 | 29.8 | 27.8 | 29.1 | 30.0 | 29.7 | 25.0 | 25.5 | 25.8 | 25.6 |
| 13 | 29.5 | 30.0 | 29.9 | 29.9 | 30.8 | 30.7 | 29.3 | 30.3 | 31.1 | 29.7 | 25.0 | 25.2 | 25.5 | 25.9 |
| 14 | 30.8 | 30.6 | 31.2 | 30.7 | 31.5 | 30.7 | 30.0 | 29.9 | 38.1 | 30.2 | 25.8 | 25.0 | 26.0 | 25.4 |
| 15 | 30.9 | 30.9 | 31.3 | 31.2 | 31.8 | 30.6 | 31.3 | 30.5 | 30.5 | 30.8 | 25.9 | 24.5 | 26.4 | 25.3 |
| 16 | 31.1 | 30.8 | 30.7 | 24.5 | 24.8 | 30.0 | 29.8 | 30.2 | 30.0 | 30.9 | 23.5 | 24.5 | 24.2 | 25.3 |
| 17 | 31.0 | 30.6 | 30.6 | 25.4 | 26.5 | 29.4 | 31.8 | 29.5 | 30.7 | 29.1 | 22.8 | 25.2 | 23.4 | 24.9 |
| 18 | 30.5 | 30.5 | 30.3 | 26.9 | 27.9 | 30.7 | 28.2 | 28.8 | 28.7 | 28.9 | 24.3 | 25.0 | 24.2 | 24.5 |
| 19 | 26.5 | 28.8 | 28.5 | 26.3 | 26.6 | 28.2 | 28.1 | 28.4 | 27.9 | 27.7 | 22.9 | 23.5 | 23.2 | 23.9 |
| 20 | 27.1 | 27.8 | 27.9 | 26.3 | 26.7 | 27.3 | 27.5 | 27.1 | 27.3 | 26.9 | 23.2 | 23.1 | 24.1 | 22.8 |

**表 3　2004 年 8 月 20、21、22 日惠城区与林区舒适有效温度一览表(℃)**

| 时间（北京时） | 惠城区 | | | 遥感场 | | | 保护站 | | | 桂峰山 | |
|---|---|---|---|---|---|---|---|---|---|---|---|
| | 20 日 | 21 日 | 22 日 | 20 日 | 21 日 | 22 日 | 20 日 | 21 日 | 22 日 | 20 日 | 21 日 |
| 21 | 25.4 | 24.6 | 25.2 | 24.4 | 22.5 | 23.7 | 23.8 | 21.9 | 23.1 | 24.6 | 24.1 |
| 22 | 25.5 | 24.7 | 25.0 | 23.9 | 21.8 | 23.7 | 23.8 | 22.3 | 23.3 | 24.5 | 23.8 |
| 23 | 25.2 | 24.6 | 24.9 | 24.1 | 22.4 | 23.1 | 23.5 | 22.3 | 22.8 | 24.5 | 23.7 |
| 24 | 25.1 | 24.7 | 24.6 | 24.0 | 22.5 | 22.8 | 23.4 | 22.5 | 23.0 | 24.7 | 22.9 |
| 01 | 25.1 | 24.5 | 24.7 | 23.3 | 222.5 | 22.8 | 23.5 | 22.3 | 23.3 | 24.6 | 23.2 |
| 02 | 24.3 | 24.6 | 24.8 | 23.3 | 22.5 | 22.4 | 22.7 | 22.5 | 22.4 | 24.1 | 23.2 |
| 03 | 24.5 | 24.6 | 24.8 | 23.1 | 22.5 | 22.3 | 22.3 | 22.4 | 21.9 | 23.7 | 23.0 |
| 04 | 24.4 | 24.3 | 24.7 | 22.9 | 22.5 | 22.4 | 22.0 | 22.9 | 22.2 | 23.4 | 22.7 |
| 05 | 24.5 | 24.3 | 24.6 | 22.6 | 22.6 | 22.7 | 21.9 | 22.7 | 22.3 | 22.8 | 22.4 |
| 06 | 24.5 | 24.5 | 24.4 | 22.3 | 22.8 | 22.6 | 22.3 | 22.7 | 22.5 | 23.2 | 23.1 |
| 07 | 24.5 | 24.6 | 24.8 | 22.9 | 22.8 | 22.9 | 22.7 | 22.9 | 23.0 | 23.6 | 23.7 |
| 08 | 24.3 | 25.4 | 24.5 | 24.0 | 23.5 | 23.9 | 24.4 | 23.3 | 23.3 | 23.6 | 24.7 |
| 09 | 26.2 | 24.8 | 26.8 | 25.7 | 23.9 | 24.5 | 25.3 | 24.3 | 24.2 | 26.0 | 25.1 |
| 10 | 27.4 | 25.0 | 27.7 | 26.4 | 24.5 | 25.2 | 26.2 | 24.2 | 24.9 | 26.6 | 25.1 |
| 11 | 27.9 | 25.3 | 28.4 | 25.9 | 24.6 | 27.3 | 26.5 | 25.5 | 25.7 | 26.9 | 27.1 |
| 12 | 29.0 | 27.1 | 28.3 | 27.1 | 23.9 | 26.6 | 26.3 | 23.7 | 25.9 | 28.7 | 25.2 |
| 13 | 28.6 | 26.7 | 24.7 | 26.6 | 24.9 | 26.5 | 26.1 | 25.1 | 26.4 | 28.6 | 26.5 |
| 14 | 28.2 | 26.0 | 24.6 | 27.0 | 25.2 | 26.5 | 26.9 | 25.6 | 25.9 | 28.3 | 26.4 |
| 15 | 25.7 | 25.5 | 25.2 | 26.0 | 25.1 | 25.9 | 25.5 | 25.2 | 22.9 | 27.5 | 26.0 |
| 16 | 25.5 | 25.5 | 25.7 | 25.7 | 24.8 | 25.1 | 25.1 | 25.7 | 22.8 | 23.4 | 25.8 |
| 17 | 25.0 | 25.8 | 26.2 | 23.5 | 24.8 | 23.5 | 23.1 | 24.9 | 23.3 | 24.5 | 25.9 |
| 18 | 25.0 | 25.6 | 26.1 | 21.3 | 25.6 | 22.6 | 22.6 | 24.0 | 23.1 | 24.2 | 24.9 |
| 19 | 25.0 | 25.7 | 25.7 | 22.5 | 24.7 | 22.2 | 22.5 | 23.4 | 23.2 | 24.1 | 24.8 |
| 20 | 24.8 | 25.6 | 25.6 | 22.4 | 23.7 | 23.1 | 22.3 | 23.3 | 22.9 | 24.0 | 24.6 |

表 2、表 3 说明惠州林区各个观测地段的舒适有效温度都高于城区。

## (二)舒适有效温度持续时间的确定

采用 Biiltner 确认的日舒适度 4 级评判标准，确定持续时间。评判标准：$ET \leqslant 15$ ℃，感觉寒冷，不舒适；15 ℃$<ET\leqslant$24 ℃，感觉舒适；24 ℃$<ET\leqslant$30 ℃，感觉闷热；$ET>$30 ℃，感觉极不舒适，无法忍受。评判结果列入表 4。

**表 4 惠州城区与林区日舒适有效温度持续时间一览表(h)**

| 时间（北京时） | 观测点 | | 有效温度持续时间 | | | |
|---|---|---|---|---|---|---|
| | | | 感觉寒冷 | 感觉舒适 | 感觉闷热 | 极不舒适 |
| 2004 年 8 月 17—18 日 | 惠城区 | | 0 | 0 | 18.5 | 5.5 |
| | 白盆珠 | 林内 | 0 | 1.5 | 18.5 | 4 |
| | | 林外 | 0 | 0.5 | 19.5 | 4 |
| | 上庵 | 林内 | 0 | 0 | 21 | 3 |
| | | 林外 | 0 | 0 | 20 | 4 |
| | 莲花寺 | 林内 | 0 | 16 | 8 | 0 |
| | | 林外 | 0 | 13.5 | 10.5 | 0 |
| 2004 年 8 月 20—22 日 | 惠城区 | | 0 | 0 | 24 | 0 |
| | 遥感场 | 林内 | 0 | 15 | 9 | 0 |
| | | 林外 | 0 | 15 | 9 | 0 |
| | 保护站 | 林内 | 0 | 18 | 6 | 0 |
| | | 林外 | 0 | 16 | 8 | 0 |
| | 桂峰山 | 林内 | 0 | 11 | 13 | 0 |
| | | 林外 | 0 | 9 | 15 | 0 |

由表 4 得知，在 2004 年 8 月 17、18 日两天，惠城区昼夜 24 h 中，有 18.5 h 感觉闷热、5.5 h 感觉极不舒适；在同一时段中，白盆珠水库边的林地，林内有 1.5 h 感觉舒适、18.5 h 感觉闷热、4 h 感觉极不舒适。林内外感觉极不舒适的时间比城区短 1.5 h，上庵林场比城区短 1.5～2 h。海拔 957 m 的莲花寺附近有 13.5～16 h 令人感觉舒适，8～10.5 h 感觉闷热，没有出现令人感觉极不舒适的时间。8 月 20—22 日，惠城区 24 h 感觉闷热，而南昆山的遥感场、保护区日舒适有效温度持续时间长达 15～18 h，桂峰山的舒适有效温度持续时间亦有 9～11 h。

# 三、结论

(1)盛夏季节，惠州城区全天感觉闷热，有时出现 4～5 h 令人感觉极不舒适、无法忍受的时间，必须开电扇或空调解暑。

(2)惠州海拔 400 m 以上的林区，昼夜 24 h 中，舒适有效温度持续时间长达 13～18 h，令人感觉闷热的持续时间只有 6～11 h。海拔 400 m 以上的林区气候环境优于惠城区。在同一地段，林内的舒适有效温度持续时间比林外长 1～2 h，这说明林内的小气候环境比林外更优越。

(3)惠州市盛夏季节，城区日舒适有效温度持续时间为 0，林区舒适有效温度持续时间长于城区，高海拔的林区舒适有效温度持续时间比低海拔林区长，海拔 400 m 以上的林区日舒适有效温度持续时间最长，林内比林外更长。

(2005 年 9 月)

# 湖南桃源洞国家森林公园、大院农场的旅游舒适期*

吴章文

**摘　要**:桃源洞国家森林公园、大院农场全年旅游舒适期分别长达196 d和173 d,比炎陵县城分别长60 d和27 d。大院全年人体感觉舒适的总天数长达132 d,比桃源洞村多63 d。两地气候舒适宜人,可供旅游利用的季节长,是开展休闲度假的理想场所。

**关键词**:森林公园;农场;旅游舒适期;休闲度假

## 一、研究目的

为确定桃源洞国家森林公园、大院农场的旅游发展方向和主题定位提供科学依据。

## 二、研究方法

根据人体皮肤的温度、出汗量、热感和人体热量调节系统所承受的负担,用空气温度、相对湿度和风速大小确定人对周围环境感觉舒适的程度。考虑桃源洞境内及大院农场的静风频率大、风速小,因此根据空气温度和相对湿度的组合,用舒适度列线图法确定年舒适旅游期。

## 三、资料来源

桃源洞森林公园桃源洞村、大院农场和县城的逐日平均气温和空气相对湿度引自炎陵气象局2000年《炎陵气候月报表》。

## 四、研究结果

大多数人对周围环境感觉舒适的程度称舒适度。通过心理感觉和生活测试,大多数人对周围环境的感觉可分为11类:极冷、非常冷、很冷、冷、稍冷、凉、舒适、暖、热、闷热、极热。极热是人类健康的极限,极热时人在室外裸地活动可能中暑;气温高、相对湿度大,人会感觉闷热;稍冷时须穿3件衣服维持人体自身新陈代谢;感觉凉时,须穿1件衣服维持热量平衡;气温降至1.6 ℃以下时,人体感觉冷;－10 ℃以下为很冷。

一年内,感觉凉、舒适、暖的日数之和为舒适旅游期。

统计结果表明,桃源洞村和大院农场的舒适旅游期分别为196 d、173 d,分别比炎陵县城

---

* 本文原载于《桃源洞国家森林公园、桃源洞国家级自然保护区总体规划》。

多 60 d 和 27 d，见表 1。

**表 1　桃源洞村、大院农场及县城的舒适旅游期**　　单位：d

| | 冷 | 稍冷 | 凉 | 舒适 | 暖 | 闷热 | 舒适旅游期 |
|---|---|---|---|---|---|---|---|
| 桃源洞村 | 21 | 149 | 36 | 69 | 91 | | 196 |
| 大院 | 38 | 155 | 39 | 132 | 2 | | 173 |
| 县城 | 3 | 145 | 23 | 61 | 52 | 82 | 136 |

**表 2　桃源洞村舒适度的逐月分布**　　单位：d

| 月份 | 1 | 2 | 3 | 4 | 5 | 6 | 7 | 8 | 9 | 10 | 11 | 12 | 合计 |
|---|---|---|---|---|---|---|---|---|---|---|---|---|---|
| 冷 | 13 | 6 | | | | | | | | | | 2 | 21 |
| 稍冷 | 18 | 23 | 27 | 14 | | | | | | 11 | 27 | 29 | 149 |
| 凉 | | | 3 | 11 | 8 | 4 | | | 4 | 3 | 3 | | 36 |
| 舒适 | | | 1 | 5 | 20 | 8 | | | 20 | 15 | | | 69 |
| 暖 | | | | | 3 | 18 | 31 | 31 | 6 | 2 | | | 91 |
| 小计 | 31 | 29 | 31 | 30 | 31 | 30 | 31 | 31 | 30 | 31 | 30 | 31 | 366 |

由表 2 可以看出，桃源洞村的舒适旅游期主要集中在 4—10 月，其中 4 月有 16 d 舒适旅游期，5—9 月全月皆为舒适旅游期，10 月有 20 d 舒适旅游期。全年的舒适旅游期长达 196 d，占全年总天数的 54%，即一年有一半以上时间是舒适旅游期，旅游季节长，舒适天数多。

**表 3　大院农场舒适度的逐月分布**　　单位：d

| 月份 | 1 | 2 | 3 | 4 | 5 | 6 | 7 | 8 | 9 | 10 | 11 | 12 | 合计 |
|---|---|---|---|---|---|---|---|---|---|---|---|---|---|
| 冷 | 12 | 12 | | | | | | | | | 2 | 12 | 38 |
| 稍冷 | 19 | 17 | 29 | 17 | 7 | 3 | | | 5 | 11 | 28 | 19 | 155 |
| 凉 | | | 2 | 7 | 8 | 3 | 1 | | 10 | 8 | | | 39 |
| 舒适 | | | | 6 | 16 | 24 | 29 | 30 | 15 | 12 | | | |
| 暖 | | | | | | | 1 | 1 | | | | | 2 |
| 小计 | 31 | 29 | 31 | 30 | 31 | 30 | 31 | 31 | 30 | 31 | 30 | 31 | 366 |

由表 3 可知，大院农场的舒适旅游期主要集中在 4—10 月，全年有 173 d，比桃源洞村短 23 d。大院农场全年的舒适旅游期虽然比桃源洞村短，但是人体感觉舒适的总天数长达 132 d，比桃源洞村多 63 d；尤其是最热月 6、7、8 月的 92 d 中，有 83 d 感觉舒适，占到 90%以上，是十分理想的避暑胜地。

## 五、结论和建议

桃源洞国家森林公园桃源洞村、大院农场全年旅游舒适期分别长达 196 d 和 173 d，主要集中在 4—10 月，分别比炎陵县城多 60 d 和 27 d；大院农场全年的舒适旅游期虽然比桃源洞村短，但是人体感觉舒适的天数长达 132 d，比桃源洞村多 63 d。两地小气候环境比炎陵县城优越，舒适期长，可供旅游利用的季节长，是开展度假、休闲、疗养、避暑、会议等的理想去处。气候资源的旅游利用价值高，应当积极开发、充分利用、妥善保护。

（2005 年 10 月）

# 湖南水府旅游区夏季舒适度测算*

吴章文

日舒适有效温度是指一日内的有效温度持续时间,是衡量气候舒适度的指标之一。所谓舒适有效温度是指大多数人对周围空气环境感觉舒服的程度,一个地区的舒适有效温度持续时间越长,表明该地区气候越宜人。按照多数人对周围空气环境的感觉标准,采用 Biiltner 公式计算各测点的舒适有效温度持续时间,结果列入表 1。

Biiltner 公式:

$$ET = T_a - 0.4(T_a - 10)(1 - RH/100)$$

式中,$ET$——舒适有效温度;

$T_a$——空气温度;

$RH$——空气相对湿度。

**表 1 库区内外日舒适有效温度持续时间一览表** (单位:h)

| 标准 | 7月4日 | | | | | 7月5日 | | | | 7月6日 | | | | | |
|---|---|---|---|---|---|---|---|---|---|---|---|---|---|---|---|
| | 白鹭岛林外 | 白鹭岛林内 | 神龙半岛林外 | 神龙半岛林内 | 新码头湖边 | 白鹭岛林外 | 白鹭岛林内 | 神龙半岛林外 | 神龙半岛林内 | 白鹭岛林外 | 白鹭岛林内 | 神龙半岛林外 | 神龙半岛林内 | 长沙小区绿地 | 长沙裸地 |
| $ET \leqslant 24$ ℃,感觉舒适 | 0 | 0 | 0 | 0 | 0 | 0 | 0 | 0 | 0 | 0 | 0 | 0 | 0 | 0 | 0 |
| 24 ℃$<ET \leqslant 30$ ℃,感觉闷热 | 17 | 21 | 16 | 15 | 22 | 19 | 23 | 18 | 15 | 18 | 22 | 17 | 14 | 17 | 14 |
| $ET>30$ ℃,感觉极不舒适 | 7 | 3 | 8 | 9 | 2 | 5 | 1 | 6 | 9 | 6 | 2 | 7 | 10 | 7 | 10 |

由表 1 看出,各测点均无感觉舒适的时间,水府旅游区内大多数时间感觉闷热,从 14 h 到 23 h 不等,感觉极不舒适的时间为 1~10 h,昼夜 24 h 令人感觉闷热和极不舒适,旅游区内小气候环境比长沙市略好;但从观测结果看,目前水府旅游区不宜避暑消夏。由于目前一些森林良好的地段植被保护较好,多年未进行间伐、抚育伐和卫生伐,林木植株密度过大,枝下高太低,森林通风性差,森林小气候的优势未表现出来。在建设过程中,通过森林改造间伐等措施,旅游区具有营造良好度假气候环境的条件。

结论:据 7 月 4—6 日的空气温、湿度观测值,采用日舒适有效温度公式计算得知,目前盛夏时节水府旅游区昼夜 24 h 令人感觉闷热和极不舒适,不宜避暑消夏。由于库区水域宽阔,风景美丽,适宜一日观光游览和非盛夏季节休闲度假。

(2007 年 7 月)

---

* 本文原载于《水府旅游区总体规划》。

# 湖南汝城县气候舒适度研究*

吴章文　吴楚材　梁隐泉

**摘　要**:通过空气温度和相对湿度的组合确定人们对周围环境感觉舒适的程度,采用舒适度列线图确定汝城县近三年逐日舒适程度。根据舒适程度分类标准,计算各等级的天数和各年的气候舒适期及逐月分布状况,取近三年平均值。采用 Biiltner 确认的日舒适有效温度等级,用日舒适有效温度计算式,计算每日逐时舒适有效温度及其持续时间。结果表明汝城县中部盆地,年气候舒适期长达 196 d,是目前湖南气候舒适期最长的县域。盛夏 7 月,昼夜 24 h 内,夜间舒适有效温度持续长达 9～12 h,无极不舒适时间。适宜开展休闲度假、生态养生旅游。

**关键词**:气候舒适期;舒适有效温度;汝城县

## 1　研究目的

确定汝城县中部盆地的气候优势,为今后的山地度假休闲旅游和城市居民选择理想居住环境或第二住宅地提供科学依据。

## 2　研究方法

根据人体皮肤的温度、出汗量、热量和人体热量调节系统所承受的负担,用空气温度和相对湿度的组合确定人们对周围环境感觉舒适的程度,采用舒适度列线图确定近三年逐日舒适程度。根据舒适程度分类标准,计算各等级的天数和各年的气候舒适期,取三年平均值。

采用 Biiltner 确认的日舒适有效温度等级,用日舒适有效温度计算式,计算每日逐时舒适温度,一日内逐时舒适温度之和即为舒适有效温度持续时间。

## 3　资料来源

汝城县 2006—2008 年逐日平均气温,空气相对湿度,2009 年 7 月 13—17 日城关镇及郴州市逐时气温及相对湿度值由汝城县气象局提供。福泉山庄、罗泉、飞水寨、予乐湾、新区、杨家冲、岭秀乡、小垣镇的逐时气温、相对湿度由中南林业科技大学森林旅游研究中心组织的 2007 级森林旅游专业学生实测得到。长沙站同期逐时资料在长沙气象网中查得。

---

* 本文研究结论被汝城县人民政府和汝城县旅游局采用。

# 4 研究结果

## 4.1 年气候舒适期

大多数人对周围环境感觉舒适的程度称舒适度。通过心理测试,大多数人对周围环境感觉可分为 11 类,见表 1。

**表 1 舒适度分类**

| 符号 | 大多数人感觉 | 符号 | 大多数人感觉 |
|---|---|---|---|
| −6 | 极冷 | 0 | 舒适 |
| −5 | 非常冷 | +1 | 暖 |
| −4 | 很冷 | +2a | 热 |
| −3 | 冷 | +2b | 闷热 |
| −2 | 稍冷 | +3 | 极热 |
| −1 | 凉 | | |

极热时人在室外裸地活动可能中暑,是人类室外劳动时数的极限;气温高,相对湿度大,感觉闷热;稍冷时须穿 3 件衣服维持人体自身新陈代谢;感觉凉时,须穿 1 件衣服维持热量平衡;气温降至 1.6 ℃以下时,人感觉冷,气温 0 ℃以下时感觉很冷。相对湿度可以忽略。一年内感觉凉、舒适、暖的日数之和称气候舒适期,亦可称为舒适旅游期。

按照以上标准,根据汝城县气象局提供的 2006—2008 年的逐日空气温、湿度资料,计算汝城县的舒适度逐月分布及年气候舒适期,列入表 2。

**表 2 汝城县气候舒适期逐月分布及年气候舒适期** 单位:d

| 月份 | 1 | 2 | 3 | 4 | 5 | 6 | 7 | 8 | 9 | 10 | 11 | 12 | 全年 | 舒适期 |
|---|---|---|---|---|---|---|---|---|---|---|---|---|---|---|
| −3 | 4.3 | 1.3 | | | | | | | | | | | 5.6 | |
| −2 | 25.3 | 24.3 | 17 | 7.3 | 0.7 | | | | | 2 | 24 | 31 | 131.6 | |
| −1 | 1 | 2.3 | 9 | 7 | 2 | | | | 0.7 | 5.3 | 3 | | 30.3 | 30.3 |
| 0 | | 0.3 | 5 | 12 | 14 | 3 | | | 12 | 18.7 | 2.7 | | 67.7 | 67.7 |
| +1 | | | | 4 | 14 | 21 | 13.3 | 24 | 16 | 5 | 0.3 | | 97.6 | 97.6 |
| +2b | | | | | 0.3 | 6 | 17.7 | 7 | 1.3 | | | | 32.3 | |
| 全月天数 | 31 | 28.3 | 31 | 30 | 31 | 30 | 31 | 31 | 30 | 31 | 30 | 31 | 365 | |
| 气候舒适期 | 1 | 2.6 | 14 | 23 | 30 | 24 | 13 | 24 | 29 | 29 | 6 | 0 | | 196 |

由表 2 得知,汝城县的年气候舒适期为 196 d,这比风景明珠张家界的气候舒适期长 37 d,比株洲市的 143 d 长 53 d,比长沙市的 133 d 长 63 d,比湖南省的避暑胜地南岳衡山还长 41 d,是目前湖南气候舒适期最长的县。5 月 31 d 中有 30 d 舒适,可称为舒适月,9 月、10 月均有 29 d 令人感觉舒适,4 月、6 月、8 月的舒适天数也在 23 d 以上。汝城的中部盆地一年中有半年以上的气候舒适期。冬季没有极冷的时候,全年冷冻天数只有 5～6 d;夏季没有极热的时候,春、秋季节几乎天天舒适宜人。如此优越的气候环境,是一笔无形的宝贵财富。使得汝城

县形成了最适宜人类居住的优越环境。

气候是一种可以再生的宝贵资源，是一种取之不尽、用之不绝的无形资产。如果不利用它，则再好的资源也会白白浪费；如果充分利用则可以循环往复，持续利用。

## 4.2　日舒适有效温度持续时间

空气温度具有白天高、夜间低，日出前最低、午后最高的日变化规律，在舒适的日子里不一定昼夜 24 h 都舒适。在热和闷热的日子里也不一定昼夜都不舒适。一天中，大多数人感觉舒适的温湿度组合称为日舒适有效温度，其持续时间称为日舒适有效温度持续时间。

为了解盛夏时节汝城的舒适有效温度状况，我们选取全国最热的 7 月中旬的 7 月 13—17 日在汝城境内的 10 个观测点进行了昼夜 24 h 每小时一次的空气温湿度观测，并搜集了郴州市、长沙市的同期资料，采用舒适有效温度公式，计算了上述各地的舒适有效温度持续时间。计算公式如下：

$$ET=T_a-0.4(T_a-10)(1-RH/100)$$

式中：$ET$——有效温度(℃)；

$T_a$——空气温度(℃)；

$RH$——空气相对湿度(%)。

Biiltner 认为：$ET\leqslant 24$ ℃感觉舒适；$ET>24$ ℃感觉闷热；$ET>30$ ℃感觉极不舒适而无法忍受。

由此，计算结果列入表 3。

**表 3　汝城境内日舒适有效温度与郴州市、长沙市比较**　　单位：h/d

| 地点 | 福泉山庄 | 罗泉山庄 | 飞水寨景点 | 予乐湾村 | 城关新区 | 城关镇 | 岭秀乡 | 小垣镇 | 郴州市 | 长沙市 | 备注 |
|---|---|---|---|---|---|---|---|---|---|---|---|
| ET≤24 ℃ 感觉舒适 | 7 | 9 | 11 | 12 | 11 | 9 | 13 | 16 | 0 | 0 | |
| ET>24 ℃ 感觉闷热 | 13 | 11 | 13 | 12 | 13 | 15 | 10 | 9 | 22 | 16 | |
| ET>30 ℃ 极不舒适 | 4 | 4 | 0 | 0 | 0 | 0 | 1 | 0 | 2 | 8 | |

从表 3 看出，汝城中部盆地（城关镇、新区、予乐湾等地）昼夜 24 h 中有 9～12 h 令人感觉舒适，没有极不舒适无法忍受的时候。感觉闷热的时间出现在白天。这说明在最热的日子里，汝城海拔 400 m 以上、700 m 以下的中部盆地夜间都能舒舒服服地睡觉。海拔 942 m 的小垣镇日舒适时间长达 16 h。飞水寨景区内森林茂密，溪流潺潺，景观美丽，环境优越，置身境内，倍感舒适，是度假休闲、生态养生的理想地域。

与汝城同期的郴州市和长沙市昼夜均无令人感觉舒适的时间，郴州市感觉闷热的时间为 22 h，令人无法忍受的极不舒适时间有 2 h；长沙市令人感觉闷热的时间持续 16 h，令人感觉极不舒适无法忍受的时间长达 8 h，酷热难熬。

# 5　结论与建议

## 5.1　汝城县中部盆地面积大，气候舒适期长，适宜人居

汝城县中部盆地，年气候舒适期长达 196 d，比省会长沙市长 63 d，比株洲市长 53 d，比风景明珠张家界长 37 d，比湖南省著名避暑胜地“南岳衡山”长 41 d。是目前湖南气候舒适期最长的县域。舒适宜人的气候是一种宝贵资源，应当充分开发利用。

## 5.2　汝城盛夏时节，气候清凉宜人，适宜避暑消夏

盛夏 7 月是全国大多数地区最热的月份，而此时汝城中部盆地，昼夜 24 h 内，夜间舒适有效温度持续长达 9～12 h，无极不舒适时间。即使在最热的季节，汝城中部盆地的夜间仍然凉爽宜人，入睡时须盖小被褥才不会着凉。这既节省能源，又利于人体的身心健康。优越的气候环境是度假休闲、康体健身和避暑消夏的理想地域。

（2009 年 9 月）

# 广东大埔县的气候舒适度

吴章文

2003 年，笔者参与广东丰溪省级自然保护区总体规划期间，收集了大埔县 1991 年、1992 年、1993 年及其境内长治区气象哨 1982 年、1983 年、1984 年的逐日气象资料。当年因故未整理，2020 年上半年因“新冠肺炎”猖獗而宅家赋闲，将这些历史资料整理成文，留下记忆。在此感谢大埔县气象局的支持。

## 一、研究方法

采用舒适度列线图法，根据心理感觉和生活测试，大多数人对周围环境的感觉可分为 11 类，见表 1。

**表 1　人体舒适感觉分级表**

| 体感 | 极冷 | 非常冷 | 很冷 | 冷 | 稍冷 | 凉 | 舒适 | 暖 | 热 | 闷热 | 极热 |
|---|---|---|---|---|---|---|---|---|---|---|---|
| 代码 | －6 | －5 | －4 | －3 | －2 | －1 | 0 | ＋1 | ＋2a | ＋2b | ＋3 |

当气温降至 1.6℃以下时，人体感觉冷；当气温低于－10℃时，人体感觉很冷；当人体感觉稍冷时，须穿 3 件衣服；感觉凉时穿 1 件长袖衣服即可；当气温高，湿度大时，人体感觉闷热；极热时，人在室外活动可能中暑。

本文根据日平均气温和日平均空气相对湿度的组合，判定舒适级别。

## 二、研究结果

### (一)大埔县的年舒适旅游期

研究结果表明：大埔县 1991—1993 年的年舒适旅游期依次为 181 d、175 d、177 d，其逐月分布见表 2～4。

**表 2　大埔县 1991 年舒适旅游期统计表(d)**

| 月份 | 1 | 2 | 3 | 4 | 5 | 6 | 7 | 8 | 9 | 10 | 11 | 12 | 合计 | 全年舒适旅游期 |
|---|---|---|---|---|---|---|---|---|---|---|---|---|---|---|
| 稍冷(－2) | 22 | 19 | 4 | 3 | | | | | | | 5 | 15 | 68 | |
| 凉(－1) | 9 | 99 | 8 | 4 | 2 | | | | | 1 | 10 | 8 | 51 | |
| 舒适(0) | | | 17 | 8 | 15 | 2 | | | 3 | 23 | 15 | 8 | 91 | 181 |
| 暖(＋1) | | | 2 | 15 | 8 | 3 | | | 4 | 7 | | | 39 | |
| 闷热(2b) | | | | | 6 | 25 | 31 | 31 | 23 | | | | 116 | |
| 合计 | 31 | 28 | 31 | 30 | 31 | 30 | 31 | 31 | 30 | 31 | 30 | 31 | 365 | |

**表 3　大埔县 1992 年舒适旅游期统计表(d)**

| 月份 | 1 | 2 | 3 | 4 | 5 | 6 | 7 | 8 | 9 | 10 | 11 | 12 | 合计 | 全年舒适旅游期 |
|---|---|---|---|---|---|---|---|---|---|---|---|---|---|---|
| 稍冷(－2) | 30 | 19 | 10 | | | | | | | | 13 | 11 | 83 | |
| 凉(－1) | 1 | 8 | 3 | | | | | | | 2 | 5 | 10 | 29 | |
| 舒适(0) | | 2 | 18 | 21 | 7 | 2 | | | 1 | 23 | 12 | 10 | 96 | 175 |
| 暖(＋1) | | | | 7 | 21 | 10 | | | 7 | 5 | | | 50 | |
| 闷热(2b) | | | | 2 | 3 | 18 | 31 | 31 | 22 | 1 | | | 108 | |
| 合计 | 31 | 29 | 31 | 30 | 31 | 30 | 31 | 31 | 30 | 31 | 30 | 31 | 366 | |

**表 4　大埔县 1993 年舒适旅游期统计表(d)**

| 月份 | 1 | 2 | 3 | 4 | 5 | 6 | 7 | 8 | 9 | 10 | 11 | 12 | 合计 | 全年舒适旅游期 |
|---|---|---|---|---|---|---|---|---|---|---|---|---|---|---|
| 稍冷(－2) | 23 | 18 | 10 | 2 | | | | | | 1 | 7 | 26 | 87 | |
| 凉(－1) | 6 | 6 | 8 | 4 | | | | | | | 5 | 2 | 31 | |
| 舒适(0) | 2 | 4 | 10 | 18 | 4 | | | | 3 | 19 | 11 | 3 | 74 | 177 |
| 暖(＋1) | | | 3 | 6 | 20 | 7 | | 1 | 18 | 10 | 7 | | 72 | |
| 闷热(2b) | | | | | 7 | 23 | 31 | 30 | 9 | 1 | | | 101 | |
| 合计 | 31 | 28 | 31 | 30 | 31 | 30 | 31 | 31 | 30 | 31 | 30 | 31 | 365 | |

由表 2～4 得知:大埔县稍冷的季节主要集中在每年的 1 月和 12 月,没有冷或很冷的时候,可谓冬季温暖。夏季气温高,空气湿度大,令人感觉闷热,但未出现极热时候,无酷热天气。一年令人感觉舒适的实际天数为 74～96 d,三年平均有 88 d。凉、舒适、暖的天气之和称舒适旅游期。大埔 1991—1993 年三年的舒适旅游期平均为 178 d,见表 5。

**表 5　大埔县 1991—1993 年舒适旅游期逐月分布一览表(d)**

| 月份 | 1 | 2 | 3 | 4 | 5 | 6 | 7 | 8 | 9 | 10 | 11 | 12 | 合计 | 全年舒适旅游期 |
|---|---|---|---|---|---|---|---|---|---|---|---|---|---|---|
| 稍冷(－2) | 25 | 19 | 8 | 2 | | | | | | | 8 | 17 | 79 | |
| 凉(－1) | 5 | 7 | 6 | 3 | 1 | | | | | 1 | 7 | 7 | 37 | |
| 舒适(0) | 1 | 2 | 15 | 16 | 9 | 1 | | | 2 | 22 | 13 | 7 | 88 | 178 |
| 暖(＋1) | | | 2 | 9 | 16 | 7 | | | 10 | 7 | 2 | | 53 | |
| 闷热(2b) | | | | | 5 | 22 | 31 | 31 | 18 | 1 | | | 108 | |
| 合计 | 31 | 28 | 31 | 30 | 31 | 30 | 31 | 31 | 30 | 31 | 30 | 31 | 365 | |

由表 5 可见,大埔县一年中感觉闷热的时间长达 108 d,感觉稍冷的时间有 79 d,感觉舒适的天数有 88 d,舒适旅游期达 178 d,集中在上半年的 3、4、5 月,以及下半年的 10 月和 11 月。与外界比较结果见表 6。

表 6　大埔舒适旅游期与外界比较(d)

| 地名 | 广东大埔 | 湖南汝城 | 湖南炎陵 | 湖南双牌 | 江西靖安 |
|---|---|---|---|---|---|
| 舒适旅游期 | 178 | 196 | 143 | 140 | 131 |

由表 6 可见：大埔县的舒适旅游期仅比湖南汝城少 18 d，而比湖南炎陵、双牌，江西靖安分别多 35、38、47 d。

## (二)大埔县长治区的旅游舒适期

根据长治区中心气象哨资料，用舒适度列线图研究结果，列入表 7～9。

表 7　大埔县长治区 1982 年舒适旅游期统计表(d)

| 月份 | 1 | 2 | 3 | 4 | 5 | 6 | 7 | 8 | 9 | 10 | 11 | 12 | 合计 | 全年舒适旅游期 |
|---|---|---|---|---|---|---|---|---|---|---|---|---|---|---|
| 稍冷(−2) | 15 | 14 | 6 | 2 | | | | | | | 2 | 22 | 61 | |
| 凉(−1) | 12 | 6 | 5 | 2 | | | | | | | 2 | 5 | 32 | |
| 舒适(0) | 4 | 8 | 15 | 18 | 5 | 4 | | | | 4 | 20 | 4 | 82 | 177 |
| 暖(+1) | | | 5 | 8 | 16 | 11 | | | | 17 | 6 | | 63 | |
| 闷热(2b) | | | | | 10 | 15 | 31 | 31 | 30 | 10 | | | 127 | |
| 合计 | 31 | 28 | 31 | 30 | 31 | 30 | 31 | 31 | 30 | 31 | 30 | 31 | 365 | |

表 8　大埔县长治区 1983 年舒适旅游期统计表(d)

| 月份 | 1 | 2 | 3 | 4 | 5 | 6 | 7 | 8 | 9 | 10 | 11 | 12 | 合计 | 全年舒适旅游期 |
|---|---|---|---|---|---|---|---|---|---|---|---|---|---|---|
| 稍冷(−2) | 20 | 19 | 16 | | | | | | | | 2 | 20 | 77 | |
| 凉(−1) | 7 | 7 | 5 | 1 | | | | | | | 12 | 9 | 41 | |
| 舒适(0) | 4 | 2 | 9 | 11 | | | | | | 6 | 16 | 2 | 50 | 140 |
| 暖(+1) | | | 1 | 13 | 15 | 8 | | | 1 | 11 | | | 49 | |
| 闷热(2b) | | | | 5 | 16 | 22 | 31 | 31 | 29 | 14 | | | 148 | |
| 合计 | 31 | 28 | 31 | 30 | 31 | 30 | 31 | 31 | 30 | 31 | 30 | 31 | 365 | |

表 9　大埔县长治区 1984 年舒适旅游期统计表(d)

| 月份 | 1 | 2 | 3 | 4 | 5 | 6 | 7 | 8 | 9 | 10 | 11 | 12 | 合计 | 全年舒适旅游期 |
|---|---|---|---|---|---|---|---|---|---|---|---|---|---|---|
| 稍冷(−2) | 26 | 22 | 11 | 1 | | | | | | | 4 | 18 | 82 | |
| 凉(−1) | 3 | 2 | 6 | 1 | 7 | | | | | | 7 | 4 | 30 | |
| 舒适(0) | 2 | 5 | 10 | 24 | 16 | | | | 2 | 15 | 15 | 9 | 98 | 161 |
| 暖(+1) | | | 4 | 4 | 8 | | | | 2 | 11 | 4 | | 33 | |
| 闷热(2b) | | | | | | 30 | 31 | 31 | 26 | 5 | | | 123 | |
| 合计 | 31 | 29 | 31 | 30 | 31 | 30 | 31 | 31 | 30 | 31 | 30 | 31 | 366 | |

长治区 1982 年、1983 年、1984 年的平均舒适旅游期列入表 10。

**表 10　大埔县长治区 1982 年、1983 年、1984 年舒适旅游期平均值统计表(d)**

| 月份 | 1 | 2 | 3 | 4 | 5 | 6 | 7 | 8 | 9 | 10 | 11 | 12 | 合计 | 全年舒适旅游期 |
|---|---|---|---|---|---|---|---|---|---|---|---|---|---|---|
| 稍冷(－2) | 15 | 14 | 6 | 2 | | | | | | | 2 | 22 | 61 | |
| 凉(－1) | 12 | 6 | 5 | 2 | | | | | | | 2 | 5 | 32 | |
| 舒适(0) | 4 | 8 | 15 | 18 | 5 | 4 | | | | 4 | 20 | 4 | 82 | 177 |
| 暖(＋1) | | | 5 | 8 | 16 | 11 | | | | 17 | 6 | | 63 | |
| 闷热(2b) | | | | | 10 | 15 | 31 | 31 | 30 | 10 | | | 127 | |
| 合计 | 31 | 28 | 31 | 30 | 31 | 30 | 31 | 31 | 30 | 31 | 30 | 31 | 365 | |

与县城比较，长治区稍冷和凉的时间稍短；感觉闷热的时间稍长，年舒适旅游期比县城略短。

## 三、结论

(1)大埔县冬季温暖，夏无酷暑，气候温和舒适，是冬季避寒的好去处，特别适宜老年人避寒越冬。

(2)大埔县舒适旅游期长达 177 d 以上，主要分布在 3、4、5 月和 10 月、11 月。春末夏初和秋冬季是大埔旅游的好季节。

(3)大埔县气候湿润，空气相对湿度大，6、7、8、9 月的闷热天气达 60％以上，因此这个时候须注意加强室内通风。

（2020 年 6 月）

# 第四部分 经济林小气候研究

经济林是指以生产果品、食用油料、饮料、调料、工业原料和药材为主要目的的林木。

经济林小气候则是研究太阳辐射、光照、温度、湿度、风向、风速等环境因子与经济林树种、品种、林分状况、树体结构、栽培技术、管理措施等相互关系的科学，是森林气象学的重要内容之一。

经济林树种繁多，资源丰富，尚待研究的小气候问题诸多，研究一个树种，可以填补一项空白。

1982 年之前，笔者主要从事油桐、油茶、乌桕、楠竹等经济林木的小气候研究。此部分收录 6 篇相关文章，其中有 2 篇国家自然科学基金课题内容，属前沿性研究，居国际同类研究之领先水平，以及 1 篇湖南省林业厅项目研究内容，摘录入本书，以示对这段时期工作的总结，并抛砖引玉，希望更多的学者能够参与此项研究。

# 油桐林小气候的初步研究*

吴章文

**摘　要**：本文根据1980—1984年在湖南湘西自治州、怀化地区和常德地区油桐林内外16个地段49个观测点的对比观测资料，进行了综合分析，阐明了在不同立地条件、不同经营水平下油桐林小气候的变化规律，为充分利用气候资源，选择适宜的油桐林地提供了理论依据。

油桐分布在北纬22°15′～34°30′，东经99°40′～122°47′的广阔地带，是我国亚热带山丘地区重要的经济树种之一。其主产品桐油是重要的工业用油，用途多样，经济价值较高。我国的油桐林面积大、分布广，栽培历史悠久，但一般经营都较粗放，因而产量一直较低。

为了进一步摸清油桐的生态特性，充分利用山丘地区的气候资源，提高桐油产量，促进山丘地区的经济建设，特开展了此项研究。现将结果分析整理如下。

## 一、研究方法

本研究的观测对象为已进入盛果期的三年桐纯林和混交林。观测时期为1980—1984年。短期观测分春、夏、秋、冬四季，于每季各月的"日射型"天气进行，每期2～16 d，每小时观测一次，昼夜连续观测；一个月以上的观测，在每天的08时、14时、20时进行。观测高度为距地面20、100、150、200 cm高度。土温观测深度为0、5、10、20 cm。同时记载云量、云状和太阳视面状况。使用的仪器为DHM2型机动通风干湿表、DEM6型三杯轻便风向风速仪、ZF-2型照度计、袖珍气压表和各种套管式地温表。在资料整理中，温、湿度的日平均值用02时、08时、14时和20时的四值平均；光照用08—18时的逐时观测值平均。此外，还对油桐林的立地条件、林分状况、经营水平和历年产量等进行了调查和分析。

观测地点为湘西自治州泸溪县的黑塘、保靖县的大妥、永顺县的青天坪，怀化地区辰溪县的罗家坪、溆浦县的新田岭和常德地区慈利县的宜冲桥。共选择16个地段，设置49个观测点。其中资料较完整的27个观测点的基本情况如表1所示。

**表1　各观测地段基本情况**

| 观测地点 | 测点序号 | 地段状况 | | | | | 林分条件 | | | | 历年平均亩产桐油(kg) |
|---|---|---|---|---|---|---|---|---|---|---|---|
| | | 类别 | 海拔(m) | 坡向 | 坡位 | 坡度 | 品种或树种 | 树龄(a) | 株行距(m) | 郁闭度 | |
| 泸溪黑塘 | 1 | 林内 | 150 | 西 | 中 | 13° | 泸溪葡葡桐纯林 | 5 | 1.1×3 | 0.8～0.9 | 10.5 |
| | 2 | 林外 | 165 | 西 | 中 | 22° | — | — | — | — | — |
| | 3 | 林内 | 200 | 西 | 上 | 18° | 葡葡桐、米桐 | 15 | 2×3 | 0.4～0.5 | 5 |
| | 4 | 林内 | 197 | 东 | 上 | 21° | 葡葡桐纯林 | 6 | 1.1×3 | 0.8～0.9 | 6.5 |

* 观测人员：左雄中、李迪云、周湘君、廖新民、邓凯、王鹰平、蔡满堂、董泽远、杜章豪、易德军；

本文原载于《中南林学院学报》，1986(1)：41-51.

续表

| 观测地点 | 测点序号 | 地段状况 | | | | | 林分条件 | | | | 历年平均亩产桐油(kg) |
|---|---|---|---|---|---|---|---|---|---|---|---|
| | | 类别 | 海拔(m) | 坡向 | 坡位 | 坡度 | 品种或树种 | 树龄(a) | 株行距(m) | 郁闭度 | |
| 泸溪黑塘 | 5 | 林内 | 160 | 西北 | 中 | 18° | 葡葡桐纯林 | 6 | 1.25×3 | 0.5～0.6 | 5 |
| | 6 | 林内 | 125 | 西北 | 下 | 20° | 葡葡桐、油茶、杉木混交林 | | 1.25×3 | 0.8～0.9 | 4 |
| | 7 | 林内 | 141 | 西北 | 下 | 13° | 葡葡桐纯林 | 6 | 1.25×3 | 0.6～0.7 | — |
| | 8 | 林内 | 140 | 西北 | 下 | 13° | 葡葡桐纯林 | 6 | 1.25×3 | 0.6～0.7 | — |
| 溆浦新田岭 | 36 | 林内 | 280 | 西 | 上 | 18° | 葡葡桐纯林 | 4 | 3×3 | 0.4 | 7 |
| | 38 | 林外 | 280 | 西 | 上 | 18° | — | — | — | — | — |
| | 40 | 林内 | 160 | 南 | 山脚 | — | 葡葡桐纯林 | 4 | 1×0.5 | 0.8～0.9 | — |
| | 41 | 林外 | 160 | 南 | 山脚 | — | — | — | — | — | — |
| 辰溪罗家坪 | 23 | 林内 | 250 | 台地 | 山顶 | 4°～9° | 米桐、柿饼桐、柴桐等 | 4～9 | 2.7×3 | 0.4～0.5 | 2 |
| | 24 | 林外 | 250 | 台地 | 山顶 | — | — | — | — | — | — |

注:此后在文中陆续出现的测点此表中部分省略。

## 二、结果与分析

### (一)光照

光是林木生命活动的能量源泉。油桐是喜光性强的树种,因此,研究油桐林的光照具有十分重要的意义。

**1. 不同坡向林中空地的光照强度**

据 1984 年在湖南保靖观测的结果表明,直径大于 50 cm 的林中空地,其日平均光照强度,在 2 月份,南坡为 24700 lux,北坡为 16130 lux,南北相差 8570 lux;在 8 月份,南坡为 34567 lux,北坡为 29748 lux,南北相差 4819 lux。若以南坡的光照强度为 100%,那么,冬季北坡的光照仅为南坡的 65%,夏季为 86%。这与 1981 年冬、夏两季在此观测所得的结果一致。说明南坡全年的光照强度比北坡强(表 2)。可见,南坡对油桐的生长发育更为有利。

**表 2　保靖县大妥南北坡光照强度的比较**

| | | 冬季(1984 年 2 月 13—14 日) | | 夏季(1984 年 8 月 6—16 日) | |
|---|---|---|---|---|---|
| | 坡向 | 南 | 北 | 南 | 北 |
| 林中空地 | 光照强度(lux) | 24700 | 16130 | 34567 | 29748 |
| | 南北坡比(%) | — | 65 | — | 86 |
| 林冠下 | 光照强度(lux) | 1960 | 1750 | 14222 | 16272 |
| | 南北坡比(%) | — | 89 | — | 128 |
| | 说明 | 南、北坡海拔均为 450 m,坡度为 25° | | | |

## 2. 油桐林冠下的光照强度

据在保靖、永顺等地观测，油桐林冠下的光照强度，冬季南坡比北坡强，夏季北坡比南坡强（表 2）。以南坡为 100%，冬季北坡为南坡的 89%，夏季为 128%。南坡获得的太阳总辐射能终年多于北坡。但因南坡的油桐林生长较好，郁闭度大（南坡为 0.7～0.8，北坡为 0.5～0.6），林冠的阻挡作用强。投射到林冠上的太阳辐射，一部分被林冠所阻挡，一部分从空隙投到了林地。其中被阻挡的那部分，一部分被油桐叶面反射，一部分被叶面吸收，一部分透射到了第二层叶面。如此多次透射吸收，使到达林地的太阳辐射大大减少，导致林内光照强度大大减弱。1981—1984 年，各地观测的结果全都表明，林地的郁闭度越大，林冠下的光照强度就越弱（表 3）。

**表 3　不同郁闭度下的林内外光照强度比较**

| | 夏季 | | | | | | 冬季 | | |
|---|---|---|---|---|---|---|---|---|---|
| | 保靖 | | 永顺 | | 溆浦 | | 保靖 | | 溆浦 |
| 测点号 | 25 | 26 | 32 | 31 | 34 | 36 | 25 | 26 | 40/41 |
| 坡向 | 南 | 北 | 东 | 东 | 东 | 西 | 南 | 北 | 南 |
| 郁闭度 | 0.7～0.8 | 0.5～0.6 | 0.6～0.8 | 0.6～0.7 | 0.4～0.5 | 0.3～0.4 | 79 株/亩 | 79 株/亩 | 200 株/亩 |
| 林内/林外(%)（日平均光照强度） | 32 | 63 | 40 | 50 | 59 | 49 | 79 | 69 | 75 |

注：冬季桐叶枯落，郁闭度改用林分密度。

## 3. 油桐林内外的光照强度

如表 3 所示，油桐林内的日平均光照强度比林外小 21%～68%。林内光照强度也因所处的部位不同而不同：一般以林中空地最大，大光斑其次，中光斑再次，小光斑较小，阴影处最小（表 4）。

**表 4　油桐林内外光照强度的日变化**　　单位：lux

| 时间（北京时） | 光斑直径大小(cm) | | | 阴影下 | 林内平均 | 林外平均 |
|---|---|---|---|---|---|---|
| | 30～50 | 10～30 | 10 以下 | | | |
| 06 时 | | | | 139 | 139 | 180 |
| 07 时 | | | | 783 | 783 | 180 |
| 08 时 | | | | 1483 | 1483 | 3345 |
| 09 时 | 22132 | 11232 | 5440 | 2322 | 10282 | 21100 |
| 10 时 | 31390 | 28650 | 7090 | 2628 | 17689 | 27154 |
| 11 时 | 37667 | 34160 | 11050 | 4600 | 21829 | 43511 |
| 12 时 | 41193 | 38473 | 24665 | 5672 | 27501 | 80847 |
| 13 时 | 39500 | 31805 | 22557 | 5583 | 24661 | 45607 |
| 14 时 | 39555 | 24853 | 15366 | 3278 | 20761 | 34162 |
| 15 时 | 35417 | 22750 | 11167 | 2733 | 18017 | 24933 |
| 16 时 | 30266 | 20100 | 10832 | 2043 | 15960 | 19895 |
| 17 时 | 11915 | 15500 | 8343 | 1850 | 9402 | 19906 |
| 18 时 | | 13160 | 2868 | 1048 | 5687 | 19311 |
| 19 时 | | | | 515 | 515 | 3489 |

从表 4 还可以看出，油桐林内光照强度的日变化与林外空旷地一致：一般是中午强，早晚弱，最大值出现在 12 时左右。日变化曲线为单峰曲线(图 1)。

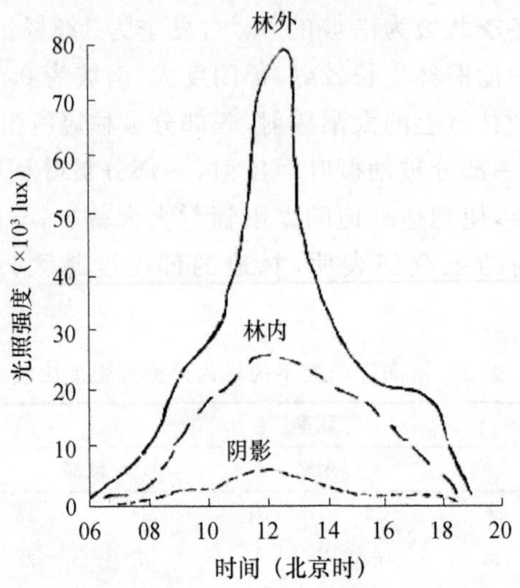


图 1　油桐林内外的光照强度

### 4. 林内光照强度与林分条件的关系

如前所述，油桐林的郁闭度与林内光照强度有着密切的关系。而郁闭度的大小又受到油桐品种、密度、树龄和经营水平的影响。所以，光照强度也受到上述各个因子的制约，并因此而影响到油桐的产量。

**表 5　经营水平与油桐林光照强度的关系**

| 观测点 | 观测时间 | 地点 | 坡向 | 坡度 | 坡位 | 树龄(a) | 株行距(m) | 株数(株/亩) | 经营水平 | 郁闭度 | 光照强度(lux) | 林内外光照比例(%) | 历年平均亩产桐油(kg) |
|---|---|---|---|---|---|---|---|---|---|---|---|---|---|
| 32 | 1981 年 7 月(下旬) | 青天坪 | 东 | 20° | 中 | 11 | 5×5 | 27 | 中等 | 0.7～0.8 | 11399 | 40 | 32 |
| 33 | | | 东 | 20° | 中 | | | | | | 28269 | 100 | |
| 31 | 1981 年 8 月(下旬) | 青天坪 | 东 | 10° | 下 | 4 | 3.5×4 | 47 | 中等 | 0.6～0.7 | 24242 | 60 | 24 |
| 34 | | | 东 | 10° | 下 | 4 | 3.5×4 | 47 | 中下等 | 0.4～0.5 | 28577 | 71 | 10 |
| 35 | | | 东 | 10° | 下 | | | | | | 40403 | 100 | |
| 25 | 1981 年 7 月(下旬) | 大妥 | 南 | 25° | 中 | 6 | 2.5×3.5 | 79 | 中等 | 0.7～0.8 | 14428 | 44 | 30.5 |
| 26 | | | 北 | 25° | 中 | 6 | 2.5×3.5 | 79 | 中下等 | 0.5～0.6 | 18160 | 56 | 15 |
| 27 | | | 南坡台地 | 25° | 中 | 13 | 2.6×2.6 | 94 | | | 32564 | 100 | |
| 48 | 1984 年 8 月(中旬) | 宜冲桥 | 东 | 5° | 中 | 13 | 2.6×2.6 | 94 | 中等 | 0.7～0.8 | 16095 | 41 | 21 |
| 47 | | | 东 | 15° | 中 | 13 | 2.6×2.6 | 94 | 中下等 | 0.4～0.5 | 27596 | 70 | 5.5 |
| 46 | | | 东 | 15° | 中 | | | | 下等 | 0.3～0.4 | 28464 | 73 | 4 |
| 49 | | | 东 | 15° | 中 | | | | | | 39180 | 100 | |

如表 5 所示，在林地坡位、坡度相同，林分品种、树龄一致的情况下，南坡因阳光充足，光照利用充分，透射少，经营也稍好，平均树高达到 4.17 m，地径 9.3 cm，郁闭度 0.7～0.8，调查当年亩产桐油 50.4 kg，多年平均亩产桐油 30.5 kg。北坡因光照透射多，经营稍差，平均树高为 4.03 m，地径 8.3 cm，郁闭度仅 0.5～0.6，当年亩产桐油只有 28 kg，多年平均亩产桐油为 15 kg(见 25、26 号观测点)；第 31、32、33 和 34 号观测点是设立在同一地段的观测点，其中 31、32 号点的品种相同，但因树龄不一，表现为树龄大、郁闭度也大，林内的光照强度弱。反之，郁闭度就小、阳光透射多，林内的光照强度也强；而 31、34 号观测点的树龄一致，但因品种不同，也造成林内光照强度的差异。31 号点是盛果期早的泸溪葡葡桐，成林快，郁闭早，林内的光照强度弱。34 号点是盛果期较晚的龙山小米桐，郁闭慢，阳光透射多，林内的光照强度也较强。

在一般情况下，油桐产量是随郁闭度的增大而提高的。但如栽植密度太大，郁闭度达到 0.9 时，油桐产量反而下降(表 6)。这是因为初植密度过大，林冠受光不均匀，林木个体生长发育不良(黑塘点平均树高仅 2.8 m，青天坪点平均树高为 4.5 m)，从而影响到整个林分的产量。

**表 6　油桐林冠郁闭度与桐油产量的关系**

| | 立地条件 | | | | | | 经营状况 | | | | | 林分状况 | | 1981 年亩产桐油(kg) | 历年平均亩产(kg) |
|---|---|---|---|---|---|---|---|---|---|---|---|---|---|---|---|
| | 海拔(m) | 坡向 | 坡位 | 坡度 | 土壤名称 | 土层厚度(cm) | 品种 | 树龄(a) | 株行距(m) | 郁闭度 | 经营水平 | 平均高(cm) | 生长势 | | |
| 泸溪黑塘 | 150 | 西 | 中 | 13° | 山地黄壤 | 100以上 | 葡葡桐 | 5 | 1.1×3 | 0.8～0.9 | 中等 | 280 | 良 | 17.5 | 10.5 |
| 永顺青天坪 | 440 | 东 | 下 | 10° | 山地黄壤 | 100以上 | 葡葡桐 | 4 | 3.5×4 | 0.6～0.7 | 中等 | 450 | 优 | 31.5 | 24 |

综上所述，与林外比较，油桐林内的光照强度要弱。但其年变化及日变化规律与林外相一致。影响林内光照强度的主导因子，夏季为郁闭度，冬季是坡向。立地条件、造林密度、品种和经营水平与林内光照强度的变化关系密切。因此，选择适宜的造林地、合理密植、选用良种和提高经营管理水平，是提高油桐林的光能利用率、增加桐油产量的重要途径。

## (二)温度

油桐是春季(花期)怕霜冻，夏季要求较长高温，冬季要求有短暂低温的树种。由于其在不同的生长发育阶段对温度的要求不同，因此，研究油桐林的温度有一定实际意义。

### 1. 油桐林内外的土壤温度

据观测，在 0～20 cm 的土壤深处，油桐林内外土壤温度的年变化为：春、夏季林内比林外低，但在郁闭度过大的林分里，有时也出现冬季林内土壤温度比林外低的现象(表 7)。这是因为春、夏季林分的枝叶繁茂，林冠的庇荫作用大，阻截了太阳辐射，土壤获得的热能少，所以土温低于林外；秋、冬季则由于枝叶大量覆盖林地，减少了地面的有效辐射，加上枝干对风的阻挡作用，使林内土壤能保持相对较高的温度。过密林分冬季土壤温度有时出现比林外低，主要原因是过大的林冠蔽荫和枝干群体常年阻挡了太阳辐射，使林地土壤获得的热能过少所致。

**表 7　油桐林内外土壤温度**

| 季节 | 序号 | | 地表温度(℃) | | | | 地下温度(℃) | | | |
|---|---|---|---|---|---|---|---|---|---|---|
| | | | 0 cm | 极高 | 极低 | 日较差 | 5 cm | 10 cm | 15 cm | 20 cm |
| | 23 | 林内 | 20.6 | 32.2 | 16.0 | 16.2 | 18.9 | 18.6 | 18.5 | 18.1 |
| 春 | 24 | 林外 | 22.7 | 36.8 | 16.0 | 20.8 | 20.9 | 20.2 | 19.4 | 19.0 |
| | | 差值 | −2.1 | −4.6 | 0.0 | −4.6 | −2.0 | −1.6 | −0.9 | −0.9 |
| | 25 | 林内 | 29.2 | 46.7 | 25.2 | 21.5 | 28.4 | 28.1 | 28.0 | 27.7 |
| 夏 | 27 | 林外 | 35.8 | 58.2 | 24.6 | 33.6 | 33.5 | 32.9 | 33.0 | 33.0 |
| | | 差值 | −6.6 | −11.5 | 0.6 | −12.1 | −5.1 | −4.8 | −5.0 | −5.3 |
| | 23 | 林内 | 20.0 | 39.8 | 11.2 | 28.6 | 18.1 | 18.6 | 18.4 | 18.8 |
| 秋 | 24 | 林外 | 17.8 | 36.2 | 9.0 | 27.2 | 19.6 | 18.3 | 18.4 | 18.6 |
| | | 差值 | 2.4 | 3.6 | 2.2 | 1.4 | 0.5 | 0.3 | 0.0 | 0.2 |
| | 25 | 林内 | 5.5 | 10.8 | 3.7 | 7.1 | 5.9 | 6.2 | 6.8 | 6.9 |
| 冬 | 27 | 林外 | 5.3 | 9.3 | 3.2 | 6.1 | 5.3 | 5.9 | 5.9 | 6.3 |
| | | 差值 | 0.2 | 1.5 | 0.5 | 1.0 | 0.6 | 0.3 | 0.9 | 0.6 |
| | 40 | 林内 | 5.5 | 22.3 | −0.1 | 22.2 | 5.7 | 6.1 | 6.3 | 6.5 |
| | 41 | 林外 | 5.9 | 25.2 | −0.1 | 25.4 | 6.0 | 6.4 | 6.6 | 6.9 |
| | | 差值 | −0.4 | −3.2 | 0.0 | −3.2 | −0.3 | −0.3 | −0.3 | −0.4 |

据 1981 年 7 月 28 日在大妥油桐林场南坡观测，油桐林内外土壤温度的日变化情况如图 2 所示。

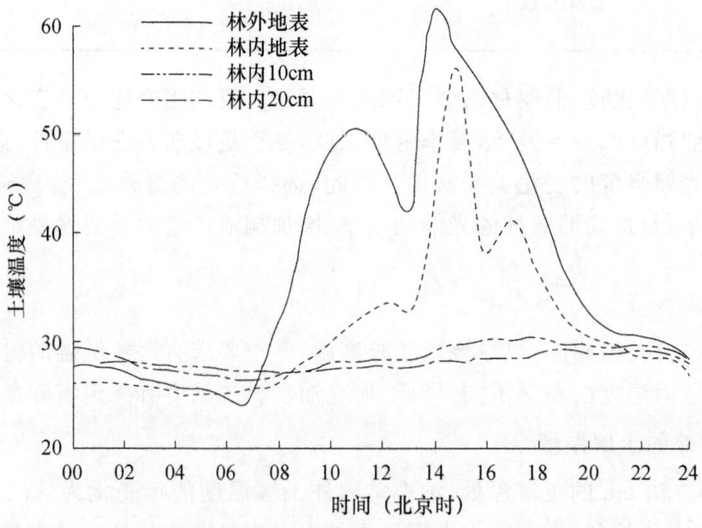


图 2　大妥油桐林内外土壤温度日变化(1981 年 9 月 28 日)

从图 2 可以看出，林外由于得到的太阳辐射能比林内多，其土壤温度（以下简称土温）也高于林内。在这一天里，土温最高出现在 15 时左右。曲线出现两个高峰（其中林外是因为 12—13 时太阳为云层遮蔽所致）。这天，林外地表日平均温度为 38.0 ℃，最高温度为 62.0 ℃，最低温度 24.6 ℃，日较差为 37.4 ℃；林内地表日平均温度为 31.1 ℃，最高温为 56.3 ℃，最低值 25.3 ℃，日较差为 21 ℃。林内外相比，林内各层土壤温度的日较差均小于林外。随着土层深度的增加，日较差呈现减小的趋势。林内土壤温度的铅直变化表现为：夏季呈日射型、冬季呈辐射型、春秋季呈过渡型。

**2. 油桐林内外的空气温度**

由于林冠的阻挡作用，林内的太阳辐射和光照强度都比林外大大减弱，因此，空气温度比林外低，日较差也比林外小。据在湘西观测，夏季油桐林内的日平均气温为 21.4～28.6 ℃，比林外低 0.7～1.2 ℃，日较差比林外小 1.3～2.2 ℃；冬季林内日平均气温为 4.1～5.1 ℃，比林外低 0.3～1.1 ℃。冬季油桐落叶，林冠的阻挡作用虽已减小，但由于枝干密集，减小了林内的风速和乱流交换作用，不利于林内冷空气与林外较暖空气的交换。同时，林内的光照强度也因枝干阻隔而仍然小于林外，故其气温低于林外（表 8）。

**表 8 湘西油桐林内外空气温度比较** 单位：℃

| 观测时间 | 地点 | 地段 | 点号 | 不同高度的气温 | | | | 日较差 |
|---|---|---|---|---|---|---|---|---|
| | | | | 20 cm | 100 cm | 150 cm | 200 cm | |
| 1980 年 7 月 26—29 日 | 泸溪 | 林内 | 1 | 29.1 | 29.6 | 28.4 | 28.7 | 10.8 |
| | | 林外 | 2 | 30.2 | 28.9 | 29.1 | 29.9 | 12.6 |
| | | 差值 | | −1.1 | −10.7 | −0.7 | −1.2 | −1.8 |
| 1981 年 7 月 27—30 日 | 保靖 | 林内 | 25 | 28.8 | | 28.6 | | 11.4 |
| | | 林外 | 27 | 30.3 | | 29.6 | | 12.7 |
| | | 差值 | | −1.5 | | −1.0 | | −1.3 |
| 1982 年 6 月 25—28 日 | 溆浦 | 林内 | 36 | 23.9 | 25.1 | 24.4 | 25.1 | 8.6 |
| | | 林外 | 38 | 25.7 | 25.6 | 25.6 | 24.0 | 10.8 |
| | | 差值 | | −1.8 | −0.5 | −1.2 | 1.1 | 2.2 |
| 1982 年 1 月 18—20 日 | 保靖 | 林内 | 25 | | | 5.1 | | |
| | | 林外 | 27 | | | 5.4 | | |
| | | 差值 | | | | −0.3 | | |
| 1982 年 2 月 1—28 日 | 溆浦 | 林内 | 40 | | | 4.1 | | 8.6 |
| | | 林外 | 41 | | | 5.2 | | 15.0 |
| | | 差值 | | | | −1.1 | | −6.4 |

冬季油桐林内的气温相对较低，对油桐的休眠较为有利。由于密度越大，冬季的保冷作用越明显，气温越低。因此，在冷空气活动频繁地区和油桐分布的北界地区，应避免在山脚和低洼处营造油桐林，造林密度也不宜过大，以避免早春油桐顶芽萌动后遭受霜冻危害。

在夏季，同一地段上油桐林内的气温则与郁闭度的大小有直接关系。据在永顺青天坪观测，郁闭度为 0.6～0.7 的林分，其日平均气温比郁闭度为 0.3～0.4 的林分低 0.7 ℃。

### 3. 坡向与油桐林内温度的关系

据在保靖观测，林外南坡的日平均气温一般比北坡高 0.2～0.4 ℃。林内则由于受到林冠的阻挡，光照弱、温度低。由于南坡油桐一般比北坡生长好，郁闭度大，所以林内夏季的地表最高温、日均温和从地表至地下 20 cm 的温度，以及空气最高温度和从地面至离地 20 cm 高处的日平均气温，均低于北坡。南、北坡 150 cm 高处的气温相等(详见表 9)。

可见，夏季林冠郁闭度对林内温度的影响大于坡向对温度的影响。而在冬季，南坡林内的土壤温度和空气温度都比北坡林内略高。此时是坡向对温度的影响起着主导作用。

表 9　坡向与油桐林内温度的关系

| 观测时间 | 坡向 | 气温(℃) | | | | 地温(℃) | | | | | | |
|---|---|---|---|---|---|---|---|---|---|---|---|---|
| | | 最低 | 最高 | 20 cm | 150 cm | 最低 | 最高 | 0 cm | 5 cm | 10 cm | 15 cm | 20 cm |
| 1981 年 7 月 27—30 日 | 南坡 | 24.6 | 37.5 | 29.3 | 29.0 | 24.8 | 56.6 | 30.1 | 28.9 | 28.5 | 28.3 | 28.0 |
| | 北坡 | 24.2 | 38.0 | 30.1 | 29.0 | 18.5 | 56.4 | 32.7 | 29.3 | 29.1 | 28.9 | 28.3 |
| 1982 年 1 月 18—20 日 | 南坡 | 0.2 | 5.5 | 3.1 | 2.8 | −1.6 | 11.4 | 3.1 | 5.4 | 6.0 | 6.7 | 6.9 |
| | 北坡 | 0.2 | 5.4 | 2.9 | 2.6 | −1.4 | 10.9 | 2.5 | 4.0 | 5.0 | 5.3 | 5.9 |

### 4. 林内气温随高度的变化

在同一坡面的不同坡位上，油桐林内的气温是山坡下部高于山坡上部。据夏季观测结果表明，海拔每上升 100 m，保靖林内的气温降低 3.1 ℃，泸溪降低 1.1 ℃，永顺降低 0.4 ℃。山地坡度大，林内气温的垂直递减率也大。

在同一测点上，林内空气温度的铅直变化比林外复杂，总的趋势是随高度上升而气温降低。但由于林内几个活动面(纯林有林冠、间种作物和杂草、地面三个活动面)，而活动面附近的气温一般较高，故活动层内气温的铅直分布呈“ε”形(图 3)。这是因为活动面截留的太阳辐射增高了邻近空气的温度所致。

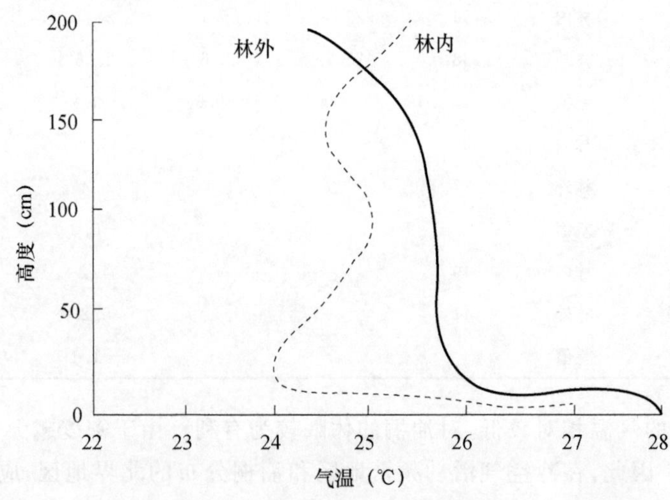


图 3　油桐林内、外气温铅直分布(1982 年 6 月 25—26 日，溆浦)

### (三)湿度

对油桐林内外湿度变化的观测表明,油桐林内的相对湿度是春、夏季高于林外,秋、冬季低于林外(表 10)。

**表 10　湘西油桐林内、外相对湿度比较**　　单位:%

| | 春 | 夏 | | | | 秋 | 冬 | |
|---|---|---|---|---|---|---|---|---|
| | 辰溪 | 泸溪 | 保靖 | 永顺 | 溆浦 | 辰溪 | 保靖 | 溆浦 |
| 林内 | 74 | 86 | 70 | 78 | 78 | 78 | 63 | 83 |
| 林外 | 68 | 81 | 79 | 78 | 75 | 79 | 71 | 86 |
| 差值 | 6 | 5 | −9 | 0 | 3 | −1 | −7 | −3 |

在干旱年份,由于持续高温,较长期内无雨或少雨,林地土壤干旱,林分蒸发势强,水分平衡失调,也会出现林内湿度比林外小的现象。

在气候正常的年份,相对湿度的铅直变化是:夜间,在活动层内,各高度上的空气相对湿度比较接近,以近地面处略大;白天,活动层内的相对湿度铅直变化比较复杂,但以林冠活动面附近最大。

### (四)风速风向

经多年观测研究表明,油桐林内的风向与林外基本一致,风速小于林外,夏季小于冬季。据 1981 年 7 月观测,保靖大妥林内的偏南风频率为 50%,静风频率为 40%,日平均风速为林外的 38%;1 月偏北风频率为 66%,日平均风速为林外的 58%～75%。

油桐林要求通风良好,但风速过大又不利其生长发育。据在溆浦的观测表明,春季的 4～5 级风即可引起油桐落花落果;夏季的 5～6 级风会引起油桐丛生果相互碰撞,果皮出现疤痕。结实多的枝条还会因此而被折断。所以,大风对油桐生长结实不利。在选择营造林地时,必须加以考虑。

## 三、结语与讨论

(1)油桐林是落叶小乔木林,夏季林冠茂密,郁闭度大,阻挡和荫蔽作用强,有“凉伞”效应。因此,林内的光照比林外弱,温度比林外低,空气相对湿度比林外大,风速比林外小,冬季桐叶枯落,阻挡和荫蔽作用减弱,又与疏林效应相似,具有保冷作用。但由于油桐的分布区纬度不高,夏季较长,因而仍具有明显的森林小气候特征,林内的气象要素变化均比林外缓和。

(2)坡向对光照强度有明显影响,林外南坡的光照强度冬季比北坡大 35%,夏季大 14%。坡向对温度也有明显影响,林外日平均气温南坡比北坡高 0.2～0.4 ℃。油桐是喜光、喜温树种,选择南坡营造油桐林,能更好地利用光热资源。

(3)油桐的林分条件对林内气象要素分布有明显的影响。观测结果表明,其主要影响因子是郁闭度。在一定范围内,油桐林的郁闭度越大,光能利用率越高,产量也越高,据初步观测认为,林分郁闭度以 0.7～0.8 为最好,对光能和地力的利用都较为理想。为此,建议以盛果期的林冠郁闭度大小作为确定栽植密度的依据。

(4)相对湿度是衡量油桐林内水分状况的一个指标。在夏季,林内的相对湿度一般高于林外,林内外相对湿度差为正值;当林内外相对湿度差接近零时,应将林内间种的作物或杂草砍倒,覆盖在林地上,以减少土壤水分蒸发和植物的蒸腾,保持土壤水分;有条件的应进行灌溉,以保证桐果发育和油脂转化对于水分的需要。

(5)风对油桐林有明显影响。由于林内风速小于林外,所以,在地形闭塞的地段营造油桐时,栽植密度不宜过大。大风多的地区,油桐应栽在向阳背风地段,以防止大风造成油桐落花落果和折断果枝。

(1984 年完成)

# 油茶林夏季辐射特征*

吴章文

**摘　要**:本文总结了油茶林夏季的辐射特征,阐明了油茶生长发育、开花结实与太阳辐射的相关关系,为油茶树修枝整形、提高光能利用率、合理利用气候资源提供了依据。秋冬时节是油茶林的花期,成为一道旅游景观。

**关键词**:油茶林;太阳辐射;气候资源

## 一、研究目的

油茶是一种多年生常绿小乔木或大灌木,是我国特有的重要木本油料树种,根系发达、枝叶繁茂、耐干旱、耐瘠薄。大量种植油茶不仅可以生产优质食用油,而且可以绿化荒山、调节气候、保持水土、提高森林覆盖率。我国油茶虽然栽培面积大,但由于经营粗放,许多油茶林处于半野生状态,产量极低,浪费了地力,浪费了气候资源,为了改善油茶经营管理,制定科学的栽培技术措施,我们拟对油茶林的光分布规律做较为系统观测研究,现将其初步观测结果报告如下。

## 二、观测方法

在湖南省株洲市郊龙头铺区荷花乡横石村的丘陵地段的油茶林内,设置观测点三个,地段情况、林分状况见表1、表2。

**表1　观测地段情况一览表**

| 测点序号 | 地理位置 | 地形条件 | | | | | | 土壤条件 | |
|---|---|---|---|---|---|---|---|---|---|
| | | 海拔(m) | 相对高度(m) | 坡向 | 坡位 | 坡度 | 坡面 | 土类 | 物理性质 |
| 2 | 27°50′N,113°10′E | 62 | 2 | 北 | 山脊 | 5° | 平 | 红壤 | 黏重 |
| 5 | | 70 | 10 | 西 | 上部 | 8° | 平 | 红壤 | 黏重 |
| 8 | | 61 | 1 | 东 | 中部 | 3° | 平 | 红壤 | 黏重 |

**表2　观测地段林分状况**

| 测点序号 | 树龄(a) | 树高(cm) | 地径(cm) | 冠幅(cm) | 株行距(m) | 郁闭度 | 生长势 | 结实量(个/株) | 垦复状况 | 间种状况 | 备注 |
|---|---|---|---|---|---|---|---|---|---|---|---|
| 2 | 17 | 200 | 7.9 | 268 | 2.5×2.5 | 0.6 | 中 | 279 | 未 | 未 | 多丛生 |
| 5 | 50以上 | 236 | 5.2 | 236 | 2.0×2.0 | 0.6 | 中 | 332 | 未 | 未 | |
| 8 | 17 | 186 | 6.9 | 210 | 1.5×2.0 | 0.5 | 劣 | 114 | 未 | 未 | 多丛生 |

* 观测人员:中南林业科技学院经济林专业83级全体同学;

本文研究由湖南省林业厅资助课题支持。

每个地段各选三株树高、地径、冠幅近似林分平均值的观测株，每株观测上、中、下三个活动面。下活动面离地 5～20 cm，中活动面离地 124～134 cm(即 2/3 树高)，上活动面离地 186～234 cm(即树顶)。中、下两个活动面分别观测东、南、西、北四个方位，以其平均值代表该活动面。中活动面还观测了树冠内膛的辐射值。对照点有两个：一是同地段林中空地；一是相距约 40 km 的空旷地(湖南省气象台)。观测项目：太阳总辐射通量、散射辐射通量、反射辐射通量、油茶的吸收率和反射率。观测时间：1985 年 7 月 6—9 日。仪器型号：DFY2 型天空辐射表、DFM1 型辐射电流表。

## 三、观测结果

根据 7 月 8 日和 9 日在 5 号、8 号测点的观测得知：下活动面平均日辐射总量为空旷地的 20%～30%；林冠内膛日辐射总量为空旷地的 24%～30%，这是太阳辐射在油茶树体分布的两个低值区。中活动面枝条顶端的平均日辐射总量为空旷地的 45%～51%，比下活动面多 21%～25%。上活动面的日辐射总量为空旷地的 71%～77%，比低值区多 47%～51%，是太阳辐射在油茶树体分布的高值区，详见表 3、表 4。由于林冠对太阳辐射有阻挡作用，太阳辐射对林冠有穿透力，投射到油茶林冠上的太阳辐射一部分被树冠阻挡，一部分直接从空隙射入林冠下。被阻挡的这部分太阳辐射一部分被叶面反射掉，一部分被叶面吸收，一部分到达第二层叶面，如此循环层层减弱，再加上油茶树冠大、枝叶茂密，因此可到达林冠下的太阳辐射很少，所以下活动面和中活动面的树冠内膛得到的太阳辐射很少，成为辐射低值区，树顶成为高值区。油茶喜光，因此有 52%的果实着生在得到太阳辐射多的树顶，73%的果实着生在枝条顶端。同一活动面上，中午前后树冠南面的总辐射通量为空旷地的 42%，树冠北面仅为空旷地的 12%，南北相差 30%，树冠南面和北面的日辐射总量相差 14%。详见表 5。由于树冠北面得到太阳辐射少，所以结实量也少，仅占总结实量的 6%。

**表 3　油茶林内的太阳总辐射、反射辐射、反射率**

(1985 年 7 月 8 日，05:09 日出，19:00 日落)

| 时间(北京时) | 下活动面 | | 中活动面 | | 上活动面 | | | 空旷地 | | |
|---|---|---|---|---|---|---|---|---|---|---|
| | 林冠下总辐射(cal/cm²) | 林中空地总辐射(cal/cm²) | 枝顶端总辐射(cal/cm²) | 内膛总辐射(cal/cm²) | 树顶总辐射(cal/cm²) | 反射辐射(cal/cm²) | 反射率(%) | 总辐射(cal/cm²) | 反射辐射(cal/cm²) | 反射率(%) |
| 06:30 | 0.05 | 0.25 | 0.14 | 0.11 | 0.16 | 0.05 | 31 | | | |
| 07:00 | 0.10 | 0.44 | 0.25 | 0.21 | 0.34 | | | 0.24 | 0.06 | 25 |
| 08:00 | 0.15 | 0.62 | 0.36 | 0.31 | 0.52 | | | 0.56 | | |
| 09:00 | 0.21 | 0.82 | 0.46 | 0.28 | 0.72 | | | 0.85 | | |
| 10:00 | 0.27 | 1.01 | 0.56 | 0.25 | 0.91 | 0.09 | 10 | 1.07 | 0.22 | 21 |
| 11:00 | 0.16 | 1.07 | 0.57 | 0.12 | 1.24 | 0.07 | 6 | 1.21 | | |
| 12:00 | 0.16 | 1.24 | 0.51 | 0.36 | 1.21 | 0.09 | 8 | 1.32 | | |
| 13:00 | 0.13 | 1.17 | 0.66 | 0.28 | 1.10 | 0.09 | 8 | 1.23 | 0.23 | 19 |

续表

| 时间（北京时） | 下活动面 | | 中活动面 | | 上活动面 | | | 空旷地 | | |
|---|---|---|---|---|---|---|---|---|---|---|
| | 林冠下总辐射（cal/cm²） | 林中空地总辐射（cal/cm²） | 枝顶端总辐射（cal/cm²） | 内膛总辐射（cal/cm²） | 树顶总辐射（cal/cm²） | 反射辐射（cal/cm²） | 反射率（%） | 总辐射（cal/cm²） | 反射辐射（cal/cm²） | 反射率（%） |
| 14:00 | 0.28 | 0.77 | 0.64 | 0.20 | 0.98 | 0.07 | 7 | 1.32 | | |
| 15:00 | 0.24 | 0.70 | 0.47 | 0.16 | 0.79 | | | 1.06 | | |
| 16:00 | 0.19 | 0.62 | 0.30 | 0.11 | 0.60 | 0.06 | 10 | 0.83 | 0.17 | 20 |
| 17:00 | 0.12 | 0.39 | 0.20 | 0.09 | 0.39 | | | 0.56 | | |
| 18:00 | 0.04 | 0.16 | 0.11 | 0.06 | 0.18 | 0.05 | 28 | 0.24 | 0.11 | 19 |
| 日总量 | 126.60 | 576.94 | 284.75 | 153.63 | 490.03 | | | 634.20 | | |
| 百分比（%） | 20 | 91 | 45 | 24 | 77 | | | 100 | | |

**表 4　油茶林内外的总辐射、散射辐射、反射辐射、反射率**

（1985 年 7 月 9 日，05:10 日出，19:00 日落）

| 时间（北京时） | 下活动面 | | 中活动面 | | | 上活动面 | | | | 空旷地 | | | |
|---|---|---|---|---|---|---|---|---|---|---|---|---|---|
| | 林冠下总辐射（cal/cm²） | 林中空地总辐射（cal/cm²） | 枝顶端总辐射（cal/cm²） | 内膛总辐射（cal/cm²） | 散射（cal/cm²） | 树顶总辐射（cal/cm²） | 散射（cal/cm²） | 反射（cal/cm²） | 反射率（%） | 总辐射（cal/cm²） | 散射（cal/cm²） | 反射（cal/cm²） | 反射率（%） |
| 06:30 | 0.02 | 0.07 | 0.06 | 0.03 | | 0.12 | | 0.03 | 25 | | | | |
| 07:00 | 0.07 | 0.20 | 0.14 | 0.11 | | 0.24 | | | | 0.27 | 0.14 | 0.07 | 26 |
| 08:00 | 0.11 | 0.33 | 0.21 | 0.19 | 0.35 | 0.35 | | 0.04 | 11 | 0.56 | 0.29 | | |
| 09:00 | 0.20 | 0.66 | 0.35 | 0.27 | | 0.63 | | | | 0.84 | 0.22 | | |
| 10:00 | 0.29 | 0.99 | 0.49 | 0.35 | 0.10 | 0.90 | 0.13 | 0.10 | 11 | 1.05 | 0.20 | 0.22 | 21 |
| 11:00 | 0.38 | 0.97 | 0.73 | 0.26 | 0.10 | 1.01 | 0.15 | 0.05 | 5 | 1.21 | 0.23 | | |
| 12:00 | 0.31 | 1.22 | 0.71 | 0.58 | 0.09 | 1.19 | 0.12 | 0.10 | 8 | 1.30 | 0.29 | | |
| 13:00 | 0.81 | 1.17 | 0.67 | 0.35 | 0.11 | 0.86 | 0.20 | 0.11 | 12 | 1.30 | 0.27 | 0.23 | 18 |
| 14:00 | 0.11 | 0.21 | 0.32 | 0.23 | 0.09 | 0.50 | 0.12 | 0.05 | 10 | 1.17 | 0.30 | | |
| 15:00 | 0.18 | 0.21 | 0.42 | 0.23 | | 0.48 | | | | 1.10 | 0.40 | | |
| 16:00 | 0.25 | 0.21 | 0.51 | 0.22 | 0.13 | 0.46 | 0.12 | 0.04 | 7 | 0.85 | 0.30 | 0.18 | |
| 17:00 | 0.17 | 0.20 | 0.32 | 0.15 | | 0.35 | | | | 0.17 | 0.17 | | |
| 18:00 | 0.10 | 0.18 | 0.13 | 0.08 | 0.05 | 0.23 | 0.07 | 0.04 | 17 | 0.13 | 0.13 | | |
| 19:00 | | | | | | | | | | 0.01 | 0.01 | 0.06 | |
| 日总量 | 180.0 | 397.63 | 305.4 | 183.18 | | 440.13 | | | | 600.8 | 178.6 | | |
| 百分比（%） | 30 | 66 | 51 | 30 | | 73 | | | | 100 | | | |

**表 5　油茶树冠南北辐射差异**

(1985 年 7 月 9 日)

| | 下活动面 | | 中活动面 | | 空旷地 |
|---|---|---|---|---|---|
| | 南面 | 北面 | 南面 | 北面 | |
| 日总量(cal/cm$^2$) | 184.06 | 104.95 | 404.20 | 321.08 | 600.80 |
| 百分比(%) | 31 | 17 | 67 | 53 | 100 |
| 南北比例差值(%) | 14 | | 14 | | |
| 中午总辐射通量(cal/cm$^2$) | 0.54 | 0.15 | 0.94 | 0.81 | 1.30 |
| 百分比(%) | 42 | 12 | 72 | 62 | 100 |
| 南北比例差值(%) | 30 | | 10 | | |

根据傅抱璞先生研究，坡地上的直接辐射、总辐射、反射辐射和辐射差额都是南坡最大、北坡最小，而且坡度越大南北差异越大，越接近寒冷季节南北坡差异越大(表 6)。中纬度地区南北坡最大辐射通量可相差 2 倍。

**表 6　平地上的总辐射日总量及斜坡与平地上总辐射的比值**

| 月份 | 平地日辐射总量(cal/cm$^2$) | 斜坡与平地总辐射比值(%) | | | | | | | |
|---|---|---|---|---|---|---|---|---|---|
| | | 北坡 | | | | 南坡 | | | |
| | | 20° | 15° | 10° | 5° | 5° | 10° | 15° | 20° |
| 3 | 287 | 80 | 86 | 91 | 96 | 105 | 109 | 112 | 115 |
| 4 | 437 | 86 | 89 | 94 | 97 | 102 | 105 | 106 | 107 |
| 5 | 581 | 90 | 93 | 97 | 99 | 100 | 101 | 101 | 102 |
| 6 | 643 | 92 | 95 | 97 | 99 | 100 | 101 | 100 | 99 |
| 7 | 626 | 91 | 94 | 96 | 98 | 101 | 101 | 100 | 100 |
| 8 | 555 | 86 | 90 | 93 | 97 | 103 | 104 | 105 | 105 |
| 9 | 450 | 75 | 82 | 91 | 93 | 106 | 108 | 112 | 115 |
| 10 | 303 | 67 | 76 | 85 | 92 | 107 | 111 | 120 | 120 |

调查证明：生长在阳坡的油茶，树形饱满、枝条充实、花芽多、花期早而整齐、产量高；生长在阴坡的油茶，枝条纤细、弱小，花芽分化少，花期迟而不整齐，产量低。据调查资料，18 年生的油茶生长在阳坡的比生长在阴坡的平均亩产茶油多 15 斤，详见表 7。

**表 7　阳坡、阴坡油茶生长结实情况**

| 立地条件 | 油茶生长 | | | | 油茶产量 | | | | 备注 |
|---|---|---|---|---|---|---|---|---|---|
| | 新梢(cm) | | 芽(枚) | | 平均亩产(斤) | 出籽率(%) | 出油率(%) | 千粒重(g) | |
| | 长度 | 中径 | 花芽 | 叶芽 | | | | | |
| 阳 坡 | 5.7 | 0.17 | 32 | 158 | 56.7 | 49 | 28 | 2.010 | 18 年生 |
| 阴 坡 | 7.4 | 0.14 | 25 | 185 | 41.7 | 27 | 18.5 | 1.330 | 18 年生 |

注：引自李振纪编《油茶》。

油茶的反射率和吸收率：以树冠为下垫面，测到的油茶树冠的平均反射率为 13%，其日变化规律是早晚大(25%～31%)，中午前后小(5%～12%)，因为下垫面的反射率是太阳高度角的函数，一般在太阳高度高时反射率小，太阳高度低时反射率大。又以单层油茶叶片为下垫面，观测到的反射率为 12%～15%，与树冠平均反射率相符合。将叶片盖在感应面上，测出的油茶单层叶片的吸收率为 85%～88%，这与其反射率是相吻合的。可见油茶对太阳辐射吸收能力之强。只要加强抚育管理，进行修枝整形，扩大树冠受光面积，便可以提高油茶光能利用率，增加油茶产量，充分利用地力和气候资源，发掘其生产潜力。

## 四、结论和建议

(1)油茶林内太阳辐射比林外少。夏季林内总辐射日总量比同地段林中空地小 36%～71%，比林外空旷地小 23%～80%。

(2)油茶林内树冠各部位得到的太阳辐射不等，垂直方向从树顶至地面依次减小，树顶是高值区，日辐射总量为空旷地的 71%～77%，树冠中部较多，2/3 树高处的平均日辐射总量为空旷地的 45%～51%，树冠内膛和地表附近最少，平均日辐射总量仅为空旷地的 20%～30%；水平方向在同一活动面上，树冠南面得到的太阳辐射比北面多，中午前后总辐射通量南面比北面大 30%，日辐射总量南面比北面大 14%。

(3)油茶喜光，得到太阳辐射多的树顶和枝条顶端结实量多，分别占总结实量的 52%和 73%；树冠北面得到太阳辐射少，结实量也只占总结实量的 6%。

(4)油茶对太阳辐射的吸收能力强，吸收率达 85%～88%，反射率只有 12%～15%。其反射率日变化规律是早晚大(25%～31%)，中午前后小(5%～12%)。

(5)油茶林 11 月始花，花期一个多月，花朵较大，白色。秋、冬季节，成片的油茶林成为一片花的海洋，使百花凋零的秋、冬季节变得生意盎然。油茶林成了秋天一道美丽风景，增加了丘陵地区的旅游景观。

鉴于油茶林的上述特征，建议营造油茶林时注意选择南坡，密度不宜过大；对现有密度大、产量低的油茶林，一要疏伐，二要修枝，三要整形。修枝原则：修密留稀、修弱留强、修内留外、修北留南、修下留上，以增大林地透光率、减少树体养分消耗。修剪强度须因地因树而异，有待进一步试验研究。整形：一要培育主干，二要施加外力使树冠呈开心形，扩大树冠受光面积，提高油茶的光能利用率，充分利用山区气候资源，增产油茶，为人民提供更多的优质食用油，同时也增添一处旅游景观。

(1985 年 7 月)

# 葡萄桐林结构及其中的太阳辐射特征*

吴章文

## 一、葡葡桐林结构特征

葡葡桐的树型一般可分为两种,即塔形和圆形。为了弄清这两种树型在结构上的差异,我们在湖北省通山县凤池山、湖南省永顺县青天坪、湖北省咸宁县贺胜桥共调查了 7 处葡葡桐样地,结果见表 1。

**表 1　标准地调查结果汇总表**

| 样本数 | 地点 | 树型 | 层间距(cm) | 树高(m) | 枝下高(m) | 径(cm) | 树冠(m) | | 株行距(m) | | 分枝数(枝) |
|---|---|---|---|---|---|---|---|---|---|---|---|
| | | | | | | | 东西 | 南北 | 株距 | 行距 | |
| 54 | 凤池山,5 年 | 塔 | 106.4 | 3.790 | 1.193 | 9.8 | 4.326 | 4.213 | 3.229 | 3.348 | 10.4 |
| 49 | | 圆 | | 3.706 | 1.140 | 9.7 | 4.247 | 4.171 | 3.448 | 3.268 | 5.6 |
| 58 | 青天坪,14 年 | 塔 | | 5.112 | 1.013 | 19.1 | 5.585 | 5.558 | | | |
| 30 | | 圆 | | 4.537 | 0.979 | 17.1 | 5.437 | 5.332 | | | |
| 125 | 贺胜桥,4 年 | 塔 | 65.5 | 3.860 | 1.351 | 9.4 | 3.637 | 3.744 | 3.274 | 3.886 | 10.5 |
| 75 | | 圆 | | 3.579 | 1.269 | 8.9 | 3.380 | 3.487 | 3.083 | 3.768 | 7.6 |
| 21 | 青天坪,10 年 | 塔 | | 3.205 | 0.912 | 30.6 | 4.307 | 4.023 | 3 | 3 | 13.1 |
| 24 | | 圆 | | 2.463 | 1.083 | 26.9 | 3.879 | 3.863 | 3 | 3 | 5.7 |

由表 1 可见,塔形的分枝数明显多于圆形的分枝数,如凤池山平均多 4.8 枝,贺胜桥平均多 2.9 枝;其他指标如树高、枝下高、地径、冠幅亦表现为塔形优于圆形。从调查样地的塔形和圆形的样本数可见,平均来说,塔形约占 61%,圆形约占 39%。

## 二、葡葡桐结实特征

葡葡桐的结实量是否与方位有关?为了说明这个问题,我们于 1985、1986 年调查了葡葡桐、五爪桐和小米桐不同方位的结实情况,结果见表 2 和表 3。很明显,葡萄桐的不同方位的结实量不同。总的说来,结实率最高的方位是南方位或与坡向相同的方位,结实率最低的方位是北方位或与坡向相对立的方位。

---

* 主要观测人员:吴立潮、雷永松、邓先珍等;

本文系国家自然科学基金项目《油桐林光分布研究》相关研究成果。

表 2　结实方位调查表(1985 年)

| 地点 | 品种 | 树龄(a) | 树型 | 坡向 | 株数 | 年份 | 东(%) | 南(%) | 西(%) | 北(%) |
|---|---|---|---|---|---|---|---|---|---|---|
| 石门 | 五爪桐 | 6 | 圆 | N | 5 | 1985 | 29.1 | 30.9 | 22.0 | 18.0 |
| 慈利 | 小米桐 | 20 | 圆 | W | 6 | 1985 | 24.2 | 24.6 | 27.4 | 23.6 |
| 通山 | 葡葡桐 | 5 | 圆 | W | 14 | 1985 | 21.4 | 28.3 | 29.4 | 20.9 |
| 通山 | 葡葡桐 | 5 | 圆 | N | 4 | 1985 | 22.8 | 30.4 | 22.5 | 24.3 |
| 慈利 | 葡葡桐 | 20 | 圆 | W | 2 | 1985 | 21.9 | 24.6 | 26.8 | 26.7 |
| 石门 | 五爪桐 | 6 | 塔 | S | 5 | 1985 | 17.7 | 42.9 | 22.7 | 16.7 |
| 慈利 | 小米桐 | 20 | 塔 | W | 3 | 1985 | 39.9 | 18.0 | 18.6 | 23.5 |
| 通山 | 葡葡桐 | 5 | 塔 | W | 9 | 1985 | 20.2 | 27.2 | 31.6 | 21.0 |
| 通山 | 葡葡桐 | 5 | 塔 | N | 3 | 1985 | 19.7 | 25.5 | 19.0 | 35.8 |
| 慈利 | 葡葡桐 | 20 | 塔 | W | 2 | 1985 | 26.7 | 16.8 | 34.9 | 21.6 |

表 3　结实方位调查表(1986 年)

| 地点 | 品种 | 树龄(a) | 树型 | 坡向 | 株数 | 年份 | 东(%) | 南(%) | 西(%) | 北(%) |
|---|---|---|---|---|---|---|---|---|---|---|
| 石门 | 五爪桐 | 6 | 圆 | W | 4 | 1986 | 21.1 | 31.9 | 26.2 | 20.8 |
| 石门 | 五爪桐 | 6 | 圆 | N | 5 | 1986 | 26.3 | 35.4 | 18.6 | 19.7 |
| 慈利 | 小米桐 | 20 | 圆 | W | 6 | 1986 | 23.4 | 30.2 | 22.7 | 23.7 |
| 通山 | 葡葡桐 | 5 | 圆 | W | 14 | 1986 | 13.9 | 30.2 | 36.7 | 19.2 |
| 通山 | 葡葡桐 | 5 | 圆 | N | 4 | 1986 | 13.5 | 32.1 | 19.5 | 34.9 |
| 慈利 | 葡葡桐 | 20 | 圆 | W | 2 | 1986 | 27.3 | 19.3 | 26.9 | 26.5 |
| 永顺 | 葡葡桐 | 14 | 圆 | 平地 | 6 | 1986 | 27.3 | 34.1 | 19.8 | 18.8 |
| 石门 | 五爪桐 | 6 | 塔 | S | 5 | 1986 | 21.2 | 38.6 | 21.1 | 19.1 |
| 慈利 | 小米桐 | 20 | 塔 | W | 3 | 1986 | 39.0 | 22.1 | 24.5 | 14.4 |
| 通山 | 葡葡桐 | 5 | 塔 | W | 9 | 1986 | 18.5 | 29.9 | 33.7 | 17.9 |
| 通山 | 葡葡桐 | 5 | 塔 | N | 3 | 1986 | 21.7 | 25.5 | 16.3 | 36.5 |
| 慈利 | 葡葡桐 | 20 | 塔 | E | 2 | 1986 | 34.4 | 23.0 | 19.7 | 22.9 |
| 慈利 | 葡葡桐 | 20 | 塔 | W | 2 | 1986 | 28.3 | 21.0 | 23.4 | 27.3 |
| 永顺 | 葡葡桐 | 14 | 塔 | 平地 | 13 | 1986 | 27.1 | 30.0 | 21.2 | 21.7 |

葡葡桐的结实量也与枝段的位置有关,表 4 和表 5 列出了不同枝段(把每根树枝分为外段、中段、内段,每段各占树枝长度的三分之一)的结实率。由表可见,不同坡向外段(最外段)的结实率(结果数与总果数之百分比)在 60%以上,绝大部分在 70%以上,个别达到 100%;内段的结实率在 10%以下,有些甚至为 0。不同枝段结实率的差别与树木的树龄有关,树龄越大,不同枝段结实率的差别相对越小。

**表 4　结实部位调查表**

| 地点 | 品种 | 树龄(a) | 树型 | 坡向 | 株数 | 年份 | 外段(%) | 中段(%) | 内段(%) |
|---|---|---|---|---|---|---|---|---|---|
| 石门 | 五爪桐 | 6 | 圆 | N | 5 | 1985 | 79.9 | 17.1 | 3.0 |
| 慈利 | 小米桐 | 20 | 圆 | W | 6 | 1985 | 73.7 | 19.6 | 6.7 |
| 通山 | 葡葡桐 | 5 | 圆 | W | 14 | 1985 | 98.8 | 1.0 | 0.2 |
| 通山 | 葡葡桐 | 5 | 圆 | N | 4 | 1985 | 98.5 | 1.5 | 0.0 |
| 慈利 | 葡葡桐 | 20 | 圆 | W | 2 | 1985 | 74.4 | 18.6 | 7.0 |
| 石门 | 五爪桐 | 6 | 塔 | S | 5 | 1985 | 93.6 | 5.9 | 0.5 |
| 慈利 | 小米桐 | 20 | 塔 | W | 3 | 1985 | 75.2 | 18.6 | 6.2 |
| 通山 | 葡葡桐 | 5 | 塔 | W | 9 | 1985 | 99.1 | 0.9 | 0.0 |
| 通山 | 葡葡桐 | 5 | 塔 | N | 3 | 1985 | 100.0 | 0.0 | 0.0 |
| 慈利 | 葡葡桐 | 20 | 塔 | W | 2 | 1985 | 60.7 | 29.9 | 9.4 |

**表 5　结实部位调查表**

| 地点 | 品种 | 树龄(a) | 树型 | 坡向 | 株数 | 年份 | 外段(%) | 中段(%) | 内段(%) |
|---|---|---|---|---|---|---|---|---|---|
| 石门 | 五爪桐 | 6 | 圆 | W | 4 | 1986 | 86.6 | 9.7 | 3.7 |
| 石门 | 五爪桐 | 6 | 圆 | N | 5 | 1986 | 88.7 | 9.7 | 1.6 |
| 慈利 | 小米桐 | 20 | 圆 | W | 6 | 1986 | 76.6 | 18.2 | 5.2 |
| 通山 | 葡葡桐 | 5 | 圆 | W | 14 | 1986 | 95.6 | 4.2 | 0.2 |
| 通山 | 葡葡桐 | 5 | 圆 | N | 4 | 1986 | 98.0 | 2.0 | 0.0 |
| 慈利 | 葡葡桐 | 20 | 圆 | W | 2 | 1986 | 87.4 | 10.8 | 1.8 |
| 永顺 | 葡葡桐 | 14 | 圆 | 平地 | 6 | 1986 | 74.6 | 18.3 | 7.1 |
| 石门 | 五爪桐 | 6 | 塔 | S | 5 | 1986 | 97.2 | 2.6 | 0.2 |
| 慈利 | 小米桐 | 20 | 塔 | W | 3 | 1986 | 73.3 | 21.5 | 5.2 |
| 通山 | 葡葡桐 | 5 | 塔 | W | 9 | 1986 | 97.0 | 1.7 | 1.3 |
| 通山 | 葡葡桐 | 5 | 塔 | N | 3 | 1986 | 98.6 | 0.9 | 0.5 |
| 慈利 | 葡葡桐 | 20 | 塔 | E | 2 | 1986 | 66.2 | 25.1 | 8.7 |
| 慈利 | 葡葡桐 | 20 | 塔 | W | 2 | 1986 | 76.3 | 16.3 | 7.4 |
| 永顺 | 葡葡桐 | 14 | 塔 | 平地 | 13 | 1986 | 75.8 | 19.2 | 5.0 |

对于塔形树，可以分成不同的层次，不同层次的结实率也有明显不同，结果见表 6。一般来说，随着层次的升高，结实率增加；各层次的不同方位的结实率也基本上是结实率最高的方位是南方位或与坡向相同的方位，结实率最低的方位是北方位或与坡向相对立的方位。

**表 6　不同层次不同方位的结实情况**

| 地点 | 品种 | 树龄(a) | 层次 | 坡向 | 株数 | 东(%) | 南(%) | 西(%) | 北(%) | 顶(%) |
|---|---|---|---|---|---|---|---|---|---|---|
| 石门 | 五爪桐 | 6 | 1 | S | 5 | 8.7 | 18.4 | 10.8 | 7.5 | |
| | | | 2 | | | 12.5 | 20.2 | 10.4 | 11.5 | |
| 慈利 | 小米桐 | 20 | 1 | W | 3 | 25.6 | 11.8 | 17.4 | 5.6 | |
| | | | 2 | | | 13.3 | 10.3 | 7.2 | 8.7 | |

续表

| 地点 | 品种 | 树龄(a) | 层次 | 坡向 | 株数 | 东(%) | 南(%) | 西(%) | 北(%) | 顶(%) |
|---|---|---|---|---|---|---|---|---|---|---|
| 通山 | 葡葡桐 | 5 | 1 | W | 9 | 7.5 | 18.1 | 20.6 | 9.9 | |
| | | | 2 | | | 11.0 | 11.8 | 13.2 | 8.0 | |
| 通山 | 葡葡桐 | 5 | 1 | N | 3 | 6.4 | 7.8 | 1.7 | 15.9 | |
| | | | 2 | | | 15.4 | 17.7 | 14.5 | 20.6 | |
| 慈利 | 葡葡桐 | 20 | 1 | E | 2 | 13.7 | 7.4 | 5.7 | 6.0 | |
| | | | 2 | | | 7.0 | 8.5 | 5.8 | 6.1 | |
| | | | 3 | | | 13.6 | 7.1 | 8.3 | 10.7 | |
| 慈利 | 葡葡桐 | 20 | 1 | W | 2 | 5.0 | 8.7 | 7.0 | 7.3 | 13.3 |
| | | | 2 | | | 20.0 | 9.0 | 13.0 | 16.7 | |

总之，油桐的结实有如下特征：①结实率最高的方位是南方位或与坡向相同的方位，结实率最低的方位是北方位或与坡向相对立的方位；②不同坡向的结实率外段(最外段)＞中段＞内段，并且塔形树的结实量大于圆形树，不同枝段的结实率的差别与树木的树龄有关，树龄越大，不同枝段结实率的差别相对越小；③随着层次的升高，结实率增加。

## 三、太阳辐射的组成

表 7 列出了不同测点林中空地的散射辐射、直接辐射和反射辐射占总辐射的百分比。云量越少，直接辐射占总辐射的比例越大，散射辐射占总辐射的比例越小，在少云或晴天条件下，直接辐射占 69%以上，在阴天条件下，散射辐射和直接辐射几乎各占一半。地面的反射率大小与众多因素有关，如云量、坡向、坡度、下垫面覆盖、土壤组成等，一般来说，南向坡的反射率大于北向坡，东、西向的反射率相差不大。

**表 7　林中空地上的太阳辐射**

| 地点 | 海拔(m) | 坡向 | 坡度 | 总辐射 (cal/(cm$^2$ · min)) | 散射辐射 (%) | 直接辐射 (%) | 反射辐射 (%) |
|---|---|---|---|---|---|---|---|
| 石门油科所 | 250 | 南 | 25° | 8 | 49.9 | 50.1 | 21.1 |
| | 250 | 北 | 25° | 8 | 49.9 | 50.1 | 14.1 |
| | 250 | 山脊 | 20° | 8 | 48.3 | 51.7 | 15.5 |
| 青天坪 | — | 东南坡 | — | 6 | 42.0 | 58.0 | 17.6 |
| 通山 | 280 | 东坡 | 15° | 4 | 17.7 | 82.3 | 13.5 |
| | 280 | 北坡 | 15° | 4 | 30.6 | 69.4 | 11.7 |
| 慈利 | 380 | 南坡 | 20° | 4 | 29.8 | 70.2 | 13.4 |
| 宜冲桥 | 420 | 西坡 | 20° | 3 | 26.1 | 73.9 | 12.8 |

由于油桐林的存在，不仅使得到达林内的总辐射量大为减少，而且使得其组成(散射辐射和直接辐射的百分比)发生明显变化。

表 8 表明林中的散射辐射占总辐射的百分率高于对照地的散射辐射占总辐射的百分率，

最大的高于11%,当然也有少数方位的小于对照地。由于直接辐射等于总辐射减去散射辐射,因此林中的直接辐射占总辐射的百分率低于对照地的直接辐射占总辐射的百分率,当然也有少数方位的小于对照地(表略)。事实上,林内散射辐射占总辐射的百分率的大小还随高度变化,在三分之二树高为极大值,由此向上、向下递增,并且地面大于林冠顶。此外林内的反射率也稍小于对照地的反射率。

表 8 油桐林中散射辐射占总辐射的百分率(%)

| 地点 | 坡向 | 树型 | 东 | 南 | 西 | 北 | 平均 | 对照 |
|---|---|---|---|---|---|---|---|---|
| 青天坪 | 东 | 塔 | 51.9 | 58.3 | 63.5 | 64.0 | 59.4 | 49.4 |
| 青天坪 | 东 | 圆 | 62.9 | 45.5 | 58.3 | 78.6 | 61.3 | 50.2 |
| 石门 | 南 | 塔 | 50.0 | 29.1 | 51.3 | 58.8 | 47.3 | 30.8 |
| 石门 | 南 | 圆 | 43.3 | 27.3 | 44.8 | 32.7 | 37.0 | 30.8 |
| 宜冲桥 | 西 | 塔 | 41.8 | 38.7 | 41.3 | 40.1 | 40.5 | 35.5 |
| 宜冲桥 | 西 | 圆 | 32.4 | 31.3 | 36.3 | 42.1 | 35.5 | 35.5 |
| 通山 | 北 | 塔 | 31.8 | 46.2 | 61.0 | 52.7 | 47.9 | 30.6 |
| 通山 | 北 | 圆 | 54.9 | 39.1 | 94.4 | 40.8 | 57.3 | 30.6 |

## 四、林内的太阳辐射

### (一)总辐射

#### 1. 总辐射随方位的变化特征(表 9)

东坡:塔形树在东方位最大,占空旷地的87.5%,其次是南方位,西、北方位最小且数值相近,约占空旷地的71.1%;圆形树在南方位最大,占对照地的90.8%,其次是东方位,但东、西、北各方位的数值相差不大,在70.5%~76.5%。

南坡:塔形树在南方位最大,占对照地的84.4%,其次是东、西方位,各为49%多一点,最小是北方位,占对照地的43.6%;圆形树最大为南方位,占对照地的72.7%,其次是北方位,占对照地的71%,东、西方位相近,占对照地的50%左右。

西坡:塔形树在南方位最多,占对照地的69.2%,其次是西方位,东方位最小,占对照地的55.8%;圆形树最大亦为南方位,占对照地的71.8%,其次是东方位,西方位最小,占对照地的60.8%。

北坡:塔形树最大在东方位,占对照地的58.4%,其次是南方位,西方位最小,占对照地的27.4%;圆形树以北方位最多,占对照地的48.3%,其次是南方位,西方位最小,占对照地的20.1%。

综上所述,林内总辐射随方位分布的总趋势是总辐射最大的方位是南方位或与坡向相同的方位,总辐射最小的方位是北方位或与坡向相反的方位,这与结实率随方位的分布基本一致,这种相似性可能说明葡葡桐的结实率多少与总辐射的大小成正相关。

表 9　不同坡向各方位总辐射占林中空地总辐射的百分率(%)

| 地点 | 坡向 | 树型 | 东 | 南 | 西 | 北 |
|---|---|---|---|---|---|---|
| 青天坪 | 东 | 塔 | 87.5 | 75.0 | 71.2 | 71.1 |
| 青天坪 | 东 | 圆 | 76.5 | 90.8 | 73.8 | 70.5 |
| 石门 | 南 | 塔 | 49.1 | 84.4 | 49.5 | 43.6 |
| 石门 | 南 | 圆 | 51.9 | 72.7 | 49.3 | 71.0 |
| 宜冲桥 | 西 | 塔 | 55.8 | 69.2 | 59.1 | 58.2 |
| 宜冲桥 | 西 | 圆 | 67.7 | 71.8 | 60.8 | 63.2 |
| 通山 | 北 | 塔 | 58.4 | 41.5 | 27.4 | 33.2 |
| 通山 | 北 | 圆 | 32.0 | 46.0 | 20.1 | 48.3 |

### 2. 总辐射随高度的变化

为了解总辐射随高度的变化，1986 年 4 月 21—22 日两天对永顺青天坪的两株葡葡桐(一塔一圆)的不同高度(各分枝层高度)的总辐射进行了观测，同一层次的四个方位的平均代表该层的平均总辐射，塔形树的观测结果见图 1，圆形树的观测结果见图 2。

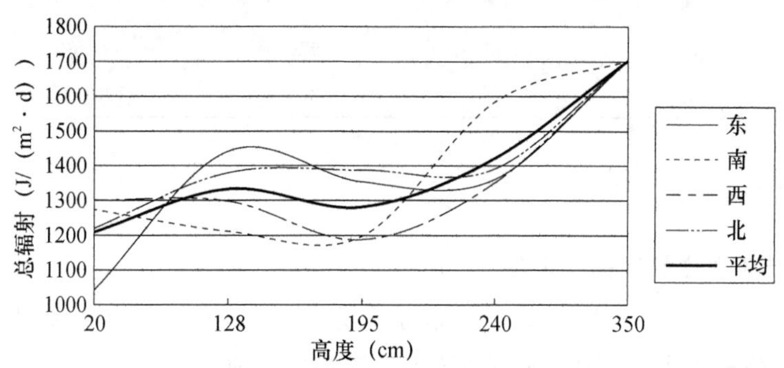


图 1　塔形树日辐射总量随高度的变化

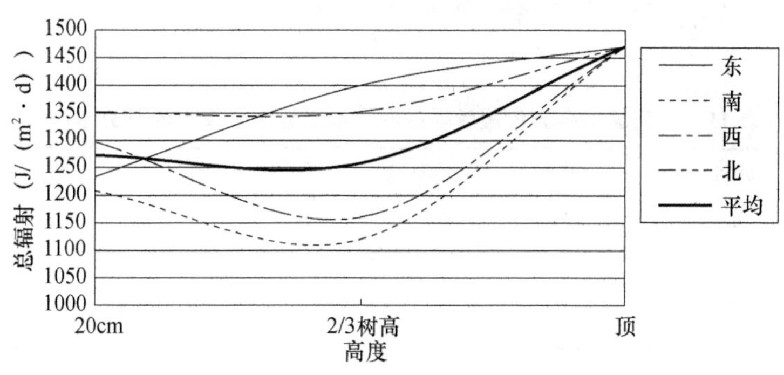


图 2　圆形树日辐射总量随高度的变化

对于塔形树来说，东方位的总辐射在 1.28 m(第一分枝层处)有一极大值，1.95 m(第二分枝层处)有一极小值；南方位和西方位的总辐射都在 1.95 m 有一极小值，由此向上、向下递增；北方位的总辐射由地面向上依次递减，但由 1.28～2.40 m 间数值相差很小，几乎呈等值变化；四方位的平均变化类似于东方位总辐射的变化。

对于圆形树来说,东方位的总辐射是随高度的增加而增大;南方位和西方位的总辐射在三分之二树高处最小,由此向上、向下递增;北方位的总辐射在三分之二树高以下变化小,以上随高度的增加而增大;平均来说,在三分之二树高处最小,由此向上、向下递增。

以上论述说明总辐射的垂直分布在树冠最密集的高度最小,由此向上、向下递增。

### 3. 总辐射随枝段部位的分布特征

对于一个枝条,一般来说,总辐射在外段最大,其次是中段,内段最小,这是因为枝叶的遮挡对外段辐射影响最小,对内段辐射影响最大。但实测的数据有些并不完全一致。如表 10 所示,慈利西坡的圆形树, 2.6 m 高度处总辐射最大在中段,慈利南坡塔形树 2/3 树高处内段的总辐射比外段大,通山塔形树最大在内段,圆形树最大在中段,最小都在外段。

**表 10 总辐射随枝段部位的变化[J/(cm² · d)]**

| 地点 | 坡向 | 树型 | 内段辐射量 | 中段辐射量 | 外段辐射量 |
|---|---|---|---|---|---|
| 慈利 | 南 | 塔 | 1294.3 | — | 1038.5 |
| 慈利 | 南 | 圆 | 1334.7 | — | 1920.0 |
| 慈利 | 西 | 塔 | 985.9 | 1309.7 | 1382.9 |
| 慈利 | 西 | 圆 | 635.2 | 905.9 | 703.2 |
| 通山 | 北 | 塔 | 978.6 | 774.6 | 632.1 |
| 通山 | 北 | 圆 | 803.0 | 1064.1 | 799.7 |

## (二)散射辐射

### 1. 散射辐射随方位的变化特征(表 11)

东坡:塔形树散射辐射北方位最大,其次是东方位,两者相差仅 0.7%,南方位最小,事实上各方位相差不超过 4.1%。圆形树散射辐射同塔形树类似。

南坡:塔形树散射辐射北方位最大,占对照地的 83.2%,其次是西方位,东、南方位的散射辐射相差很小。圆形树散射辐射北方位最大,占对照地的 75.3%,其他方位由大至小依次为东、西、南方位。各方位相差在 11%以下。

**表 11 不同坡向各方位散射辐射占林中空地散射辐射的百分率(%)**

| 地点 | 坡向 | 树型 | 东 | 南 | 西 | 北 |
|---|---|---|---|---|---|---|
| 青天坪 | 东 | 塔 | 92.0 | 88.6 | 91.5 | 92.7 |
| 青天坪 | 东 | 圆 | 95.9 | 82.3 | 85.8 | 110.3 |
| 石门 | 南 | 塔 | 79.6 | 79.7 | 82.4 | 83.2 |
| 石门 | 南 | 圆 | 73.0 | 64.5 | 71.6 | 75.3 |
| 宜冲桥 | 西 | 塔 | 65.6 | 75.3 | 68.7 | 65.7 |
| 宜冲桥 | 西 | 圆 | 61.7 | 63.2 | 62.2 | 75.0 |
| 通山 | 北 | 塔 | 60.7 | 62.6 | 54.6 | 57.2 |
| 通山 | 北 | 圆 | 57.5 | 58.9 | 61.4 | 64.5 |

西坡:塔形树散射辐射南方位最大,占对照地的 75.3%,其次是西方位,东、北方位几乎一

致。圆形树散射辐射以北方位最大，占对照地的75.0%，其次是南方位，东方位最小，但东、南、西三个方位相差不超过1%。

北坡：塔形树散射辐射南方位最大，占对照地的62.6%，其次是东方位，西方位最小，占对照地的54.6%。圆形树的散射辐射以北方位最大，占对照地的64.5%，其次是西方位，东方位最小，占对照地的57.5%。

综上所述，林内散射辐射随方位分布的总趋势是散射辐射最大的方位是北方位或与坡向相反的方位，散射辐射最小的方位是南方位或与坡向相同的方位，这与结实率随方位的分布基本相反，这种对立性可能说明葡萄桐的结实率多少与散射辐射的大小成负相关。

### 2. 散射辐射随高度的分布特征

对于塔形树来说，东、南、北方位的散射辐射随高度的增加而增大（图3），西方位的散射辐射在1.28 m处为最小值，由此向上、向下递增。四个方位的平均散射辐射随高度的分布与北方位的几近一致。对于圆形树来说，东、西、北方位及四个方位的平均散射辐射是随高度的增加而增大（图4），南方位的散射辐射在三分之二树高处最小，由此向上、向下递增。

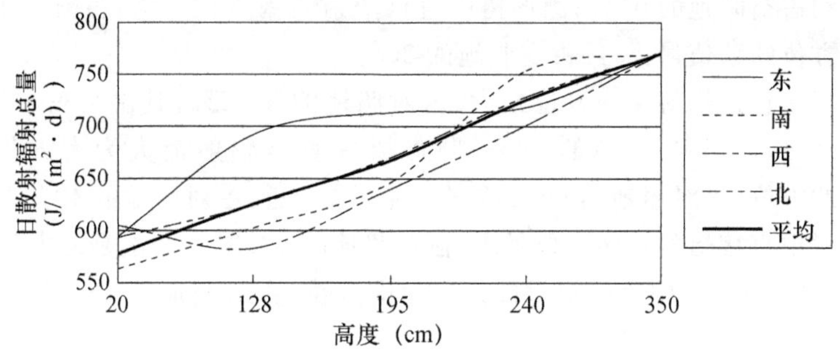


图3　塔形树日散射辐射总量随高度的变化

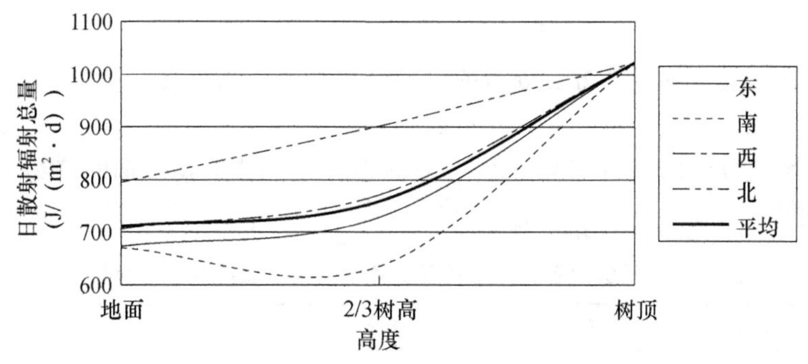


图4　圆形树日散射辐射总量随高度的变化

### 3. 散射辐射随枝段部位的分布特征

湖北通山塔形树的散射辐射最大在内段，最小在中段；圆形树的散射辐射最大在外段，最小在内段。慈利南坡的塔形树和圆形树的散射辐射都是外段大于内段。慈利西坡塔形树的散射辐射是外段大于内段，中段最小；而圆形树以中段为最大，外段为最小，见表12。按一般情况来说，如果枝叶比较均匀，则散射辐射由大至小依次为外段、中段、内段，上述这些差异可能与枝叶的分布不均匀及观测的误差所引起。

表 12 散射辐射随枝段部位的变化[J/(cm² · d)]

| 地点 | 坡向 | 树型 | 内段辐射量 | 中段辐射量 | 外段辐射量 |
|---|---|---|---|---|---|
| 慈利 | 南 | 塔 | 555.0 | — | 712.8 |
| 慈利 | 南 | 圆 | 495.2 | — | 679.2 |
| 慈利 | 西 | 塔 | 546.7 | 518.9 | 790.9 |
| 慈利 | 西 | 圆 | 420.7 | 490.6 | 354.5 |
| 通山 | 北 | 塔 | 978.6 | 774.6 | 632.1 |
| 通山 | 北 | 圆 | 803.0 | 1064.1 | 799.7 |

## (三)直接辐射

### 1. 直接辐射随方位的变化特征(表 13)

东坡:塔形树中直接辐射在东方位最大,占空旷地的 83.1%,其次是南方位,西、北方位最小且数值相近,约占空旷地的 51%;圆形树中直接辐射在南方位最大,占对照地的 99.3%,其次是西方位,北方位的数值最小,约占空旷地的 30%。

南坡:塔形树中直接辐射在南方位最大,占对照地的 86.5%,其次是东方位,为对照地的 35.5%,最小是北方位,占对照地的 26%;圆形树中直接辐射最大为南方位,占对照地的 76.4%,其次是北方位,占对照地的 69.1%,东、西方位相近,占对照地的 40%左右。

西坡:塔形树中直接辐射在南方位最多,占对照地的 65.9%,其次是北方位,东方位最小,占对照地的 50.4%;圆形树中直接辐射最大亦为南方位,占对照地的 76.6%,其次是东方位,北方位最小,占对照地的 66.7%。

北坡:塔形树中直接辐射最大在东方位,占对照地的 53.8%,其次是南方位,西方位最小,占对照地的 15.4%;圆形树中直接辐射以北方位最多,占对照地的 41.2%,其次是南方位,西方位最小,仅占对照地的 2%。

综上所述,林内直接辐射随方位分布的总趋势与总辐射随方位分布的总趋势一致,直接辐射最大的方位是南方位或与坡向相同的方位,直接辐射最小的方位是北方位或与坡向相反的方位,这与结实率随方位的分布基本一致,这种相似性可能说明葡萄桐的结实率多少也与直接辐射的大小成正相关。

表 13 不同坡向各方位总辐射占林中空地总辐射的百分率(%)

| 地点 | 坡向 | 树型 | 东 | 南 | 西 | 北 |
|---|---|---|---|---|---|---|
| 青天坪 | 东 | 塔 | 83.1 | 61.8 | 51.3 | 50.0 |
| 青天坪 | 东 | 圆 | 56.9 | 99.3 | 61.7 | 30.3 |
| 石门 | 南 | 塔 | 35.5 | 86.5 | 34.8 | 26.0 |
| 石门 | 南 | 圆 | 42.5 | 76.4 | 39.3 | 69.1 |
| 宜冲桥 | 西 | 塔 | 50.4 | 65.9 | 53.8 | 54.1 |
| 宜冲桥 | 西 | 圆 | 71.1 | 76.6 | 60.1 | 56.7 |
| 通山 | 北 | 塔 | 53.8 | 32.1 | 15.4 | 22.6 |
| 通山 | 北 | 圆 | 20.8 | 40.3 | 2.0 | 41.2 |

### 2. 直接辐射随高度的变化

为了解直接辐射随高度的变化，1986 年 4 月 21—22 日两天对永顺青天坪的两株葡葡桐（一塔一圆）的不同高度（各分枝层高度）的直接辐射进行了观测，同一层次的四个方位的平均值代表该层的平均直接辐射，塔形树的观测结果见图 5，圆形树的观测结果见图 6。

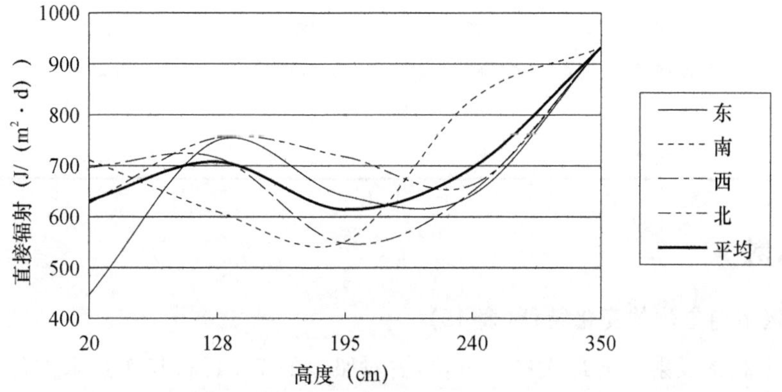


图 5　塔形树日直接辐射总量随高度的变化

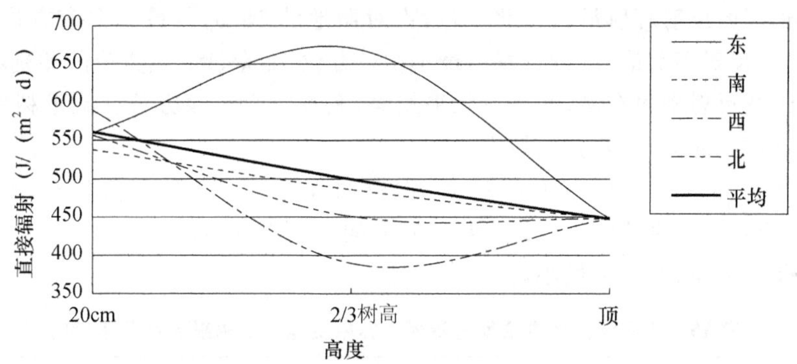


图 6　圆形树日直接辐射总量随高度的变化

（1）塔形树。东方位的直接辐射在 1.28 m（第一分枝层处）有一极大值，1.95 m（第二分枝层处）有一极小值；南方位和西方位的直接辐射都在 1.95 m 有一极小值，由此向上、向下递增；北方位的直接辐射在 1.28 m 有一极大值，2.40 m（第三分枝层处）有一极小值；四个方位的平均直接辐射变化规律类似于东方位直接辐射的变化。

（2）圆形树。东方位的直接辐射在三分之二树高处为极大，由此向上、向下递减；南方位、北方位和四个方位平均的直接辐射随高度的增加而降低；西方位的直接辐射在三分之二树高处最小，由此向上、向下递增。另外树顶处的直接辐射小于地面 20 cm 处的直接辐射，这应该是观测误差引起的。

### 3. 直接辐射随枝段部位的分布特征

对于一个枝条，一般来说，直接辐射在外段最大，其次是中段，内段最小，这是因为枝叶的遮挡对外段直接辐射影响最小，对内段直接辐射影响最大。但实测的数据有些并不完全一致。如慈利南坡的圆形树，2.6 m 高度处直接辐射最大在内段，慈利西坡 2/3 树高处直接辐射以中段为最大，通山塔形树最大在内段，圆形树最大在中段，最小都在外段。见表14。

**表14 直接辐射随枝段部位的变化[J/(cm² · d)]**

| 地点 | 坡向 | 树型 | 内段辐射量 | 中段辐射量 | 外段辐射量 |
|---|---|---|---|---|---|
| 慈利 | 南 | 塔 | 739.3 | — | 325.7 |
| 慈利 | 南 | 圆 | 839.5 | — | 1240.8 |
| 慈利 | 西 | 塔 | 439.2 | 790.8 | 592.0 |
| 慈利 | 西 | 圆 | 214.5 | 415.3 | 348.7 |
| 通山 | 北 | 塔 | 471.1 | 352.5 | 195.3 |
| 通山 | 北 | 圆 | 370.3 | 591.3 | 268.3 |

## (四)反射辐射

### 1. 反射辐射随方位的变化特征(表15)

东坡：塔形树的反射辐射最大在西方位，占对照地的79.4%，其次是东方位，南、北方位的反射辐射相差不大。圆形树的反射辐射最大为东、南方位，约占对照地的71%，最小在北方位，不同方位反射辐射的差别不到6%。

南坡：塔形树的反射辐射最大在北方位，占对照地的58.9%，最小在南方位，两者相差近20%。圆形树的反射辐射最大为西方位，最小在东方位，而东、南、北方位的差别不到2%。

西坡：塔形树反射辐射在南、北方位几乎相等，东方位大于西方位。圆形树的反射辐射最大为南方位，其次是北方位，西方位最小。

北坡：塔形树反射辐射在东方位最大，占对照地的50%，西方位最小，约占对照地的27.7%，南、北方位的反射辐射相差不大。圆形树的反射辐射最大为北方位，占对照地的53.5%，其次是东方位，西方位最小，占对照地的27.1%。

**表15 不同坡向各方位反射辐射占林中空地反射辐射的百分率(%)**

| 地点 | 坡向 | 树型 | 东 | 南 | 西 | 北 |
|---|---|---|---|---|---|---|
| 青天坪 | 东 | 塔 | 72.6 | 65.6 | 79.4 | 67.9 |
| 青天坪 | 东 | 圆 | 71.0 | 71.1 | 68.7 | 65.5 |
| 石门 | 南 | 塔 | 52.7 | 39.5 | 44.7 | 58.9 |
| 石门 | 南 | 圆 | 46.8 | 47.1 | 55.0 | 48.1 |
| 宜冲桥 | 西 | 塔 | 212.8 | 224.2 | 179.7 | 224.3 |
| 宜冲桥 | 西 | 圆 | 226.6 | 246.9 | 198.9 | 232.1 |
| 通山 | 北 | 塔 | 50.0 | 37.5 | 27.7 | 39.6 |
| 通山 | 北 | 圆 | 37.7 | 32.8 | 27.1 | 53.5 |

### 2. 反射辐射随高度的分布特征

塔形树的东、南、西方位及四个方位平均的反射辐射值在第二分枝层为极小值(图7)，由此向上、向下递增；北方位在第三分枝层处有一极小值，由此向上、向下递增。圆形树，只测了2/3树高和树顶两个高度的反射辐射，结果是在2/3树高处为极小值，由此向上递增。即反射

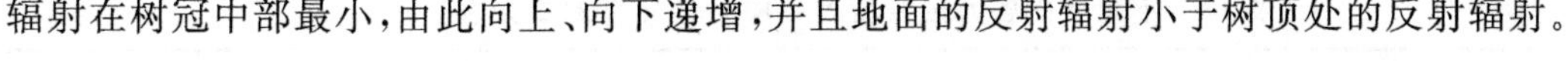

辐射在树冠中部最小，由此向上、向下递增，并且地面的反射辐射小于树顶处的反射辐射。

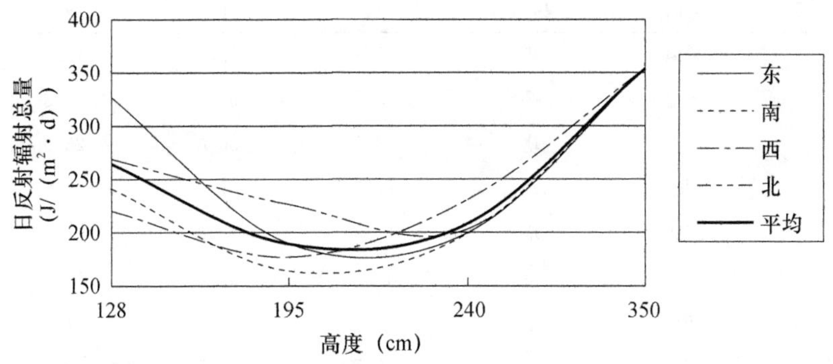


图 7　塔形树反射辐射日总量随高度的变化

### 3. 反射辐射随枝段部位的分布特征

在慈利南坡和西坡的观测表明，塔形树和圆形树的反射辐射随枝段部位的变化规律相反，塔形树的反射辐射最大在内段，而圆形树的反射辐射最大在外段；在通山，塔形树和圆形树的反射辐射最大都在外段，塔形树的最小在中段，圆形树的最小在内段。见表 16。

**表 16　反射辐射随枝段部位的变化[J/(cm² · d)]**

| 地点 | 坡向 | 树型 | 内段辐射量 | 中段辐射量 | 外段辐射量 |
|---|---|---|---|---|---|
| 慈利 | 南 | 塔 | 203.2 | — | 154.8 |
| 慈利 | 南 | 圆 | 158.4 | — | 271.3 |
| 慈利 | 西 | 塔 | 214.5 | 152.9 | 145.6 |
| 慈利 | 西 | 圆 | 126.6 | 179.4 | 167.9 |
| 通山 | | 塔 | 104.4 | 97.9 | 116.1 |
| 通山 | | 圆 | 101.2 | 139.3 | 144.8 |

## 五、光照强度

### (一)不同方位的日平均照度

由表 17 可见，对于平地和北坡，无论是塔形树还是圆形树，日平均照度以南方位为最大，其次为北方位，东、西方位较小；对于东北坡，无论是塔形树还是圆形树，日平均照度以东方位为最大，其次为南方位，西方位最小；对于南坡的五爪桐，塔形树的日平均照度以西、北方位为大，占对照地的 60%以上，东、南方位占对照地的 50%左右，而圆形树的日平均照度以北方位为最大，西方位最小，东、南方位相同，且各方位的日平均照度的差别在 7%以下，这可能与五爪桐的年龄有关，它的树龄为 20 年，树冠的结构比较均匀，因此各方位的日平均照度相差不大。

**表 17 不同坡向各方位照度占林中空地照度的百分率(%)**

| 地点 | 坡向 | 树型 | 东 | 南 | 西 | 北 |
|---|---|---|---|---|---|---|
| 咸宁林科所 | 平地 | 塔 | 48.7 | 69.0 | 47.7 | 61.7 |
| 咸宁林科所 | 平地 | 圆 | 43.7 | 67.0 | 35.3 | 48.3 |
| 通山 | 北 | 塔 | 18.0 | 50.0 | 25.0 | 49.0 |
| 通山 | 北 | 圆 | 15.0 | 57.0 | 17.0 | 17.0 |
| 通山 | 东北 | 塔 | 42.0 | 29.0 | 26.0 | 27.0 |
| 通山 | 东北 | 圆 | 33.0 | 33.0 | 19.0 | 23.0 |
| 青天坪(五爪桐) | 南 | 塔 | 51.0 | 49.0 | 61.5 | 62.0 |
| 青天坪(五爪桐) | 南 | 圆 | 45.5 | 45.5 | 43.5 | 50.5 |

## (二)不同高度的日平均照度

由表 18 可见,无论是塔形树还是圆形树,日平均照度基本上是地面向上递增,只有咸宁林科所、湖北通山、石门油科所的圆形树和青天坪南坡的塔形树在枝下高度处出现极小值。

由青天坪连续三天观测的平均照度随高度的变化值(图略)可知,显然,无论是林外(林中空地)还是林内,平均照度基本上是随高度的增加而增大,只是林内的照度远远小于林外的照度。但仔细地看,还可以得出,林中空地的平均照度在 150 cm 高度以下是随高度的增加而增大,在150 cm高度处达到极大值,而后随高度的增加而降低,在 200 cm 高度处达到极小值,而后又随高度的增加而增大,这可能是周围林冠的整体反射作用对 150 cm 高度处的照度有增大作用。而林内的平均照度则在 150 cm 高度出现极小值,由此向上、向下递增。

**表 18 不同高度日平均照度(lux)**

| 地点 | 坡向 | 树型 | 地面 | 枝下高 | 2/3 树高 | 对照地 |
|---|---|---|---|---|---|---|
| 咸宁林科所 | 平地 | 塔 | 18535 | 23406 | 29029 | 37472 |
| 咸宁林科所 | 平地 | 圆 | 13080 | 15910 | 13403 | 37472 |
| 湖北通山 | 北 | 塔 | 5984 | 9643 | 28044 | |
| 湖北通山 | 北 | 圆 | 4985 | 4698 | 21612 | |
| 湖北天坪 | 西 | 塔 | 9724 | | 16687 | 32858 |
| 湖北天坪 | 西 | 圆 | 21243 | | 23060 | 31440 |
| 青天坪(五爪桐) | 南 | 塔 | 10204 | 9308 | 11110 | 24113 |
| 青天坪(五爪桐) | 南 | 圆 | 6211 | 6762 | 8809 | 21338 |
| 青天坪(五爪桐) | 西 | 塔 | 10481 | 17457 | 26955 | 37125 |
| 青天坪(五爪桐) | 西 | 圆 | 11329 | 11725 | 20708 | 37125 |
| 石门油科所(五爪桐) | 北坡 | 圆 | 23776 | 18206 | 35775 | 39237 |

## (三)不同部位的日平均照度

枝条不同部段的平均照度(表 19),对于不同的树型、不同的品种和不同的地形,都是以外段的照度最大、内段的照度最小,并且基本上维持塔形树的平均照度强于圆形树,因此光合作用也会是外段最强、内段最弱，塔形树的光合作用强于圆形树，从而导致油桐的结实也会是外段多于内段，塔形树多于圆形树，这与前面对油桐的结实讨论的结果一致。

表 19　不同部位日平均照度(lux)

| 地点 | 坡向 | 树型 | 内段 | 中段 | 外段 |
|---|---|---|---|---|---|
| 咸宁林科所 | 平地 | 塔 | 19184 | 23346 | 26039 |
| 咸宁林科所 | 平地 | 圆 | 15114 | 17875 | 26142 |
| 湖北通山 | 北 | 塔 | 13689 | 25690 | 33769 |
| 湖北通山 | 北 | 圆 | 9836 | 9947 | 13287 |
| 湖北通山 | 东北 | 塔 | 9220 | 17114 | 16768 |
| 湖北通山 | 东北 | 圆 | 6090 | 7927 | 17357 |
| 青天坪(五爪桐) | 南 | 塔 | 12851 | 17052 | 16110 |
| 青天坪(五爪桐) | 南 | 圆 | 11088 | 12672 | 13740 |
| 青天坪(五爪桐) | 西 | 塔 | 1257 | 1984 | 4028 |
| 青天坪(五爪桐) | 西 | 圆 | 977 | 1414 | 2442 |

## 六、结　论

综上所述，葡葡桐林的结构及林中的太阳辐射和照度具有如下特点。

(1)葡葡桐的树型可分为塔形和圆形两种，塔形约占 61%，圆形约占 39%，并且塔形的结构(分枝数、树高、枝下高、地径、冠幅等)优于圆形。

(2)葡葡桐结实率最高的方位是南方位或与坡向相同的方位，结实率最低的方位是北方位或与坡向相对立的方位；不同坡向的结实率外段(最外段)＞中段＞内段，并且塔形树的结实量大于圆形树，不同枝段的结实率的差别与树木的年龄有关，树龄越大，不同枝段结实率的差别相对越小；随着层次的升高，结实率增加。

(3)林中的散射辐射占总辐射的百分率高于对照地的散射辐射占总辐射的百分率，林中的直接辐射占总辐射的百分率低于对照地的直接辐射占总辐射的百分率；林内散射辐射占总辐射的百分率的大小还随高度变化，在三分之二树高处为极小值，由此向上、向下递增，并且地面大于林冠顶。此外，林内的反射率也稍小于对照地的反射率。

(4)林内总辐射、直接辐射和照度随方位分布的总趋势是最大值的方位是南方位或与坡向相同的方位，最小值的方位是北方位或与坡向相反的方位；总辐射、直接辐射和照度的大小也与枝段部位有关，一般是外段大于内段；林中的总辐射、直接辐射和照度的大小也随高度而改变，一般是树冠中部最小，由此向上、向下递增，且顶部大于地面。林内的散射辐射与此相反。

(5)第 2、4 两点说明葡葡桐的结实率可能与总辐射、直接辐射、散射辐射和照度有关，要建立它们之间的关系，则需要更进一步的研究。

(1986 年 10 月)

# 油桐林内的太阳辐射分布*

吴章文

**摘　要**:1986 年 4—8 月,在油桐重点产区湖南、湖北 5 县 12 个地段 65 个测点,对油桐纯林内的太阳辐射分布进行观测研究,结果表明:油桐林内太阳辐射的垂直分布与树冠形状有关,塔形树冠内的太阳辐射分布均匀,到达量多;水平分布与树冠的方位和枝条的部位有关,南向方位或下坡方向所在方位的到达量多,枝条外端的到达量多;油桐叶片对太阳辐射的吸收率与品种有关,葡萄桐大于小米桐。

**关键词**:油桐林;太阳辐射:总辐射;直接辐射;散射辐射

油桐是重要的工业木本油料树种,其主要产品桐油用途广泛,经济价值高,在国民经济中占有一定地位。油桐喜光、喜温,原产我国长江流域中部,栽培区域为北纬 22°15′～34°31′;东经 99°40′～122°07′。以四川、贵州、湖南和湖北为最多。

油桐是多年生阔叶小乔木,树高 4～10 m。树冠形状可分为塔形和圆头形两种。树形的可塑性大,在栽培条件较好时,塔形的比例增大。塔形树受光面积大,通气良好,结果层厚,产量高。为了提高油桐树冠对太阳辐射的利用率,达到提高油桐产量的目的,我们观测了油桐林内太阳辐射的实际分布规律,以便为制定集约经营管理措施提供理论依据。

## 1　研究方法

### 1.1　观测对象

观测对象为 5 年生、24 年生葡萄桐纯林,8 年生五爪桐纯林和 24 年生小米桐纯林。观测时间为 1986 年 4—8 月。观测地点为湖南省永顺县青天坪、慈利县宜冲桥、石门县磨市,湖北省咸宁县贺胜桥、通山县凤池山等,共 5 个县 12 个地段 65 个观测点。均在全国著名油桐高产区内。观测地段海拔为 35～520 m,土壤母质为页岩和石灰岩。

### 1.2　观测方法

在选定地段各坡向的油桐林内,选取生长良好的圆头形树和塔形树各 3～5 株作为观测株。在垂直方向上,塔形树观测离地高 20 cm、枝下高、每轮主枝的自然高、2/3 树高和树顶 5 个高度的太阳辐射;圆头形树观测离地高 20 cm、2/3 树高和树顶 3 个高度的太阳辐射。在水平方向上,均以树干为中心,观测不同高度树冠内东、南、西、北 4 个方位的太阳辐射,以及各枝条不同部位的太阳辐射。林外选直径 10 m 左右的林中空地作为对照点。空旷地采用长沙气象台资料做对照。摘下油桐叶片,将叶面朝外竖于天空辐射表的玻璃罩上,测定其透射率。摘

---

*　观测人员:吴立潮、雷永松、邓先珍、何刚、李小文、唐小平;

本文系国家自然科学基金项目《油桐林光分布研究》相关研究成果,原载于《中南林学院学报》,1989(2):161-165.

取冠幅各部位的叶片平铺于地面(面积为 3 $m^2$),测定其反射率。

### 1.3　使用仪器

DFY2 型天空辐射表,DFM1 型辐射电流表。

## 2　观测结果

### 2.1　到达林中空地的太阳辐射

1986 年 4—8 月,在各个测点对到达油桐林林中空地的太阳辐射进行测定,结果如表 1 所示。

表 1　各测点到达林中空地的太阳辐射量对比(%)

| 地点 | 海拔(m) | 坡向 | 坡度(°) | 土壤母质 | 总辐射 | 散射辐射 | 直接辐射 |
|---|---|---|---|---|---|---|---|
| 长沙(对照) | 45 | 平地 | — | — | 100 | 100 | 100 |
| 永顺 | 530 | 东坡 | 15 | 石灰岩 | 53 | 53 | 52 |
| 慈利 | 420 | 西坡 | 20 | 页岩 | 54 | 70 | 36 |
| 慈利 | 380 | 南坡 | 20 | 页岩 | 79 | 69 | 99 |
| 石门 | 250 | 南坡 | 25 | 页岩 | 71 | 66 | 77 |
| 石门 | 250 | 北坡 | 25 | 页岩 | 66 | 61 | 73 |
| 石门 | 250 | 山脊 | 20 | 页岩 | 76 | 69 | 86 |
| 咸宁 | 35 | 平地 | — | — | 81 | — | — |
| 通山 | 280 | 东坡 | 15 | 石灰岩 | 103 | 71 | 115 |
| 通山 | 280 | 北坡 | 15 | 石灰岩 | 109 | 93 | 118 |

注:通山的油桐林内,有占地面积 40%左右裸露的巨大石灰岩。

从表 1 可以看出,到达林中空地的太阳总辐射、散射辐射和直接辐射,一般为空旷地的 50%左右。在相同立地条件下,到达南坡的太阳辐射量比北坡多 5%～10%。林地内裸露的石灰岩反射能力强,部分反射辐射混入了太阳辐射,从而增大了太阳总辐射和辐射差额。

### 2.2　油桐林内的太阳辐射到达量

太阳辐射在油桐林内有明显的减弱趋势。在同一季节和同一林分内,其减弱程度与天气条件有关。据 5 月份的观测数据表明,以晴天太阳辐射的到达量为最大。平均日辐射总量达 1226 J/($cm^2$ · d);昙天次之,平均日辐射总量为 1185 J/($cm^2$ · d);阴天最小,平均日辐射总量仅为 852 J/($cm^2$ · d)。林内外太阳辐射的差异,也是以晴天大,昙天次之,阴天最小。其总辐射差值依次为 54%、48%和 10%(详见表 2)。

表 2　不同天气条件下到达油桐林冠下的太阳辐射量比例(%)

| 天气条件 | 林冠下 | | | 空旷地 | | |
|---|---|---|---|---|---|---|
| | 总辐射 | 散射辐射 | 直接辐射 | 总辐射 | 散射辐射 | 直接辐射 |
| 晴天 | 46 | 15 | 34 | 100 | 32 | 68 |
| 昙天 | 52 | 27 | 25 | 100 | 47 | 53 |
| 阴天 | 90 | 91 | 5 | 100 | 93 | 7 |

在到达油桐林内的太阳总辐射中,散射辐射的含量比林外增大 9%,而直接辐射含量比林外减少 9%(表 3)。由于直接辐射中的生理辐射含量仅为 37%,而散射辐射中的生理辐射含量达 50%～60%。因此,油桐林内散射辐射量的增多,能够促进油桐的开花结实,有利于提高油桐的产量。

表 3　油桐林内外的太阳辐射的组成比例(%)

| 项目 | 总辐射 | 散射辐射 | 直接辐射 |
|---|---|---|---|
| 林冠下 | 100 | 41 | 59 |
| 林中空地 | 100 | 32 | 68 |
| 林内外差 | 0 | 9 | −9 |

注:表内数据为 4 月 23 日至 5 月 29 日晴天的平均值。

## 2.3　油桐林内太阳辐射的垂直分布

太阳总辐射的垂直分布是随高度增加而日辐射总量增大的。但在林内,则因林分密度、郁闭度和树冠的形状不同而不同,总的趋势是越近地面减弱越甚。塔形树冠因主干明显、枝条分布均匀,树冠内和树冠下的太阳辐射分布亦较均匀,因而,太阳总辐射随高度的增加而增大;圆头形树冠因枝条密集紧凑,分布不均,因而使 2/3 树高以上的太阳总辐射随高度增加而增大,而 2/3 树高以下是随高度增加而减小。其最小值出现在 2/3 树高处(图 1)。两相比较,到达塔形树冠内垂直方向的太阳日辐射总量之和是圆头形树冠内的 113%。

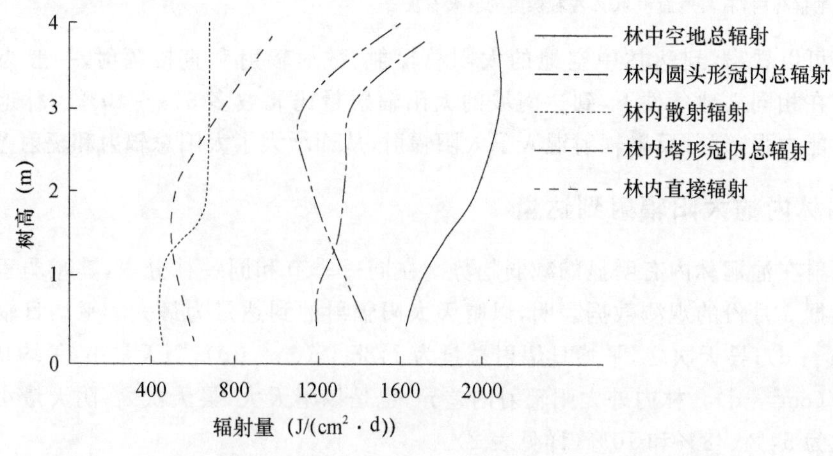


图 1　油桐林内的太阳辐射垂直分布

从图1还可看出,油桐林内直接辐射的垂直分布是:冠内随高度的增加而增大,冠下随高度的增加而略有减弱;散射辐射的垂直分布是:地面至树冠下缘比较均匀,树冠下缘至2/3树高处随高度增加而增大,2/3树高至树顶变化甚微。最大值出现在2/3树高处,与总辐射出现最小值的高度一致。

据有关文献报道,油桐树冠的可塑性很大,只要立地条件好,早期培育管理好,塔形树比例可由34%提高到97%。另据调查,油桐结实规律与光的分布规律一致,树冠上部的结实量可达全株总结实量的48%~51%,中部占27%~34%,下部仅18%~21%。因此,应当加强对油桐林的早期培管,通过增加塔形树来提高油桐对太阳辐射的利用率。

## 2.4 油桐林内太阳辐射的水平分布

### 2.4.1 不同方位树冠上的太阳辐射

对油桐树冠不同方位上的太阳日辐射总量进行测定,结果如表4所示。

**表4 到达树冠不同方位的太阳辐射(占林中空地比例,单位:%)**

| 坡向 | 树冠方位 | | | | 林中空地 |
|---|---|---|---|---|---|
| | 东 | 南 | 西 | 北 | [J/(cm² · d)] |
| 东坡 | 84* | 71 | 50 | 57 | 1872 |
| 南坡 | 62 | 74* | 57 | 69 | 1998 |
| 西坡 | 78 | 80 | 85* | 62 | 1949 |
| 北坡 | 45 | 64 | 49 | 76* | 1920 |
| 平地 | 55 | 76* | 57 | 69 | 2062 |
| 东南坡 | 61 | 62* | 55 | 61 | 2062 |
| 西南坡 | 65 | 81* | 69 | 68 | 2062 |

注:标注*者为最大值。

从表4可以看出,到达林内树冠上的太阳辐射量,因其方位不同而不同。在同一方位内,因林地所处的坡向不同而不同。在南坡、东南坡、西南坡和平地的油桐林内,以南向方位树冠获得的太阳辐射最多;在东坡、西坡和北坡的油桐林内,以下坡方向所在方位获得的太阳辐射最多。表中东坡、南坡、平地和东南坡西向方位获得的太阳辐射量较北向方位少,是由于林分密度不均和各方位树冠枝叶不完全均一等原因所致。对桐树进行结实量调查也表明,以南向方位或下坡方向所在方位结实最多,其结实量可占全株总结实量的29%~39%。要改变这种状况,可采取如下方法:一是在进行造林设计时,采用宽窄行密度配置方式;二是通过修枝整形,多去掉一些上坡方向的枝条,多留下坡方向的枝条,以调整油桐林内太阳辐射的分布状况,提高油桐林的光能利用率。

### 2.4.2 不同枝条部位的太阳辐射

以树干为中心,将枝条基部至端尖分为3段,由基部向端尖依次是内段、中段和外段。在各段中部安置辐射仪,按自然层次观测,结果表明:到达内段的太阳辐射为林中空地的39%,中段为46%,外段为58%。越靠近树干,太阳辐射减弱越多,到达量越少,与此相应,枝条内段的结实量仅占全株总结实量的6%以下,中段结实量为20%,外段结实量达74%以上。这种现象，除了生理上的先端优势外，这些部位所得到的太阳辐射量多也是重要原因。根据回归分析，太阳辐射量与结实量成正相关，相关系数为 0.7。

### 2.5 油桐叶对太阳辐射的透射、吸收和反射

据 1986 年 5 月在湖南慈利西坡对 24 年生葡葡桐叶、小米桐叶，在湖北通山对 5 年生葡葡桐叶进行透射率($a$)和反射率($c$)测定，并根据 $a+b+c=1$ 求吸收率 b，结果如表 5 所示。从表 5 可以看出，油桐叶对太阳辐射的吸收率大于透射率和反射率，对太阳辐射的吸收能力强。吸收率的大小与油桐品种有关，葡葡桐叶的吸收率比小米桐大 6%～7%。说明葡葡桐的光能利用率比小米桐高，其增产潜力亦较大。

**表 5 不同品种、树龄油桐叶的透射率、吸收率和反射率(%)**

| 品种 | 树龄 | 叶特色 | 透射率 | 吸收率 | 反射率 |
|---|---|---|---|---|---|
| 小米桐 | 24 | 绿色鲜嫩光滑 | 34 | 44 | 22 |
| 葡葡桐 | 24 | 绿色鲜嫩光滑 | 30 | 51 | 19 |
| 葡葡桐 | 5 | 绿色鲜嫩光滑 | 26 | 50 | 24 |

## 3 结论和建议

(1)在湘西北和鄂东南 5 月份到达油桐林林中空地的太阳辐射量为空旷地的 36%～86%。其值的大小，与林中空地的直径大小和坡向有关，一般 10 m 直径的林中空地，南坡的太阳辐射到达量比北坡多 5%～10%。

(2)到达油桐林内的太阳辐射除受密度、郁闭度和林分结构影响外，还与天气条件有关。在同一地段的同一林分里，晴天的到达量比阴天多 40%，昙天居中。与林外比较，到达林内的太阳辐射组成发生了改变，散射辐射增多 9%，直接辐射减少 9%。散射辐射增多，有利于油桐对光能的吸收利用。

(3)油桐林内太阳辐射垂直分布的总趋势是离地面越近，减弱得越多。其减弱程度与树冠形状有关。塔形树冠内太阳辐射的分布较均匀，到达量为圆头形的 113%。圆头形树冠内太阳总辐射量的最小值和散射辐射最大值均出现在其 2/3 树高处。

(4)油桐林内太阳辐射的水平分布特征是：在同一林分里，以树干为中心，树冠的东、南、西、北 4 个方位，以南向方位或下坡方向所在方位得到的太阳辐射最多。各方位之间相差 20%左右，枝条从里到外，以外端接受的太阳辐射最多，里外相差 19%。

(5)研究结果表明，油桐叶片对太阳辐射的吸收率与品种有关，葡葡桐叶片吸收率比小米桐大 6%～7%。说明葡葡桐光能利用率高，增产潜力大，应做进一步研究。

(6)根据上述结论，特做如下几点建议。①增加塔形树比例，可提高油桐林对太阳辐射的利用率。而树冠形状很大程度上取决于桐林的早期管理。因此，应加强造林后第 1～2 年的抚育管理，通过定向培育，改变树形，以提高光能利用率，达到提高单位面积产量的目的。②在对油桐树进行修枝时，塔形树应主要修剪上坡方向的被压枝和树冠内膛的弱枝；圆头形树要剪去 2/3 树高处的密集枝，以增加太阳辐射的透射率，减少反射率，使林分太阳辐射分布均匀。

③在进行造林设计时，应尽量采取宽窄行配置方式，或乔灌木带状混交方式，以减少上坡方位枝条被压状况，提高油桐林对太阳辐射的利用率。④在立地条件适宜的地方，可多营造对太阳辐射吸收率较高的优良品种葡葡桐，以挖掘增产潜力，提高油桐产量。

（1986 年 4 月）

# 杜仲林小气候及其经济观赏价值*

吴章文

**摘　要**:采用短期定位对比法,于1995年7月在湖南慈利江垭林场进行了杜仲林内外的小气候观测。得出:晴天林内与林中空地相比,太阳日辐射总量少24%,日直接辐射总量少13%,日散射辐射总量少11%,郁闭度越大的林分内外太阳辐射差值越大。林内日平均气温比林外低1.7~2.0 ℃,空气相对湿度比林外大6%~11%。林内适宜开展野营、野炊活动。

**关键词**:杜仲林;短期定位对比观测;太阳辐射;空气温度;相对湿度

杜仲,学名*Eu Commiaulmoides Oliv.*,别名思仙、思仲、丝棉树、银丝树等。

杜仲是我国特产树种,自然分布界限为北纬22°~40°,东经100°~120°,海拔300~1300 m,主要生长在陕南、鄂西、湘西、川北、滇东北及贵州全境。

杜仲用途广泛,树皮、树叶、果实均含有杜仲胶(硬橡胶),是重要的工业原料;药性温辛无毒,树皮、树叶、果实均可入药,能治疗多种疾病,为贵重药材;木材纹理细致均匀,材质洁白坚韧,是制造家具、农具、车船的良好用材。

杜仲树高可达15 m,胸径可达40 cm,阔叶落叶乔木,喜光耐寒,多人工纯林。1995年7月在湖南慈利江垭林场海拔300~500 m南坡中部对不同树龄、不同密度、不同郁闭度,以剥皮为主要经营目的的杜仲人工林进行了林内外对比观测,其结果说明杜仲林小气候具有下列主要特征。

## 一、杜仲林内外的太阳辐射

晴天,江垭林场空旷地的太阳日辐射总量为2975 J/(cm² · d),林中空地为2261 J/(cm² · d),杜仲林内则因林分状况不同有明显差异,见表1。

**表1　杜仲林内外的太阳日辐射总量[J/(cm² · d)]**

| 测点号 | 树龄(年) | 密度(株/hm²) | 郁闭度 | 树高(m) | 胸径(cm) | 总辐射 | | 直接辐射 | | 散射辐射 | |
|---|---|---|---|---|---|---|---|---|---|---|---|
| | | | | | | 日总量[J/(cm² · d)] | 比例(%) | 日总量[J/(cm² · d)] | 比例(%) | 日总量[J/(cm² · d)] | 比例(%) |
| 1 | 空旷地 | | | | | 2975 | 100 | 2264 | 76 | 771 | 24 |
| 2 | 林中空地 | | | | | 2261 | 76 | 1861 | 63 | 400 | 13 |
| 3 | 43 | 6000 | 0.4~0.5 | 6.0 | 5.0 | 2142 | 72 | 472 | 16 | 1670 | 56 |
| 4 | 43 | 1800 | 0.6~0.7 | 9.5 | 9.0 | 1964 | 66 | 826 | 28 | 1138 | 38 |
| 5 | 21 | 1665 | 0.7~0.8 | 8.0 | 8.0 | 1785 | 60 | 750 | 25 | 1035 | 35 |

* 观测人员:钟林生、石强、张禹、张浩、毛新平等。

由表1得知，林分郁闭度是影响杜仲林内太阳辐射的直接因子，造林密度是影响杜仲林生长状况的间接因子。间接影响林内太阳辐射到达量。郁闭度0.4～0.5的林分林内太阳日辐射总量比郁闭度0.7～0.8的林分内多。同一树龄同样经营的不同造林密度的杜仲林，生长差异很大，当每公顷造林6000株时，林木生长不良，郁闭度小对太阳辐射能的利用率低，杜仲皮的产量亦低。

## 二、杜仲林内的温度

### (一) 土壤温度

1996年7月19—21日，江垭林场郁闭度为0.4～0.5、0.6～0.7、0.7～0.8的杜仲林内土壤表面日平均温度为31.9℃、31.6℃、30.6℃，比林外空地低5.3℃、5.6℃、6.6℃。林内的土温日较差依次为12.7℃、10.7℃、13.8℃，林外为45.7℃，林内比林外低31.9～35.0℃。观测期间林外地表最高温度达70.5℃，而林内仅38.2～39.5℃，林内外温差极为悬殊。

### (二) 空气温度

杜仲林内的日平均气温亦与林分郁闭度直接相关。在43年生郁闭度为0.4～0.5的杜仲林内，日平均气温为30.8℃，最高气温为36.7℃，最低气温为24.9℃，气温日较差为11.8℃；在43年生郁闭度为0.6～0.7的林内，日平均气温为30.2℃，最高气温为36.1℃，最低气温为24.6℃，气温日较差为11.5℃；22年生郁闭度0.7～0.8的林内，日平均气温为29.6℃，最高为35.4℃，最低为23.7℃，日较差为11.7℃。林中空地日平均气温为31.2℃，最高为37.2℃，最低为25.3℃，日较差为11.9℃。空旷裸露地日均温为31.9℃，最高为38.7℃，最低为23.2℃，日较差为15.5℃。林内外相比，林内日平均气温比林外空旷地低1.7～2.0℃，最高气温林内比林外低2.3～3.6℃，最低气温比林外高0.4～0.7℃，但在郁闭度较大、通风良好的林内最低气温低于林外。林内气温日较差比林外小3.7～4.0℃。

夏季杜仲林内土壤温度、空气温度均低于林外，林冠对温度的正作用起主导作用，使林内温度日变化趋于缓和。郁闭度越大，林冠阻挡作用越强，林内温度越低。

## 三、杜仲林内空气相对湿度

江垭林场43年生郁闭度为0.4～0.5的杜仲林内，日平均空气相对湿度为76%，43年生郁闭度为0.6～0.7的林内为76%，22年生郁闭度为0.7～0.8的林内为81%，林中的空地为74%，空旷裸露地为70%，林内日平均空气相对湿度比林中空地大2%～7%，比空旷裸露地大6%～11%。林内空气比林外湿润。

## 四、杜仲林的旅游功能

杜仲林树体高大，林相整齐，林冠下少有杂灌木，林内通风良好，气温比林外低，相对湿度比林外大，是夏季开展野营、野餐的理想场所。旅游者可以参与秋季的环状剥皮、冬季的采种活动，是一种参与性很强，又可为社会直接提供药材和种子的有意义的旅游活动。

综上所述，杜仲林内太阳日辐射总量比空旷地减少 24%～40%，直接辐射减少 48%～60%，散射辐射比空旷地增加 11%～36%；林内日平均气温比林外低 1.7～2.0 ℃，土壤日平均温度比林外低 5.3～6.6 ℃，气温日较差比林外小 3.7～4.0 ℃，土壤温度日较差林内比林外小 31.0～35.0 ℃，林内温度日变化比林外缓和；林内空气相对湿度比林外大 6%～11%。阴凉湿润是夏季杜仲林小气候的主要特点，而且郁闭度越大，林内越阴凉湿润。夏季越阴凉湿润的林分，杜仲皮的产量越高，经济效益越好。

江垭林场杜仲栽植密度 6000 株/$hm^2$、郁闭度为 0.4～0.5 的 43 年生的杜仲林，累计鲜皮产量 10500 kg/$hm^2$；43 年生栽植密度 1800 株/$hm^2$、郁闭度为 0.6～0.7 的杜仲林，累计鲜皮产量 16500 kg/$hm^2$；22 年生郁闭度为 0.7～0.8、栽植密度 1665 株/$hm^2$的杜仲林，累计鲜皮产量 12300 kg/$hm^2$，按目前林场销售价每千克 60 元计算，上述 3 种密度杜仲林的每公顷产值依次是 63 万元、99 万元、73.8 万元。43 年生栽植密度 6000 株/$hm^2$的杜仲林，由于小气候条件不佳，鲜皮产量低，经济效益要比其他两种密度杜仲林的低 17%～57%。因此，合理密植、科学经营、提高林分郁闭度、改善林内小气候状况是提高杜仲林经济效益的重要途径。

杜仲林既是重要经济林，又是有多种旅游价值的风景林。

（1996 年 7 月）

# 油桐的旅游功能*

吴章文

**摘　要**：油桐原产我国，是重要的木本工业油料树种。随着时代发展，油桐作为生物能源的开发利用价值越来越高。油桐具有花期长、色泽绚丽、果形多样、枝叶繁茂、夏季庇荫效果好等特性，随着旅游业的发展，油桐的旅游观赏功能日益显现，可望成为重要的旅游资源。本文建议进一步研究和开发利用油桐林的康体保健功能。

**关键词**：油桐；旅游；观赏；休闲；游憩

油桐为喜光、落叶树种，属中、小乔木。油桐是重要的木本工业油料树种，原产我国，主要分布在亚洲东南部、太平洋部分岛屿及南美洲。油桐的利用和栽培历史已逾千年。主要产品桐油在化工、农业、医药、印刷、电信、航海、航天及精密机械工业上用途广泛，在生物能源研究和开发中前景极为广阔；果壳可提取碱，枯饼可沤肥，桐叶可包食品。春天簇簇桐花绚丽夺目，夏天片片绿叶庇荫送爽，秋天累累硕果分外诱人，冬天剥籽榨油喜庆丰收。油桐林四季可观赏、可参与、可体验，是一种多功能的旅游资源，近年已开始受到旅游业的关注。

## 1　油桐品种、类型分类系统

方嘉兴等主编的《中国油桐》中，将油桐品种分为如下类型。

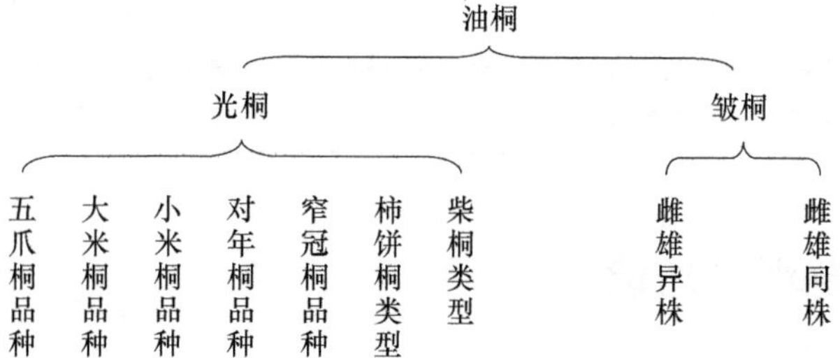


### 1.1　光桐

光桐［*Vernicia fordii*（Hemsl.） Airy Shaw］又称油桐、三年桐，英文名称 Tung Oil Tree。落叶，中、小乔木，树高 3～10 m，胸径 15～30 cm，树皮灰褐色，枝粗壮无毛，合轴分支，常 2～4 轮，树冠伞形至半椭圆形或窄冠形；单叶互生，心脏形或阔卵形，全缘，1～2 年生初叶偶有 1～3 浅裂，叶长宽 10～15 cm，顶端尖，基部近圆形或心脏形，叶表面光滑，深绿色、有光泽，叶背淡绿色。单性花，雌雄同株为主，也有异株，雌雄异花，花序抽生于去年生枝条顶端的混合芽，呈总状花序、圆锥花序、聚伞花序（也有单生花），每序花数 1 朵至数百朵；花白色，花瓣

* 本文原载于《经济林研究》，2011(3)：78-83.

基部有淡红色纵条及斑点，偶有淡绿色或淡黄色的单株；花径 4～7 cm(雌花较大)，萼片 2～3，紫红色或青绿色、基部合生；雄花瓣 5，雌花瓣 5～9，覆瓦状排列。果实在生长期为青绿色，成熟期逐渐转为淡黄色、淡红至暗红褐色。

## 1.2 皱桐

皱桐［*Vernicia montana*(Wils.) Lour］又称千年桐，英文名称 Wood Oil Tree。落叶乔木，树高 8～15 m 以上，树体高大、树干通直、主干突出，树皮幼时褐色，多为合轴分枝，主枝轮生，树冠近金字塔形、半圆锥形、垂枝形；单叶互生，阔卵圆形，长 15～25 cm，常 3～5 深裂或全缘，单性花，雌雄异株(但没有始终不开雌花、不结实的绝对雄株)，花瓣常 5，花径 3～5 cm，萼片 2～3；花初开时白色，花瓣基部逐渐出现红色纵条纹；雄花为聚伞花序，每序花数从数朵至 200～300 朵，幼果披有黄褐色绒毛，随果实壮大逐渐消失；果广卵形，不典型核果，果径 4～6 cm，外果皮多有 3 条(少数 4～5 条)突出纵棱，并有少许不规则横棱或皱纹，故名“皱桐”；4 月底至 5 月中旬开花，11 月下旬果实成熟。皱桐在实生繁殖下，一般 5～7 年生开始开花结实。

皱桐原产我国西南地区，主要分布在福建、广东、广西、云南、贵州、台湾及浙江、江西、湖南的南部地区。光桐与皱桐 2 个种的主要差异见表 1。

**表 1 光桐与皱桐的区别**

| | 光桐 | 皱桐 |
|---|---|---|
| 树形 | 比较矮小，树冠较开展 | 树体高大，树冠较直耸 |
| 叶片 | 全缘或浅裂，腺体馒头形无柄 | 3～5 深裂或全缘，腺体杯状形有柄 |
| 花性 | 雌雄同株为主，花序发生于去年生枝条顶端，花期早 | 雌雄异株为主，花序发生于当年生枝条顶端，花期比光桐迟 20～25 d |
| 果实 | 果皮光滑，油质好 | 果皮有纵棱及皱纹，油质稍次 |
| 习性 | 耐寒，主要分布于长江中下游地区，播种后 2～4 年生开花结果，寿命较短 | 喜温暖湿润，主要分布于南亚热带地区，播种后 5～7 年生开花结果，寿命较长 |

# 2 油桐花的旅游观赏功能

油桐花数量繁多，色泽绚丽(图 1)，花期长。三年桐花序抽生于去年生枝条顶端的混合芽，呈总状花序、圆锥花序、聚伞花序(也有单生花)，每序花数 1 朵至数百朵；花白色，花瓣基部有淡红色纵条及斑点，偶有开淡绿色或淡黄色的单株；花径 4～7 cm(雌花较大)，萼片 2～3，紫红色或青绿色、基部合生；雄花瓣 5，雌花瓣 5～9，覆瓦状排列。千年桐单性花，雌雄异株，花瓣常 5，花径 3～5 cm，萼片 2～3；花初开时白色，花瓣基部逐渐出现红色纵条纹；雄花为聚伞花序，每序花数从数朵至 200～300 朵。

## 2.1 油桐的花期

不同地区、不同类型、不同品种的油桐花期长短不一，前后错落可达两月之久。现将部分油桐主栽品种的物候期列入表 2。

图 1　盛开的油桐花

表 2　部分油桐主栽品种的物候期(月．日)

| 序号 | 品种 | 地区 | 始花期 | 盛花期 | 落果期 | 落叶期 |
|---|---|---|---|---|---|---|
| 1 | 四川大米桐 | 四川万县 | 4.5—4.10 | 4.10—4.20 | 10.15—10.30 | 11.15—11.25 |
| 2 | 四川小米桐 | 四川万县 | 4.1—4.5 | 4.5—4.15 | 10.15—10.30 | 11.10—11.20 |
| 3 | 黔桐 1 号 | 贵州铜仁 | 4.10—1.15 | 4.10—4.25 | 10.20—10.30 | 11.5—11.10 |
| 4 | 贵州米桐 | 贵州铜仁 | 4.10—4.15 | 4.15—4.25 | 10.20—10.25 | 11.5—11.10 |
| 5 | 湖北景阳桐 | 湖北郧西 | 4.15—4.20 | 4.22—4.28 | 10.15—10.25 | 10.30—11.15 |
| 6 | 湖南葡萄桐 | 湖南石门 | 4.10—4.15 | 4.15—4.25 | 10.15—10.20 | 11.10—11.20 |
| 7 | 湖南五爪桐 | 湖南石门 | 4.12—4.17 | 4.20—4.25 | 10.15—10.25 | 11.10—11.20 |
| 8 | 泸溪葡萄桐 | 湖南慈利 | 3.28—4.7 | 4.16—5.6 | 10.2—10.16 | 11.25—12.15 |
| 9 | 广西对年桐 | 广西恭城 | 3.20—3.25 | 3.25—4.7 | 10.5—10.20 | 11.15—11.25 |
| 10 | 桂皱 27 号 | 广西南宁 | 4.20 | 4.25—4.30 | 10.20—11.05 | 11.20—12.5 |
| 11 | 南百 1 号 | 广西南丹 | 3.30—4.5 | 4.5—4.10 | 10.15—10.30 | 11.15—11.25 |
| 12 | 陕西米桐 | 陕西安康 | 4.20 | 4.25—4.30 | 10.15—10.25 | 10.20—11.5 |
| 13 | 豫桐 1 号 | 河南内乡 | 4.18—4.20 | 4.22—4.30 | 10.20—10.30 | 11.10—11.20 |
| 14 | 河南叶里藏 | 河南内乡 | 4.20—4.25 | 4.25—4.30 | 10.25—10.30 | 11.10—11.20 |
| 15 | 浙江光桐 3 号 | 浙江富阳 | 4.10—4.15 | 4.18—4.28 | 10.15—10.25 | 11.15—11.25 |
| 16 | 浙江五爪桐 2 号 | 浙江富阳 | 4.15—4.20 | 4.22—4.30 | 10.15—10.25 | 11.15—11.25 |
| 17 | 浙皱 7 号 | 浙江永嘉 | 5.5—5.10 | 5.10—5.20 | 10.25—11.5 | 11.25—11.30 |
| 18 | 云南高脚桐 | 云南奕良 | 3.25—3.30 | 3.30—4.10 | 10.20—10.30 | 11.25—11.30 |
| 19 | 福建一盏灯 | 福建浦城 | 4.5—4.10 | 4.10—4.20 | 10.10—10.20 | 11.15—11.20 |
| 20 | 闽皱 1 号 | 福建漳浦 | 4.25—4.30 | 5.1—5.10 | 10.30—11.10 | 12.1—12.15 |

续表

| 序号 | 品种 | 地区 | 始花期 | 盛花期 | 落果期 | 落叶期 |
|---|---|---|---|---|---|---|
| 21 | 江西百岁桐 | 江西玉山 | 4.10—4.15 | 4.15—4.20 | 10.15—10.25 | 11.20—11.25 |
| 22 | 广东米桐 | 广东韶关 | 3.20—3.25 | 3.25—3.30 | 10.25—10.30 | 12.15—12.25 |
| 23 | 安徽五大吊 | 安徽肥西 | 4.18—4.20 | 4.23 | 10.11—10.20 | 10.21—11.15 |
| 24 | 安徽独树果 | 安徽肥西 | 4.20—4.25 | 4.28 | 10.1—10.10 | 10.25—11.15 |
| 25 | 江苏米桐 | 江苏高淳 | 4.20—4.25 | 4.25—5.5 | 10.15—10.20 | 11.5—11.20 |

## 2.2 桐花在中国台湾的观赏利用

台湾的油桐遍植于全岛中低海拔的丘陵山区，3月底始花，4—5月盛花。据《台湾时报》报道："绿色山头缀满了白雪般的白色花蕞，走进油桐林，周旋于随风飘落的桐花之间，宛若白雪飘下"，因此在台湾油桐花有"五月雪"之称。游客在悠然山径，踏雪而行，大地像是铺上一层白色地毯，让人陶醉。在早期，台湾对油桐树的利用主要着眼于它的经济价值，例如，油桐树干可作为家具、木屐等原料；油桐子可提炼工业桐油等。随着时代发展，油桐树的旅游价值得到越来越多的重视，油桐花的观赏价值得到更广泛的开发利用。油桐花因其生长环境越是恶劣，花朵开放反而越是美丽的特性，被用来作为台湾客家人"艰苦朴素"的精神象征，客家人将油桐花作为自己重要的文化遗产与旅游资源，大力发展油桐花观光，自2002年开始每年举办"客家桐花祭"系列旅游活动，并配套建立水墨写生、萤火虫之旅等旅游项目发展台湾旅游业。旅游者在桐花树下擂茶、乘凉、聊天，看着清风吹下的油桐白雪，是油桐花最吸引人的地方。

据报道，2009年客家桐花祭自4月18日至5月17日开展1个月，旅游人潮超过1000万人，带动全台湾桐花10县市客庄商机超过新台币80亿元。举办客家桐花祭8年以来，受到广大台湾居民的普遍喜爱，已成为全民的旅游行程；2009年客家桐花祭以"白雪纷飞，桐闹客庄"为活动主题，包括生态、环保、音乐、舞蹈、美食、工艺等超过100场的赏桐行程的丰富内容。活动规模结合了宜兰县、基隆市、台北县、桃园县等10个县市25个乡镇及45个社团，是举办8年以来涵盖县市最广、规模最大的桐花祭活动。

据中国新闻网2010年4月13日报道：油桐成了台湾春夏最美的花祭，花开时白花成簇堆聚绿叶上头，有如冬雪轻覆枝头，加上花朵随风吹飘落，模样更像是雪花，因而赢得"夏雪"美名，虽然四月便见桐花开，但因盛花期在五月间，又有"五月雪"的封号。

据台湾记者江柏樟2011年3月14日报道：台湾彰化县文化局为了让民众即时知悉桐花开花信息，特地征求"护花使者"以掌握桐花开花进度，并将信息上传到桐花网站。护花使者的工作分为三阶段：第一阶段3月底前，每5 d拍摄一次相片；第二阶段在4月10日前，每3 d拍摄一次相片；第三阶段于桐花祭活动期间，每2 d拍摄一次相片。每年4—5月是赏桐花的好时光，彰化县"2011客家桐花祭——八卦山游桐趣"活动，预定4月9日至5月1日举办。

此外彰化市还组织了"千人净山健行赏桐花""桐庆100·花舞客庄""邮政寿险全国儿童创意写生绘画比赛""桐花同庆·精彩100"等活动。

## 2.3 桐花在中国大陆的观赏利用

20世纪90年代之前，湖南、四川、福建、广西、云南、贵州、浙江、湖北、重庆、江西、江苏、河南等省(区、市)的700多个县市均有成片油桐林,每年3—5月乘车经过上述省份的低山丘陵油桐林区时,满山遍野的桐花绚丽夺目,分外诱人;许多海拔较高的用材林区也有一些散生的单株油桐花点缀在万绿丛中,这种锦上添花的自然风光让人心旷神怡。这个时期人们对桐花的观赏是一种自发的无意识的纯自然的观赏利用。近年来随着旅游业的蓬勃发展,人们对自然旅游资源的开发利用更为广泛,盛开的油桐花开始受到旅游者的青睐和旅游经营者的关注,并开始进入旅游市场。例如,长沙和浏阳一带拟营造大片油桐观赏林举办桐花节;贵州油桐产区亦有筹办桐花节的打算;湖南九荣生物能源公司计划在湖南南部、广西、广东、福建等地营造千万公顷的千年桐。随着生物能源的开发利用,油桐种植面积将继续扩大,目前一些老油桐产区,如永顺青天坪、保靖大妥、泸溪白沙等地已开始种植油桐林,届时将出现桐花专项旅游。目前大陆对油桐花有意识的观赏利用已进入萌芽阶段。

## 3　油桐林的游憩功能

### 3.1　油桐叶的食品包装功能

湖南湘西一带的农家每年夏秋时节采用油桐鲜叶包玉米浆粑和大米粑,这两种粑粑食用时除了甜美可口外,还都有一种格外的清香;此外农家主妇还在桐叶茂盛的季节采集许多大片桐叶放在家中晾干储藏,用于中秋和春节前后苞米糕和发粑粑。平时农家做粉蒸肉、粉蒸南瓜、粉蒸豆角等蒸菜时也用油桐叶垫底,做坛子菜时用油桐叶或棕榈封坛子内口。

### 3.2　油桐林的小气候调节功能

油桐林夏季枝叶繁茂,片片绿荫,徐徐凉风,舒爽宜人,漫步林中,悠然自得。根据笔者在湖南慈利、保靖、永顺、泸溪等地的观测,夏季油桐林内的太阳直接辐射通量密度比林外减弱9%～11%,日平均光照强度比林外弱32%～79%,林内地表温度比林外低1.4～11.5 ℃,日平均气温比林外低1.0～6.4 ℃,日平均空气相对湿度比林外大1%～9%,日平均风速比林外减小1%～38%。在夏季挥汗如雨的亚热带丘陵地区,油桐林是人们避暑纳凉、工间休憩的理想场所。适合当地居民就近休闲游憩。

## 4　油桐果的旅游功能

不同类型的油桐果形状各异(图2),柿饼桐的果实扁圆带棱形,如柿子,罂子桐的果实小巧玲珑,葡萄桐的果实多而成串,酷似葡萄,座桐的果实着生在枝条顶端,显而易见。多种形态的桐果绿里透红,多姿多彩,惹人喜爱。

### 4.1　油桐果的观赏功能

油桐4—5月坐果,6—7月果实膨大定形,10—11月果实成熟。幼果时期绿色的桐果坐落于白色带红的花瓣中,细瞧细看,越看越有趣;7—9月果皮成熟,绿里透红的桐果挂满枝头,又是一番诱人的景色;10—11月果实成熟,部分桐果自然脱落,进入收摘期,将桐树轻摇或用竹竿轻轻敲打枝条,酱红色的桐果铺满林地,旅游者可参与收摘,农民喜获丰收,游客体验快乐。

三年桐-1
三年桐-2
千年桐
桐果与桐籽


图 2　油桐果实

适宜开展参与性旅游。

### 4.2　油桐果的加工体验

油桐果收摘后，须堆沤 1～2 个月后才开始手工剥壳，此时已进入隆冬时节，农民开始了冬闲生活，男男女女围着火堆剥桐籽，有说有笑，趣味盎然，旅游者参与这种农业活动，除了与农民亲密接触，体验农村的冬闲生活外，还可以学习了解一些油桐种植技术和简单的生产技能。城市居民冬季到广阔农村参与一些简单的农事活动，与农民交朋友，体验农村生活，呼吸大自然新鲜空气有利于身心健康。城市居民可以通过这些活动与乡村居民结对子，定期互访以丰富生活。

## 5　结论与建议

### 5.1　油桐具有多种旅游功能

油桐除作为工业油料树种栽培外，还具有多种旅游观赏和游憩利用功能。油桐花期长，是重要的观光旅游资源。油桐林树形美观，枝叶繁茂，春季繁花似锦，花朵绚丽，旅游吸引力强；夏季调节小气候，庇荫纳凉功能显著；秋季果实丰硕，果型靓丽；冬季加工桐油，参与性强。一年四季可观赏、可参与，是重要的休闲游憩旅游资源。

### 5.2　油桐林旅游经济效益好

油桐的多种旅游功能是在不增加成本和直接劳动投入的情况下产生的附属功能，这为贫困山区的旅游开发提供了良好的旅游资源，在不增加成本的条件下获得丰厚的旅游收入，这为增加农民收入、发展地方经济提供了良好的物质基础。

## 5.3　油桐林旅游社会效益好

油桐栽培和桐油加工知识性强、技术性强，旅游者在游憩过程中可以学到许多科学知识。开展油桐林旅游拓宽了旅游资源范畴，增加了旅游目的地，扩大了旅游业的经营范围，开拓了旅游者的视野，丰富了旅游者的知识，是一种寓教于游的文化旅游、科普旅游，有良好的社会效益。

## 5.4　建议

(1)建议有关部门在开展油桐林旅游前做好油桐林区的旅游规划。

(2)进一步研究油桐花、叶、木材、林分的精气成分和康体保健功能。

(2011 年 4 月)

# 第五部分 林木物候观测标准

笔者曾于1984年至1987年为中南林业科技学院经济林专业、林学专业本科84级、85级开设过《林木物候观测》选修课，编写过一本近30万字的讲义。物候是气候学的一部分内容，故本部分摘录了8个主要树种的观测标准和《葡萄桐物候期》一个树种的观测记录整理结论，共9篇文章，供读者参考。因各树种的观测记录和统计整理表格内容大同小异、便于制作，故本部分仅详录了油桐物候观测中的各种表格。

# 油桐物候观测标准

吴章文

油桐分千年桐和三年桐两大类。千年桐雌雄异株，三年桐雌雄同株，但有些三年桐植株开花多，结实少甚至只开花不结实，表现为偏雄性。

选择观测样株时，千年桐雌雄各选 3～5 株，三年桐选生长结实正常的中年植株 3～5 株，其中可以选 1～2 株偏雄性植株。

三年桐发育期观测，除去果实成熟期、叶变色期和落叶期为目测外，其他各项均采取定株定枝的观测方法，以观测枝条出现的发育期进行统计。

千年桐树冠高大，对各发育期均用目测方法。各发育期只记载盛期（发育期），不记始、末期，但仍须采取既定株又定枝的方法，以观测枝条出现发育期进行百分率统计。

## 一、萌动期

1. 芽膨大期：观测枝上的芽膨胀，鳞片松动、鳞片之间现出新鲜的嫩绿部分。
2. 芽开放期：芽的上部出现鲜嫩的叶尖，芽鳞开始剥落。

## 二、展叶期

1. 见基簇叶日期：从混合芽内伸出雏形小叶。
2. 展叶期：观测枝上出现平展的基簇叶。
3. 展叶盛期：观测株上有 25%以上的小叶完全平展。

## 三、开花期

1. 花序形成期：三年桐中多数品种有花序，有的单生花只有花蕾。当观测枝上花序伸长约 5 厘米时即记载花序形成日期。单生花记载花蕾明显可辨的日期为现蕾期。

2. 始花期：观测枝上开始出现完全张开的花朵。

3. 盛花期：观测枝上有 25%的花开放为盛花始期，有 75%的花开放为盛花末期。盛花始期至盛花末期之间的持续日期为盛花期。

4. 终花期：观测枝上仅存少数几朵花的日期。

## 四、新梢生长期

1. 新梢形成期：观测枝顶端绿色新梢明显可辨，长度达 2 cm 左右时的日期。

2. 新梢停止生长期：从新梢形成开始每候量一次新梢长度与直径（量距新梢基部 5 cm

处)，当连续三候的生长量为“零”，这个三候中的第一候的最后一天即为新梢停止生长日期。

## 五、果实期

1. 幼果形成期：雌花子房膨大，花瓣脱落，形成幼果的日期。

2. 果实下垂期：幼果果尖朝上，当高、径生长达到一定程度，果尖转朝下方，观测枝上出现果尖朝下的日期即是果实下垂期。

3. 果实着色期：观测枝上有25%的果实表面局部由绿转红或转黄的日期。

4. 果实成熟期：观测枝上有50%以上的果实表面变为褐色，轻摇树枝即有桐果落地的日期。

5. 收摘日期：全株或整个地段实际收摘日期。

## 六、落叶期

1. 叶变色期：观测枝上正常叶片变为黄色。

2. 落叶期：无风时，树叶自然脱落或轻摇树枝就有叶落下的日期。

3. 落叶末期：树上仅存几片黄叶或枯叶。

## 七、生长量测定

1. 叶长、叶宽、叶柄长、新梢上用直尺或钢卷尺量。叶长：从叶基至叶尖。叶宽：量叶片展平后的最宽处。新梢长：当年枝的基部至顶芽尖端。

2. 果高、果径、新梢粗用游标卡尺测定。测量果实时须攀住枝条，切勿只拉住果实，否则容易拉脱果实，中断观测。果高：从果蒂与果柄连接处量至果尖。果径：果横向最宽处，每次量两个方向，取其平均值。

3. 果实重量测定：用普通药物天秤。观测后在现场求出果高、果径的平均值，按其大小在邻近桐树上采3～5个形状、大小相似的果，称其重量。从坐果开始观测至采收截止。有条件的地方，应将称样后的果实进行解剖和油脂结构分析。

有条件的地方，还应同时进行根系的观察。按根系调查法，定期观察根的生长数量和长度，以及新根的木栓化时期等。

## 八、观测间隔期

应根据不同时间而定。常规观测，从树液流动之时开始，每候最末日下午观测。春季生长快时，物候期短暂，观测间隔期短，例如，花期观测，1～2 d观测一次，必要时一天二次。到生长后期，观测间隔期可延长到7～10 d一次。树液流动日期可用刮皮或剪枝法确定。

## 九、观测人员

固定经过培训的观测员1～3人，其中1人为正式观测员，可兼职亦可专职(视各单位观测内容、工作量大小而定)，不轮流值班，如因故不能观测时，可由另 2 名经过训练的辅助观测员临时替代。

## 附:观测记录表示例

**表 1　油桐物候观测点基本情况记载表**

(一)观测点地名:

省县乡(镇林场)。山头、林班或地段名称:

(二)地理位置

北纬，东经，海拔高度(米):

坡向、坡位、坡度(°):

地面形状、土层厚度(厘米):

土壤名称:

主要植被:

(三)经营状况

整地方式、间种作物:

造林时间、造林方式:

造林密度、树种形状:

郁闭度、最末一次垦复时间:

平均树高、平均地径:

平均冠幅、病虫危害:

(四)当年产量

平均单株产鲜果(个/株或斤/株):

最高单样产鲜果(个/株或斤/株):

平均每亩鲜果产量(个/亩或斤/亩):

观测员签名:____________

**表 2　油桐物候期总表**

| 株号 | | | | | | | | 备注 |
|---|---|---|---|---|---|---|---|---|
| 萌动期 | 树液流动 | | | | | | | |
| | 芽开始膨大期 | | | | | | | |
| | 芽开放期 | | | | | | | |
| 展叶期 | 见基簇叶日期 | | | | | | | |
| | 开始展叶日期 | | | | | | | |
| | 展叶盛期 | | | | | | | |
| 开花期 | 花蕾或花序出现期 | | | | | | | |
| | 开第一朵花日期 | | | | | | | |
| | 盛花始期 | | | | | | | |
| | 开花盛期 | | | | | | | |
| | 盛花末期 | | | | | | | |
| | 最末一朵花脱落期 | | | | | | | |

续表

| 株号 | | | | | | | | 备注 |
|---|---|---|---|---|---|---|---|---|
| 新梢期 | 初见新梢日期 | | | | | | | |
| | 第二次见新梢出现期 | | | | | | | |
| | 新梢停长日期 | | | | | | | |
| | 二次新梢停长日期 | | | | | | | |
| 果实期 | 幼果形成日期 | | | | | | | |
| | 幼果开始膨大期 | | | | | | | |
| | 幼果开始下垂日期 | | | | | | | |
| | 果实开始着色日期 | | | | | | | |
| | 果实脱落开始日期 | | | | | | | |
| | 果实收摘日期 | | | | | | | |
| 落叶期 | 叶开始变色日期 | | | | | | | |
| | 叶全部变色日期 | | | | | | | |
| | 开始落叶日期 | | | | | | | |
| | 落叶末期 | | | | | | | |
| 树龄或造林年月 | | | | | | | | |

观察时间：

观测员签名：

**表 3　油桐花期调查表**

| 地点 | 株号 | 树龄 | 树高 | 根茎 | 冠幅 | 枝号 | 花序 | | | 雌雄比 | | | 叶片 | | |
|---|---|---|---|---|---|---|---|---|---|---|---|---|---|---|---|
| | | | | | | | 数目 | 序长 | 序宽 | 雄花数 | 雌花数 | ♂/♀ | 叶数 | 叶长 | 叶宽 |
| | | | | | | | | | | | | | | | |
| | | | | | | | | | | | | | | | |
| | | | | | | | | | | | | | | | |
| | | | | | | | | | | | | | | | |

调查日期：

观察员签名：

注：1. 此表盛花期一次调查；

2. 叶片系指基簇叶；

3. 单位(树高、冠幅单位：米；根径单位：厘米)

**表 4　油桐雌雄花生命史观测表**

观测日期　　年　月　日

| 株号 | 枝号 | 花序期 | 花序号 | 花号 | 花性别 | 见蕾期 | 落花期 | | | | |
|---|---|---|---|---|---|---|---|---|---|---|---|
| | | | | | | | 开裂期 | 全开期 | 始落期 | 落光期 | 全株落完期 |
| | | | | | | | | | | | |
| | | | | | | | | | | | |
| | | | | | | | | | | | |
| | | | | | | | | | | | |

观测员签名：

**表 5 油桐叶片生长量观测表**

| 株号 | | | | | | | | | | | 三株平均 | | |
|---|---|---|---|---|---|---|---|---|---|---|---|---|---|
| 日期 | 项目<br>生长量<br>枝号 | 叶长 | 叶宽 | 柄长 | 叶长 | 叶宽 | 柄长 | 叶长 | 叶宽 | 柄长 | 叶长 | 叶宽 | 柄长 |
| 月 日 | 1 | | | | | | | | | | | | |
| | 2 | | | | | | | | | | | | |
| | 3 | | | | | | | | | | | | |
| | 平均 | | | | | | | | | | | | |
| 月 日 | 1 | | | | | | | | | | | | |
| | 2 | | | | | | | | | | | | |
| | 3 | | | | | | | | | | | | |
| | 平均 | | | | | | | | | | | | |
| 月 日 | 1 | | | | | | | | | | | | |
| | 2 | | | | | | | | | | | | |
| | 3 | | | | | | | | | | | | |
| | 平均 | | | | | | | | | | | | |
| 月 日 | 1 | | | | | | | | | | | | |
| | 2 | | | | | | | | | | | | |
| | 3 | | | | | | | | | | | | |
| | 平均 | | | | | | | | | | | | |
| 月 日 | 1 | | | | | | | | | | | | |
| | 2 | | | | | | | | | | | | |
| | 3 | | | | | | | | | | | | |
| | 平均 | | | | | | | | | | | | |
| 月 日 | 1 | | | | | | | | | | | | |
| | 2 | | | | | | | | | | | | |
| | 3 | | | | | | | | | | | | |
| | 平均 | | | | | | | | | | | | |

注：每月 5、10、15、20、25、30 日(或 31 日)观测。

观测员签名：________________

**表 6 油桐新梢生长量观测记录表**

（单位：厘米）

| 株号 | | | | | | | | 三株平均 | | 候平均生长量 | |
|---|---|---|---|---|---|---|---|---|---|---|---|
| 项目 / 生长量 | | 梢长 | 梢粗 | 梢长 | 梢粗 | 梢长 | 梢粗 | 梢长 | 梢粗 | 梢长 | 梢粗 |
| 月 日 | 1 | | | | | | | | | | |
| | 2 | | | | | | | | | | |
| | 3 | | | | | | | | | | |
| | 本日平均 | | | | | | | | | | |
| 月 日 | 1 | | | | | | | | | | |
| | 2 | | | | | | | | | | |
| | 3 | | | | | | | | | | |
| | 本日平均 | | | | | | | | | | |
| 月 日 | 1 | | | | | | | | | | |
| | 2 | | | | | | | | | | |
| | 3 | | | | | | | | | | |
| | 本日平均 | | | | | | | | | | |
| 月 日 | 1 | | | | | | | | | | |
| | 2 | | | | | | | | | | |
| | 3 | | | | | | | | | | |
| | 本日平均 | | | | | | | | | | |
| 月 日 | 1 | | | | | | | | | | |
| | 2 | | | | | | | | | | |
| | 3 | | | | | | | | | | |
| | 本日平均 | | | | | | | | | | |
| 月 日 | 1 | | | | | | | | | | |
| | 2 | | | | | | | | | | |
| | 3 | | | | | | | | | | |
| | 本日平均 | | | | | | | | | | |
| 冬芽出现日期 | | | | | | | | | | | |

观测时间：________________

观测员签名：________________

**表 7　油桐果实生长量观测记录表**

（单位：厘米）

| 株号 | | | | | | | | | | 平均值 | | | 备注 |
|---|---|---|---|---|---|---|---|---|---|---|---|---|---|
| 坐果日期 | | | | | | | | | | | | | |
| 项目<br>日期 | 果高 | 果径 | 果重 | 果高 | 果径 | 果重 | 果高 | 果径 | 果重 | 果高 | 果径 | 果重 | |
| | | | | | | | | | | | | | |
| | | | | | | | | | | | | | |
| | | | | | | | | | | | | | |
| | | | | | | | | | | | | | |
| | | | | | | | | | | | | | |
| | | | | | | | | | | | | | |
| | | | | | | | | | | | | | |
| | | | | | | | | | | | | | |
| | | | | | | | | | | | | | |
| | | | | | | | | | | | | | |
| | | | | | | | | | | | | | |
| | | | | | | | | | | | | | |
| | | | | | | | | | | | | | |
| | | | | | | | | | | | | | |
| | | | | | | | | | | | | | |
| | | | | | | | | | | | | | |
| 树龄 | | | | | | | | | | | | | |

注：每月 5、15、20、25、30 日（或 31 日）观测。

观测时间：________________

观测员签名：________________

# 油茶林物候观测标准

吴章文

## 一、一般方法

油茶物候观测除果实成熟期目测外，其余均采取既定株又定枝的方法，株、枝均需要固定标记，在林地中部选择3～5株生长健壮的植株作为观测。在样株上再选择生长健壮、含4～5个小枝的枝条作为观测枝。记录表格参考油桐记录表，根据树种特征，自行制作。

## 二、物候标准

1. 叶芽膨大期：春季观测枝上叶芽膨大，鳞片松动，鳞片之间出现新鲜的嫩绿色部分的日期。

2. 叶芽开放期：观测枝上叶芽鳞片松开，露出绿色叶芽的尖端。

3. 展叶期：观测枝上出现第一片完全平展的叶子。

4. 抽梢期：观测枝上新芽伸长，长度达2 cm以上。

5. 花芽膨大期：观测枝上花芽膨大，明显可辨花芽和叶芽(花芽圆形、叶芽尖瘦)。

6. 开花期：开花始期至末期之间的持续期为开花期，分别记录始末日期。

(1)开花始期：观测枝上出现1朵或几朵花瓣完全开放的花，又称始花期。

(2)盛花始期：观测枝上有25%以上花朵完全开放。

(3)盛花末期：观测枝上有75%以上花朵完全开放。盛花始期与末期之间的天数为盛花期。

(4)开花末期(又称终花期)：观测枝上仅残存几朵花或花全部脱落的日期。

7. 果实成熟期：观测枝上有50%以上的果实果皮呈现自然成熟的颜色，果顶微裂，果实内籽粒种皮坚硬呈黑褐色并具有光泽。

8. 生长发育状况观测

(1)伸长量观测：当抽梢期进入普遍期(盛期)时，在各观测植株上分别固定五个新梢，测量其枝梢的伸长量，每旬末测量一次，当新梢自剪或两次伸长量相差不到1厘米时停止测量。油茶可分春、夏、秋三次抽梢，对观测枝上每次抽的梢均应记载日期，测量长度。

(2)落花落果观测：从开花始期至果实成熟期之间每旬末统计一次观测枝上的花、果数，以求不同时期的落花落果数量及着果率(开花期的雌花数目)。

# 乌桕物候观测标准

吴章文　席敦明　王江华

按林木物候观测要求选定观测株、观测枝挂牌编号，然后观测下列内容。

## 一、叶芽

1. 芽萌动期：有5%冬芽颜色从褐色变至基部黄色、先端粉红色。芽鳞松动的日期。

2. 芽膨大：芽开始膨大，颜色由粉红渐变为淡绿色。

3. 芽开绽期：芽鳞继续松动膨大，叶芽先端裂开露出绿色的幼叶尖，鳞片开始脱落。

## 二、叶片

以形状比较稳定的春梢上的第七片叶为测定对象。

1. 展叶期：叶露出后，由对折的直叶张开，有1～2片叶完全展开的日期。

2. 叶幕出现期：先年枝条上剪口芽全部开放、展平。

3. 叶片生长期：从一年生硬枝条上剪口芽抽生的春梢上的第七片叶(或其他序号的叶片，具体第几片，由观测员共同商定)为叶片生长量的观测对象。

(1)叶片开始生长期：第七片叶展平之日。

(2)叶片迅速生长期：观测枝上叶片迅速增大的日期。应根据生长量大小确定。

(3)缓慢生长期：从测量叶片生长量判定缓慢生长期。

(4)叶片停止生长期：连续三候测得的生长量与第一候相同时，第一候的最后一天就是叶片停止生长的日期。

4. 叶变色期

叶片由深绿色或绿色变为淡黄色的日期，以观测枝的叶片为准。

5. 落叶期

(1)落叶始期：观测枝上有5%的叶片自然脱落。

(2)落叶盛期：观测枝上有30%～50%的叶片自然脱落。

(3)叶全落：观测枝或观测株的叶片几乎全部脱落的日期。

## 三、枝梢期

1. 新梢形成期：观测枝上始见新梢的日期。从新梢形成开始每候最末日测其伸长量。

2. 新梢生长停止期：连续三候测量的伸长量相等或近似时，其中第一候最后一天便是新梢停止生长的日期。

3. 乌桕一般一年发三次梢:春梢、夏梢、秋梢。观测方法与新梢一样,分别观测各次梢的起止期。

## 四、花期

1. 花芽膨胀期:春梢缓慢生长的后期,先端花芽鳞片松动,芽尖微裂的日期。

2. 花芽开放期:花芽先端裂开,肉眼可看见花絮梗的日期。

3. 花序伸长期:花序露出 5 cm 时为始期,花序梗停止生长之日期为末期。始期至末期之间的持续期称花序伸长期。

4. 雌花花期:花性,以剪口芽抽生春梢先端形成的花序为基础。

(1)柱头开裂期:雌花子房上面的柱头先端微裂开始至柱头裂散开之间的持续期。

(2)雌花成熟期:柱头先端开裂后,用手轻触时感觉黏液为雌花成熟期。

(3)柱头枯萎:柱头黏液分泌停止,颜色从淡黄色转变为黑褐色的日期。

5. 雄花

(1)雄蕊成熟期:花药从淡绿色变成黄色的日期。

(2)花药开裂:盛装花粉的花粉束裂开,花粉溢出的日期。

(3)花药枯萎:花药颜色由黄色转变至褐色的日期。

## 五、果期

1. 幼果形成期:肉眼可见子房膨大的日期。

2. 果实成熟期:蒴果的外果皮沿果尖裂缝线裂开、反卷脱落的日期。群众俗称“花壳期”。

# 杜仲物候观测标准

吴章文

选择地形开阔、能代表当地一般状况的成年杜仲林地，或生长在开阔处的成年散生木。

在选好的杜仲林样株内，选择树龄15年生以上（结实三年以上，或已经开剥树皮）的成年健壮植株，雌雄各5株，使之均匀分布于林地的东、南、西、北、中五个方位。每株上选三个观测枝，要求观测枝均匀分布在树的适当部位。逐枝做好标记，以后年年重复观测这些样株和枝条。

记载每株的年龄（或定植年份）、树冠形状，测量其树高、胸径、冠幅、造林密度、株行距和林分郁闭度。

## 一、萌动期

1. 树液开始流动日期：在观测地段另选三株每株定一枝条（不必做标记），在气温达5℃左右开始剪枝条先端，剪断后5 min内有液汁渗出即为树液开始流动。每天剪一次直至观测树液流动日期止，最末一次观测后用蜡封住剪口。

2. 芽开始膨大期：卵圆形芽膨胀，鳞片松动。

3. 芽膨大期：红褐色芽鳞间露出嫩绿色新鲜部分。

4. 芽开放期：芽的先端裂开，上部露出新鲜颜色的尖端。

## 二、展叶期

1. 展叶开始期：鳞片长出叶片并有1、2片叶展平。

2. 展叶盛期：观测枝上的小叶完全展平。

## 三、开花期

1. 花蕾出现期：雄株，见到簇生的花蕾，雌树见到单生的小花蕾。

2. 始花期：观测株上见到1朵花即为始花期。

3. 盛花期：开花数量达到全株的25%，即为盛花期开始，达到75%即为盛花末期。盛花始期至盛花末期的持续期即是盛花期。

4. 终花期：全株花落，残存数在50%以下。

## 四、果熟期

1. 果实开始成熟：翅果开始出现成熟时的固有色泽。

2. 果实成熟期:翅果全部转变成固有色泽(黄色或黄褐色),中央突起,并开始脱落。

3. 果实始落期:果实开始自然脱落。

4. 果实收摘期:果实成熟后的实际收摘日期。

## 五、新梢生长期

1. 新梢出现日期:新梢长度达 5 cm 以下即为新梢出现期。

2. 新梢开始伸长日期:新梢长度达 5 cm 以上的日期,以后每 5 d 测量一次长度。

3. 新梢停止伸长期:新梢伸长量观测值连续三候不变,第一次出现该值的日期。

## 六、叶变色期

1. 叶开始变色期:观测枝上出现开始转黄、转褐或转红的叶。

2. 叶龄变色期:观测枝上的叶有 95%以上变色。

## 七、落叶期

1. 开始落叶:秋天开始自然落叶的日期。

2. 落叶末期:树上的叶几乎全部自然脱落的日期。

# 漆树物候观测*

吴章文

## 一、植株选择

在有代表性的地段，雌、雄漆树各选 3 株，作为观测株。树龄应选择 15 年左右生长健壮的当地主栽品种。

## 二、观测标准

1. 芽膨大期：观测枝上有个别枝梢芽开始分离记为始期，侧面显露淡色的线形或角形。观测枝上 50%以上的芽膨大。记为盛期，始期与盛期之期的日期为芽膨大期。

2. 芽开放期：观测枝梢芽的鳞片裂开，上部出现新鲜颜色的尖端的日期为芽开放期。观测枝梢上大部分芽开放的日期记为盛期，芽开放期与盛期之间的日子为芽开放期。

3. 展叶期：观测枝上个别芽出现 1～2 片平展的小叶，为展叶始期。有半数枝条上的复叶中出现平展小叶为盛期，始期与盛期之间的日子为展叶期。

4. 花期观测

(1)花序出现期：始期开始露出花序。末期，花序基本形成。

(2)开花期：始花期，观测枝上有 1 朵小花完全开放即为始花期。盛花期，花序上小花花瓣展开 25%以上为盛花始期，达 75%以上为花末期，观测枝上的花几乎全部脱落，整片漆林的花残存无几。终花期：始花期与终花期之间的日子为终花期。

5. 果期观测

(1)果实形成期：雌花花瓣脱落，子房膨大，具有正常果实形成。

(2)果实成熟期：有 50%以上果皮变为黄褐色。

(3)种子采摘期：记录当地实际采种日期。

6. 新梢观测

(1)观测枝上新梢第一片幼叶展开，茎节伸长。记为新梢开始伸长期。

(2)新梢停止伸长期：观测枝上的新梢伸长量连续三候不变，第一次出现不变值的日期为停止伸长期。

7. 开割期：记载林分采割生漆的日期。并记载每次采收的漆汁量。

8. 叶变色期：分别记载叶开始变色日期，以及叶几乎全部变色日期。

9. 落叶期：开始落叶的日期，叶落完的日期分别记载。之间持续时间即为落叶期。

---

* 注意：对漆树或生漆过敏者勿近漆树，不宜做观测员。

# 杉木物候观测

吴章文

## 一、一般方法

在林分中部选3～5株树龄为12～20年生的观测株，在树冠的上、中、下三个部位，分别选东、南、西、北四个方位的枝条（全株12根），固定标记作为观测枝，用望远镜进行发育期观测。发育期统计方法与定株定枝的方法相同，以12根枝条全部进入发育期为100%。

## 二、发育期观测规律

1. 树液流动期：在观测株上剪断一枝条，五分钟内见到液汁即为树液流动期。若未出现液汁，在同一枝上第二天再剪，直到见到液汁止。

2. 苞开放期：在观测枝上，芽苞张开，可见淡绿色的针叶叶尖。

3. 抽梢期：主干顶芽伸长1 cm以上。

4. 雄花开放期：观测枝上有雄球花散出花粉。

5. 雌花开放期：观测枝上有花苞颖片开放。

6. 雌雄球出现期：观测枝的侧梢顶端形成雌球或雄球雏形，分别记雌雄球出现期。

7. 种子成熟期：目测估计观测植株半数以上球果气鳞出现成熟颜色，种子切开，已无白浆。

8. 新梢停止伸长期：秋季，观测植株的顶梢出现发育完全的顶芽。

9. 生长量测定：

(1)顶梢伸长量观测：从抽梢期至新梢停止生长期止，每月末测量一次顶梢长度。

(2)直径生长量观测：在芽开放期和新梢停止生长期各测一次胸径（离地1.3 m高处），或者在这期间，每旬末测量一次胸高直径。有条件时，可通过树干解析求取材积年生长量。

# 马尾松物候观测

吴章文

## 一、一般方法

选择生长健壮的观测样株3～5株，在这些样株上选一年生枝条作为观测枝，采用既定株又定枝的方法做发育期观测。

## 二、观测标准

1. 顶芽膨大期：观测植株顶芽鳞片开裂反卷出现淡黄褐色的浅缝。

2. 抽梢期：观测植株顶芽基露出绿色，芽伸长约2 cm。

3. 针叶露现期：观测植株上绿色的幼叶穿出梢膜。

4. 封顶期：观测植株上新梢顶端出现麦粒大小的红褐色顶芽。如有二、三次抽梢出现，亦需要分别观测各次的抽梢期、针叶露现期和封顶期。

5. 雄花开放期：观测枝出现淡黄色的雄球花。

6. 球果始现期：观测枝上，当年生枝条顶端出现豌豆大小的绿色小球果。

7. 球果成熟期：目测估计观测植株上半数以上的果球呈现黄褐色。

8. 种子散落期：目测估计观测枝上半数以上的褐色球果种鳞张开，带翅种子散落。

## 三、生长状况观测

1. 测定径向生长量：在每年的每个季末各测一次观测株的胸高直径，即离地1.3 m高处的直径。

2. 高生长量的测定：有条件的地方用测高器测量，没有测高器时，可用标尺或竹竿测量树高，一年测一次，年底观测。

# 楠竹物候观测

吴章文

## 一、样地设置

在选定地段做好固定标记，出笋时每天统计出笋数量，出笋全部结束后，再分别计算出笋10％、50％、80％的日期。

样地的第一个笋出土后 7 d 左右，在各样地已出土的幼笋中，按东、南、西、北、中五个方位选五株生长中等以上的样笋 5 株，做好标记。若一次选不足 5 株，可在此后 5 d 内补选。发育期统计的样株为单位进行。

## 二、观测标准

1. 出笋期：笋尖露出地面，清晰可辨的日期。
2. 笋壳脱落期：幼笋伸长时节间笋壳自然脱落，出现青色的竹径的日期。
3. 分枝出现期：竹笋第一盘节上出现枝条的日期。
4. 展叶期：在枝条上出现平展的叶片的日期。

## 三、特殊观测项目

在一些特殊年份，毛竹可能出现开花结实现象。应进行观测记载。

1. 花序出现期：植株顶端出现穗状花序的日期。
2. 开花期：花颖张开，雄蕊伸长微露的日期。
3. 种子成熟期：半数以上种子成熟的日期。
4. 落叶期：秋季成年竹的叶片自然脱落的日期。

## 四、幼笋成竹率计算

幼笋成竹率：样区内幼笋出土总数为 $x$，幼笋成竹总数为 $x_1$，成竹率为 $r$，则

$$r=\frac{x_1}{x}\cdot 100\%$$

# 葡萄桐的物候期*

吴章文

正常情况下，葡萄桐整个结实年份中，在一年里从营养生长开始到越冬休眠，所表现出一系列的有节奏的生命活动现象（如萌芽、开花、新梢生长、花芽形成、果实膨大、果成熟、落叶休眠等），这种遵循一定规律的变化叫年生长发育周期，这种变化规律与气候的变化有密切联系。因气候变化而改变生命活动规律的时期叫物候期。

物候期的变化意味着葡萄桐生长中心的改变，显示出生理和形态上的相应变化。了解葡萄桐年生长发育周期的规律，对制定栽培技术措施具有重要意义。为了掌握葡萄桐的年生长发育规律，1980 年、1981 年和 1982 年，我们在湖南省溆浦县大江口和泸溪进行了定点观测。现将观测结果列入表 1。

根据三年观测资料初步分析，葡萄桐在湘西，①日平均气温稳定通过 6 ℃后，树液开始流动（即 2 月下旬至 3 月上旬）；日平均气温稳定通过 10 ℃时，芽膨胀（即 3 月上、中旬）；日平均气温连续三天以上高于 13 ℃，芽散开，可见基簇叶和花蕾。日平均气温连续三天以上高于 15 ℃开始开花，可见基簇叶和新梢叶生长。②日平均气温稳定终止 6 ℃后，开始落叶。早霜开始或寒潮侵袭之后大量落叶，12 月中旬叶落光。③芽苞开放之后如遇晚霜或强寒潮侵袭，芽和叶的先端受害变黑焦碎，但对开花结果影响不大。

**表 1　葡萄桐年生长发育周期及其积温统计表**

| | | 三年综合值 | | | | | 三年平均值 | | |
|---|---|---|---|---|---|---|---|---|---|
| | | 起始期（月．日） | 终止期（月．日） | 天数（天） | 活动积温（℃·d） | ＞10 ℃的有效积温（℃·d） | 经历天数（d） | 活动积温（℃·d） | ＞10 ℃的有效积温（℃·d） |
| | 全年 | | | | | | 365.3 | 6037.5 | 2897.7 |
| | 年生长期 | 2.5—2.18 | 12.5—12.24 | 292～315 | 5859～5913 | 2899.2～2943.6 | 302 | 5806.1 | 2894.2 |
| | 年周期（树液流动—叶落光） | 2.20—3.5 | 11.25—12.15 | 255～298 | 5528～5703 | 2828.9～2940.5 | 279 | 5630.7 | 2879.0 |
| 芽 | 芽膨胀—叶落光 | 3.9—3.20 | 11.25—12.15 | 251～279 | 5325～5652 | 2843.5～2934 | 265 | 5492.3 | 2865.0 |
| 芽 | 芽膨胀—芽散开 | 3.9—3.20 | 3.14—4.3 | 5～15 | | 16.5～23.5 | 10 | | 20.7 |
| 叶 | 见基簇叶—叶停长 | 3.20—4.6 | 5.25—5.31 | 51～73 | | 400.3～568 | 64 | | 495.6 |
| 叶 | 见新梢叶—叶停长 | 3.20—4.6 | 6.30—7.5 | 91～103 | | 1007.1～1115.2 | 97 | | 1059.6 |
| 叶 | 见基簇叶—叶全落 | 3.20—4.6 | 11.25—12.15 | 236～272 | | 2785.7～2901.6 | 253 | | 2836.7 |
| 花 | 见花蕾—始花 | 3.28—4.7 | 4.14—4.20 | 17～20 | | | 14 | | 60.8 |
| 花 | 始花—终花 | 4.14—4.20 | 4.30—5.6 | 16～18 | | 121.9～127.5 | 17 | | 129.8 |
| 花 | 盛花—盛花末 | 4.16—4.23 | 4.22—5.1 | 7～10 | | 45.1～58.9 | 8 | | 52.6 |
| 花 | 见花蕾—终花 | 3.28—4.10 | 4.30—5.6 | 23～31 | | 143.9～206.8 | 30 | | 189.3 |

* 本文原载于《泸溪葡萄桐栽培技术》，长沙：湖南科学技术出版社，1985：22-25.

续表

| | | 三年综合值 | | | | | 三年平均值 | | |
|---|---|---|---|---|---|---|---|---|---|
| | | 起始期（月．日） | 终止期（月．日） | 天数（天） | 活动积温（℃·d） | >10 ℃的有效积温（℃·d） | 经历天数（d） | 活动积温（℃·d） | >10 ℃的有效积温（℃·d） |
| 梢 | 见新梢—新梢停长 | 4.10—4.20 | 6.30—7.30 | 81～107 | | 946.7～1384.1 | 98 | | 1293.0 |
| | 新梢速生期 | 4.12—5.1 | 6.5—7.30 | 50～72 | | 554.4～972.1 | 58 | | 705.4 |
| 果 | 坐果—果实收摘 | 4.20—4.30 | 10.2—10.16 | 163～171 | | 2058.1～2431.1 | 166 | | 2303.9 |
| | 幼果开始膨大—膨大停止 | 4.25—5.5 | 7.15—7.31 | 82～92 | | 1117.6～1368.0 | 85 | | 1234.3 |

观测地点：湖南溆浦县、泸溪县，观测点海拔高度 150～160 m。

（1984 年 8 月）

# 第六部分

# 气象要素的推算及冰冻灾害调查

二十世纪末，森林公园开发建设对气象气候资料的需求极为迫切，而几乎所有森林公园均无气象资料可提供，为满足这一需求，笔者尝试性地推算了武陵源风景区的气温、降水和风速等气候要素值。

又由于气象灾害干扰妨碍旅游活动，笔者与高级工程师米久书同志一起对湘西吉首的一次冰雹天气过程、危害程度、林木抗逆性、防御措施进行了调查研究。遗憾两位作者皆因多次搬家而遗失原稿。

2008 年初，湖南省遭受大范围冰冻灾害，2008 年 3 月笔者与吴楚材教授一起带领 5 名博士生和 13 名硕士生对郴州苏仙岭风景区进行了详细调查。

此部分仅收录 2 篇文章，作为对研究过程的记忆。

# 无气象观测资料风景区有关气象要素的推算方法

## ——以武陵源风景区为例

吴章文 梁青元

**摘 要**:气候与旅游活动有着直接或间接的关系,由于种种原因,许多风景区并未建气象观测站,本文以武陵源风景区为例,应用中、小区域气候原理* 介绍了无气象资料风景区的降水、气温、风速等气象要素推算方法。

**关键词**:武陵源;风景区;气象要素

## 引言

气候与人类生产生活有着密切的关系,同样,气候与旅游活动也有着直接或间接的关系。气候的变化会对旅游地的地貌、水文、生物及各种人文旅游资源产生影响;在不同的气象和气候条件下,可以形成不同的自然景观和旅游环境;气候会影响户外旅游活动的开展,对旅游者参与某一旅游活动环境和活动质量产生影响。气候状况还直接作用于人的生理过程,影响人的体感舒适程度。良好的气候是重要的旅游资源,而不良的大气如持续严寒或暴雨则会阻碍旅游活动。因而旅游地或风景区应当重视本地区气候资源及天气变化,趋利避害,让气候为旅游活动服务。

然而,由于种种原因,许多风景区并未建气象观测站,造成这些风景区的良好气候资源往往得不到充分利用而白白消逝。同时,也致使一些不利气候影响了旅游活动的正常开展。因此,有必要掌握风景区的主要气象要素变化规律,以便于对风景区实施更有效的管理和对旅游资源的更充分的挖掘。对于尚未建气象观测站的风景区可采用一定的方法对主要相关气象要素值进行推算。本文将以武陵源风景区为例,应用中小区域气候* 原理介绍无气象观测资料风景区有关气象要素的推算方法。

## 一、武陵源风景区简介

武陵源风景名胜区位于湖南省西北部张家界市中部,澧水中上游,属武陵山脉。地理坐标为东经 110°22′30″ ~110°41′15″,北纬 29°16′25″ ~29°24′25″。东西长 31 km,南北宽15.5 km。

* 中、小区域气候是指水平距离在几十千米以内的各种下垫面的气候。中小区域气候分析方法是常用的中长期气候分析方法。

土地总面积 390.8 $km^2$,其中风景名胜核心地域面积 264 $km^2$,外围保护地带 126.8 $km^2$,包括张家界国家森林公园和东溪峪、天子山、杨家寨景区[1]。武陵源风景区是一颗璀璨的风景明珠、国际著名旅游胜地,其独特的自然景观堪甲天下。自开发旅游以来,武陵源已经并正在发挥着巨大的社会、生态、经济效益,景区知名度迅速提高,游客数量与年俱增。至 2002 年,风景区接待游客已逾千万人次,近年来旅游收入年年过亿元。1993 年以来,武陵源风景区连年被评为湖南省名胜风景区先进单位。

## 二、降水量的推算

### (一)推算方法简介

较大范围山区降水量的影响因子通常有经、纬度,测站的海拔高度和地形特征,测站及其附近的平均坡度和坡向。这六个影响山区降水分布的因子,总体上反映出测站离水汽源地的远近和中小地形的作用。但对中小区域而言,经、纬度因子可以忽略。其余四个因子可用回归分析或做相关图解的方法找出它们与年降水量的关系,推算出年降水量。由于在相同的气候区内,各测站降水的相对系数(月降水量/年降水量)是基本一致的,据此可以推算出考察站的月平均降水量。

### (二)年降水量的推算

我们选取武陵源风景区周边地区 14 个观测站 1971—1979 年多年平均降水量来推算武陵源同期多年平均降水量。这些测站是龙山、桑植、大庸、永顺、保靖、古丈、花垣、八面山、泸溪、凤凰、沅陵、石门、慈利、桃源。由于所选测站均设于平地,因而采用海拔高度和坡度两个因子为变量建立其与年降水量的二元回归方程,得到

$$y=1296.7+0.296h+3.9\theta$$

$$F=29.2>F_{0.05}(2,11)=3.98R$$

$$R^2=0.84$$

式中:$y$ 为年降水量(mm),$h$ 为测站海拔高度(m),$\theta$ 为测站平均坡度(°)。

说明降水量与海拔、坡度之间的线性关系显著。给定显著性水平 $\alpha=0.05$,$t_h=6.5>t_{\alpha\gamma}(11)=0.698$,$t\theta=0.89>t_{02}(1)$。说明海拔高度和坡度对年降水量的影响是显著的,其中海拔对年降水量影响较大。

根据方程计算出平均绝对误差:$s=65.6$ mm,平均相对误差:$S/y=65.6/1459.9=4.5\%$,说明回归模型有较好的精度。

为进一步验证,我们将 2 个未参加回归计算的吉首及辰溪的测站实测值与估测值比较,结果表明,用回归方程计算的年降水量估测值为 1408.4 mm、1338.9 mm,实测值分别为 1440.5 mm、1344.7 mm,绝对误差分别为 32.1 mm 和 5.8 mm,精度分别为 97.7%、99.6%,验证结果是令人满意的,证明回归模型的合理性。

将武陵源风景区的海拔及坡度值代入回归方程,求出该地的多年平均降水量为 1397.7 mm。

## (三)武陵源风景区各月降水量的推算

如前所述,由于在相同的气候区内,降水的相对系数是基本一致的。由此近似有下列关系:

$$x_{i月}/x_{年}=y_{i月}/y_{年}=k_i$$

得到:

$$x_{i月}=k_i\cdot x_{年}$$

式中:$x_{i月}$为第 $i$ 月武陵源的多年月均降水量,$x_{年}$为武陵源多年平均降水量,$y_i$为第 $i$ 月桑植站的多年月均降水量,$y_{年}$为桑植站多年平均降水量,$k_i$为第 $i$ 月降水相对系数,桑植各月降水分配系数为见表 1。

**表 1　桑植站各月降水分配系数**

| 月份 | 1 月 | 2 月 | 3 月 | 4 月 | 5 月 | 6 月 | 7 月 | 8 月 | 9 月 | 10 月 | 11 月 | 12 月 |
|---|---|---|---|---|---|---|---|---|---|---|---|---|
| 分配系数 | 0.0157 | 0.0253 | 0.0526 | 0.1062 | 0.1497 | 0.1741 | 0.1377 | 0.1192 | 0.0776 | 0.0785 | 0.0417 | 0.0217 |

武陵风景区多年逐月平均降水量计算结果见表 2。

**表 2　武陵源风景区各月月均降水量(mm)**

| 月份 | 1 月 | 2 月 | 3 月 | 4 月 | 5 月 | 6 月 | 7 月 | 8 月 | 9 月 | 10 月 | 11 月 | 12 月 |
|---|---|---|---|---|---|---|---|---|---|---|---|---|
| 降水量 | 21.9 | 35.3 | 73.7 | 148.1 | 208.6 | 242.6 | 191.9 | 166.1 | 108.2 | 109.5 | 58.1 | 30.1 |

# 三、气温推算方法

## (一)推算方法简介

在考察站没有气象资料,而且四周没有气象站的情况下,可利用其周围气象站的多年平均气温资料对考察站的温度条件进行估算。这种使用其他气象站资料进行估算的方法有很多,本文所采用的方法概述如下:首先将周围气象站的温度订正到海平面,然后线性内插得到研究地点的海平面温度再做海拔高度订正。

## (二)月平均气温的推算

下面将以武陵源风景区为例说明月均气温及年均气温的推算方法。选取龙山、桑植、八面山及慈利四站点的气象资料来推算武陵源月平均气温及年平均气温。

### 1. 各月平均气温梯度值

根据龙山、桑植、八面山的多年逐月平均气温,以慈利为基本站,求出上述三站与慈利的气温梯度值,再求其梯度值的算术平均值,公式如下:

$$r_{BA}=(T_{iB}-T_{iA})/(H_B-H_A)$$

式中:$r_{BA}$为 A 站到 B 站的气温梯度值,$T_{iA}$为第 $i$ 月 A 站的月平均气温,$T_{iB}$为第 $i$ 月 B 站的月平均气温,$H_A$为 A 站的海拔高度,$H_B$为 B 站的海拔高度。

由此得出的平均梯度值近似地作为武陵源到慈利的平均气温梯度值，计算结果如表 3 所示。

**表 3　武陵源—慈利各月气温梯度值(℃/100 m)**

| 月份 | 1月 | 2月 | 3月 | 4月 | 5月 | 6月 | 7月 | 8月 | 9月 | 10月 | 11月 | 12月 | 全年 |
|---|---|---|---|---|---|---|---|---|---|---|---|---|---|
| 气温梯度值 | －0.200 | －0.190 | －0.202 | －0.283 | －0.341 | －0.431 | －0.518 | －0.468 | －0.323 | －0.331 | －0.304 | －0.218 | －0.306 |

**2. 将周围气象站的气温订正到海平面，根据各月各站海平面气温与各站海拔高度的线性关系，求出武陵源各月海平面气温**

各气象站海平面气温的计算方法为：

$$T_{0i}=T_i+r\cdot H$$

式中：$T_{0i}$为某气象站第 $i$ 月的海平面气温，$T_i$为某气象站第 $i$ 月的月平均气温，$r$ 为某气象站到基本站的气温梯度值，$H$ 为某气象站的海拔高度(100 m)。

根据上式得出龙山、保靖、花垣的海平面气温，以各月海平面气流值为因变量，以海拔高度为自变量，考察各月海平面气温值与海拔高度的关系。以 1 月份为例，得到如下一元回归方程：

$$T_0=5.1-0.06\ h \quad R^2=0.87$$

说明 1 月份各测站气温变化与海拔呈显著线性相关。将武陵源风景区海拔 $h=3.25$ 代入上式得到其 1 月份月平均气温为：$T_1=4.9$ ℃。

同理，得出武陵源风景区各月平均海平面气温，结果见表 4。

**表 4　武陵源各月平均海平面气温(℃)**

| 月份 | 1月 | 2月 | 3月 | 4月 | 5月 | 6月 | 7月 | 8月 | 9月 | 10月 | 11月 | 12月 | 全年 |
|---|---|---|---|---|---|---|---|---|---|---|---|---|---|
| 气温 | 4.9 | 6.4 | 11.3 | 17.4 | 21.4 | 26.2 | 29.7 | 29.2 | 23.4 | 18.6 | 12.4 | 7.2 | 17.3 |

**3. 求山武陵源风景区各月平均气温**

(1)将第一步中求出的气温平均梯度作为考察站武陵源与基本站慈利的气温梯度，根据下式求出武陵源风景区各月的平均气温，结果见表 5。

$$T_i=T_{0i}-r_i\cdot H$$

式中：$T$ 为考察站第 $i$ 月海平面气温(℃)，$T_{0i}$为基本站第 $i$ 月海平面气温(℃)，$r_i$为考察站至基本站第 $i$ 月的平均气温梯度(℃/100 m)，$H$ 为考察站海拔高度(100 m)。

**表 5　武陵源景区各月月平均气温(℃)**

| 月份 | 1月 | 2月 | 3月 | 4月 | 5月 | 6月 | 7月 | 8月 | 9月 | 10月 | 11月 | 12月 | 全年 |
|---|---|---|---|---|---|---|---|---|---|---|---|---|---|
| 气温 | 4.3 | 5.9 | 10.5 | 16.4 | 20.3 | 24.8 | 28.1 | 27.7 | 22.4 | 17.6 | 11.4 | 6.5 | 16.3 |

(2)月平均最高气温及月平均最低气温推算

考察武陵源风景区周围保靖、龙山、花垣等气象站月平均最高、最低气温与月平均气温的相关关系，结果发现，月平均最高、最低气温与月平均气温有密切的相关关系。并由此得出考察站武陵源风景区的月平均最高气温与月平均气温的线性相关方程为：

$$\overline{T_M}=3.77+1.05\,\overline{T}$$

式中：$\overline{T_M}$为武陵源风景区月平均最高气温，$T$ 为武陵源风景区月平均气温。

月平均最低气温与月平均气温的线性相关方程为：

$$\overline{T_m}=-2.55+0.96\overline{T}$$

式中：$\overline{T_m}$为武陵源风景区月平均最低气温，$T$ 为武陵源风景区月平均气温。

将武陵各月月平均气温推算值代入方程得到该地区 1971—1980 年各月月平均最高气温与月平均最低气温值，结果见表 6。

**表 6　武陵源各月月平均最高、最低气温值(℃)**

| 月份 | 1月 | 2月 | 3月 | 4月 | 5月 | 6月 | 7月 | 8月 | 9月 | 10月 | 11月 | 12月 |
|---|---|---|---|---|---|---|---|---|---|---|---|---|
| 最高气温 | 8.3 | 10.0 | 14.7 | 21.0 | 25.1 | 29.8 | 33.3 | 32.9 | 27.3 | 22.3 | 8.7 | 10.6 |
| 最低气温 | 1.6 | 3.1 | 7.5 | 13.2 | 16.9 | 21.3 | 24.4 | 24.0 | 19.0 | 14.3 | 8.4 | 3.7 |

## (三)日平均气温的推算：以推算武陵源风景区 1 月份逐日平均气温为例

### 1. 计算不同天气状况下，桑植(第二基本站)与慈利(基本站)全年各月条件温差，并求出不同天气条件下的气温梯度

$$T_s=\overline{(\sum_{i=1}^{n}T_{si})/n}$$

式中：$T_s$ 为某测站某月晴天平均气温(℃)，$\sum T_{si}$ 为某测站某月第 $i$ 个晴天条件下的日平均气温(℃)，$n$ 为某月所有晴天日数。

根据上式分别求出第二基本站与基本站晴天日平均气温，两者之差即为第二基本站与基本站之间的晴天条件温差($\Delta T_s$)。则晴天第二基本站至基本站的气温梯度：

$$r_s=\Delta T_s/(H_1-H_0)$$

式中：$r_s$ 为第二基本站晴天的气温梯度(℃/m)，$\Delta T_s$为第二基本站与基本站之间的晴天条件温差(℃)，$H_1$为第二基本站海拔高度(m)，$H_0$为基本站海拔高度(m)。

### 2. 求考察站与基本站之间的各月条件温差

可用下面的公式：

$$\Delta T_{sy}=r_{s'}(H_2-H_0)$$

式中：$\Delta T_{sy}$为考察站与基本站之间的各月条件温差(℃)，$H_2$为考察站海拔高度(m)。

同样，对于考察站与基本站的全年阴天、雨(雪)天各月条件温差可按上述方法依次算出，武陵源与慈利站晴天、阴天、雨天、雪天的条件温差分别为 0.9 ℃、－0.1 ℃、－0.7 ℃、－0.7 ℃。

### 3. 推算考察站各月逐日平均气温

假定该年考察站与基本站的天气状况相同，根据前面求出的不同天气条件下的条件温差，即可推算出考察站各月逐日平均气温。下面给出的武陵源风景区 1 月份逐日平均气温推算结果(表 7)。

**表 7　武陵源风景区 1 月份逐日平均气温(℃)**

| 日期 | 1 | 2 | 3 | 4 | 5 | 6 | 7 | 8 | 9 | 10 | 11 | 12 | 13 | 14 | 15 | 16 |
|---|---|---|---|---|---|---|---|---|---|---|---|---|---|---|---|---|
| 天气状况 | 晴 | 晴 | 晴 | 晴 | 晴 | 晴 | 晴 | 晴 | 晴 | 晴 | 阴 | 阴 | 晴 | 阴 | 阴 | 雪 |
| 慈利气温 | 1.2 | 3.1 | 3.7 | 2.8 | 1.6 | 5.6 | 5.3 | 4.4 | 5.6 | 6.9 | 6.6 | 9.4 | 6.7 | 5.2 | 6.0 | 3.0 |
| 武陵源气温 | 2.1 | 4.0 | 4.6 | 3.7 | 2.5 | 6.5 | 6.2 | 5.3 | 6.5 | 7.8 | 6.5 | 9.3 | 7.6 | 5.1 | 5.3 | 2.3 |
| 日期 | 17 | 18 | 19 | 20 | 21 | 22 | 23 | 24 | 25 | 26 | 27 | 28 | 29 | 30 | 31 | |
| 天气状况 | 雪 | 雪 | 雪 | 雪 | 晴 | 阴 | 阴 | 阴 | 阴 | 阴 | 阴 | 雪 | 雪 | 雪 | 晴 | |
| 慈利气温 | 0.9 | −1.3 | −1.4 | −0.6 | −1.4 | −0.7 | 1.4 | 0.8 | 0.0 | −1.5 | 1.4 | 1.2 | 0.3 | 0.5 | 0.8 | |
| 武陵源气温 | 0.2 | −2.0 | −2.3 | −1.5 | −0.5 | −1.4 | 0.7 | 0.1 | −0.7 | −2.2 | 0.7 | 0.5 | −0.4 | −0.2 | 1.7 | |

同样,可以推算出考察站其余月份的逐日平均气温(表 8)。

**表 8　武陵源风景区 1984 年逐日平均气温推算值**

| 日期＼月份 | 1 | 2 | 3 | 4 | 5 | 6 | 7 | 8 | 9 | 10 | 11 | 12 |
|---|---|---|---|---|---|---|---|---|---|---|---|---|
| 1 | 2.1 | 0.5 | 7.4 | 15.1 | 19.3 | 22.7 | 29.4 | 27.5 | 26.2 | 21.8 | 14.3 | 9.6 |
| 2 | 4.0 | 2.3 | 10.9 | 12.4 | 14.6 | 24.0 | 29.3 | 27.4 | 23.1 | 19.0 | 14.1 | 9.4 |
| 3 | 4.6 | 1.5 | 8.9 | 13.5 | 12.9 | 27.1 | 25.3 | 28.0 | 22.4 | 14.8 | 11.9 | 10.8 |
| 4 | 3.7 | 1.0 | 9.7 | 13.3 | 13.5 | 27.7 | 25.5 | 27.1 | 22.5 | 13.2 | 13.2 | 11.4 |
| 5 | 2.5 | 2.0 | 10.8 | 14.2 | 15.9 | 28.3 | 25.1 | 28.5 | 23.8 | 12.3 | 14.9 | 6.1 |
| 6 | 6.5 | 2.2 | 8.1 | 14.0 | 18.8 | 24.8 | 27.6 | 27.5 | 26.5 | 14.1 | 18.3 | 6.9 |
| 7 | 4.2 | 0.6 | 6.6 | 12.8 | 22.4 | 19.7 | 26.8 | 28.1 | 26.1 | 16.3 | 18.2 | 7.4 |
| 8 | 5.3 | 1.7 | 8.6 | 14.0 | 24.4 | 21.4 | 28.2 | 27.1 | 27.8 | 17.3 | 17.1 | 7.0 |
| 9 | 6.5 | 2.5 | 10.8 | 14.4 | 25.3 | 22.8 | 29.0 | 27.8 | 24.7 | 17.3 | 16.4 | 7.7 |
| 10 | 7.8 | 0.4 | 11.4 | 13.2 | 25.6 | 24.1 | 29.5 | 28.7 | 18.8 | 18.3 | 12.4 | 6.9 |
| 11 | 6.5 | 1.0 | 12.5 | 11.3 | 25.9 | 22.5 | 29.3 | 28.7 | 16.9 | 18.0 | 14.0 | 7.4 |
| 12 | 9.3 | 2.6 | 12.3 | 15.7 | 21,2 | 24.7 | 29.7 | 28.4 | 19.6 | 17.6 | 11.8 | 7.8 |
| 13 | 7.6 | 4.1 | 9.6 | 18.2 | 19.5 | 26.7 | 29.9 | 27.6 | 19.4 | 17.3 | 11.5 | 6.4 |
| 14 | 5.1 | 3.5 | 6.7 | 20.1 | 18.4 | 23.0 | 30.5 | 24.1 | 21.4 | 16.6 | 11.4 | 5.1 |
| 15 | 5.3 | 7.6 | 9.0 | 21.3 | 17.3 | 24.8 | 28.8 | 25.3 | 21.8 | 15.1 | 13.4 | 2.8 |
| 16 | 2.3 | 8.1 | 10.0 | 21.0 | 18.4 | 25.6 | 29.9 | 20.9 | 21.8 | 16.2 | 11.5 | 2.6 |
| 17 | 0.2 | 6.7 | 14.3 | 22.0 | 18.3 | 25.8 | 31.0 | 20.4 | 22.4 | 17.5 | 14.1 | 3.0 |
| 18 | −2.0 | 4.9 | 13.7 | 16.7 | 20.1 | 26.8 | 29.9 | 22.5 | 21.1 | 18.4 | 13.6 | 1.2 |
| 19 | −2.1 | 5.6 | 9.7 | 16.7 | 21.8 | 26.0 | 23.9 | 24.0 | 20.6 | 18.6 | 9.2 | 2.2 |
| 20 | −1.3 | 6.2 | 9.6 | 16.9 | 20.2 | 27.7 | 23.2 | 25.2 | 21.1 | 17.6 | 5.0 | 1.9 |
| 21 | −0.5 | 5,6 | 9.1 | 18.1 | 21.2 | 28.3 | 23.7 | 25.7 | 22.1 | 16.5 | 5.1 | 2.8 |
| 22 | 0.2 | 5.1 | 8.2 | 17.5 | 18.8 | 28.9 | 25.6 | 27.4 | 24.1 | 17.5 | 5.1 | 0.0 |
| 23 | 1.3 | 5.1 | 11.6 | 15.6 | 17.7 | 29.1 | 28.2 | 28.0 | 25.0 | 19.2 | 7.5 | 0.2 |
| 24 | 0.7 | 6.1 | 12.4 | 16.6 | 17.9 | 28.0 | 29.9 | 26.0 | 22.1 | 18.3 | 9.4 | −0.2 |

续表

| 日期＼月份 | 1 | 2 | 3 | 4 | 5 | 6 | 7 | 8 | 9 | 10 | 11 | 12 |
|---|---|---|---|---|---|---|---|---|---|---|---|---|
| 25 | −0.1 | 6.9 | 8.9 | 19.6 | 20.7 | 28.7 | 29.5 | 25.6 | 18.1 | 17.9 | 8.3 | −1.2 |
| 26 | −1.6 | 5.5 | 8.6 | 18.7 | 23.3 | 26.3 | 25.5 | 25.5 | 18.0 | 17.1 | 8.4 | 1.1 |
| 27 | 1.3 | 7.4 | 9.9 | 16.4 | 22.4 | 27.6 | 26.6 | 27.0 | 17.1 | 16.5 | 8.3 | −0.6 |
| 28 | 0.5 | 8.0 | 10.3 | 16.6 | 23.1 | 25.6 | 27.8 | 24.0 | 16.7 | 14.4 | 7.7 | 1.7 |
| 29 | −0.4 | 5.6 | 15.4 | 18.0 | 24.2 | 25.6 | 28.8 | 25.2 | 18.4 | 14.0 | 6.9 | 0.1 |
| 30 | −0.2 |  | 17.3 | 19.3 | 22.9 | 27.9 | 29.1 | 26.8 | 21.2 | 13.5 | 7.9 | 2.4 |
| 31 | 1.7 |  | 15.6 |  | 20.5 |  | 28.7 | 25.6 |  | 12.6 |  | 1.1 |

## 四、月平均风速的推算

尽管地形对风速的影响是复杂的，但地形作为固定的因素，它对风的作用相对具有保守性[2]，这表现在相邻两站平均风速之间保持较为稳定。海拔也会影响风速，但所选周围站点与考察站海拔相差不大，因而海拔对风速的影响可根据所选站点情况忽略。利用武陵源周围气象站保靖、花垣、龙山的各月平均风速，以慈利为基本站，得到周围气象站风速与基本站风速之间的关系如下：

$$y=0.4\times 2.17^{x}, R^{2}=0.686$$

将此方程近似地作为武陵源与慈利的月平均风速关系。将慈利的全年各月平均风速代入上式得到武陵源各月平均风速为：

**表 9　武陵源风景区各月平均风速(m/s)**

| 月份 | 1月 | 2月 | 3月 | 4月 | 5月 | 6月 | 7月 | 8月 | 9月 | 10月 | 11月 | 12月 |
|---|---|---|---|---|---|---|---|---|---|---|---|---|
| 风速 | 1.0 | 1.2 | 1.3 | 1.2 | 1.0 | 0.9 | 1.0 | 1.0 | 1.1 | 0.9 | 0.9 | 1.0 |

需要指出的是，本文仅给出了武陵源风景区 1984 年降水、气温、风速的相关推算值，按照上述方法还可以推算出武陵源其他年份的值。

### 参考文献

湖南省地方志编纂委员会，1998. 武陵源风景志[M]. 长沙：湖南人民出版社.

翁笃鸣，1982. 农田小气候[M]. 北京：中国农业出版社.

(2001 年 5 月)

# 冰冻雨雪灾害对风景区的损害及灾后修复
## ——以湖南郴州苏仙岭风景区为例

吴章文　彭卓玲

郴州位于湖南南部、秦岭北坡。苏仙岭是郴州建城区中的城市森林，面积 269 $hm^2$，主要植被有马尾松林、人工杉木林、常绿阔叶林、常绿针阔混交林和竹林，森林覆盖率为 85.09%。苏仙岭空气清洁，空气负氧离子浓度高，地表水质好，环境优越，是湖南的风景名山、文化名山和郴州市民强身健体、休闲娱乐的宝地。2008 年 1 月郴州遭受了百年未遇的特大冰冻雨雪灾害，情况如下。

## 一、2008 年湖南郴州的冰冻雨雪灾害情况

### (一)郴州市的冰冻雨雪灾害

2008 年年初，受极端天气影响，郴州市遭受了有气象记录以来持续时间最长(2008 年 1 月 20 日—2 月 12 日)、强度最大(最低气温－3.9 ℃，积雪天数 18 d，最大积雪深度 10 cm，累计降雪量 76.8 mm，连续 27 d 出现雨凇冰冻天气，局部冰凌长达 120 cm)、范围最广(449 万人受灾，全城停水 14 d、停电 20 d)的冰冻雨雪灾害。京珠高速、京广铁路、107 国道几乎瘫痪 15 d，灾害损失折合人民币 220.3 亿元。全市森林资源和林业生产损失巨大。林业行业累计直接经济损失 56.35 亿元，其中林业基础设施损失 2.77 亿元。遭受冰冻雨雪灾害的林木见文末附图。

### (二)冰冻雨雪灾害对苏仙岭风景区的损害

苏仙岭风景区受灾面积 3000 多亩，有 80% 的树木被毁，基础设施损失惨重，各项损失折合人民币约 1.19 亿元。损毁活立木(含苏岭云松、黄果朴、檵木、银杏、拐枣、枫杨、乌桕、八角枫等古树名木)约 13000 $m^3$；损毁幼林 500 亩；损毁楠竹 12000 多根。针叶林中马尾松和杉木损毁 70%～80%，国外松全部损毁，阔叶林损毁 20%。森林受损面积 2622 亩，受损森林蓄积量 12752 $m^3$，其中杉木受损面积 890 亩、蓄积 8293 $m^3$，马尾松受损面积 730 亩、蓄积 4029 $m^3$，阔叶林受损面积 1002 亩、蓄积 430 $m^3$。苏仙观、屈将室、桃花居、郴州旅舍、森防车库等房屋受损约 3000 $m^2$；损毁供水管网约 4 km；损毁输电线路(含设施)约 10 km；损毁通信线路(含设施)约 10 km；索道、观光车设备遭受重创；公路照明设施、标志标牌等基础设施全部损毁。

## 二、冰冻雨雪灾害遗留的后患

这次灾害不仅给景区造成了巨大损失，而且对郴州经济的发展、社会的稳定以及生态环境产生了严重和深远的影响。

### (一)生态系统遭受严重破坏,人居环境质量下降

郴州是湘江、珠江、赣江三大流域的源头之一,素有“林中之城”的美称。冰雪灾害之前,郴州的森林覆盖率达 64.28%,有比较好的森林生态体系。但是,灾害使良好的生态屏障百孔千疮,森林蓄水功能和空气净化功能明显下降。据气象部门统计,2008 年郴州的降雨量比常年平均降雨量减少 100 多毫米,夏季气温同比高于常年平均气温 1.2 ℃,且高温日数比往年明显偏多,空气质量指数明显下降。尤为反常的是从 2008 年 4 月份进入夏季以来,一直到 12 月下旬,天气才开始转凉,四季无区别,只有冬夏之分,没有春秋之感。由于林业生产周期长,破坏容易、恢复难。据专家推断,恢复郴州的森林生态系统需要 10～20 年时间,局部地区需要30～50 年乃至更长时间。

### (二)景区林业次生灾害隐患多,预防难度加大

受灾害影响,森林植被脱水严重、林内雪压材和残枝败叶等可燃物增多,容易导致森林火灾、森林病虫害等次生灾害发生,已表现为森林火灾及竹青虫等病虫害集中爆发。据统计,2007 年郴州全市共发生森林火警火灾 236 起,其中火警 131 起、一般火灾 105 起,受害森林面积 9225 亩。然而,2008 年全市共发生森林火警火灾 538 起,是 2007 年的 2.28 倍,其中火警 264 起、一般火灾 274 起,受损森林面积 32625 亩,是同期的 3.54 倍,景区火灾及病虫害连连爆发。

## 三、扎实开展灾后重建

面对突如其来的特大自然灾害,苏仙岭景区人员快速反应,沉着应对,科学决策,采取有效措施,全力投入抗冰救灾工作。全体干部职工团结一心,众志成城,顽强拼搏,连续作战,克服了难以想象的困难。

### (一)加大力度,恢复建设基础设施

为了给游客一个安全、和谐、井然有序的旅游环境,根据上级领导和专家学者的意见,结合景区实际,完善了植被改造恢复机制,规范了病虫害防治、动植物保护等工作程序。一方面,排除万难恢复林区自然生态和重建基础设施;另一方面,千方百计恢复旅游生产,增强造血机能。加大对景区旅游基础设施、标志标牌、电力、通信、供水网络和盘山公路、游道路灯照明设施及游道踏步的修补恢复工作力度;对公路、游道两侧和景点周边灾害造成的高大乔木悬挂木进行截枝,排除安全隐患。修复防火线 54 万米$^2$,重建森林防火消防供水网络 7000 余米。在较短时间内基本完成了景点郴州旅舍、三绝碑、屈将室、山顶餐厅等房屋、亭台廊阁的检修补漏;修复盘山公路路灯、游道路灯等照明设施 245 盏;修复损坏的游道、公路、水沟 26 km;重新设置标志标牌 200 多块;修复了索道、观光车损坏部位。

### (二)建设冰灾印象园、冰灾纪念馆

(1)在苏仙岭风景区半山腰,景星观北面空坪保留部分冰灾现场,投入资金 90.4 万元,建立“冰灾印象园”,以实境勾勒出郴州灾后凤凰涅槃景象。

(2)对遭受冰灾损毁严重的桃花居投资 100 万元进行了改造装饰,开发建设配套项目"郴州冰灾纪念馆",利用声、光、电等高新技术,以幻影成像的方式制作、放映冰雪灾害的真实场景画面,抗冰救灾的英雄画面,使人进入展馆观看时,视觉效果有如身临其境。"冰灾印象园""郴州冰灾纪念馆"都于 2009 年 5 月 1 日正式对游客开放。

## (三)积极进行苏仙岭风景区林相改造

### 1. 苏仙岭林相改造的总体目标

森林景观是风景旅游资源的主体,为充分利用苏仙岭风景区自然资源优势,突出主题特色,增强旅游功能,须对景区景观进行统筹规划和适当改造。

(1)将原来马尾松、杉木纯林改造为以阔叶林为主的多品种、多色彩、多层次、多功能的景区。提高森林覆盖率和供氧量,提高对二氧化碳等有害气体的吸收能力,使其成为广大游客心目中的"天然氧吧"。

(2)改变过去景区内色块的单一化。采伐过密的林分,清除弱、病的林木,保留健康的林木,提高生态功能,增强可观赏性,促进森林向健康方向演替,优化森林的结构和功能,使景区生态环境的综合效益得以更好地发挥。

### 2. 苏仙岭林相改造的基本原则和措施

基本原则:保护优先原则、生态设计原则、综合协调原则、重点改造原则。

(1)面上绿化在于利用现有的植被类型,逐步恢复自然森林植物群落,通过风景林景观、坡地景观、竹林景观、专类园等的营造,突出植物景观的整体美。

① 风景林景观:风景林景观应通过植物群落整体的季相、色彩变化,产生引人入胜的效果。林相改造采用大苗,树高大于 2 m,胸径大于 10~12 cm。选择适宜林相改造的树种,如金钱松、华山松、高山杜鹃、枫香、光皮桦、多脉青冈、五角枫、刺槐、香樟、火力楠、银杏、罗汉松、扁柏、桧柏、木芙蓉、岭南石栎、中华石楠、深山含笑、厚朴等。

② 坡地景观:乔木树种可选择青冈栎、岩栎、石栎、石楠及枫香等,林下灌木可选用杜鹃、野蔷薇、华南猕猴桃等。地被类主要加强现有植物的养护。种植时要注意植物色彩、层次、高低变化,以混交为主。土层较厚的缓坡地带可大力发展叶色树种和观花树种。形成有层次、有对比的植物景观。叶色树种可选用银杏、枫香、圆叶乌桕、三角枫、五角枫、枸骨、檵木等。观花植物可选用木兰科植物,如阔瓣含笑、厚朴、凹叶厚朴、红花木莲、深山含笑。深山峡谷主要加强对现有各种植物进行养护,植被条件较差的地带要精心抚育成林。

③ 竹林景观:苏仙岭有成片竹林,在维护现状的基础上适当增加一部分,但要控制因竹林的蔓延而与自然植物群落争夺空间。

④ 专类园:在现有基础上扩大面积,重点建设科普植物景观区、珍稀濒危植物区、花卉观赏区、盆景园、果林观赏区、水生植物观赏区等专类园。

(2)旅游线路具体绿化措施如下。

① 联系各景点小游道两侧绿化要与周围山林植被环境协调,以灌木为主,保证有开阔的视野,丰富路景。在景点稀疏的游路两旁,以乔木绿化为主,配植花灌丛,形成开合相间的绿色空间,灌木选用檵木、映山红、栀子、女贞等,乔木选用青冈栎、枫香、乌桕、含笑、珊瑚树等。

② 水溪两侧种植水杉、池杉、睡莲、荷花、千屈菜、水苋菜、水葱等植物,形成水生植物景

观，同时配合溪流两侧的山石，种植桃花、樱花、野茉莉、野菊、中华木槿、厚朴、剑麻、鸢尾、肾蕨等花灌木及地被植物，形成景观带。

（3）重要景点的绿化植物要有鲜明的个性，既要有个体美，又要能形成群体美。

## 附图：遭受冰冻雨雪灾害的林木（吴章文摄于2008年3月）

苏仙岭景区被雪压断的竹林和古树

苏仙岭景区大树被冰雪压翻蔸

苏仙岭景区被冰雪折断的树干

苏仙岭景区古树被冰雪压倒地

苏仙岭景区被冰雪削去树冠的森林

苏仙岭景区大树被冰雪劈开

苏仙岭景区楠竹被冻破

苏仙岭景区树林被削冠

苏仙岭景区风景大树被冰雪截枝

苏仙岭景区大树被劈开

苏仙岭景区巨树被冰雪折断主干

苏仙岭景区树木被冰雪压断

苏仙岭景区风景大树枝桠被冰雪截断

苏仙岭景区被冰雪损坏的风景林

苏仙岭景区行道树被冰雪削冠

苏仙岭景区清理被冰雪削冠的大树

（2009 年 6 月）

# 主要参考文献

北京林学院,1983. 气象学[M]. 北京:中国林业出版社.

北京旅游学院筹备处,1981. 旅游资源的开发与观赏[R]. 北京:北京旅游学院.

陈安泽,卢云亭,1991. 旅游地学概论[M]. 北京:北京大学出版社.

陈楚莹,1980. 湖南省会同县杉木人工林小气候的研究[R]. 沈阳:中国科学院林业土壤研究所.

陈千盛,1994. 厦门的旅游气候资源[J]. 热带地理,3:260-264.

傅抱璞,1983. 山地气候[M]. 北京:科学出版社.

贺庆棠,1988. 气象学[M]. 北京:中国林业出版社.

湖南省地方志编纂委员会,1998. 武陵源风景志[M]. 长沙:湖南人民出版社.

李振纪,1981. 油茶[M]. 北京:中国林业出版社.

刘继韩,1991. 海南省的旅游气候分析[J]. 热带地理,1:71-78.

刘振礼,1988. 中国旅游地理[M]. 天津:南开大学出版社.

卢云亭,1988. 现代旅游地理学[M]. 南京:江苏人民出版社.

陆鼎煌,吴章文,张巧琴,1985. 张家界国家森林公园效益的研究[J]. 中南林学院学报,5(2):161-163.

孟平,宋兆民,1999. 国外林业气象研究的若干进展[C]//第13次全国林业气象学术讨论会论文集. 昆明.

钱妙芬,叶梅,1996. 旅游气候宜人度评价方法研究[J]. 成都气象学院学报,3:128-134.

宋朝枢,瞿文元,1996. 太行山猕猴自然保护区科学考察集[M]. 北京:中国林业出版社.

宋兆民,孟平,1999. 我国林业气象发展40年回顾[C]//第13次全国林业气象学术讨论会论文集. 昆明.

索思洋夫,1993. 索契国家公园景观地段的小气候[J]. 吴章文译. 湖南林业科技(增刊):93-97.

王正非,朱廷曜,朱劲伟,等,1985. 森林气象学[M]. 北京:中国林业出版社.

翁笃鸣,沈觉城,1984. 小气候和农田小气候[M]. 北京:农业出版社.

吴楚材,吴章文,1985. 泸溪葡萄桐栽培技术[M]. 长沙:湖南科学技术出版社.

吴楚材,吴章文,1999. 江西靖安三爪仑国家森林公园总体规划设计[M]. 北京:中国林业出版社.

吴章文,1991. 张家界森林公园旅游气候的研究[A]//张家界国家森林公园研究[M]. 北京:中国林业出版社.

吴章文,1996. 广州流溪河国家森林公园总体规划[M]. 北京:中国林业出版社.

湘潭地区气象局,炎陵县气象站,1990. 湖南省炎陵县农业气候资源和类型区划[R]. 湘潭:湘潭地区气象局.

姚丽华,1992. 气象学[M]. 北京:中国林业出版社.

姚启润,1986. 旅游与气候[M]. 北京:中国旅游出版社.

张家诚,1988. 气候与人类[M]. 郑州:河南科技出版社.

张家界国家森林公园研究课题组,1991. 张家界国家森林公园研究[M]. 北京:中国林业出版社.

中央气象局,1975. 中国地面气候资料(1951—1970)[R]. 北京:中央气象局.

# 后 记

在这本学术专著付梓之际，笔者有许多恩师、恩人要感谢。

1959 年 9 月，我进入北京林学院（现北京林业大学）学习林业专业，《气象学》是专业基础课，学时不多，授课的陈健老师讲得深入浅出，让我在后来的油桐研究中，能运用气象学知识做物候与气象的平行观测，感谢我的《气象学》启蒙老师——陈健教授。

1978 年 3 月，我进入湖南林学院（现中南林业科技大学）任教，被安排教《气象学》，我深知"欲给学生一杯水，自己需有一桶水"，于是申请出去进修，从头学起。当时文化大革命刚结束，高考恢复不久，高校百废待兴，没有学校正式接纳进修生。在林业部高教司工作的刘萍老师，帮助联系了在北京西山办学的北京林学院教务处处长罗又青老师，罗处长说："咱北林校友在外工作遇到困难，应该帮助。"罗处长在征得陈陆奇院长同意后，于 1979 年 3 月将我安排至西山大觉寺住，师从姚丽华老师进修《气象学》。当时北京林学院本部在昆明，只有水土保持专业在北京西山，十分困难。

导师姚丽华毕业于南京大学气象系，在北京林学院执教多年，学术功底深厚，教学经验丰富，对我言传身教，关爱有加。我跟导师学习一年，除了让我跟 77 级、78 级学生听课外，她每堂课的课前还为我讲原理、要领，让我知其所以然，课后与我一起总结分享心得。导师的真诚、无私让我永生难忘。1979 年下半年，时任北京林学院气象教研室主任的贺庆棠老师从云南回到北京，他又给予我无微不至的关怀与帮助，耐心细致地审核我写的讲稿（进修期间我写了 80 学时讲稿）教案，指导我阅读。直到如今，这两位恩师一直都在指导、关怀我。

1979 年，我除了在北京林学院进修，还在北京农业大学兼听张理、江永和、陆光明、马秀玲 4 位老师的课，参与他们的教学活动，和他们一起为学生准备实验。这 4 位老师执教 4 个不同专业，个个才学五斗，讲课精彩，待人诚恳友善。是他们雪中送炭，给了我悉心的指教与无私的帮助，让我一直感恩在怀。

在众多前辈的帮助下，我顺利渡过了改换专业的难关，成为林业院校一名合格的气象学教师。回首往事，感慨万千。最重要的是借此机会表达我对祖国、对学校、对恩师、对家庭的感激。

感恩新中国将我一名农家女培养成大学教授；感谢祖国的培养，人民的养育之恩；感谢北京林学院良好的教育环境让我学有所成，感谢母校在极其困难的条件下，为我转换专业排忧解难；感谢湖南林学院在当年十分困难的时候送我去进修，感谢学校长期对我的培养与关怀，让我一步一个脚印地走到今天。

感谢刘萍教授、罗又青教授为我寻找、创造再学习的机会，二位老师是我生命中的贵人、恩人。

感谢姚丽华教授、贺庆棠教授，二位老师是我的恩师、我的学术领路人。

感谢张理、江永和、陆光明、马秀玲四位教授给我的无私帮助，四位老师是我学术道路上的良师益友。

感谢怀化市气象局多次让我参与天气预报实践学习，感谢周武彩等几位工程师对我的实践学习给予的指导与帮助！

感谢我的全家老小，对我全方位的全力支持！

吴章文在此感恩，鞠躬，致礼！

2020 年 8 月 8 日于长沙